煤炭高等教育“十三五”规划教材
中国矿业大学(北京)越崎系列规划教材

误差理论与测量平差

Error Theory and Surveying Adjustment

(第二版)

主编　戴华阳　雷　斌
参编　李　军　金日守　刘吉波

测绘出版社
·北京·

内容提要

本书系统介绍了误差理论的基本知识和测量平差的基础方法,简要介绍了近代平差的原理。编写力求文字简洁、开门见山、知识连贯。选例求精简,应用有特色。本书可作为测绘工程本科专业的教材,也可供相关专业的工程技术人员参考。

图书在版编目(CIP)数据

误差理论与测量平差 / 戴华阳,雷斌主编. -- 2 版
. -- 北京 :测绘出版社,2017.11 (2024.12 重印)
煤炭高等教育"十三五"规划教材
ISBN 978-7-5030-4077-1

Ⅰ. ①误… Ⅱ. ①戴… ②雷… Ⅲ. ①误差理论—高等学校—教材②测量平差—高等学校—教材 Ⅳ. ①O241.1②P207

中国版本图书馆 CIP 数据核字(2017)第 260206 号

责任编辑 余易举　**封面设计** 李　伟　**责任校对** 石书贤　**责任印制** 陈姝颖

出版发行	测绘出版社	**电　　话**	010—68580735(发行部) 010—68531363(编辑部)
地　　址	北京市西城区三里河路 50 号	**网　　址**	https://chs.sinomaps.com
邮政编码	100045	**经　　销**	新华书店
电子邮箱	smp@sinomaps.com	**印　　刷**	建工社(河北)印刷有限公司
成品规格	184mm×260mm	**字　　数**	330 千字
印　　张	13.5	**印　　次**	2024 年 12 月第 5 次印刷
版　　次	2017 年 2 月第 1 版　2017 年 11 月第 2 版	**定　　价**	29.00 元
印　　数	2401—2600		

书　　号 ISBN 978-7-5030-4077-1
本书如有印装质量问题,请与我社发行部联系调换。

序

测量数据不可避免地存在误差，而如何科学合理地分析处理误差，达到提高观测结果精度与控制质量的目的，则是测量工作者的主要任务。特别是以全球导航卫星系统（GNSS）、遥感（RS）、地理信息系统（GIS）为代表的近代测量数据，误差不仅存在，而且还比常规测量数据的误差更为复杂，这更加体现了测量数据处理的必要性和重要性。因此，测量数据处理的理论和方法，过去是，当今仍然是测绘学科中的核心研究内容。

“误差理论与测量平差”是高等学校测绘工程本科专业的一门重要专业基础课程，是教育部高等学校测绘学科教学指导委员会指定的测绘工程专业的几门核心课程之一。本书编写的思路、内容符合该核心课程的要求。

《误差理论与测量平差》的编者具有该课程丰富的教学经验，所编教材能注重基础理论的叙述和方法的应用，为进一步学习近代测量数据处理打好基础。该书内容简洁，行文顺畅，便于学生自学，是一本具有新颖性的特色教材。

“误差理论与测量平差”是各学校测绘工程专业必修的课程，具有通用性。目前已出版多本同类教材，各有特色。我赞同从事这一领域研究和教学的教师总结教学经验，积极参与到教材改革和教学方法研究中来，为提高误差理论的教学质量而努力。

我祝贺《误差理论与测量平差》教材的出版！

教授 博士生导师

2016 年 10 月 20 日

前　言

“误差理论与测量平差”是高等学校测绘工程本科专业的基础核心课程。该课程理论性强、方法应用广泛，可谓难教难学，对教材的编写有较高的要求。

本书是编者在多年教学经历的基础上完成的，融入了编者的诸多体会和经验。全书分12章，内容包括观测误差、协方差传播规律、测量平差概述、条件平差、附有参数的条件平差、间接平差、附有限制条件的间接平差、平差结果的统计性质、点位精度与误差椭圆、平差系统的假设检验、近代平差方法简介和平差方法应用。

本书力求简明连贯，让读者体会误差的理论性和平差方法的思想韵味，并将应用实例单列一章，以便授课选择和学习参考。书中设置了多处辅助知识文本框，便于读者理解有关知识点。

本书由戴华阳、雷斌主编。编写人员及分工如下：戴华阳编写第一章第1、2、4、5节，第二、三、四、七、八章；雷斌编写第一章第3、6、7节和第十二章第1节，第五、十一章；李军编写第六、九章，各章习题；金日守编写第十章；刘吉波编写第十二章第2、3、4节。

本书中部分实例和习题摘自武汉大学测绘学院测量平差学科组编著的《误差理论与测量平差基础》(第三版)、《误差理论与测量平差基础习题集》(第一版)，特此致谢！

本书被列入煤炭高等教育“十三五”规划教材和中国矿业大学(北京)越崎系列规划教材，并得到中国矿业大学(北京)越崎教材基金的资助和深部岩土力学与地下工程国家重点实验室的支持。

我国测量平差领域的著名学者陶本藻教授对本书进行审阅，并欣然作序鼓励。编者表示衷心感谢！

由于编者水平所限，错漏难免，还望读者批评指正。

编者

2016年12月25日

目　录

Contents

第一章　观测误差

§1-1　观测值与观测误差

一、观测工作与观测值

对于一项测量工程，观测设计、观测工作、数据处理是不可或缺的三个环节，由此获得的数据成果可应用于工程或进一步的观测设计中。

在测量学领域，观测工作是指观测者使用仪器设备对几何或物理量进行测定，从而获得被观测量的数据信息。观测(observe)、测量(survey)、监测(monitor)是相近词目。测绘工程中常见的观测工作有角度观测、边长观测、高差观测、坐标观测等，变形监测中有温度、应力、应变、速率等物理量观测。本书中主要以几何量观测为例进行讨论。

观测工作包含五个要素(图 1-1)：

(1)观测者：进行观测方案设计、观测实施、数据处理等工作的执行者。

(2)观测量：被观测的几何量或物理量，如水平角、垂直角、高差、距离、坐标、坐标差等。

(3)观测仪器：经纬仪、钢尺、测距仪、水准仪、全站仪、全球定位系统(GPS)等。

(4)观测方法：测回法测角、方向法测角、分段测距、水准测量、三角高程法等。

(5)观测环境：观测过程中测区所处环境的大气压力、气温、地形、地貌等。

观测者、观测仪器和观测环境统称为**观测条件**。

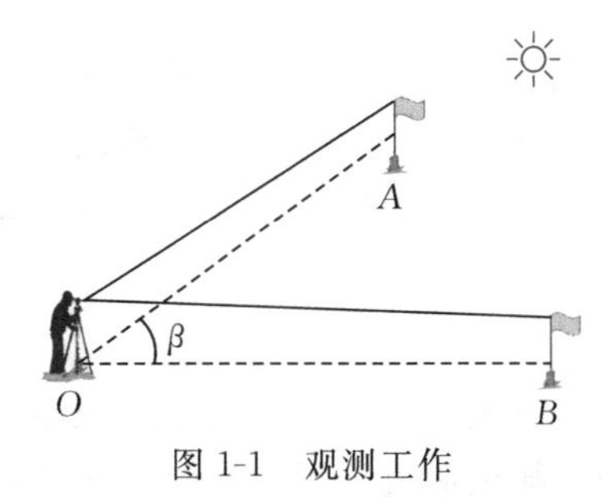

图 1-1　观测工作

在一定观测条件下，获得的被观测量的数值称为观测值。每一个被观测量在一定的时段内都存在一个反映其真实的几何或物理状况的值，称为被观测量的真值。在一定时段内，每一个被观测量具有唯一的真值，无论已知和未知，真值都客观存在。

观测值分两类：直接观测值和间接观测值。直接观测值是通过观测工作直接获得的观测值，如经纬仪测得的水平角值、竖直角值，测距仪测得的边长值。间接观测值是指由其他观测值运算得到的观测值，如面积观测值、后方交会的坐标观测值、三角形内角和观测值等。

二、观测误差

从观测者的愿望而言,观测的目的是获取被观测量的准确值。但观测值会与被观测量的客观真值一致吗?通常不一致,两者之间会存在偏差。实际表明,观测值并不完美,测不准是普遍现象。

我们把观测值与被观测量的客观真值的偏差称为**观测误差**,简称**误差**,又称**真误差**。

被观测量的真值客观存在但通常不可知,这给误差的确定带来困难。观测误差有两种显现方式:

(1)同一个量的各观测值之间存在差异。我们用钢尺测量同 1 条边,进行 3 次观测,观测值分别为 10.006 m、10.009 m、10.003 m。3 个观测值各不相同,而该边长的真值只有 1 个,说明这 3 个观测值存在误差。这是通过对 1 个观测量的多次**重复观测**发现误差的例子。

(2)观测值与其理论真值之间存在差异。对 1 个三角形的 3 个内角进行观测,得到 3 个观测值 $40°00'05''$、$100°00'02''$、$40°00'01''$,从中可发现 3 个内角观测值之和为 $180°00'08''$,与理论上的真值 $180°$ 相差 $8''$,说明这个内角和观测值存在误差,也说明 3 个内角观测值存在误差。这是通过**多余观测**发现误差的例子,如果只进行 2 个或 1 个内角观测,则不能轻易发现误差的存在。

一个观测值 L,对应于一个观测量及其真值 $\tilde{L}$,就相应地存在一个观测误差 Ω。根据定义,观测值 L 的误差为真值与观测值的差,即

$$\Omega = \tilde{L} - L \tag{1-1}$$

三、误差的要素

(1)误差的大小:误差一般不大,是个小不点,但不为 0。

(2)误差的+/-:误差有"+"有"-",观测值大于真值时,误差为"-",否则误差为"+"。

(3)误差的单位:与对应观测值 L 的单位同类,但单位级别一般不同,如观测值单位为 m、(° ′ ″)等时,对应误差的单位分别用 mm、(″),这样可使误差数值放大,便于计算。

(4)误差的个数:1 个观测值对应 1 个误差,n 个观测值就有 n 个误差。

(5)误差的分布:对大量误差进行统计分析,可以了解误差的分布情况。

这几点对于我们认识误差、分析误差和处理误差均非常重要。

四、误差的危害性

误差有何影响或危害吗?有,或大或小。含有误差的观测数据如果直接用于工程施工,则可能给实际工程与设计带来偏差,甚至造成工程的失败。在隧道贯通工程中,测量工作和误差处理就直接影响工程的成败。因此,我们需要了解观测误差的特性,掌握误差的处理方法,以便获得最优的数据成果,为工程应用服务。这正是学习本课程的目的。

§1-2 误差的来源和分类

一、误差的来源

观测误差产生于观测记录过程中,主要来源于观测条件的三个方面。

1. 观测者

观测过程中，观测者操作仪器——对中、整平、读数等均存在偏差。观测者的视觉敏锐度、身体状况、注意力、操作经验等因素，都可能对观测值造成影响。

2. 观测仪器

观测仪器的精密度、完好状况对观测结果有影响，如水准尺尺长误差、水准仪的视准轴不平行于水准轴、电磁波测距仪的调制频率误差、GPS 测量中卫星与接收机钟误差等，都会引起观测误差。

3. 观测环境

观测是在一定的外界环境下进行的，环境因素如温度、风力、大气折光等对仪器性能、测点标志识别等有直接影响，因而对观测结果产生影响。外界环境的变化会使观测数据发生变化，如大气密度的不均匀会引起角度测量时视线发生弯曲、大气折射会引起 GPS 测量和电磁波测距中信号出现延迟。

观测误差能不能避免？由于人的感官局限性、仪器的精密度有限、外界因素影响不可避免，因此观测误差**不可避免**。

影响观测结果的条件包括观测者状况、观测仪器情况、外部环境、观测方法、观测数据处理方法等，总称为观测条件。当**观测条件相同时，测量数据就可认为有相同的特性(同精度)**。为了提高测量数据的质量或可靠性，应改善测量条件，如采用更高精度的仪器、更合理的观测方法及数据处理方法等。

观测误差来源于三个方面的许多因素。不同仪器对观测值的影响不同，同一台仪器的不同部件对观测值的影响方式也不相同。实际上，我们计算得到的观测误差是许多误差项共同积累与作用的结果。一个观测值的总误差为 Ω，则有

$$\Omega = \Omega_1 + \Omega_2 + \cdots + \Omega_n \tag{1-2}$$

式中，$\Omega_i(i=1,2,\cdots,n)$ 为不同的来源构成的误差项。

二、误差的分类

误差的影响因素众多，进行误差分类有利于更好地了解误差和处理误差。如何分类？是按误差的大小分大误差和小误差，或是按误差的正负分为正误差和负误差？这样都只能反映误差的表象而未触及误差的来源，不利于误差的处理。为此，需要按照各因素引起的误差在大小、正负及它们的变化规律方面进行误差分类，也就是按误差对观测值的影响性质来分类，分为**偶然误差 Δ、系统误差 ε、粗差 $\Delta_{粗}$**。

(一)偶然误差

在**相同的观测条件**下，对某一量进行一系列观测，得到一系列误差：单个观测值不论从大小还是正负上看均没有规律性，但大量的误差会呈现统计上的规律性。这类误差称为偶然误差。偶然误差的大小或正负呈现随机性，不可预知，又称随机误差。

例如，用经纬仪测角时，测角误差包括：①照准误差，为偶然误差，因为十字丝切目标时或偏左或偏右，是偶然的结果；②读数误差，为偶然误差，因为估读刻度间的数值时，是凭感官判断的，读数可能偏大也可能偏小，误差可能为负也可能为正，具有偶然性，没有规律。

(二)系统误差

观测误差的大小或符号呈现某种规律性。这类误差称为系统误差。

系统误差产生的原因是多方面的,如测量仪器本身的误差、测量仪器安置及操作错误、观测方法的不合理、外界环境的影响及人为因素等,都可能引起系统误差。

例如:由于水准尺扶持不直导致的读数偏大而引起的误差为正,具有规律性,是系统误差;某钢尺存在尺长误差,当用其连续测量一段距离时,尺长误差所引起的距离误差与所测距离的长度成正比增加,距离愈长所累计的误差也愈大,呈规律变化,则尺长误差为系统误差。

系统误差有多种表现特性,如固定性、累积性、周期性、随机性。影响因素不同,则系统误差特性不同。

(1)固定性:系统误差的大小和符号保持不变,如电磁波测距中的常数项误差、经纬仪和全站仪的三轴误差(视准轴、横轴和竖轴)、竖直度盘指标差等系统误差。

(2)累积性:误差随着测量值的增加而增加,如电磁波测距中比例误差项与距离成正比。

(3)周期性:误差的大小及符号表现出规律性的变化,如经纬仪水平度盘刻画误差引起的读数误差。

(4)随机性:有些系统误差呈现出复杂的规律性变化,或呈现出某种随机性。

(三)粗差

数值比正常观测条件下出现的最大误差还要大的误差称为粗差。从统计意义上理解,粗差就是超出正常范围的大误差。在相同条件下,对某一量进行了一系列观测,如果其中个别误差的数值比其他误差大很多,如相差几倍,则可以认为这些误差是粗差。

产生粗差的原因有多个方面,如读数及记录错误、仪器操作不当、仪器使用时间过长、观测时外部环境的急剧变化等。在现代测量中,如全球定位系统、摄影测量与遥感、地理信息系统等,经常出现大规模自动化测量数据采集的情形,此时较容易出现粗差。

三、误差的处理方法

误差的处理顺序通常是按先粗差、再系统误差、再偶然误差,进行处理。误差处理的基本方法是去除粗差、削减系统误差、平抑偶然误差。本书主要讨论偶然误差的处理。

(一)粗差的处理

粗差只存在于个别观测值之中,但粗差对测量数据质量的影响较大,应采取适当的观测方法和数据处理方法予以避免和消除。

粗差需要先识别后处理。粗差处理的办法有两种:①对于检测确定含有粗差的观测值,直接去掉或重测补充,然后进行后续数据处理;②采用稳健估计等方法进行粗差处理。

(二)系统误差的处理

当系统误差和偶然误差共存于观测值中时,严格区分观测值中的偶然误差和系统误差非常困难,且两种误差可能发生转变。由于系统误差表现出某种规律性,通常需要采取适当措施予以减弱。系统误差的削减措施包括:

(1)进行仪器的检验校正。通过检验校正,使仪器的几何轴线满足规定的技术条件,以最大限度减弱可能产生的系统误差。例如:作业前对经纬仪、全站仪的三轴关系进行校正等。

(2)采用合理的观测方法或程序。例如:在利用经纬仪进行角度测量过程中,可以利用盘左和盘右读数来减弱仪器的 $2C$ 值、竖直度盘指标差等观测数据中的系统误差;在水准测量中,通过使前后视距相等以减少视准轴与水准管轴不平行或视准轴与自动安平装置垂线不垂直造成的高差误差。

(3)加入改正数。例如:利用加常数改正、气象改正和周期误差改正的方法,改正电磁波测距中的系统误差;在三角高程测量中,加入地球曲率和大气折光改正等。

这些措施既有实施于观测前的,也有实施于观测过程中的,还有实施于观测完成之后的。系统误差具有累积作用,对成果影响显著,可通过改善观测方法消除系统误差或减小其对观测成果的影响。

(三)偶然误差的处理

偶然误差的处理是在去除粗差、削减系统误差之后的数据处理环节。此时,观测误差中偶然误差占优,可以近似认为观测误差便是偶然误差。

偶然误差的随机性、无规律性使得其处理难度和复杂性比粗差和系统误差更甚。认识偶然误差、处理偶然误差几乎是本书后续章节的全部内容,并且,我们把关注点从误差的大小、正负,转移到了误差的分布特性及其数学描述上。

§1-3　偶然误差的随机特性

如前所述,偶然误差具有随机性,单个偶然误差的大小及正负没有规律可循,不可预知,但是在相同观测条件下的大量偶然误差呈现统计上的规律性。

为了揭示偶然误差的概率分布特征,我们对在相同观测条件下获得的 $N=817$ 组三角形内角和观测值(图 1-2)进行统计分析,每一组 3 个内角观测值 α_i、β_i、γ_i 构成一个**内角和**观测值 S_i(属间接观测值),其真值 $\widetilde{S}_i=180°$。

运用误差公式可得到观测值 S_i 的误差为

$$\Delta_i=\widetilde{S}_i-S_i=180°-(\alpha_i+\beta_i+\gamma_i)\qquad(i=1,2,\cdots,N)\tag{1-3}$$

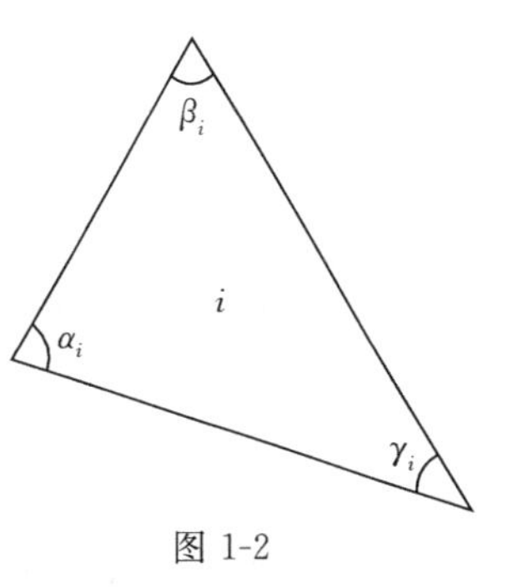

图 1-2

而 $w_i=(\alpha_i+\beta_i+\gamma_i)-180°$,称为三角形内角观测闭合差,它与相应的内角和误差反号。由此计算出各三角形内角和误差 Δ_i。以 $\mathrm{d}\Delta$ 表示误差区间并取为 0.5″,按误差 Δ_i 的正负和大小统计误差出现在各区间的个数 n_i,计算出误差出现在某区间内的频率 n_i/N,其统计结果列于表 1-1 中。

表 1-1　偶然误差分布统计

误差区间 /(″)	Δ(−)			Δ(+)		
	个数 n_i	频率 n_i/N	$n_i/N/\mathrm{d}\Delta$	个数 n_i	频率 n_i/N	$n_i/N/\mathrm{d}\Delta$
0.0～0.5	123	0.151	0.301	121	0.148	0.296
0.5～1.0	104	0.127	0.255	90	0.110	0.220
1.0～1.5	75	0.092	0.184	78	0.095	0.191
1.5～2.0	55	0.067	0.135	51	0.062	0.125
2.0～2.5	27	0.033	0.066	39	0.048	0.095
2.5～3.0	20	0.024	0.049	15	0.018	0.037
3.0～3.5	10	0.012	0.024	9	0.011	0.022
>3.5	0	0.000	0.000	0	0.000	0.000
小计	414	0.507	1.013	403	0.493	0.987

一、误差分布直方图

上述三角形内角和真误差的分布也可以用直方图表现。如图 1-3(a)所示,其中横坐标表示误差的大小,纵坐标为误差落入该区间的频率密度,即 $\frac{n_i/N}{\mathrm{d}\Delta}$,则每个矩形的面积代表该区间内的偶然误差出现的频率。

二、误差分布曲线

当观测值个数趋于无限大、误差区间取无限小时,误差的个数变得不可数,误差的取值可视为连续变化,此时,误差就可按变量来描述,称为**误差变量**。这样,反映偶然误差在区间上的频率分布的直方图(图 1-3(a)),就变为描述误差变量概率密度分布的曲线(图 1-3(b)),相应的误差频率密度则变为概率密度函数 $f(\Delta)$,即

$$\lim_{\substack{N\to\infty\\ \mathrm{d}\Delta\to 0}}\frac{n_i/N}{\mathrm{d}\Delta}=f(\Delta) \tag{1-4}$$

此时,误差落入某区间内的频率将变为落入该区间的固定概率值,即误差出现频率的理论值。例如,误差落入区间 (a,b) 的概率为

$$P(a<\Delta<b)=\int_a^b f(\Delta)\mathrm{d}\Delta \tag{1-5}$$

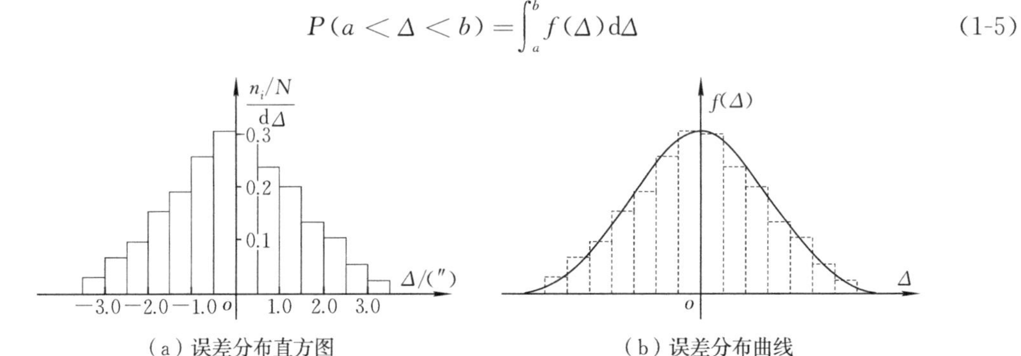

(a) 误差分布直方图　　(b) 误差分布曲线

图 1-3　误差分布直方图和误差分布曲线

三、偶然误差的特性

从以上分析可知偶然误差的分布特性:

(1)有限性:偶然误差存在某一限值,超过这一限值的偶然误差出现的概率为零。

(2)集中性:绝对值小的误差比绝对值大的出现的概率大,误差分布集中于小误差附近。

(3)对称性:绝对值相等的正负误差出现的概率相同。

(4)抵偿性:根据对称性,偶然误差的算术平均值趋向于零,即

$$\lim_{n\to\infty}\frac{1}{n}\sum_{i=1}^{n}\Delta_i=0 \tag{1-6}$$

四、真值的估值——最或是值

被观测量的真值通常是不可知的,那么如何才能获得真值的一个合适的接近值呢?不难想到,可以通过观测值对真值进行估计。

按照某种合适的准则和估计方法获得的某种估计值,称为最或是值,也称最优估值。

例如，在相同条件下对某一量进行一系列观测，如果观测值中不存在系统误差，观测个数足够多时，则算术平均值将趋近于真值，因为

$$\lim_{n\to\infty}\frac{1}{n}\sum_{i=1}^{n}L_i=\lim_{n\to\infty}\frac{1}{n}\sum_{i=1}^{n}(\widetilde{L}_i-\Delta_i)=\widetilde{L}-\lim_{n\to\infty}\frac{1}{n}\sum_{i=1}^{n}\Delta_i=\widetilde{L} \tag{1-7}$$

从这个意义上讲，在一定条件下，同一量的多个观测值的算术平均值是最或是值。

§1-4　正态分布的观测值变量

误差变量是用以描述误差数值变化的变量，对于偶然误差，还需考虑其取值的随机特性，因为它是随机变量。同样，观测值变量是描述观测值大小变化和随机特性的变量。引用随机变量描述误差，是认识误差的关键，是误差理论的基础。根据偶然误差的分布特性，偶然误差和观测值的分布具有正态随机变量的基本特征，因此，我们**近似地**认为，偶然误差变量和观测值变量是服从正态分布的随机变量。因此，对误差理论的研究方法应基于概率论和数理统计的数学基础。在通常情况下，误差变量、观测值变量可分别简称为误差和观测值。

一、随机变量概述

(一)随机变量

随机变量是表征随机试验的结果及其发生可能性的变量。随机变量用 X 表示，试验的结果用数值 x 表示，出现结果的可能性遵从一定的概率分布规律，用概率值或其分布函数来表示。X 的取值 x 随偶然因素而变化，事先不可预知；而普通变量只涉及变量的取值变化。

试验结果有限、可数的称为离散型随机变量，试验结果无限、不可数的称为连续型随机变量。考虑观测值的特性，本书只列出连续型随机变量的有关公式

$$\text{离散型随机变量 } X\begin{cases}\text{取值 } x_i(i=1,2,\cdots,n),\ x_i\in \mathrm{R}\\ \text{概率 } p_i,\ 0\leqslant p_i\leqslant 1\end{cases}$$

$$\text{连续型随机变量 } X\begin{cases}\text{取值 } x,x\in \mathrm{R}\\ \text{概率密度函数 } f(x),f(x)\geqslant 0\end{cases}$$

n 维随机变量是指 n 个试验结果同时发生的事件，而 n 个随机变量是描述 n 个独立试验结果的。

(二)随机变量的概率分布

1. 随机变量的概率分布函数(简称分布函数) $F(x)$

随机变量 X 的取值不超过实数 x 的事件的概率为

$$F(x)=P(X\leqslant x)\qquad(-\infty<x<+\infty)$$

2. 连续型随机变量概率密度函数(简称密度函数) $f(x)$

连续型随机变量 X 有无穷多个取值点，每个取值点及其概率均不能一一列出，故用密度函数来描述。若连续型随机变量 X 的概率分布函数 $F(x)$ 可表示为

$$F(x)=\int_{-\infty}^{x}f(t)\mathrm{d}t\qquad(f(t)\geqslant 0)$$

则称 $f(t)$ 为 X 的密度函数，简称密度函数。

(三)随机变量的分布参数——数字特征

1. 数学期望

数学期望是描述随机变量概率分布特征的一个重要指标，是指随机变量在其定义域上的

概率平均值,即随机变量的概率分布重心。对于离散型随机变量 X,数学期望定义为

$$\left.\begin{aligned} E(X) &= p_1x_1 + p_2x_2 + \cdots + p_nx_n \\ \sum p_i &= 1 \end{aligned}\right\} \tag{1-8}$$

式中,x_i 为离散型随机变量 X 的取值,p_i 为相应取值的概率。式(1-8)可直观地理解为,随机变量 X 以取值概率为权的加权平均值。

对于概率密度为 $f(x)$ 的连续型随机变量 X,数学期望定义为

$$E(X) = \int_{-\infty}^{+\infty} xf(x)\mathrm{d}x \tag{1-9}$$

2. 方　差

方差是描述随机变量概率分布特征的另一个重要指标,是指随机变量的取值相对于概率分布重心(数学期望)的离散或密集程度。一个随机变量 X,定义其方差为

$$D(X) = E\{[X - E(X)]^2\} \tag{1-10}$$

即 X 与 $E(X)$ 差值平方的概率平均值,亦可理解为随机变量函数 $[X - E(X)]^2$ 的数学期望。对于连续型随机变量,方差为

$$D(X) = E\{[X - E(X)]^2\} = \int_{-\infty}^{+\infty} [x - E(X)]^2 f(x)\mathrm{d}x \tag{1-11}$$

3. 两个随机变量的协方差

两个随机变量 X、Y 构成的函数 $g(X,Y) = [X - E(X)][Y - E(Y)]$ 的数学期望,称为 X、Y 的协方差 D_{XY} 或 σ_{XY},即

$$D_{XY} = \sigma_{XY} = E\{[X - E(X)][Y - E(Y)]\} \tag{1-12}$$

对于连续型随机变量,$D_{XY} = \sigma_{XY} = \int_{-\infty}^{+\infty}\int_{-\infty}^{+\infty} [x - E(X)][y - E(Y)]f(x,y)\mathrm{d}x\mathrm{d}y$,令

$$\rho_{XY} = \frac{\sigma_{XY}}{\sigma_X\sigma_Y} \tag{1-13}$$

则称 ρ_{XY} 为随机变量 X 与 Y 的相关系数,$-1 \leqslant \rho_{XY} \leqslant +1$。

4. 矩

分别取随机变量 X 的函数 $g(X) = X^k$,$g(X) = [X - E(X)]^k$,$g(X,Y) = [X - E(X)]^k [Y - E(Y)]^l$,则称 $E(X^k)$ 为 X 的 k 阶原点矩,$E\{[X - E(X)]^k\}$ 为 X 的 k 阶中心矩,$E\{[X - E(X)]^k[Y - E(Y)]^l\}$ 为 X 和 Y 的 $k + l$ 阶混合中心矩。

(四)数学期望、方差的运算关系

X、Y 为两个随机变量,C 为常数。

1. 数学期望的运算

(1) $E(C) = C$。

(2) $E(CX) = CE(X)$。

(3) $E(X + Y) = E(X) + E(Y)$。

$$E(X_1 + X_2 + \cdots + X_n) = E(X_1) + E(X_2) + \cdots + E(X_n)$$

证明:$E(X + Y) = \int_{-\infty}^{+\infty}\int_{-\infty}^{+\infty} (x + y)f(x,y)\mathrm{d}x\mathrm{d}y$

$$= \int_{-\infty}^{+\infty}\int_{-\infty}^{+\infty} xf(x,y)\mathrm{d}x\mathrm{d}y + \int_{-\infty}^{+\infty}\int_{-\infty}^{+\infty} yf(x,y)\mathrm{d}x\mathrm{d}y$$

$$=\int_{-\infty}^{+\infty}\left[x\int_{-\infty}^{+\infty}f(x,y)\mathrm{d}y\right]\mathrm{d}x+\int_{-\infty}^{+\infty}\left[y\int_{-\infty}^{+\infty}f(x,y)\mathrm{d}x\right]\mathrm{d}y$$
$$=\int_{-\infty}^{+\infty}xf_1(x)\mathrm{d}x+\int_{-\infty}^{+\infty}yf_2(y)\mathrm{d}y$$
$$=E(X)+E(Y)$$

式中，$f_1(x)=\int_{-\infty}^{+\infty}f(x,y)\mathrm{d}y$ 为 X 的概率密度函数，$f_2(y)=\int_{-\infty}^{+\infty}f(x,y)\mathrm{d}x$ 为 Y 的概率密度函数。

(4)若 X、Y 相互独立，则 $E(XY)=E(X)E(Y)$。

证明：X、Y 相互独立，$f(x,y)=f_1(x)f_2(y)$，则

$$E(XY)=\int_{-\infty}^{+\infty}\int_{-\infty}^{+\infty}xyf(x,y)\mathrm{d}x\mathrm{d}y=\int_{-\infty}^{+\infty}xf_1(x)\mathrm{d}x\int_{-\infty}^{+\infty}yf_2(y)\mathrm{d}y=E(X)E(Y)$$

2. 方差的运算

(1) $D(C)=0$。

证明：$D(C)=E\{[C-E(C)]^2\}=E(0^2)=0$。

(2) $D(X)=E(X^2)-E^2(X)$。

证明：$D(X)=E\{[X-E(X)]\}^2=E[X^2-2XE(X)+E^2(X)]$
$=E(X^2)-2E(X)E(X)+E^2(X)=E(X^2)-E^2(X)$。

(3) $D(CX)=C^2D(X)$。

证明：$D(CX)=E(C^2X^2)-E^2(CX)=C^2[E(X^2)-E^2(X)]=C^2D(X)$。

(4) $D(X+Y)=D(X)+D(Y)+2D_{XY}\xlongequal{\text{若}X\text{、}Y\text{不相关}}D(X)+D(Y)$。

证明：$D(X+Y)=E\{[(X+Y)-E(X+Y)]^2\}=E\{[X-E(X)+Y-E(Y)]^2\}$
$=E\{[X-E(X)]^2\}+E\{[Y-E(Y)]^2\}+$
$2E\{[(X-E(X)][Y-E(Y)]\}$
$=D(X)+D(Y)+2D_{XY}$。

(5) $D_{XY}=E(XY)-E(X)E(Y)$。

证明：$D_{XY}=E\{[X-E(X)][Y-E(Y)]\}=E[XY-XE(Y)-E(X)Y+E(X)E(Y)]$
$=E(XY)-E(X)E(Y)$。

二、一维正态随机变量

(一)正态分布的概率密度函数

早在1733年棣莫弗和1780年拉普拉斯就指出，很多自然现象的分布呈现对称形概率密度函数的形式。这种形态的分布称为正态分布。法国数学家拉普拉斯对二项分布的概率估计，采用了对如下函数进行积分的方法

$$\int_{-\infty}^{+\infty}\frac{1}{\sqrt{2\pi}}\mathrm{e}^{-\frac{x^2}{2}}\mathrm{d}x=1 \tag{1-14}$$

利用假设算术平均值是最可靠值，高斯推导出偶然误差 Δ 的概率密度函数为

$$f(\Delta)=\frac{1}{\sqrt{2\pi}\sigma}\mathrm{e}^{-\frac{\Delta^2}{2\sigma^2}} \tag{1-15}$$

称为拉普拉斯-高斯定律。式中，σ 是决定概率密度函数形状的参数，偶然误差 Δ 落在区间(a，

b) 的概率为

$$P(a<\Delta<b)=\int_a^b f(\Delta)\mathrm{d}\Delta=\int_a^b \frac{1}{\sqrt{2\pi}\sigma}\mathrm{e}^{-\frac{\Delta^2}{2\sigma^2}}\mathrm{d}\Delta \tag{1-16}$$

对于观测量或随机变量 X,其正态概率密度函数可以写成

$$f(x)=\frac{1}{\sqrt{2\pi}\sigma}\mathrm{e}^{-\frac{(x-\mu)^2}{2\sigma^2}} \tag{1-17}$$

式中,μ 和 σ 是决定概率密度函数形状的两个参数。由概率论的有关知识可知,观测值 x 落在区间(a,b) 的概率为

$$P(a<x<b)=\int_a^b \frac{1}{\sqrt{2\pi}\sigma}\mathrm{e}^{-\frac{(x-\mu)^2}{2\sigma^2}}\mathrm{d}x \tag{1-18}$$

为了应用上的方便,采用分布变换的方法,将正态分布变换成标准正态分布的形式。设 $t=\frac{x-\mu}{\sigma}$,代入式(1-18),得标准正态分布概率密度函数公式为

$$f(t)=\frac{1}{\sqrt{2\pi}}\mathrm{e}^{-\frac{t^2}{2}} \tag{1-19}$$

标准正态变量的概率分布函数为

$$\Phi(x)=\int_{-\infty}^{x} \frac{1}{\sqrt{2\pi}}\mathrm{e}^{-\frac{t^2}{2}}\mathrm{d}t \tag{1-20}$$

则标准正态分布中,随机变量 X 落在区间(a,b) 的概率为

$$P(a<X<b)=\Phi(b)-\Phi(a) \tag{1-21}$$

标准正态分布的概率通常可以查表获得。

[**例 1-1**]如果正态分布偶然误差的参数 $\sigma=5$ mm,求误差出现在区间(-1.0,$+2.3$) mm 内的概率。

解:误差落入区间(-1.0,$+2.3$) mm 内的概率是

$$P(-1.0<\Delta<+2.3)=\int_{-1.0}^{+2.3} \frac{1}{\sqrt{2\pi}\sigma}\mathrm{e}^{-\frac{\Delta^2}{2\sigma^2}}\mathrm{d}\Delta$$

式中,$\sigma=5$ mm。为了计算上的方便,可以将误差的分布变换成标准正态分布。此时,误差落入规定区间内的概率为

$$\begin{aligned}P(-1.0<\Delta<+2.3)&=\Phi\left(\frac{2.3-0}{5}\right)-\Phi\left(\frac{-1.0-0}{5}\right)=\Phi(0.46)-\Phi(-0.2)\\&=\Phi(0.46)+\Phi(0.2)-1=25.65\%\end{aligned}$$

(二)正态分布随机变量的数学期望

由式(1-9)和式(1-17)可得正态随机变量的数学期望为

$$E(X)=\int_{-\infty}^{+\infty} x\frac{1}{\sqrt{2\pi}}\mathrm{e}^{-\frac{(x-\mu)^2}{2\sigma^2}}\mathrm{d}x \tag{1-22}$$

进行分布变换,设 $t=\frac{x-\mu}{\sigma}$,并代入式(1-22)得

$$E(X)=\frac{1}{\sqrt{2\pi}}\int_{-\infty}^{+\infty}(\sigma t+\mu)\mathrm{e}^{-\frac{t^2}{2}}\mathrm{d}t$$

$$=\frac{\sigma}{\sqrt{2\pi}}\int_{-\infty}^{+\infty}t\,\mathrm{e}^{-\frac{t^2}{2}}\mathrm{d}t+\frac{\mu}{\sqrt{2\pi}}\int_{-\infty}^{+\infty}\mathrm{e}^{-\frac{t^2}{2}}\mathrm{d}t \tag{1-23}$$

式中，$t\mathrm{e}^{-\frac{t^2}{2}}$ 为奇函数，故第一项

$$\int_{-\infty}^{+\infty}t\,\mathrm{e}^{-\frac{t^2}{2}}\mathrm{d}t=0 \tag{1-24}$$

为求得第二项的值，考察下列等式

$$\left(\int_{-\infty}^{+\infty}\mathrm{e}^{-\frac{t^2}{2}}\mathrm{d}t\right)^2=\int_{-\infty}^{+\infty}\mathrm{e}^{-\frac{x^2}{2}}\mathrm{d}x\int_{-\infty}^{+\infty}\mathrm{e}^{-\frac{y^2}{2}}\mathrm{d}y=\int_{-\infty}^{+\infty}\int_{-\infty}^{+\infty}\mathrm{e}^{-\frac{x^2+y^2}{2}}\mathrm{d}x\mathrm{d}y$$

采用极坐标变换，$x^2+y^2=r^2$，$\mathrm{d}x\mathrm{d}y=r\mathrm{d}r\mathrm{d}\theta$，$0\leqslant\theta\leqslant 2\pi$，$0\leqslant r<+\infty$，于是

$$\int_{-\infty}^{+\infty}\int_{-\infty}^{+\infty}\mathrm{e}^{-\frac{x^2+y^2}{2}}\mathrm{d}x\mathrm{d}y=\int_0^{2\pi}\int_0^{+\infty}\mathrm{e}^{-\frac{r^2}{2}}r\mathrm{d}r\mathrm{d}\theta=\int_0^{2\pi}\left[-\int_0^{+\infty}\mathrm{e}^{-\frac{r^2}{2}}\mathrm{d}\left(-\frac{r^2}{2}\right)\right]\mathrm{d}\theta$$

$$=\int_0^{2\pi}\left(-\mathrm{e}^{-\frac{r^2}{2}}\Big|_0^{+\infty}\right)\mathrm{d}\theta=\int_0^{2\pi}\mathrm{d}\theta=2\pi$$

所以

$$\int_{-\infty}^{+\infty}\mathrm{e}^{-\frac{t^2}{2}}\mathrm{d}t=\sqrt{2\pi} \tag{1-25}$$

因此，将式(1-24)、式(1-25)代入式(1-23)，则正态随机变量 X 的数学期望为

$$E(X)=\frac{\mu}{\sqrt{2\pi}}\sqrt{2\pi}=\mu \tag{1-26}$$

μ 的意义如图 1-4 所示，x 取值为 μ 时，$f(x)$ 取最大值 $\frac{1}{\sigma\sqrt{2\pi}}$，即正态随机变量(观测量)$X$ 在数学期望 μ 处附近的邻域内取值时，其概率密度最大。

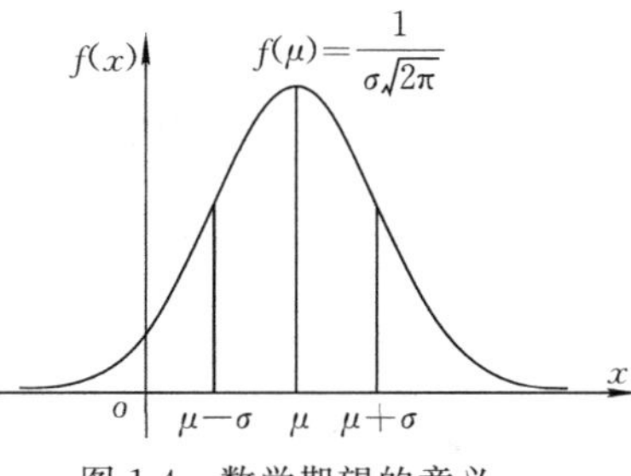

图 1-4　数学期望的意义

(三)正态分布的方差

由式(1-11)、式(1-17)和式(1-26)可得，正态随机变量 X 的方差为

$$D(X)=\frac{1}{\sigma\sqrt{2\pi}}\int_{-\infty}^{+\infty}(x-\mu)^2\mathrm{e}^{-\frac{(x-\mu)^2}{2\sigma^2}}\mathrm{d}x$$

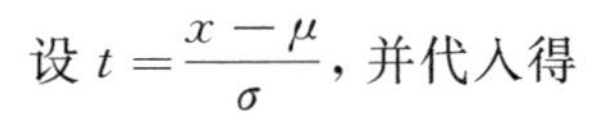

设 $t=\frac{x-\mu}{\sigma}$，并代入得

$$D(X)=\frac{\sigma^2}{\sqrt{2\pi}}\int_{-\infty}^{+\infty}t^2\mathrm{e}^{-\frac{t^2}{2}}\mathrm{d}t\,(※)$$

$$=\frac{\sigma^2}{\sqrt{2\pi}}\left(-t\mathrm{e}^{-\frac{t^2}{2}}\Big|_{-\infty}^{+\infty}+\int_{-\infty}^{+\infty}\mathrm{e}^{-\frac{t^2}{2}}\mathrm{d}t\right)=\sigma^2 \tag{1-27}$$

※ $\int(uv)'=\int uv'+\int u'v$

$\int uv'=uv-\int u'v$

$u=t$

$v'=t\mathrm{e}^{-\frac{t^2}{2}}$　$v=-\mathrm{e}^{-\frac{t^2}{2}}$

(四)正态分布的标准差(中误差)

依上述讨论，$D(X)$ 是随机变量 X 的方差，亦表示为 σ^2，则称 σ 为 X 的标准差。测绘专业中，σ 习惯上称为中误差。在偶然

误差 Δ 的正态分布中,对式(1-15)取二阶导数并令其等于零,则有

$$f''(\Delta)=\frac{1}{\sqrt{2\pi}\sigma^3}e^{-\frac{\Delta^2}{2\sigma^2}}\left(\frac{\Delta^2}{\sigma^2}-1\right)=0$$

即

$$\Delta=\pm\sigma \tag{1-28}$$

可见,$\pm\sigma$ 是正态分布概率密度曲线 $f(\Delta)$ 的一对拐点。σ 不同,则正态分布概率密度曲线的平缓或陡峭程度就不同,反映出偶然误差 Δ 概率分布的离散或密集的程度。值得注意的是,中误差 σ 及其估值 $\hat{\sigma}$ 恒取正号。

对于一个偶然误差变量 Δ 有 $\Delta\sim N(\mu,\sigma^2)$

$$f(\Delta)=\frac{1}{\sqrt{2\pi}\sigma}e^{-\frac{\Delta^2}{2\sigma^2}}\quad(-\infty<\Delta<\infty)$$

$$E(\Delta)=0\quad D(\Delta)=E(\Delta^2)=\sigma^2$$

对于一个只含偶然误差的观测值变量 L 有

$$L\sim N(\mu,\sigma^2)\quad f(L)=\frac{1}{\sqrt{2\pi}\sigma}e^{-\frac{(L-\mu)^2}{2\sigma^2}}\quad(-\infty<L<\infty)$$

$$E(L)=\mu\xlongequal{\text{含有}\Delta}\widetilde{L}$$

$$D(L)=D(\widetilde{L}-\Delta)=D(\Delta)=\sigma^2$$

综上可知,正态随机变量 X 的分布密度函数中的参数 μ 和 σ^2 就是正态随机变量的数学期望和方差值,可表达为 $X\sim N(\mu,\sigma^2)$。

三、二维正态随机变量——二维观测值向量

X、Y 为两个正态随机变量,即 $X\sim N(\mu_1,\sigma_1^2)$、$Y\sim N(\mu_2,\sigma_2^2)$,其相关系数为 ρ,构成二维正态随机变量 (X,Y),其联合密度函数为

$$f(x,y)=\frac{1}{2\pi\sigma_1\sigma_2\sqrt{1-\rho^2}}\exp\left\{-\frac{1}{2(1-\rho^2)}\left[\frac{(x-\mu_1)^2}{\sigma_1^2}-\frac{2\rho(x-\mu_1)(y-\mu_2)}{\sigma_1\sigma_2}+\frac{(y-\mu_2)^2}{\sigma_2^2}\right]\right\}$$

引入矩阵表示

$$\boldsymbol{Z}=\begin{bmatrix}X\\Y\end{bmatrix},\ \boldsymbol{\mu}_Z=\begin{bmatrix}\mu_1\\\mu_2\end{bmatrix},\ \boldsymbol{D}_{ZZ}=\begin{bmatrix}D_{XX}&D_{XY}\\D_{YX}&D_{YY}\end{bmatrix}=\begin{bmatrix}\sigma_1^2&\sigma_{12}\\\sigma_{21}&\sigma_2^2\end{bmatrix}=\begin{bmatrix}\sigma_1^2&\rho\sigma_1\sigma_2\\\rho\sigma_1\sigma_2&\sigma_2^2\end{bmatrix}$$

称 $\boldsymbol{D}_{ZZ}$ 为 $\boldsymbol{Z}$ 的协方差矩阵或方差-协方差矩阵,又因为

$$|\boldsymbol{D}_{ZZ}|=\sigma_1^2\sigma_2^2(1-\rho^2),\ \boldsymbol{D}_{ZZ}^{-1}=\frac{1}{|\boldsymbol{D}_{ZZ}|}\begin{bmatrix}\sigma_2^2&-\rho\sigma_1\sigma_2\\-\rho\sigma_1\sigma_2&\sigma_1^2\end{bmatrix}$$

$$\begin{aligned}(\boldsymbol{Z}-\boldsymbol{\mu}_Z)^{\mathrm{T}}\boldsymbol{D}_{ZZ}^{-1}(\boldsymbol{Z}-\boldsymbol{\mu}_Z)&=\frac{1}{|\boldsymbol{D}_{ZZ}|}\begin{bmatrix}x-\mu_1&y-\mu_2\end{bmatrix}\begin{bmatrix}\sigma_2^2&-\rho\sigma_1\sigma_2\\-\rho\sigma_1\sigma_2&\sigma_1^2\end{bmatrix}\begin{bmatrix}x-\mu_1\\y-\mu_2\end{bmatrix}\\&=\frac{1}{1-\rho^2}\left[\frac{(x-\mu_1)^2}{\sigma_1^2}-\frac{2\rho(x-\mu_1)(y-\mu_2)}{\sigma_1\sigma_2}+\frac{(y-\mu_2)^2}{\sigma_2^2}\right]\end{aligned}$$

则

$$f(x,y)=\frac{1}{2\pi|\boldsymbol{D}_{ZZ}|^{\frac{1}{2}}}\exp\left[-\frac{1}{2}(\boldsymbol{Z}-\boldsymbol{\mu}_Z)^{\mathrm{T}}\boldsymbol{D}_{ZZ}^{-1}(\boldsymbol{Z}-\boldsymbol{\mu}_Z)\right]$$

四、n 维正态随机变量——观测值向量

设有观测值向量 $\underset{n1}{\boldsymbol{X}}=[X_1\ \ X_2\ \ \cdots\ \ X_n]^{\mathrm{T}}$，则其联合密度函数为

$$f(x_1,x_2,\cdots,x_n)=\frac{1}{(2\pi)^{\frac{n}{2}}\left|\boldsymbol{D}_{XX}\right|^{\frac{1}{2}}}\exp\left\{-\frac{1}{2}(\boldsymbol{X}-\boldsymbol{\mu}_X)^{\mathrm{T}}\boldsymbol{D}_{XX}^{-1}(\boldsymbol{X}-\boldsymbol{\mu}_X)\right\}$$

数学期望表示为 $\boldsymbol{\mu}_X=E(\underset{n1}{\boldsymbol{X}})=[E(X_1)\ \ E(X_2)\ \ \cdots\ \ E(X_n)]^{\mathrm{T}}$。其**方差-协方差矩阵**是由随机变量 $\boldsymbol{X}$ 的所有方差或两两间协方差按秩序排列组成的矩阵，即

$$\underset{nn}{\boldsymbol{D}_{XX}}=\begin{bmatrix}D_{X_1X_1} & D_{X_1X_2} & \cdots & D_{X_1X_n}\\ D_{X_2X_1} & D_{X_2X_2} & \cdots & D_{X_2X_n}\\ \vdots & \vdots & & \vdots\\ D_{X_nX_1} & D_{X_nX_2} & \cdots & D_{X_nX_n}\end{bmatrix}=\begin{bmatrix}\sigma_1^2 & \sigma_{12} & \cdots & \sigma_{1n}\\ \sigma_{21} & \sigma_2^2 & \cdots & \sigma_{2n}\\ \vdots & \vdots & & \vdots\\ \sigma_{n1} & \sigma_{n2} & \cdots & \sigma_n^2\end{bmatrix}$$

或 $\underset{nn}{\boldsymbol{D}_{XX}}=E\{[\boldsymbol{X}-E(\boldsymbol{X})][\boldsymbol{X}-E(\boldsymbol{X})]^{\mathrm{T}}\}$。

两个观测值向量 $\boldsymbol{X}$、$\boldsymbol{Y}$ 的协方差矩阵：设观测值向量 $\underset{n1}{\boldsymbol{X}}=[X_1\ \ X_2\ \ \cdots\ \ X_n]^{\mathrm{T}}$，$\underset{m1}{\boldsymbol{Y}}=[Y_1\ \ Y_2\ \ \cdots\ \ Y_m]^{\mathrm{T}}$，则 $\boldsymbol{X}$ 与 $\boldsymbol{Y}$ 的**协方差矩阵**为

$$\underset{nm}{\boldsymbol{D}_{XY}}=\begin{bmatrix}D_{X_1Y_1} & D_{X_1Y_2} & \cdots & D_{X_1Y_m}\\ D_{X_2Y_1} & D_{X_2Y_2} & \cdots & D_{X_2Y_m}\\ \vdots & \vdots & & \vdots\\ D_{X_nY_1} & D_{X_nY_2} & \cdots & D_{X_nY_m}\end{bmatrix}$$

或 $\underset{nm}{\boldsymbol{D}_{XY}}=E\{[\boldsymbol{X}-E(\boldsymbol{X})][\boldsymbol{Y}-E(\boldsymbol{Y})]^{\mathrm{T}}\}$。

五、两个随机变量之间的相关性与独立性

(一)随机变量的和与积

两个随机变量的和 $(X+Y)$、积 (XY) 仍为随机变量。

因为

$$\begin{aligned}D(X+Y)&=E\{[(X+Y)-E(X+Y)]^2\}=E\{[X-E(X)+Y-E(Y)]^2\}\\&=D(X)+D(Y)+2D_{XY}\end{aligned}$$

又

$$\begin{aligned}D(X+Y)&=E[(X+Y)^2]-E^2(X+Y)\\&=E(X^2)-E^2(X)+E(Y^2)-E^2(Y)+2E(XY)-2E(X)E(Y)\\&=D(X)+D(Y)+2E(XY)-2E(X)E(Y)\end{aligned}$$

所以

$$D_{XY}=E(XY)-E(X)E(Y)$$

(二)相关性与独立性

设有任意分布的两个随机变量 X、Y，独立性和相关性有如下定义：

(1)若 $f(x,y)=f_1(x)f_2(y)$，则称 X、Y 独立。

(2)若 $\sigma_{XY}=D_{XY}=0$，$\rho_{XY}=0$，则称 X、Y 不相关。

(3)若 $\rho_{XY}\neq 0$，则 X、Y 相关；若 $\rho_{XY}=\pm 1$，则 X、Y 函数相关。

(三)正态随机变量不相关与独立等价

(1)任意分布的两个随机变量 X、Y 若独立,则不相关。

证明:当 X、Y 独立时,有 $E(XY)=E(X)E(Y)$,所以 $D_{XY}=E(XY)-E(X)E(Y)=0$,$\rho_{XY}=0$,故 X、Y 不相关。

(2)两个正态随机变量 X、Y 若不相关($\sigma_{XY}=0,\rho_{XY}=0$),则互相独立。

证明:设 $(X,Y)\sim N(\mu_1,\mu_2,\sigma_1,\sigma_2,\rho)$,有

$$
\begin{aligned}
f(x,y)&=\frac{1}{2\pi\sigma_1\sigma_2\sqrt{1-\rho^2}}\exp\left\{-\frac{1}{2(1-\rho^2)}\left[\frac{(x-\mu_1)^2}{\sigma_1^2}-\frac{2\rho(x-\mu_1)(y-\mu_2)}{\sigma_1\sigma_2}+\frac{(y-\mu_2)^2}{\sigma_2^2}\right]\right\}\\
&\overset{\rho=0}{=}\frac{1}{2\pi\sigma_1\sigma_2}\exp\left\{-\frac{1}{2}\left[\frac{(x-\mu_1)^2}{\sigma_1^2}+\frac{(y-\mu_2)^2}{\sigma_2^2}\right]\right\}\\
&=\frac{1}{\sqrt{2\pi}\sigma_1}e^{-\frac{(x-\mu_1)^2}{2\sigma_1^2}}\frac{1}{\sqrt{2\pi}\sigma_2}e^{-\frac{(y-\mu_2)^2}{2\sigma_2^2}}\\
&=f_1(x)f_2(y)
\end{aligned}
$$

所以 X、Y 独立。

由以上证明可知,正态随机变量的独立与不相关是等价的。

六、正态随机变量的性质

(一)正态分布的传播性

通常我们把服从数学期望为 μ、方差为 σ^2 的正态随机变量 X 表达为 $X\sim N(\mu,\sigma^2)$。

定理:设 X、Y 相互独立,且 $X\sim N(\mu_1,\sigma_1^2)$、$Y\sim N(\mu_2,\sigma_2^2)$,则 $Z=X+Y$ 仍然服从正态分布,且 $Z\sim N(\mu_1+\mu_2,\sigma_1^2+\sigma_2^2)$,特别地,$aX+bY+c\sim N(a\mu_1+b\mu_2+c,a^2\sigma_1^2+b^2\sigma_2^2)$。

该定理说明正态随机变量的线性组合仍然服从正态分布。

(二)中心极限定理

中心极限定理证明,如果各独立随机变量具有有限方差和期望,且每个随机变量在随机变量的总和中不占据绝对优势地位,则随机变量总和将趋向于正态分布。自然和社会领域中的很多现象均近似于正态分布。测量中的偶然误差也近似于正态分布。因此,可以认为观测误差是由许多相互独立的偶然误差综合作用的结果,即

$$\Delta_{偶}=\Delta_1+\Delta_2+\cdots+\Delta_n \tag{1-29}$$

由于观测过程并不能严格满足中心极限定理中的要求,因此认为观测误差近似服从正态分布是合理的。实际上很多分布,如二项分布、χ^2 分布和 F 分布的极限分布都是正态分布。

§1-5 观测质量与评价指标

一、观测成果的质量评价

观测成果的质量评价是观测数据处理的主要内容。观测成果的质量评价分两个体系:精确性评价(针对偶然误差和系统误差)与可靠性评价(针对粗差)。精确性评价又分为三个方面:精度(precision)、准确度(accuracy)、精确度(mean square error,MSE),分别侧重评价含有偶然误差、系统误差及两者综合误差的观测值。

我们用四组打靶成果来直观描述各组观测值的精确度,如图 1-5 所示。

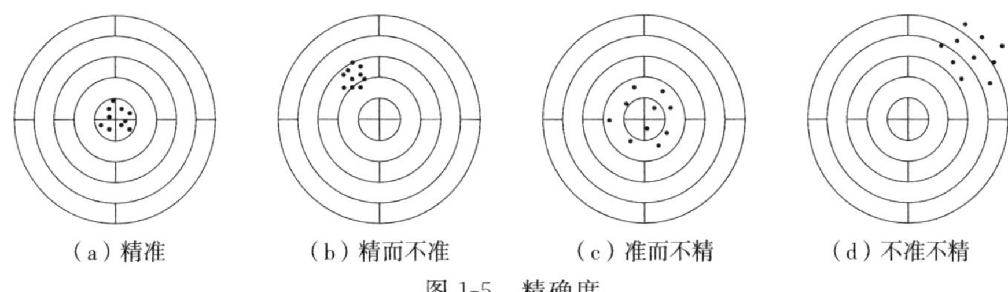

图 1-5　精确度

由此可知,对于一组观测值,精度是对其误差分布集中程度的评价,准确度是对观测值的平均值与真值偏差大小的评价。质量好的观测成果应该是又精又准,也就是在高准确度的前提下的高精度,在高精度前提下的高准确度,两者互为补充。

二、衡量精度的指标

精度是指观测误差分布的密集或离散程度。

在一定的观测条件下的一组观测值,对应于一种误差分布,如§1-3 中一组 817 个内角和观测误差,得出一条偶然误差的分布曲线,该组误差分布的密集程度表征该组观测值的精度。该组中的每一个观测值均具有相同的分布特性、相同的精度,称为**同精度观测值**。

如果一组观测误差分布较为密集,离散度较小,则说明该组观测精度较高,质量较好。如图 1-6 所示为三组观测误差的分布曲线,分布密度函数分别为 $f_1(\Delta)$、$f_2(\Delta)$、$f_3(\Delta)$:第一组误差分布曲线 $f_1(\Delta)$ 顶峰最高,曲线陡峭,误差集中于零附近,精度最高;第三组误差分布曲线 $f_3(\Delta)$ 顶峰最低,曲线平缓,误差分布离散度大,精度最低。

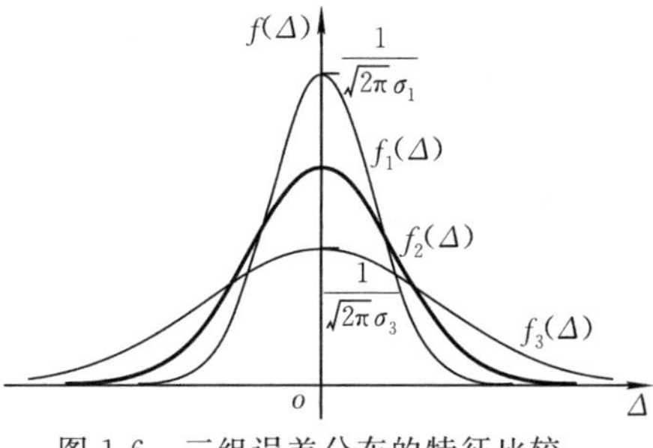

图 1-6　三组误差分布的特征比较

选择怎样的指标来描述误差分布的密集程度呢?取误差分布曲线的峰值 $\frac{1}{\sqrt{2\pi}\sigma}$,或者直接取 σ。若 σ 越小,则曲线峰值越大,误差分布越密集,观测精度就越高;反之,若 σ 越大,则曲线峰值就越小,误差分布越离散,观测精度就越低。显然 σ 作为衡量精度的一个指标是合适的。类似地,还有其他参数可以作为精度指标。

精度指标是描述误差分布的密集或离散程度、精度高低的数值,如方差 σ^2、中误差 σ、平均误差 θ、或然误差 ρ、极限误差 2σ 或 3σ、相对误差 σ/L。

(一)方差 σ^2 和中误差 σ 及其估值

$$D(X)=E\{[X-E(X)]^2\}$$

$$D(\Delta)=\sigma^2=E(\Delta^2)=\int_{-\infty}^{+\infty}\Delta^2 f(\Delta)\mathrm{d}\Delta$$

$$\sigma=\sqrt{D(\Delta)}=\sqrt{E(\Delta^2)}>0$$

σ 越小,曲线越陡峭,精度越高,观测质量越好;σ 越大,曲线越平滑,精度越低,观测质量越差。

σ 的估算办法如下

$$E(\Delta)=E(\tilde{L}-L)=E(\tilde{L})-E(L)=\tilde{L}-\tilde{L}=0$$

故有

$$\sigma_\Delta^2 = E(\Delta^2) = \int_{-\infty}^{+\infty} \Delta^2 f(\Delta) \mathrm{d}\Delta$$

同时

$$\sigma_L^2 = E\{[L - E(L)]^2\} = E[(L - \widetilde{L})^2] = E[(\widetilde{L} - L)^2] = E(\Delta^2) = \sigma_\Delta^2 \tag{1-30}$$

说明观测量的方差与相应的真误差的方差相等。

为了得到方差和中误差的实用计算公式,设在相同观测条件下,对一观测量进行观测,获得一组等精度观测值 L_i 和相应的真误差 Δ_i, $i=1,2,\cdots,n$,具体如下

$$L_1, L_2, \cdots, L_n$$

$$\Delta_1, \Delta_2, \cdots, \Delta_n$$

以 $\mathrm{d}\Delta$ 划分区间长度,统计真误差落入各区间$(\xi_i, \xi_i + \mathrm{d}\Delta)$中的个数 n_j, $j=1,2,\cdots,k$, k 为误差区间的个数,则

$$n = n_1 + n_2 + \cdots + n_k$$

原误差集将以区间 $(\xi_i, \xi_i + \mathrm{d}\Delta)$ 为界,划分为 k 个互质的子集

$$\{\Delta_1, \Delta_2, \cdots, \Delta_n\} = \bigcup_{j=1}^{k} \{\Delta_{j1}, \Delta_{j2}, \cdots, \Delta_{jn_j}\}_j$$

设 $f(\Delta)$ 为误差概率分布密度函数,$f(\Delta)\mathrm{d}\Delta$ 即为误差 Δ 落入区间$(\xi_j, \xi_j + \mathrm{d}\Delta)$中的概率,以 p_j 表示,即 $p_j = f(\Delta)\mathrm{d}\Delta$。

依据积分定义,将式(1-30)离散化

$$\sigma_\Delta^2 = E(\Delta^2) = \int_{-\infty}^{+\infty} \Delta^2 f(\Delta) \mathrm{d}\Delta = \lim_{\substack{\mathrm{d}\Delta \to 0 \\ n \to \infty}} \sum_{j=1}^{k} \omega_j p_j \tag{1-31}$$

式中,ω_j 为落入第 j 个误差区间$(\xi_j, \xi_j + \mathrm{d}\Delta)$中的误差平方 Δ^2 的平均值。为方便表述,测量中常用中括号[ ]替代 Σ 表达求和,即

$$\omega_j = \frac{[\Delta^2]_j}{n_j} \qquad (\omega_j n_j = [\Delta^2]_j) \tag{1-32}$$

p_j 为误差落入区间$(\xi_j, \xi_j + \mathrm{d}\Delta)$中的概率,即误差落入该区间的频率 n_j/n 的极限值,即

$$p_j = \lim_{n \to \infty} \frac{n_j}{n} \tag{1-33}$$

故有

$$\begin{aligned}
\lim_{\substack{\mathrm{d}\Delta \to 0 \\ n \to \infty}} \sum_{j=1}^{k} \omega_j p_j &= \lim_{\substack{\mathrm{d}\Delta \to 0 \\ n \to \infty}} \sum_{j=1}^{k} \left(\omega_j \lim_{n \to \infty} \frac{n_j}{n}\right) = \lim_{\substack{\mathrm{d}\Delta \to 0 \\ n \to \infty}} \sum_{j=1}^{k} \frac{\omega_j n_j}{n} = \lim_{\substack{\mathrm{d}\Delta \to 0 \\ n \to \infty}} \sum_{j=1}^{k} \frac{[\Delta^2]_j}{n} \\
&= \lim_{\substack{\mathrm{d}\Delta \to 0 \\ n \to \infty}} \frac{1}{n} \sum_{j=1}^{k} [\Delta^2]_j = \lim_{\substack{\mathrm{d}\Delta \to 0 \\ n \to \infty}} \frac{1}{n} ([\Delta^2]_1 + [\Delta^2]_2 + \cdots + [\Delta^2]_k) \\
&= \lim_{n \to \infty} \frac{1}{n} [\Delta^2] = \lim_{n \to \infty} \frac{[\Delta\Delta]}{n}
\end{aligned}$$

由此得出

$$\sigma_L^2 = \sigma_\Delta^2 = \lim_{n \to \infty} \frac{[\Delta\Delta]}{n} \tag{1-34}$$

相应的中误差为

$$\sigma_L = \lim_{n \to \infty} \sqrt{\frac{[\Delta\Delta]}{n}} \tag{1-35}$$

当 n 为有限时,取方差和中误差的估计量为

$$\hat{\sigma}_L^2 = \frac{[\Delta\Delta]}{n} \tag{1-36}$$

$$\hat{\sigma}_L = \sqrt{\frac{[\Delta\Delta]}{n}} \tag{1-37}$$

实际应用时应注意,当 n 的数量过小时,上面的估计量就失去了统计意义。

(二)平均误差 θ

平均误差是误差的绝对值的数学期望,即 $\theta = E(|\Delta|)$,有

$$\theta = \int_{-\infty}^{+\infty} |\Delta| f(\Delta) \mathrm{d}\Delta = 2\int_0^{+\infty} \Delta \frac{1}{\sigma\sqrt{2\pi}} \mathrm{e}^{-\frac{\Delta^2}{2\sigma^2}} \mathrm{d}\Delta$$

$$= \frac{2}{\sqrt{2\pi}} \int_0^{+\infty} -\sigma \mathrm{d}\mathrm{e}^{-\frac{\Delta^2}{2\sigma^2}} = \frac{2\sigma}{\sqrt{2\pi}} \left[-\mathrm{e}^{-\frac{\Delta^2}{2\sigma^2}}\right]_0^{+\infty} = \sqrt{\frac{2}{\pi}}\sigma \approx 0.80\sigma$$

对于相同条件下的一组独立观测误差 Δ_i,有 $\theta = \lim\limits_{n\to\infty} \frac{1}{n} \sum\limits_{i=1}^{n} |\Delta_i|$(绝对值平均之极限),$\hat{\theta} = \frac{1}{n} \sum\limits_{i=1}^{n} |\Delta_i|$。

由平均误差的定义可知,对于相同观测条件下的系列观测误差集,将误差按绝对值大小排列组成数值集,其中间值也可作为平均误差估值。平均误差的区间如图 1-7(a)所示。

[例 1-2]利用两种不同的经纬仪对三角形的内角和进行测量,所测得内角和真误差两组数据如下,单位为角秒

第一组:+2,−4,−2,+2,0,−4,+3,+2,−3,−1,+2,+3,−2,+4,0,−3,−1,+3,−2,+3

第二组:0,−1,−7,+2,+1,+1,−8,0,+3,−2,0,+5,+2,−1,+2,0,−4,0,+3,−6

试比较两组数据精度的高低。

解:两组数据的平均误差分别为

$$\hat{\theta}_1 = \frac{1}{n}\sum_{i=1}^{n} |\Delta_i| = 2.4'',\ \hat{\theta}_2 = \frac{1}{n}\sum_{i=1}^{n} |\Delta_i| = 2.4''$$

两组数据的中误差估值分别为

$$\hat{\sigma}_1 = \sqrt{\frac{1}{n}\sum_{i=1}^{n}\Delta_i^2} = 2.6'',\ \hat{\sigma}_2 = \sqrt{\frac{1}{n}\sum_{i=1}^{n}\Delta_i^2} = 3.4''$$

两组数据的平均误差相同,但是,第一组数据的中误差小于第二组。因此,第一组数据的精度较高。

(三)或然误差 ρ

定义:误差出现在 $(-\rho, +\rho)$ 之间的概率等于 1/2,即

$$P(-\rho < \Delta < +\rho) = \int_{-\rho}^{+\rho} f(\Delta)\mathrm{d}\Delta = 1/2$$

对于正态分布的偶然误差,可以得出

$$\rho \approx 0.67\sigma \tag{1-38}$$

其区间如图 1-7(b)所示。

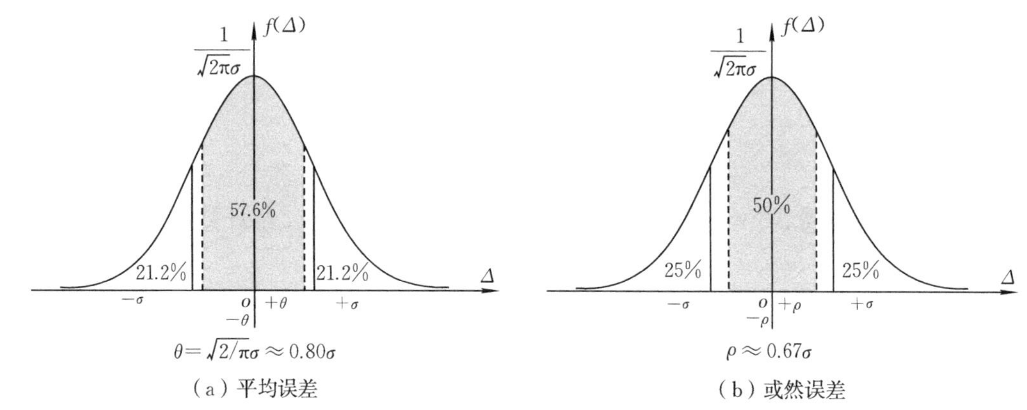

图 1-7 平均误差和或然误差的区间

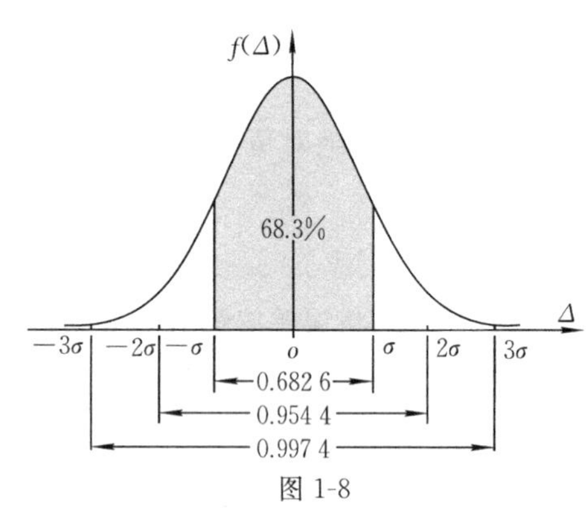

图 1-8

(四)极限误差 $\Delta_{限}$

对于正态分布的偶然误差(图 1-8),其绝对值超过 2 倍或 3 倍中误差的概率分别为

$$P(-2\sigma < \Delta < 2\sigma) = \int_{-2\sigma}^{+2\sigma} f(\Delta)\mathrm{d}\Delta \approx 95.4\% \tag{1-39}$$

$$P(-3\sigma < \Delta < 3\sigma) = \int_{-3\sigma}^{+3\sigma} f(\Delta)\mathrm{d}\Delta \approx 99.7\% \tag{1-40}$$

超过 2 倍或 3 倍中误差的偶然误差的概率极小,可以认为是不可能事件。因此,当误差超过 2 倍或 3 倍中误差时,认为是粗差,应予以舍弃。将 2 倍或 3 倍中误差作为偶然误差的极限,称为极限误差。

$$\Delta_{限} = 3\sigma \tag{1-41}$$

已知中误差便可以确定偶然误差出现在某一区间内的概率;反之,若限定偶然误差出现在某区间内的概率,亦可以确定相应观测值偶然误差的中误差。实际当中提出的往往是对误差的限定,即限差。

[**例 1-3**]如图 1-9 所示,导线测量中,边长测量值为 150 m,若使端点的横向误差不超过 5 mm,则测角中误差应达到多少?

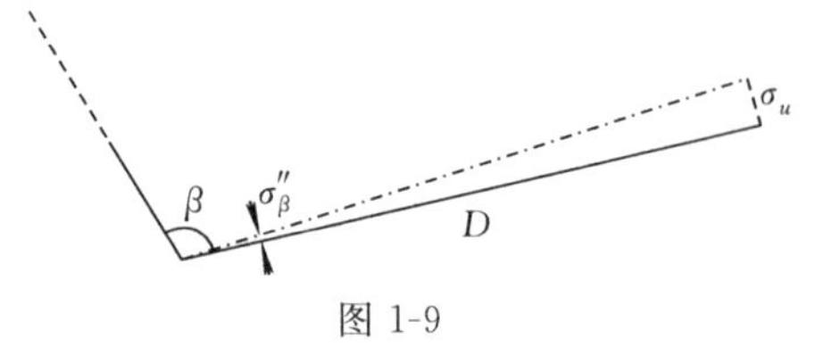

图 1-9

解:如图 1-9 所示,考虑到测角误差很小,导线端点的横向误差 σ_u 与测角中误差 σ''_β 关系可简化为

$$\sigma_\beta \approx \tan\sigma_\beta = \frac{\sigma_u}{D}$$

横向误差不应超过 5 mm,意味着极限误差为 5 mm,因此横向中误差不应超过 5/3≈1.7(mm),则测角中误差应为

$$\sigma''_\beta = \frac{\sigma_u}{D}\rho'' = \frac{0.001\,7}{150} \times 206\,265 \approx 2.34''$$

式中,ρ'' 为弧度与度分秒的换算关系(※)。

※ 1 弧度对应的度分秒值:

$$\rho^\circ = \frac{180^\circ}{\pi} \approx 57.3^\circ$$

$$\rho' = \frac{180 \times 60'}{\pi} \approx 3\,437.7'$$

$$\rho'' = \frac{180 \times 3\,600''}{\pi} \approx 206\,265''$$

(五)相对误差 σ_L/L

某些观测量,仅使用中误差并不能准确表达其测值精度的高低。例如,距离观测值 $L_1=100$ m 和 $L_2=300$ m 的两段距离测量的误差均为 3 mm,若据此认为这两段距离的精度相同显然不合理。L_2 的精度显然高于 L_1,这是因为其精度的高低与观测值本身大小是相关的,此时,采用相对误差衡量和比较观测值的精度更为合理。

相对误差包括相对真误差、相对中误差、相对极限误差等指标。其定义是用相应的绝对精度指标与观测值相比,并用 $1/N$ 的形式表达,如相对中误差采用如下形式

$$\text{相对中误差}=\frac{\sigma_L}{L}=\frac{1}{\text{取整}(L/\sigma_L)} \tag{1-42}$$

三、综合误差分析

如果观测值中含有系统误差,则观测值的综合误差为

$$\Omega=\tilde{L}-L=\Delta+\varepsilon \tag{1-43}$$

式中,Δ 为偶然误差,ε 为系统误差。此时,仅利用精度的概念并不能完整描述观测值误差的实际状况。

> ※误差基本关系:
>
> 定义:$\Omega=\tilde{L}-L$
>
> 构成:$\Omega=\Delta_{\text{粗}}+\varepsilon+\Delta$
>
> 特性:$E(\Delta)=0$
>
> 推理(1) 只含 ε、Δ:$\Omega=\varepsilon+\Delta$
>
> $$\left.\begin{aligned}E(\Omega)&=\varepsilon\\E(\Omega)&=E(\tilde{L}-L)=\tilde{L}-E(L)\end{aligned}\right\}\Rightarrow$$
>
> $\therefore \varepsilon=\tilde{L}-E(L)$
>
> (2) 只含 Δ:$\Omega=\Delta$
>
> $$\left.\begin{aligned}E(\Omega)&=E(\Delta)=0\\E(\Omega)&=E(\tilde{L}-L)\end{aligned}\right\}\Rightarrow$$
>
> $\therefore E(L)=\tilde{L}$

(一)准确度

将观测量真值与观测量数学期望之差称为观测量的准确度,即

$$\varepsilon=\tilde{L}-E(L) \tag{1-44}$$

准确度反映的是观测值中系统误差的大小。如图 1-10 所示,子弹着点与靶心明显存在系统误差。当不存在系统误差时,观测值的期望等于真值。

图 1-10　系统误差

(二)精确度

观测量的精确度可以反映观测值与真值的偏离程度。这种偏离程度用均方误差来定义,即

$$\mathrm{MSE}(L)=E[(\tilde{L}-L)^2] \tag{1-45}$$

由均方误差的定义容易得出

$$\begin{aligned}\mathrm{MSE}(L)&=E[(\tilde{L}-L)^2]=E\{[\tilde{L}-E(L)-L+E(L)]^2\}\\&=E\{[\tilde{L}-E(L)]^2-2[\tilde{L}-E(L)][L-E(L)]+\\&\quad[L-E(L)]^2\}\end{aligned}$$

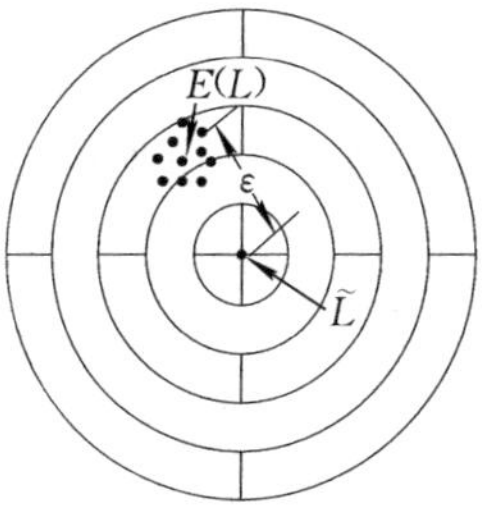

因为

$$E\{[\tilde{L}-E(L)][L-E(L)]\}=[\tilde{L}-E(L)][E(L)-E(L)]=0$$

所以

$$\mathrm{MSE}(L)=E\{[L-E(L)]^2\}+E\{[\tilde{L}-E(L)]^2\}=\sigma^2+\varepsilon^2 \tag{1-46}$$

当观测值不存在系统误差时,均方误差等于方差。

(三)不确定性

观测值的不确定性指广义上的误差。可以利用不确定度来度量观测值的不确定性。不确

定度是观测值按确定预期落入的范围。如果观测值 L 落入范围 U 的概率是 q，即 $P(L \in U)=q$，则称观测值以概率 q 的不确定度是 U。对于正态分布的偶然误差而言，50%的不确定度就是或然误差，95%的不确定度是 $\pm 1.96\sigma$。

§1-6　相关观测与协方差

在测量当中常常出现相关观测的情形。例如，利用经纬仪按方向法测量角度时，各个角度值是方向观测值之差。因此，角度计算值是相关的。应对观测值或随机量之间的相关程度予以度量。

一、观测值的协方差

观测值 X 和 Y 的协方差的定义为

$$\sigma_{XY}=E\{[X-E(X)][Y-E(Y)]\} \tag{1-47}$$

如果观测值不存在粗差和系统误差，则 $E(X)-X=\Delta_X$，$E(Y)-Y=\Delta_Y$，有

$$\sigma_{XY}=E(\Delta_X\Delta_Y)=E(\Delta_Y\Delta_X)=\sigma_{YX}$$

对于独立的观测误差集，与前述讨论方差实用计算公式时的情形相同，可以得出观测量 X 和 Y 的协方差的实用计算式为

$$\sigma_{XY}=E(\Delta_X\Delta_Y)=\int_{-\infty}^{+\infty}\int_{-\infty}^{+\infty}\Delta_X\Delta_Y f(\Delta_X,\Delta_Y)\mathrm{d}\Delta_X\mathrm{d}\Delta_Y=\lim_{n\to\infty}\frac{[\Delta_X\Delta_Y]}{n} \tag{1-48}$$

当观测值数量 n 有限时，协方差的估值为

$$\hat{\sigma}_{XY}=\frac{[\Delta_X\Delta_Y]}{n}$$

如果 $\sigma_{XY}=0$，则观测值 X 和 Y 不相关。

二、相关系数

协方差虽然能度量观测量之间是否相关，但协方差为一具有量纲的量，其量纲是观测值量纲的平方，不能明确说明随机变量之间相关的程度。为此，引入相关系数的概念。相关系数定义为

$$\rho_{XY}=\frac{\sigma_{XY}}{\sigma_X\sigma_Y} \tag{1-49}$$

可见，相关系数 ρ_{XY} 是一个无量纲的量，通常 $|\rho_{XY}|\leqslant 1$。当 $\rho_{XY}=\pm 1$ 时，随机变量 X 与 Y 完全相关，它们之间是确定的函数关系。当随机变量 X 与 Y 独立时，$\sigma_{XY}=0$，有 $\rho_{XY}=0$；但反之不成立，由 $\rho_{XY}=0$ 不能得出随机变量 X 与 Y 独立的结论。一个明显的例子就是随机变量 X 与 Y 满足 $X^2+Y^2=R^2$ 时。

相关系数 ρ_{XY} 很好地表达了随机变量之间的线性相关程度：越接近于 ± 1，线性相关程度越高；越接近于 0，则线性相关程度越低。

三、方差矩阵

对于观测向量中各观测值的方差和相关特性，可以用协方差矩阵予以描述。观测值向量 $\boldsymbol{X}=[x_1\ \ x_2\ \ \cdots\ \ x_n]^{\mathrm{T}}$ 的协方差矩阵的定义为

$$\underset{nn}{\boldsymbol{D}_{XX}}=E\{[\boldsymbol{X}-E(\boldsymbol{X})][\boldsymbol{X}-E(\boldsymbol{X})]^{\mathrm{T}}\}=\begin{bmatrix}\sigma_{x_1}^2 & \sigma_{x_1x_2} & \cdots & \sigma_{x_1x_n}\\ \sigma_{x_2x_1} & \sigma_{x_2}^2 & \cdots & \sigma_{x_2x_n}\\ \vdots & \vdots & & \vdots\\ \sigma_{x_nx_1} & \sigma_{x_nx_2} & \cdots & \sigma_{x_n}^2\end{bmatrix} \tag{1-50}$$

式中，$E(\boldsymbol{X})$ 是观测向量 $\boldsymbol{X}$ 的期望向量，即

$$E(\boldsymbol{X})=[E(x_1)\quad E(x_2)\quad \cdots \quad E(x_n)]^{\mathrm{T}}$$

四、互协方差矩阵

对于两组观测向量 $\underset{n1}{\boldsymbol{X}}$ 和 $\underset{t1}{\boldsymbol{Y}}$，它们的互协方差矩阵定义为

$$\underset{nt}{\boldsymbol{D}_{XY}}=E\{[\boldsymbol{X}-E(\boldsymbol{X})][\boldsymbol{Y}-E(\boldsymbol{Y})]^{\mathrm{T}}\}=\begin{bmatrix}\sigma_{x_1y_1} & \sigma_{x_1y_2} & \cdots & \sigma_{x_1y_t}\\ \sigma_{x_2y_1} & \sigma_{x_2y_2} & \cdots & \sigma_{x_2y_t}\\ \vdots & \vdots & & \vdots\\ \sigma_{x_ny_1} & \sigma_{x_ny_2} & \cdots & \sigma_{x_ny_t}\end{bmatrix} \tag{1-51}$$

$$\underset{tn}{\boldsymbol{D}_{YX}}=E\{[\boldsymbol{Y}-E(\boldsymbol{Y})][\boldsymbol{X}-E(\boldsymbol{X})]^{\mathrm{T}}\}=\boldsymbol{D}_{XY}^{\mathrm{T}}$$

对于观测值向量 $\underset{n+t\ 1}{\boldsymbol{Z}}=\begin{bmatrix}\boldsymbol{X}\\ \boldsymbol{Y}\end{bmatrix}$，它的协方差矩阵可以写成

$$\underset{n+t\ n+t}{\boldsymbol{D}_{ZZ}}=\begin{bmatrix}\boldsymbol{D}_{XX} & \boldsymbol{D}_{XY}\\ \boldsymbol{D}_{YX} & \boldsymbol{D}_{YY}\end{bmatrix}$$

§1-7　多维正态分布

对于由 n 个观测值组成的观测值向量 $\boldsymbol{X}=[x_1\quad x_2\quad \cdots\quad x_n]^{\mathrm{T}}$，一般的情形，即如果 n 个正态分布观测值之间是相关的，则它们的联合概率密度函数称为 n 维正态分布概率密度函数，其式为

$$f(x_1,x_2,\cdots,x_n)=\frac{1}{(2\pi)^{\frac{n}{2}}\left|\boldsymbol{D}_{XX}\right|^{\frac{1}{2}}}\exp\left\{-\frac{1}{2}[\boldsymbol{X}-E(\boldsymbol{X})]^{\mathrm{T}}\boldsymbol{D}_{XX}^{-1}[\boldsymbol{X}-E(\boldsymbol{X})]\right\} \tag{1-52}$$

式中，$\boldsymbol{D}_{XX}$ 是观测值协方差矩阵，$E(\boldsymbol{X})$ 是观测值期望向量，$|\boldsymbol{D}_{XX}|$ 是观测值协方差矩阵的行列式值。

特别地，如果各个观测值是独立的正态随机变量，则根据定义，它们的联合概率密度函数为

$$\begin{aligned}f(x_1,x_2,\cdots,x_n)&=f_1(x_1)f_2(x_2)\cdots f_n(x_n)\\&=\frac{1}{(2\pi)^{\frac{n}{2}}\sigma_1\sigma_2\cdots\sigma_n}\exp\left\{-\frac{1}{2}\left[\frac{(x-\mu_1)^2}{\sigma_1^2}+\frac{(x-\mu_2)^2}{\sigma_2^2}+\cdots+\frac{(x-\mu_n)^2}{\sigma_n^2}\right]\right\}\end{aligned}$$

习　题

1. 测量误差分为哪几类，怎样定义不同类型的误差，它们对观测成果有何影响？

2. 用钢尺测量距离时,有下列哪几种情况使量得的结果产生误差,试判定误差的性质及符号:①尺长不准确;②尺不水平;③估读小数不准确;④尺垂曲;⑤尺端偏离直线方向。

3. 在水准测量中,下列几种情况会使水准尺读数带有误差,试判别误差的性质及符号:①视准轴与水准轴不平行;②水准仪随地面土壤下沉;③测量员读数不准确;④水准尺下沉。

4. 观测值的真误差如何定义?

5. 在相同的观测条件下,大量的偶然误差呈现的规律是怎样的?

6. 精度是如何定义的,通常采用哪几种指标来衡量精度?

7. 为了鉴定经纬仪的精度,对已知精确测定的水平角 $\alpha = 45°00'00''$ 进行 12 次观测,结果为

$$
\begin{array}{llll}
45°00'06'' & 44°59'55'' & 44°59'58'' & 45°00'04'' \\
45°00'03'' & 45°00'05'' & 45°00'02'' & 44°59'58'' \\
44°59'59'' & 44°59'59'' & 45°00'06'' & 44°59'59''
\end{array}
$$

设 α 没有误差,试求观测值的中误差。

8. 有一段距离,其观测值及其中误差为 211.234 m±10 mm。试估计这个观测值的真误差的可能范围,并求出该观测值的相对中误差。

9. 两个独立观测值是否可称为不相关观测值,而两个相关观测值是否就是不独立观测值?

10. 相关观测值向量 $\underset{t1}{\boldsymbol{X}}$ 的协方差矩阵是怎样定义的?试说明 $\underset{tt}{\boldsymbol{D}_{XX}}$ 中各个元素的含义。当向量 $\underset{t1}{\boldsymbol{X}}$ 中的各个分量两两相互独立时,其协方差矩阵有什么特点?

11. 设有观测值向量 $\boldsymbol{X} = [L_1 \quad L_2]^{\mathrm{T}}$,已知 $\sigma_{L_1} = 1''$,$\sigma_{L_2} = 4''$,$\sigma_{L_1L_2} = -2('')^2$,试写出其协方差矩阵 $\boldsymbol{D}_{XX}$。

12. 设有观测值向量 $\boldsymbol{X} = [L_1 \quad L_2 \quad L_3]^{\mathrm{T}}$ 的协方差矩阵 $\boldsymbol{D}_{XX} = \begin{bmatrix} 4 & -5 & 0 \\ -5 & 9 & 3 \\ 0 & 3 & 16 \end{bmatrix}$,试求观测值 L_1、L_2 和 L_3 的中误差,以及协方差 $\sigma_{L_1L_2}$、$\sigma_{L_1L_3}$ 和 $\sigma_{L_2L_3}$。

第二章 协方差传播规律

§2-1 误差的传播

在实际中，直接观测值往往并非应用所需，所需的可能是观测值的某种函数值。例如，在导线测量及三角测量中，直接观测值是方向值和距离值，而实际所需为各控制点的坐标。当这些直接观测值含有误差时，它们的函数值也将含有误差，这一现象称为误差的传播。本节讨论误差的传播规律。

一、观测值线性函数的误差传播

观测值向量 $\underset{n1}{\boldsymbol{X}}=[X_1\ \ X_2\ \ \cdots\ \ X_n]^{\mathrm{T}}$ 的误差为$\Delta\underset{n1}{\boldsymbol{X}}=[\Delta X_1\ \ \Delta X_2\ \ \cdots\ \ \Delta X_n]^{\mathrm{T}}$，$\boldsymbol{X}$ 的真值为 $\underset{n1}{\widetilde{\boldsymbol{X}}}=[\widetilde{X}_1\ \ \widetilde{X}_2\ \ \cdots\ \ \widetilde{X}_n]^{\mathrm{T}}$，显然 $\Delta\boldsymbol{X}=\widetilde{\boldsymbol{X}}-\boldsymbol{X}$。有 $\boldsymbol{X}$ 的一个线性函数 Y 为

$$Y=k_1X_1+k_2X_2+\cdots+k_nX_n+k_0 \tag{2-1}$$

Y 的真值 $\widetilde{Y}$ 为

$$\widetilde{Y}=k_1\widetilde{X}_1+k_2\widetilde{X}_2+\cdots+k_n\widetilde{X}_n+k_0 \tag{2-2}$$

则 Y 的真误差为

$$\Delta Y=\widetilde{Y}-Y=k_1\Delta_1+k_2\Delta_2+\cdots+k_n\Delta_n \tag{2-3}$$

此即观测值线性函数真误差的传播规律。

二、非线性函数的误差传播

有观测值 $\underset{n1}{\boldsymbol{X}}=[X_1\ \ X_2\ \ \cdots\ \ X_n]$ 的一个非线性函数

$$Y=F_1(X_1,X_2,\cdots,X_n) \tag{2-4}$$

观测值函数的真值为

$$\widetilde{Y}=F_1(\widetilde{X}_1,\widetilde{X}_2,\cdots,\widetilde{X}_n) \tag{2-5}$$

式(2-5)减式(2-4)得函数的真误差为

$$\Delta Y=\widetilde{Y}-Y=F_1(\widetilde{X}_1,\widetilde{X}_2,\cdots,\widetilde{X}_n)-F_1(X_1,X_2,\cdots,X_n)$$

将函数 $F_1(\widetilde{X}_1,\widetilde{X}_2,\cdots,\widetilde{X}_n)$ 在 $\widetilde{X}_i=X_i$ 处线性化(※)得

$$\Delta Y=F_1(X_1,X_2,\cdots,X_n)+\sum_{i=1}^{n}\left(\frac{\partial F_1}{\partial\widetilde{X}_i}\right)_{\widetilde{X}_i=X_i}\Delta X_i+\text{二次及以上项}-F_1(X_1,X_2,\cdots,X_n) \tag{2-6}$$

式中，$\Delta X_i=\widetilde{X}_i-X_i$ 为观测值的真误差。函数的真误差为

$$\Delta Y=\left(\frac{\partial F_1}{\partial\widetilde{X}_1}\right)_0\Delta X_1+\left(\frac{\partial F_1}{\partial\widetilde{X}_2}\right)_0\Delta X_2+\cdots+\left(\frac{\partial F_1}{\partial\widetilde{X}_n}\right)_0\Delta X_n \tag{2-7}$$

※ 函数线性化：

(1) 一元非线性函数 $f(x)$ 的线性化(近似函数)。将 $f(x)$ 在 $x=x_0$ 处按泰勒公式展开，去掉二次及以上项和残余项，即得到 $f(x)$ 的近似函数

$$f(x)=f(x_0)+f'(x_0)(x-x_0)+\frac{f''(x_0)}{2!}(x-x_0)^2+\cdots+R_N(x_0)$$
$$\approx f(x_0)+f'(x_0)(x-x_0)$$

说明：① $f(x)$ 在 x_0 处导数存在；② 线性化只在 x_0 附近成立；③ 应用时要分清 x 与 x_0。

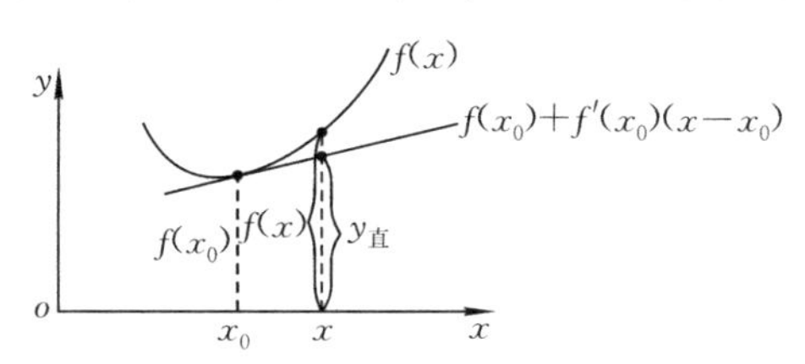

(2) 多元非线性函数 $f(\boldsymbol{X})=f(x_1,x_2,\cdots,x_n)$ 的线性化

$$f(\boldsymbol{X})\approx f(\boldsymbol{X}^0)+\left(\frac{\partial f}{\partial \boldsymbol{X}}\right)_0(\boldsymbol{X}-\boldsymbol{X}^0)$$

式中，$\boldsymbol{X}=[x_1\ x_2\ \cdots\ x_n]^{\mathrm{T}}$，$\boldsymbol{X}^0=[x_1^0\ x_2^0\ \cdots\ x_n^0]^{\mathrm{T}}$，$\left(\frac{\partial f}{\partial \boldsymbol{X}}\right)_0=\left[\frac{\partial f}{\partial x_1}\ \frac{\partial f}{\partial x_2}\ \cdots\ \frac{\partial f}{\partial x_n}\right]_0$

[例 2-1]有 30 m 长的钢尺，实际长度比名义长度长 5 mm。用此钢尺量得矩形的两个边长分别为 $a=49.180$ m 和 $b=70.512$ m，如图 2.1 所示，求矩形面积测量真误差。

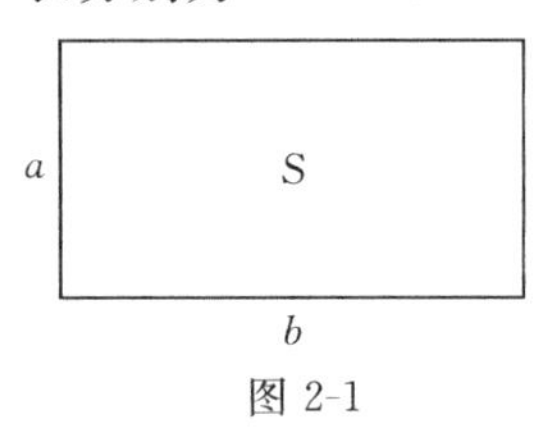

图 2-1

解：依题意，钢尺尺长为 $l=30$ m，尺长误差为 $\Delta l=5$ mm。观测值 a、b 的误差分别为 $\Delta a=\frac{a}{l}\Delta l=8.2$ mm，$\Delta b=\frac{b}{l}\Delta l=11.8$ mm。

面积与边长的关系 $S=S(a,b)=ab$。

面积观测值 $S=ab=3\,467.78\ \mathrm{m}^2$，面积的真误差为

$$\Delta S=\frac{\partial S}{\partial a}\Delta a+\frac{\partial S}{\partial b}\Delta b=b\Delta a+a\Delta b$$
$$=70.512\times10^3\times8.2+49.180\times10^3\times11.8$$
$$=1\,158\,522.4(\mathrm{mm}^2)=1.16(\mathrm{m}^2)$$

§2-2 协方差传播律

与误差的传播一样，观测值的方差、协方差也会传播到观测值函数中，协方差传播律是观测值与其函数之间方差-协方差的传递规律。利用协方差传播律，可以由观测值的方差-协方差确定观测值函数的方差-协方差。

设有观测值向量 $\underset{n1}{\boldsymbol{L}}$，其协方差矩阵为 $\underset{nn}{\boldsymbol{D}_{LL}}$，数学期望为 $\underset{n1}{\boldsymbol{\mu}}$，观测值的 t 个线性函数 $\boldsymbol{f}(\boldsymbol{L})$，矩阵形式为

$$\underset{t1}{\boldsymbol{X}}=\underset{tn}{\boldsymbol{K}}\underset{n1}{\boldsymbol{L}}+\underset{t1}{\boldsymbol{K}_0} \tag{2-8}$$

先讨论数学期望的传播

$$E(\boldsymbol{X})=E(\boldsymbol{KL}+\boldsymbol{K}_0)=E(\boldsymbol{KL})+E(\boldsymbol{K}_0)=\boldsymbol{K\mu}+\boldsymbol{K}_0$$

$\boldsymbol{X}$ 的协方差矩阵为

$$\underset{tt}{\boldsymbol{D}_{XX}}=E\{[\boldsymbol{X}-E(\boldsymbol{X})][\boldsymbol{X}-E(\boldsymbol{X})]^{\mathrm{T}}\}$$
$$=E[(\boldsymbol{KL}-\boldsymbol{K\mu})(\boldsymbol{KL}-\boldsymbol{K\mu})^{\mathrm{T}}]$$
$$=\boldsymbol{K}E[(\boldsymbol{L}-\boldsymbol{\mu})(\boldsymbol{L}-\boldsymbol{\mu})^{\mathrm{T}}]\boldsymbol{K}^{\mathrm{T}}$$

于是

$$\underset{tt}{\boldsymbol{D}_{XX}}=\underset{tn}{\boldsymbol{K}}\underset{nn}{\boldsymbol{D}_{LL}}\underset{nt}{\boldsymbol{K}^{\mathrm{T}}} \tag{2-9}$$

另有观测值的线性函数 $\underset{r1}{\boldsymbol{Y}}=\underset{rn}{\boldsymbol{F}}\underset{n1}{\boldsymbol{L}}+\underset{r1}{\boldsymbol{F}_0}$，同理有 $\underset{rr}{\boldsymbol{D}_{YY}}=\underset{rn}{\boldsymbol{F}}\underset{nn}{\boldsymbol{D}_{LL}}\underset{nr}{\boldsymbol{F}^{\mathrm{T}}}$。

$\boldsymbol{X}$ 和 $\boldsymbol{Y}$ 的互协方差矩阵为

$$\underset{tr}{\boldsymbol{D}_{XY}}=E\{[\boldsymbol{X}-E(\boldsymbol{X})][\boldsymbol{Y}-E(\boldsymbol{Y})]^{\mathrm{T}}\}=\underset{tn}{\boldsymbol{K}}\underset{nn}{\boldsymbol{D}_{LL}}\underset{nr}{\boldsymbol{F}^{\mathrm{T}}} \tag{2-10}$$

$$\underset{rt}{\boldsymbol{D}_{YX}}=\underset{rn}{\boldsymbol{F}}\underset{nn}{\boldsymbol{D}_{LL}}\underset{nt}{\boldsymbol{K}^{\mathrm{T}}}=\underset{rt}{\boldsymbol{D}_{XY}}^{\mathrm{T}} \tag{2-11}$$

至此，即可通过观测值的方差-协方差确定观测值的函数的方差-协方差。

对于观测值的非线性函数，应首先按泰勒公式将函数关系线性化，然后再按协方差传播律求解

$$\underset{t1}{\boldsymbol{X}}=\underset{t1}{\boldsymbol{f}}(\underset{n1}{\boldsymbol{L}})$$

代数式为

$$X_1=f_1(L_1,L_2,\cdots,L_n)$$
$$X_2=f_2(L_1,L_2,\cdots,L_n)$$
$$\vdots$$
$$X_t=f_t(L_1,L_2,\cdots,L_n)$$

对右边线性化，求 $\boldsymbol{K}$，因协方差传播与常数项无关，故此处不需求 $\boldsymbol{K}_0$

$$\mathrm{d}\underset{t1}{\boldsymbol{X}}=\underset{tn}{\boldsymbol{K}}\mathrm{d}\underset{n1}{\boldsymbol{L}}$$

式中，$\underset{tn}{\boldsymbol{K}}=\left(\dfrac{\partial \boldsymbol{f}}{\partial \boldsymbol{L}}\right)_0$。

协方差传播律的应用很广泛，传播律公式是通用的公式。协方差传播律应用的计算步骤如下：

(1)明确观测值 $\boldsymbol{L}$，确定观测值的方差、协方差，建立协方差矩阵 $\boldsymbol{D}_{LL}$；

(2)建立观测值函数 $\boldsymbol{X}=\boldsymbol{f}(\boldsymbol{L})$，需要时线性化 $\mathrm{d}\boldsymbol{X}=\boldsymbol{K}\mathrm{d}\boldsymbol{L}$，注意单位统一；

(3)求 $\boldsymbol{D}_{XX}=\boldsymbol{K}\boldsymbol{D}_{LL}\boldsymbol{K}^{\mathrm{T}}$。

对于观测值个数较少，函数形式特殊，或者独立同精度观测的情况，需要灵活处理。有时采用方差运算法则可使求解过程更为简便。

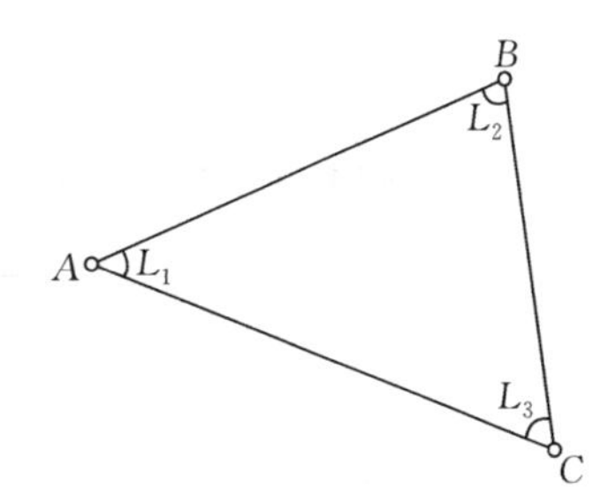

图 2-2　三角形内角观测平差模型

如观测值 L_1、L_2、σ_1^2、σ_2^2、σ_{12}

$$X_1=2L_1$$
$$X_2=L_1+L_1L_2$$

求 X_1、X_2 的方差。

解：$\sigma_{X_1}^2=\boldsymbol{D}_{X_1X_1}=D(X_1)$

$$=D(2L_1)=4D(L_1)=4\sigma_1^2$$

$$\mathrm{d}X_2=\frac{\partial X_2}{\partial L_1}\mathrm{d}L_1+\frac{\partial X_2}{\partial L_1}\mathrm{d}L_2$$

$$=(1+L_2)\mathrm{d}L_1+L_1\mathrm{d}L_2$$

$$=[1+L_2 \quad L_1]\begin{bmatrix}\mathrm{d}L_1\\ \mathrm{d}L_2\end{bmatrix}=K\,\mathrm{d}L$$

$$\sigma_{X_2}^2=\boldsymbol{D}_{X_2X_2}=\boldsymbol{KD}_{LL}\boldsymbol{K}^{\mathrm{T}}$$

$$=[1+L_2 \quad L_1]\begin{bmatrix}\sigma_1^2 & \sigma_2\\ \sigma_{21} & \sigma_2^2\end{bmatrix}\begin{bmatrix}1+L_2\\ L_1\end{bmatrix}$$

$$=[(1+L_2)\sigma_1^2+L_1\sigma_{12} \quad (1+L_1)\sigma_{12}+L_1\sigma_2^2]\begin{bmatrix}1+L_2\\ L_1\end{bmatrix}$$

$$=(1+L_2)^2\sigma_1^2+2L_1(1+L_2)\sigma_{12}+L_1^2\sigma_2^2$$

[例 2-2]设在一个三角形中(图 2-2),同精度独立观测得到三个内角 L_1、L_2、L_3,其中误差为 σ,试求三角形闭合差平均分配后的各角 $\hat{L}_1$、$\hat{L}_2$、$\hat{L}_3$ 的协方差矩阵。

解:内角和闭合差 $w=L_1+L_2+L_3-180^\circ$,平均分配闭合差后,得到三角形各内角的估值

$$\hat{L}_i=L_i-\frac{1}{3}w$$

$$\hat{\boldsymbol{L}}=\begin{bmatrix}\hat{L}_1\\ \hat{L}_2\\ \hat{L}_3\end{bmatrix}=\frac{1}{3}\begin{bmatrix}2 & -1 & -1\\ -1 & 2 & -1\\ -1 & -1 & 2\end{bmatrix}\begin{bmatrix}L_1\\ L_2\\ L_3\end{bmatrix}+\begin{bmatrix}60^\circ\\ 60^\circ\\ 60^\circ\end{bmatrix}$$

$$\boldsymbol{D}_{LL}=\begin{bmatrix}\sigma^2 & 0 & 0\\ 0 & \sigma^2 & 0\\ 0 & 0 & \sigma^2\end{bmatrix},\ \boldsymbol{K}=\frac{1}{3}\begin{bmatrix}2 & -1 & -1\\ -1 & 2 & -1\\ -1 & -1 & 2\end{bmatrix}$$

所求协方差矩阵为

$$\boldsymbol{D}_{\hat{L}\hat{L}}=\boldsymbol{KD}_{LL}\boldsymbol{K}^{\mathrm{T}}=\begin{bmatrix}\frac{2}{3}\sigma^2 & -\frac{1}{3}\sigma^2 & -\frac{1}{3}\sigma^2\\ -\frac{1}{3}\sigma^2 & \frac{2}{3}\sigma^2 & -\frac{1}{3}\sigma^2\\ -\frac{1}{3}\sigma^2 & -\frac{1}{3}\sigma^2 & \frac{2}{3}\sigma^2\end{bmatrix}$$

独立观测值,$\underset{n1}{\boldsymbol{L}}$ 的线性函数的方差

$$X=k_1L_1+k_2L_2+\cdots+k_nL_n+k_0$$

$$=[k_1 \ k_2 \ \cdots \ k_n]\begin{bmatrix}L_1\\ L_2\\ \vdots\\ L_n\end{bmatrix}+k_0$$

$$=\boldsymbol{kL}+k_0$$

$$
\boldsymbol{D}_{LL}=\begin{bmatrix}\sigma_1^2 & & & \\ & \sigma_2^2 & & \\ & & \ddots & \\ & & & \sigma_n^2\end{bmatrix}
$$

$$
\begin{aligned}
\boldsymbol{\sigma}_X^2=\boldsymbol{D}_{XX}&=[k_1\quad k_2\quad\cdots\quad k_n]\begin{bmatrix}\sigma_1^2 & & & \\ & \sigma_2^2 & & \\ & & \ddots & \\ & & & \sigma_n^2\end{bmatrix}\begin{bmatrix}k_1\\ k_2\\ \vdots\\ k_n\end{bmatrix}\\
&=k_1^2\sigma_1^2+k_2^2\sigma_2^2+\cdots+k_n^2\sigma_n^2\\
&=\sum_{i=1}^{n}k_i^2\sigma_i^2
\end{aligned}
$$

§2-3　协方差传播律的应用

一、算术平均值的中误差

独立同精度观测值 $\underset{n1}{\boldsymbol{L}}=[L_1\ \ L_2\ \ \cdots\ \ L_n]^{\mathrm{T}}$，观测中误差为 σ，$\boldsymbol{L}$ 的方差矩阵为 $\boldsymbol{D}_{LL}=\sigma^2\boldsymbol{I}$。平均值 $\bar{L}$ 可表示为

$$
\bar{L}=\frac{1}{n}\sum_{i=1}^{n}L_i=\frac{1}{n}L_1+\frac{1}{n}L_2+\cdots+\frac{1}{n}L_n=\begin{bmatrix}\frac{1}{n} & \frac{1}{n} & \cdots & \frac{1}{n}\end{bmatrix}\begin{bmatrix}L_1\\ L_2\\ \vdots\\ L_n\end{bmatrix}
$$

所以 $\bar{L}$ 的方差为

$$
\begin{aligned}
\sigma_{\bar{L}}^2=D(\bar{L})=\boldsymbol{D}_{\bar{L}\bar{L}}&=\begin{bmatrix}\frac{1}{n} & \frac{1}{n} & \cdots & \frac{1}{n}\end{bmatrix}\sigma^2\boldsymbol{I}\begin{bmatrix}\frac{1}{n}\\ \frac{1}{n}\\ \vdots\\ \frac{1}{n}\end{bmatrix}\\
&=\left(\frac{1}{n^2}+\frac{1}{n^2}+\cdots+\frac{1}{n^2}\right)\sigma^2=\frac{1}{n}\sigma^2
\end{aligned}
$$

算术平均值的中误差为

$$
\sigma_{\bar{L}}=\frac{1}{\sqrt{n}}\sigma \tag{2-12}
$$

可见算术平均值的精度比观测值的精度高。但随着观测次数的增加，算术平均值精度的提高将变得缓慢，且增加观测次数只能提高精度，却不能识别系统误差。因此，提高精度和准确度的有效方法之一是增加观测类型。

二、距离丈量的中误差

设距离一段丈量中误差为σ,若对距离d分n个尺段丈量(如图2-3所示),即

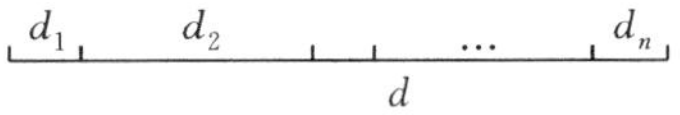

图 2-3

$$d=d_1+d_2+\cdots+d_n=\begin{bmatrix}1 & 1 & \cdots & 1\end{bmatrix}\begin{bmatrix}d_1\\d_2\\\vdots\\d_n\end{bmatrix}$$

设每一段观测互不相关,观测中误差均为σ,则距离d的方差和中误差为

$$\left.\begin{aligned}&\sigma_d^2=D_{dd}=\begin{bmatrix}1 & 1 & \cdots & 1\end{bmatrix}\sigma^2\boldsymbol{I}\begin{bmatrix}1\\1\\\vdots\\1\end{bmatrix}=n\sigma^2\\&\sigma_d=\sqrt{n}\sigma\end{aligned}\right\}\tag{2-13}$$

三、水准测量的精度分析

在水准线路AB上进行n站高差观测(如图2-4所示),观测值$\boldsymbol{h}=\begin{bmatrix}h_1 & h_2 & \cdots & h_n\end{bmatrix}^{\mathrm{T}}$相互独立,线路长度分别为$S_1,S_2,\cdots,S_n$。

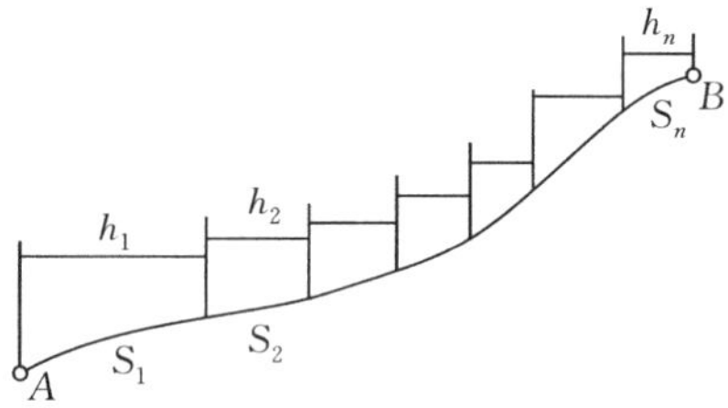

图 2-4

h_i的方差为σ_i^2,$\sigma_{ij}=0$

$$h_{AB}=h_1+h_2+\cdots+h_n=\begin{bmatrix}1 & 1 & \cdots & 1\end{bmatrix}\begin{bmatrix}h_1\\h_2\\\vdots\\h_n\end{bmatrix}$$

$$S=S_1+S_2+\cdots+S_n$$

$$\sigma_{h_{AB}}^2=D_{h_{AB}h_{AB}}=\begin{bmatrix}1 & 1 & \cdots & 1\end{bmatrix}\begin{bmatrix}\sigma_1^2 & & & \\ & \sigma_2^2 & & \\ & & \ddots & \\ & & & \sigma_n^2\end{bmatrix}\begin{bmatrix}1\\1\\\vdots\\1\end{bmatrix}$$

$$=\begin{bmatrix}\sigma_1^2 & \sigma_2^2 & \cdots & \sigma_n^2\end{bmatrix}\begin{bmatrix}1\\1\\\vdots\\1\end{bmatrix}=\sigma_1^2+\sigma_2^2+\cdots+\sigma_n^2\tag{2-14}$$

推论1:若每站高差观测精度相同,即$\sigma_1=\sigma_2=\cdots=\sigma_n=\sigma_{站}$,则

$$\sigma_{h_{AB}}^2=n\sigma_{站}^2\qquad(\sigma_{h_{AB}}=\sqrt{n}\sigma_{站})\tag{2-15}$$

推论2:若每站高差观测精度相同且每站线路长度大致相等,即$S_1=S_2=\cdots=S_n=S_{站}$,站数$n=\dfrac{S}{S_{站}}$,则$\sigma_{h_{AB}}^2=\dfrac{S}{S_{站}}\sigma_{站}^2$。当$AB$线路长$S=1\ \mathrm{km}$时,$\sigma_{h_{AB}}^2=\sigma_{\mathrm{km}}^2=\dfrac{1}{S_{站}}\sigma_{站}^2$。这就是每站线路等长的水准测量时,1 km线路高差观测方差与每站高差观测方差的关系。将此关系代入式

(2-15) 可得

$$\sigma_{h_{AB}}^{2}=nS_{站}\,\sigma_{km}^{2}=S\sigma_{km}^{2}\qquad(\sigma_{h_{AB}}=\sqrt{S}\sigma_{km})\tag{2-16}$$

四、平面点位的精度

如图 2-5 所示，由坐标的真值可确定平面上一点 $\tilde{P}(\tilde{x},\tilde{y})$，由坐标的观测值确定点 $P(x,y)$。由于坐标误差的存在，两点产生偏差 ΔP，称为 P 点点位真误差，其大小为

$$\Delta P^{2}=\Delta x^{2}+\Delta y^{2}\tag{2-17}$$

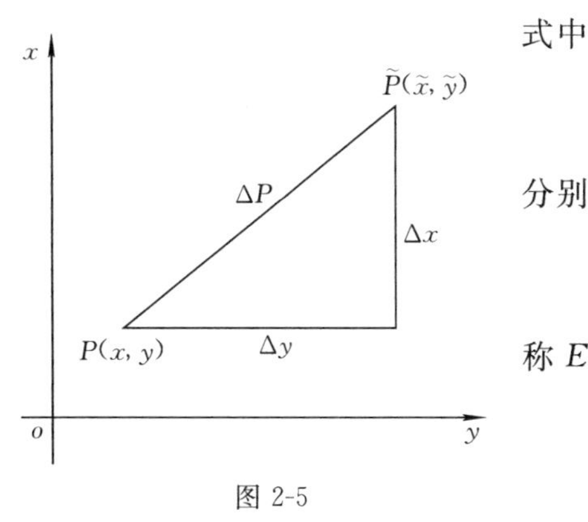

图 2-5

式中

$$\Delta x=\tilde{x}-x\tag{2-18}$$

$$\Delta y=\tilde{y}-y\tag{2-19}$$

分别为 x 轴和 y 轴方向上的点位真误差。

将点位真误差公式两边取数学期望得

$$E(\Delta P^{2})=E(\Delta x^{2})+E(\Delta y^{2})=\sigma_{x}^{2}+\sigma_{y}^{2}\tag{2-20}$$

称 $E(\Delta P^{2})$ 为 P 点的点位方差，记为 σ_{P}^{2}，则有

$$\sigma_{P}^{2}=\sigma_{x}^{2}+\sigma_{y}^{2}\tag{2-21}$$

点位中误差为

$$\sigma_{P}=\sqrt{\sigma_{x}^{2}+\sigma_{y}^{2}}\tag{2-22}$$

可以看出，点位方差是点位误差在任意两个垂直方向上的误差分量的方差之和。

五、支导线点位的精度

如图 2-6 所示的支导线，其中 A 和 B 为已知点，P 点为待定点，现测量了水平角度 β 和水平距离 S，它们的中误差分别为 σ_{β}(单位为($''$)) 和 σ_{S}(单位为 mm)。S、β 相互独立，S、β 的方差矩阵为 $\begin{bmatrix}\sigma_{S}^{2} & 0\\ 0 & \sigma_{\beta}^{2}\end{bmatrix}$。根据定义，$P$ 点点位中误差为

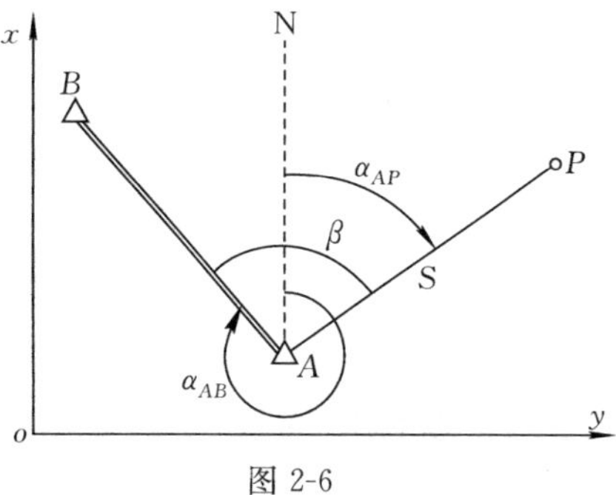

图 2-6

$$\sigma_{P}=\sqrt{\sigma_{x}^{2}+\sigma_{y}^{2}}$$

可知，为了计算点位中误差，应计算 σ_{x} 和 σ_{y}，称为 P 点在 x 方向和 y 方向上的点位中误差。P 点的坐标计算公式为

$$x=x_{A}+S\cos\alpha_{AP}$$

$$y=y_{A}+S\sin\alpha_{AP}$$

式中，$\alpha_{AP}=\alpha_{AB}+\beta-360^{\circ}$，对其进行全微分得

$$\mathrm{d}x=\cos\alpha_{AP}\,\mathrm{d}S-\frac{S}{\rho''}\sin\alpha_{AP}\,\mathrm{d}\alpha_{AP}$$

$$\mathrm{d}y=\sin\alpha_{AP}\,\mathrm{d}S+\frac{S}{\rho''}\cos\alpha_{AP}\,\mathrm{d}\alpha_{AP}$$

根据协方差传播律，P 点坐标的方差为

$$\sigma_x^2=\begin{bmatrix}\cos\alpha_{AP} & -\frac{S}{\rho''}\sin\alpha_{AP}\end{bmatrix}\begin{bmatrix}\sigma_S^2 & 0\\0 & \sigma_\beta^2\end{bmatrix}\begin{bmatrix}\cos\alpha_{AP}\\-\frac{S}{\rho''}\sin\alpha_{AP}\end{bmatrix}=\cos^2\alpha_{AP}\sigma_S^2+\frac{S^2}{\rho''^2}\sin^2\alpha_{AP}\sigma_\beta^2$$

$$\sigma_y^2=\begin{bmatrix}\sin\alpha_{AP} & \frac{S}{\rho''}\cos\alpha_{AP}\end{bmatrix}\begin{bmatrix}\sigma_S^2 & 0\\0 & \sigma_\beta^2\end{bmatrix}\begin{bmatrix}\sin\alpha_{AP}\\\frac{S}{\rho''}\cos\alpha_{AP}\end{bmatrix}=\sin^2\alpha_{AP}\sigma_S^2+\frac{S^2}{\rho''^2}\cos^2\alpha_{AP}\sigma_\beta^2$$

则 P 点点位方差为

$$\sigma_P^2=\sigma_x^2+\sigma_y^2=(\cos^2\alpha_{AP}+\sin^2\alpha_{AP})\sigma_S^2+\frac{S^2}{\rho''^2}(\cos^2\alpha_{AP}+\sin^2\alpha_{AP})\sigma_\beta^2=\sigma_S^2+\frac{S^2}{\rho''^2}\sigma_\beta^2 \tag{2-23}$$

也可以由沿导线纵向和横向点位方差计算点位方差。沿导线纵向和横向点位方差分别为

$$\sigma_{纵}^2=\sigma_S^2 \tag{2-24}$$

$$\sigma_{横}^2=S^2\frac{\sigma_\beta^2}{\rho''^2} \tag{2-25}$$

根据定义,P 点点位方差为

$$\sigma_P^2=\sigma_{纵}^2+\sigma_{横}^2=\sigma_S^2+S^2\frac{\sigma_\beta^2}{\rho''^2} \tag{2-26}$$

两种计算方式所得结果相同。

[**例 2-3**]在图 2-6 所示的支导线测量中,AB 方向的坐标方位角和 A 点的坐标已知,角度测量值及距离测量值分别为 $\beta=45°31'56''\pm2''$, $S=183.445\ \text{m}\pm3\ \text{mm}$。试求 P 点点位中误差。

解:依题意,$\sigma_\beta=2''$,$\sigma_S=3\ \text{mm}$。根据式(2-26),P 点点位中误差为

$$\sigma_P=\sqrt{S^2\frac{\sigma_\beta^2}{\rho''^2}+\sigma_S^2}=\sqrt{183.445^2\times\frac{2^2}{206\ 265^2}+0.003^2}=3.5(\text{mm})$$

§2-4 权与定权方法

一、观测值的权

方差是衡量观测值绝对精度的指标,但方差往往不容易确定。为了量化比较观测值之间精度的高低,需要选取一个特定的方差 σ_0^2,引出权的概念。

设 n 个观测值 $L_1,L_2,\cdots,L_n$,方差为 $\sigma_1^2,\sigma_2^2,\cdots,\sigma_n^2$。引入一个特定方差 σ_0^2,定义观测值 L_i 的权为 p_i

$$p_i=\frac{\sigma_0^2}{\sigma_i^2} \tag{2-27}$$

权比为:$p_1:p_2:\cdots:p_n=\frac{1}{\sigma_1^2}:\frac{1}{\sigma_2^2}:\cdots:\frac{1}{\sigma_n^2}$。

权是把各观测值的方差与一个特定值 σ_0^2 来比较,从而作为衡量观测值精度相对高低的指标,而且权是可以事先估计的,这对于合理进行测量数据处理很重要。

二、单位权及单位权方差

在定义权时，σ_0^2 是引入的一个正常数，它有何意义呢？假设某个观测值 L_0 的方差为 σ_0^2，则其权 $p_0=\frac{\sigma_0^2}{\sigma_0^2}=1$。由此可知，$\sigma_0^2$ 就是权为1的观测值的方差，称为**单位权方差**，σ_0 称为**单位权中误差**；权为 1 的观测值 L_0，称为**单位权观测值**。

σ_0^2 在定权之前确定，可根据实际选取。σ_0^2 一旦选定，则权就确定。同一个观测问题中只能取唯一的单位权方差。

单位权方差 σ_0^2 的取值有多种方法，可根据计算便利进行选取。常见的取值方法如：①测角方差；②1 km 水准线路的高差观测方差；③1 站水准测量的高差观测方差。

三、定权的常用方法

(一)水准测量定权

1. 设每测站高差观测的精度相同，其中误差为 $\sigma_{站}$，相互独立的高差观测值为 $h_i(i=1,2,\cdots,n)$，其线路长度为 S_i，观测站数为 N_i，则 $\sigma_i^2=N_i\sigma_{站}^2$

h_i 之高差为各站高差之和

$$h_i=h_{i1}+h_{i2}+\cdots+h_{iN_i}$$

h_i 之方差由协方差传播律确定

$$\sigma_i^2=\sigma_{站}^2+\sigma_{站}^2+\cdots+\sigma_{站}^2=N_i\sigma_{站}^2$$

取 $\sigma_0^2=C\sigma_{站}^2$（C 为常数），则 $p_i=\frac{\sigma_0^2}{\sigma_i^2}=\frac{C}{N_i}$（若 N_i 越大，则 p_i 越小）。

C 的意义：①C 是1测站的观测高差的权（当 $N_i=1$ 时，$C=p_i$）；②C 是单位权观测高差的测站数（当 $p_i=1$ 时，$C=N_i$）。

$$p_1:p_2:\cdots:p_n=\frac{C}{N_1}:\frac{C}{N_2}:\cdots:\frac{C}{N_n}=\frac{1}{N_1}:\frac{1}{N_2}:\cdots:\frac{1}{N_n}$$

对于同一问题（应取相同的 σ_0^2），测站数越大则高差观测的权越小。

2. 设每千米线路长度的观测高差的中误差相等，为 σ_{km}

高差观测值 h_i 为 S_i 个线路长为 1 km 的观测高差之和

$$h_i=h_{i1}+h_{i2}+\cdots+h_{iS_i}$$

$$\sigma_i^2=S_i\sigma_{km}^2$$

取 $\sigma_0^2=C\sigma_{km}^2$（$C$ 为常数），则 $p_i=\frac{\sigma_0^2}{\sigma_i^2}=\frac{C\sigma_{km}^2}{S_i\sigma_{km}^2}=\frac{C}{S_i}$。

C 的意义：①C 是 1 km 的观测高差的权（当 $S_i=1$ 时，$C=p_i$）；②C 是单位权观测高差的线路长度公里数（当 $p_i=1$ 时，$C=S_i$）。

$$p_1:p_2:\cdots:p_n=\frac{1}{S_1}:\frac{1}{S_2}:\cdots:\frac{1}{S_n}$$

对于同一问题，水准线路越长，则高差观测的权越小。

[例 2-4]如图 2-7 所示的水准网，各水准路线的距离值及测站数如表 2-1 所示，表中水准路线长度单位为千米。试求各水准路线观测值的权。

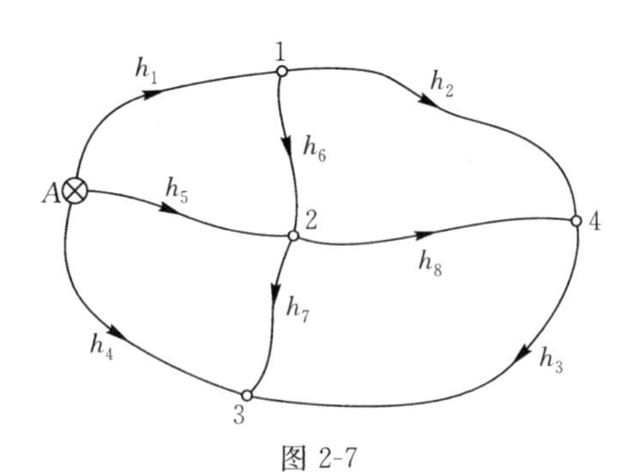

图 2-7

表 2-1

段号	1	2	3	4	5	6	7	8
S/km	2.3	3.6	2.7	1.8	2.5	2.7	3.2	3.7
N	34	43	35	27	36	37	41	47

解:由水准路线权的计算公式可知,水准路线高差观测值的权与水准路线长度或与水准路线观测测站数成反比。如果选取 3 km 水准路线观测高差值为单位权观测值,即 $C=3$ km,则各段水准路线高差观测值的权为

$$p_1=\frac{C}{S_1}=\frac{3}{2.3}=1.3, p_2=0.8, p_3=1.1, p_4=1.7, p_5=1.2, p_6=1.1, p_7=0.9, p_8=0.8$$

如果选用测站数作为计算权的依据,设 50 个测站水准路线观测值为单位权观测值,即 $C=50$,则各段水准路线高差观测值的权为

$$p_1=\frac{C}{N_1}=\frac{50}{34}=1.5, p_2=1.2, p_3=1.4, p_4=1.8, p_5=1.4, p_6=1.4, p_7=1.2, p_8=1.1$$

需说明的是:假设单位距离水准路线高差测量精度是相同的,这在平坦地区进行水准测量时是近似成立的;如果在地形起伏比较大的地区进行水准测量,每千米水准路线测站数差异较大,应采用测站数作为确定权的依据。

(二)独立同精度观测值的算术平均值的权

$\underset{n1}{\boldsymbol{L}}=[L_1\ L_2\ \cdots\ L_n]^{\mathrm{T}}$ 是分别由 $N_1, N_2, \cdots, N_n$ 个独立同精度(中误差为 σ) 观测值得到的算术平均值。根据协方差传播律,L_i 的方差为 $\sigma_i^2=\frac{\sigma^2}{N_i}$, $i=1,2,\cdots,n$,取 $\sigma_0^2=\frac{\sigma^2}{C}$,则 $p_i=\frac{\sigma_0^2}{\sigma_i^2}=\frac{N_i}{C}$,则

$$p_1 : p_2 : \cdots : p_n=N_1 : N_2 : \cdots : N_n$$

所取观测值个数越多,则由它们求得的算术平均值的权越大,精度越高。

(三)距离观测值的权

某段距离由 n_i 次丈量距离之和组成,且设一次丈量中误差为 σ,则距离丈量的方差为

$$\sigma_i^2=n_i\sigma^2$$

设 C 次距离丈量中误差为单位权中误差,则某段距离丈量值的权为

$$p_i=\frac{\sigma_0^2}{\sigma_i^2}=\frac{C}{n_i} \tag{2-28}$$

电磁波测距的测距中误差可以表达成如下形式

$$\sigma_i = a + bD_i \tag{2-29}$$

式中，a 为常数误差部分，称为加常数，b 为比例误差部分，称为乘常数，D_i 为所测距离值。此时，距离测量的权，可以表示成如下形式

$$p_i = \frac{\sigma_0^2}{(a + bD_i)^2} \tag{2-30}$$

（四）角度测量

对角度测量通常是等精度的，所以角度观测值是等权的。在边角网中，存在角度和距离两类观测值，如果选取角度观测值中误差为单位权中误差，则角度观测值的权是无单位的，而距离观测值的权是有单位的，如（$('')^2/\text{mm}^2$）。取 $\sigma_0 = \sigma_\beta$，则

$$p_{\beta_i} = \frac{\sigma_0^2}{\sigma_{\beta_i}^2} = 1, p_{S_i} = \frac{\sigma_\beta^2}{\sigma_{S_i}^2}$$

上述的定权方法中包含对观测值精度的某种确认或假设，如认为水准测量中各测站测量值的精度相同等。因而，上面所确定的权只能认为是观测值权的某种估计，称为**先验权**。

§2-5　协因数传播律

权是一种比较观测值之间的相对精度高低的指标，当然，也可以用权来比较各个观测值函数之间的精度；也存在根据观测值的权求观测值函数的权的问题。

一、协因数及协因数矩阵

选取 σ_0^2 之后，可定义观测值 L_i 的（自）协因数 Q_{ii}、L_i 与 L_j 的协因数 Q_{ij}，即

$$Q_{ii} = \frac{\sigma_i^2}{\sigma_0^2} = \frac{1}{p_i} \tag{2-31}$$

$$Q_{ij} = \frac{\sigma_{ij}}{\sigma_0^2} \tag{2-32}$$

L_i 的协因数 Q_{ii} 是其**权倒数**。因而，观测值的协因数也可以用来比较观测值精度的相对高低。而协因数 Q_{ij} 表征两个观测值之间的相关程度，因而也称为**相关权倒数**。

对于观测值向量 $\underset{n1}{\boldsymbol{X}}$ 和 $\underset{t1}{\boldsymbol{Y}}$，协因数矩阵和互协因数矩阵定义如下

$$\underset{nn}{\boldsymbol{Q}_{XX}} = \frac{1}{\sigma_0^2}\underset{nn}{\boldsymbol{D}_{XX}} \tag{2-33}$$

$$\underset{tt}{\boldsymbol{Q}_{YY}} = \frac{1}{\sigma_0^2}\underset{tt}{\boldsymbol{D}_{YY}} \tag{2-34}$$

$$\underset{nt}{\boldsymbol{Q}_{XY}} = \frac{1}{\sigma_0^2}\underset{nt}{\boldsymbol{D}_{XY}} \tag{2-35}$$

也有

$$\boldsymbol{D}_{XX} = \sigma_0^2\boldsymbol{Q}_{XX}, \boldsymbol{D}_{YY} = \sigma_0^2\boldsymbol{Q}_{YY}, \boldsymbol{D}_{XY} = \sigma_0^2\boldsymbol{Q}_{XY}$$

称 $\boldsymbol{Q}_{XX}$ 和 $\boldsymbol{Q}_{YY}$ 为观测值向量 $\boldsymbol{X}$ 和 $\boldsymbol{Y}$ 的协因数矩阵，$\boldsymbol{Q}_{XY}$ 为 $\boldsymbol{X}$ 关于 $\boldsymbol{Y}$ 的互协因数矩阵。

观测值向量 $\underset{n1}{\boldsymbol{X}}$ 权矩阵的定义为

$$\underset{nn}{\boldsymbol{P}_{XX}}=\underset{nn}{\boldsymbol{Q}_{XX}^{-1}} \tag{2-36}$$

通常,权矩阵中对角线的元素并不是观测值的权,而只有当观测值相互独立时,才是观测值的权。

协因数矩阵、权矩阵及相互关系如下:

(1)对于一个观测值 L_i,它的权与协因数互为倒数:$p_i=\dfrac{\sigma_0^2}{\sigma_i^2}=\dfrac{1}{Q_{ii}}$,$\sigma_0^2$ 为选定的正常数。

(2)对于两个观测值 L_i 和 L_j,其协因数为相关权倒数:$Q_{ij}=\dfrac{\sigma_{ij}}{\sigma_0^2}$,$i\neq j$。

(3)对于观测向量 $\underset{n1}{\boldsymbol{L}}$,其协因数矩阵 $\boldsymbol{Q}_{LL}$ 与权矩阵 $\boldsymbol{P}_{LL}$ 互为逆矩阵:$\boldsymbol{P}_{LL}\boldsymbol{Q}_{LL}=\boldsymbol{I}$。其中

$$\boldsymbol{Q}_{LL}=\begin{bmatrix} Q_{11} & Q_{12} & \cdots & Q_{1n} \\ Q_{21} & Q_{22} & \cdots & Q_{2n} \\ \vdots & \vdots & & \vdots \\ Q_{n1} & Q_{n2} & \cdots & Q_{nn} \end{bmatrix}=\frac{1}{\sigma_0^2}\boldsymbol{D}_{LL},\ \boldsymbol{P}_{LL}=\boldsymbol{Q}_{LL}^{-1}=\begin{bmatrix} P_{11} & P_{12} & \cdots & P_{1n} \\ P_{21} & P_{22} & \cdots & P_{2n} \\ \vdots & \vdots & & \vdots \\ P_{n1} & P_{n2} & \cdots & P_{nn} \end{bmatrix}$$

由于 $\sigma_{ij}=\sigma_{ji}$,故 $\boldsymbol{D}_{LL}$、$\boldsymbol{Q}_{LL}=\boldsymbol{P}_{LL}^{-1}$、$\boldsymbol{P}_{LL}$ 均为**对称矩阵**。对于特殊情况($\underset{n1}{\boldsymbol{L}}$ 为独立观测值),则 $P_{ii}=p_i$。因为,对于独立观测值,$\sigma_{ij}=0$,且 $\boldsymbol{D}_{LL}$、$\boldsymbol{Q}_{LL}$ 为对角矩阵,则

$$\boldsymbol{Q}_{LL}=\begin{bmatrix} Q_{11} & & & \\ & Q_{22} & & \\ & & \ddots & \\ & & & Q_{nn} \end{bmatrix},\ \boldsymbol{P}_{LL}=\begin{bmatrix} P_{11} & & & \\ & P_{22} & & \\ & & \ddots & \\ & & & P_{nn} \end{bmatrix}$$

又

$$\boldsymbol{P}_{LL}=\boldsymbol{Q}_{LL}^{-1}=\begin{bmatrix} 1/Q_{11} & & & \\ & 1/Q_{22} & & \\ & & \ddots & \\ & & & 1/Q_{nn} \end{bmatrix}=\begin{bmatrix} p_1 & & & \\ & p_2 & & \\ & & \ddots & \\ & & & p_n \end{bmatrix}$$

所以 $P_{ii}=p_i$,即权矩阵主对角线上的元素为观测值的权。

对于一般情况,$\underset{n1}{\boldsymbol{L}}$ 为相关观测值,则 $P_{ii}\neq p_i$,即权矩阵主对角线上的元素不是观测值的权,此时权矩阵不再具有权的含义。

二、协因数传播律

设观测值向量 $\underset{n1}{\boldsymbol{L}}$ 的协因数矩阵为$\underset{nn}{\boldsymbol{Q}_{LL}}$,$\underset{n1}{\boldsymbol{L}}$ 的 t 个线性函数$\underset{t1}{\boldsymbol{X}}$ 的矩阵形式为

$$\underset{t1}{\boldsymbol{X}}=\underset{tn}{\boldsymbol{K}}\underset{n1}{\boldsymbol{L}}+\underset{t1}{\boldsymbol{K}_0} \tag{2-37}$$

据协方差矩阵传播律可得

$$\underset{tt}{\boldsymbol{Q}_{XX}}=\frac{1}{\sigma_0^2}\boldsymbol{D}_{XX}=\frac{1}{\sigma_0^2}(\underset{tn}{\boldsymbol{K}}\underset{nn}{\boldsymbol{D}_{LL}}\underset{nt}{\boldsymbol{K}^{\mathrm{T}}})=\underset{tn}{\boldsymbol{K}}\underset{nn}{\boldsymbol{Q}_{LL}}\underset{nt}{\boldsymbol{K}^{\mathrm{T}}} \tag{2-38}$$

另有观测值的线性函数 $\underset{r1}{\boldsymbol{Y}}=\underset{rn}{\boldsymbol{F}}\underset{n1}{\boldsymbol{L}}+\underset{r1}{\boldsymbol{F}_0}$,同理有$\underset{rr}{\boldsymbol{Q}_{YY}}=\underset{rn}{\boldsymbol{F}}\underset{nn}{\boldsymbol{Q}_{LL}}\underset{nr}{\boldsymbol{F}^{\mathrm{T}}}$。

$\boldsymbol{X}$ 和 $\boldsymbol{Y}$ 的互协方差矩阵为

$$\left.\begin{aligned}\underset{tr}{\boldsymbol{Q}_{XY}} &= \underset{tn}{\boldsymbol{K}}\underset{nn}{\boldsymbol{Q}_{LL}}\underset{nr}{\boldsymbol{F}^{\mathrm{T}}} \\ \underset{rt}{\boldsymbol{Q}_{YX}} &= \underset{rn}{\boldsymbol{F}}\underset{nn}{\boldsymbol{Q}_{LL}}\underset{nt}{\boldsymbol{K}^{\mathrm{T}}} = \underset{rt}{\boldsymbol{Q}_{XY}^{\mathrm{T}}}\end{aligned}\right\} \tag{2-39}$$

对于观测值的非线性函数向量的协因数传播问题，直接参照协方差传播。

[例 2-5]求不等精度独立观测值加权平均值的权。

解：设观测值 L_i 的权为 p_i，则观测值向量的协因数矩阵为

$$\boldsymbol{Q} = \boldsymbol{P}^{-1} = \begin{bmatrix} 1/p_1 & & & \\ & 1/p_2 & & \\ & & \ddots & \\ & & & 1/p_n \end{bmatrix}$$

不等精度独立观测值加权平均值形式如下

$$\bar{L} = \frac{p_1L_1 + p_2L_2 + \cdots + p_nL_n}{p_1 + p_2 + \cdots + p_n} = \frac{[pL]}{[p]}$$

根据协因数传播律，$\bar{L}$ 的权倒数为

$$\frac{1}{p_{\bar{L}}} = \begin{bmatrix} \frac{p_1}{[p]} & \frac{p_2}{[p]} & \cdots & \frac{p_n}{[p]} \end{bmatrix} \begin{bmatrix} 1/p_1 & & & \\ & 1/p_2 & & \\ & & \ddots & \\ & & & 1/p_n \end{bmatrix} \begin{bmatrix} \frac{p_1}{[p]} & \frac{p_2}{[p]} & \cdots & \frac{p_n}{[p]} \end{bmatrix}^{\mathrm{T}}$$

$$= \begin{bmatrix} \frac{1}{[p]} & \frac{1}{[p]} & \cdots & \frac{1}{[p]} \end{bmatrix} \begin{bmatrix} \frac{p_1}{[p]} & \frac{p_2}{[p]} & \cdots & \frac{p_n}{[p]} \end{bmatrix}^{\mathrm{T}} = \frac{[p]}{[p]^2} = \frac{1}{[p]}$$

因此，加权平均值的权 $p_{\bar{L}} = [p]$，即为各观测值的权之和。

[例 2-6]观测值向量 $\boldsymbol{X}$ 和 $\boldsymbol{Y}$ 的线性函数如下

$$\boldsymbol{W} = \boldsymbol{KX} + \boldsymbol{FY}$$

并设观测值向量 $\boldsymbol{X}$、$\boldsymbol{Y}$ 的协因数矩阵为 $\boldsymbol{Q}_{XX}$、$\boldsymbol{Q}_{YY}$ 和 $\boldsymbol{Q}_{XY}$。试求协因数矩阵 $\boldsymbol{Q}_{WW}$、$\boldsymbol{Q}_{WX}$。

解：函数 $\boldsymbol{W}$ 可以写成如下矩阵形式

$$\boldsymbol{W} = [\boldsymbol{K} \quad \boldsymbol{F}] \begin{bmatrix} \boldsymbol{X} \\ \boldsymbol{Y} \end{bmatrix}$$

根据协因数传播律，$\boldsymbol{W}$ 的协因数矩阵为

$$\boldsymbol{Q}_{WW} = [\boldsymbol{K} \quad \boldsymbol{F}] \begin{bmatrix} \boldsymbol{Q}_{XX} & \boldsymbol{Q}_{XY} \\ \boldsymbol{Q}_{YX} & \boldsymbol{Q}_{YY} \end{bmatrix} \begin{bmatrix} \boldsymbol{K}^{\mathrm{T}} \\ \boldsymbol{F}^{\mathrm{T}} \end{bmatrix} = [\boldsymbol{KQ}_{XX} + \boldsymbol{FQ}_{YX} \quad \boldsymbol{KQ}_{XY} + \boldsymbol{FQ}_{YY}] \begin{bmatrix} \boldsymbol{K}^{\mathrm{T}} \\ \boldsymbol{F}^{\mathrm{T}} \end{bmatrix}$$

$$= \boldsymbol{KQ}_{XX}\boldsymbol{K}^{\mathrm{T}} + \boldsymbol{FQ}_{YX}\boldsymbol{K}^{\mathrm{T}} + \boldsymbol{KQ}_{XY}\boldsymbol{F}^{\mathrm{T}} + \boldsymbol{FQ}_{YY}\boldsymbol{F}^{\mathrm{T}}$$

$\boldsymbol{W}$ 关于 $\boldsymbol{X}$ 的互协因数矩阵为

$$\boldsymbol{Q}_{WX} = [\boldsymbol{K} \quad \boldsymbol{F}] \begin{bmatrix} \boldsymbol{Q}_{XX} & \boldsymbol{Q}_{XY} \\ \boldsymbol{Q}_{YX} & \boldsymbol{Q}_{YY} \end{bmatrix} \begin{bmatrix} \boldsymbol{I} \\ \boldsymbol{O} \end{bmatrix} = \boldsymbol{KQ}_{XX} + \boldsymbol{FQ}_{YX}$$

[例 2-7]三角高程测量中两点间高差计算公式为

$$h = D\tan\alpha + i - l$$

式中，D 为水平距离测量值，α 为竖直角度测量值，i 为仪器高，l 为觇标高。假设仪器高和觇标高的量测误差较小，因而可以忽略不计。试求高差测量值的权。

解:设水平距离测量值和竖角测量值的权为 p_D 和 p_α,且假设互不相关,则 $Q_{D\alpha}=\begin{bmatrix}\frac{1}{p_D} & 0\\ 0 & \frac{1}{p_\alpha}\end{bmatrix}$。将高差计算公式进行全微分得

$$dh=\tan\alpha dD+\frac{D}{\cos^2\alpha}\frac{d\alpha}{\rho''}$$

根据协因数传播律,h 的权倒数为

$$\frac{1}{p_h}=\tan^2\alpha\frac{1}{p_D}+\left(\frac{D}{\rho''\cos\alpha}\right)^2\frac{1}{p_\alpha}$$

由于三角高程测量中,竖直角度较小,因此,权倒数公式右边第一项相对第二项较小,可以忽略不计,且 $\cos^2\alpha\approx1$,因而,权倒数公式可写成

$$Q_{hh}=\frac{1}{p_h}=\left(\frac{D}{\rho''}\right)^2\frac{1}{p_\alpha},\ p_h=\frac{\rho''^2}{D^2}p_\alpha$$

若选 C 千米高差观测值的权为单位权,即

$$1=\frac{\rho''^2}{C^2}p_\alpha$$

代入权倒数公式得

$$p_h=\frac{C^2}{D^2}\tag{2-40}$$

式(2-40)表明,三角高程测量的权与两点间水平距离平方成反比。

§2-6 方差的估算与应用

一、由一组独立同精度真误差估算观测值的方差

一组独立同精度的观测值 $L_1,L_2,\cdots,L_n$ 及其真误差 $\Delta_1,\Delta_2,\cdots,\Delta_n$,该组观测值的方差 σ^2 的理论值为

$$\sigma^2=\int_{-\infty}^{+\infty}\Delta^2f(\Delta)d\Delta=\lim_{n\to\infty}\frac{1}{n}\sum_{i=1}^{n}\Delta_i^2$$

σ^2 的估值为

$$\hat{\sigma}^2=\frac{1}{n}\sum_{i=1}^{n}\Delta_i^2\tag{2-41}$$

这就是由一组独立同精度的真误差估算观测值的方差的公式。

二、由一组独立不同精度真误差估算观测值的方差

一组独立不同精度观测值 $L_1,L_2,\cdots,L_n$ 及真误差 $\Delta_i(i=1,2,\cdots,n)$,其权为 p_i,构建新的观测值 $L'_i=\sqrt{p_i}L_i$ 及其真误差 $\Delta'_i=\sqrt{p_i}\Delta_i$。由于

$$\sigma_{L_i'}^2=\sigma_{\Delta_i'}^2=p_i\sigma_i^2=\sigma_0^2$$

$$p_{L_i'}=p_{\Delta_i'}=\frac{\sigma_0^2}{\sigma_{\Delta_i'}^2}=1$$

所以，$L_1',L_2',\cdots,L_n'$为独立同精度观测值，$\Delta_1',\Delta_2',\cdots,\Delta_n'$为独立同精度真误差，且其权为1。应用同精度的真误差估算观测值的方差公式，得单位权方差估值$\hat{\sigma}_0^2$和各观测值的方差估值$\hat{\sigma}_i^2(i=1,2,\cdots,n)$

$$\left.\begin{aligned}\hat{\sigma}_0^2&=\frac{1}{n}\sum_{i=1}^{n}\Delta_i'^2=\frac{1}{n}\sum_{i=1}^{n}p_i\Delta_i^2\\\hat{\sigma}_i^2&=\hat{\sigma}_{L_i}^2=\frac{\hat{\sigma}_0^2}{p_i}\end{aligned}\right\}\qquad(2\text{-}42)$$

这就是由一组独立不同精度的真误差估算观测值方差的公式。

根据同精度和不同精度的真误差估算方差、中误差的公式在实际中有以下应用。

三、由同精度双观测值之差求观测值中误差

L_i'与$L_i''(i=1,2,\cdots,n)$为独立同精度双观测值(对同一量的两次观测)，其权都为p_i，方差均为σ_i^2。令$d_i=L_i'-L_i''$，有$\sigma_{d_i}^2=2\sigma_i^2$，$p_{d_i}=\frac{1}{2}p_i$，又$\widetilde{d}_i=\widetilde{L}_i'-\widetilde{L}_i''=0$(观测量$d_i$的真值是确定的)，则真误差$\Delta d_i=\widetilde{d}_i-d_i=-d_i$。

利用不同精度的真误差估算观测值方差的公式，可得单位权方差及其估值

$$\left.\begin{aligned}\sigma_0^2&=\lim_{n\to\infty}\frac{1}{n}\sum_{i=1}^{n}p_{d_i}\Delta d_i^2=\lim_{n\to\infty}\frac{1}{n}\sum_{i=1}^{n}\frac{1}{2}p_i(-d_i)^2=\lim_{n\to\infty}\frac{1}{2n}\sum_{i=1}^{n}p_id_i^2\\\hat{\sigma}_0^2&=\frac{1}{2n}\sum_{i=1}^{n}p_id_i^2\end{aligned}\right\}\qquad(2\text{-}43)$$

观测值方差估值$\hat{\sigma}_{L_i'}^2=\hat{\sigma}_{L_i''}^2=\hat{\sigma}_0^2/p_i$。

另有各双观测值的平均值为$\bar{L}_i=\frac{1}{2}(L_i'+L_i'')$，则得平均值的方差估值为$\hat{\sigma}_{\bar{L}_i}^2=\frac{1}{4}\hat{\sigma}_{L_i'}^2+\frac{1}{4}\hat{\sigma}_{L_i''}^2=\frac{\hat{\sigma}_0^2}{2p_i}$。

四、三角网测角精度的估计

设有n组独立同精度的三角形内角观测值α_i、β_i、$\gamma_i(i=1,2,\cdots,n)$，测角中误差为σ_β。每组观测值可得到一个内角和观测值S_i及其真误差ΔS_i(与闭合差反号)

$$S_i=\alpha_i+\beta_i+\gamma_i$$

$$\Delta S_i=\widetilde{S}_i-S_i=180°-(\alpha_i+\beta_i+\gamma_i)=-w_i$$

$$w_i=\alpha_i+\beta_i+\gamma_i-180°$$

据协方差传播律，有

$$\sigma_{S_i}^2=3\sigma_\beta^2(i=1,2,\cdots,n)\text{，或}\hat{\sigma}_{S_i}=3\hat{\sigma}_\beta^2$$

显然S_i为独立同精度观测值。由独立同精度真误差估计方差的公式可得

$$\hat{\sigma}_{S_i}^2=\frac{1}{n}\sum_{i=1}^{n}\Delta S_i^2=\frac{1}{n}\sum_{i=1}^{n}(-w_i)^2=\frac{1}{n}\sum_{i=1}^{n}w_i^2$$

则由两式左边相等可得

$$\hat{\sigma}_{\beta}^2=\frac{1}{3n}\sum_{i=1}^{n}w_i^2,\text{或 }\hat{\sigma}_{\beta}=\sqrt{\frac{1}{3n}\sum_{i=1}^{n}w_i^2}$$

此称为菲列罗公式,用来估算三角网角度精度。

§2-7 系统误差的传播

一、综合误差的评价方式

(1)当观测值中只含偶然误差 Δ 时

$$\Delta=\widetilde{L}-L,E(\Delta)=0,D(\Delta)=E(\Delta^2)=\sigma^2$$

$$E(L)=\widetilde{L},D_{LL}=\sigma_L^2=E\{[L-E(L)]^2\}=E[(L-\widetilde{L})^2]=E(\Delta^2)=D(\Delta)$$

(2)当观测值中只含系统误差 ε 时:系统误差不是随机变量,而是一定程度上的常量,因此需先行处理

$$\varepsilon=\widetilde{L}-E(L),E(\varepsilon)=\varepsilon,D(\varepsilon)=0$$

(3)综合误差 $\Omega=\varepsilon+\Delta$

$$\Omega=\widetilde{L}-L=\varepsilon+\Delta,\ E(\Omega)=E(\varepsilon+\Delta)=\varepsilon$$

$$E(L)=E(\widetilde{L}-\Omega)=\widetilde{L}-E(\Omega)=\widetilde{L}-\varepsilon$$

L 的均方差为

$$\begin{aligned}\mathrm{MSE}(L)&=E[(L-\widetilde{L})^2]=E(\Omega^2)\\&=E[(\varepsilon+\Delta)^2]=E(\varepsilon^2+2\varepsilon\Delta+\Delta^2)=\varepsilon^2+2\varepsilon E(\Delta)+E(\Delta^2)\\&=\varepsilon^2+\sigma^2\end{aligned}\tag{2-44}$$

(4)当同时含 Δ、ε 和粗差时,用测量不确定度评价:观测误差为 $\Omega_L=\widetilde{L}-L$,不确定度为 $U=\sup|\Omega_L|$,即 Ω_L 的绝对值上界。

二、系统误差传播律

L_i 为独立观测值,其系统误差 $\varepsilon_i=\widetilde{L}_i-E(L_i)$,$i=1,2,\cdots,n$。设 $Z=k_1L_1+k_2L_2+\cdots+k_nL_n+k_0$,则

$$\begin{aligned}\varepsilon_Z&=\widetilde{Z}-E(Z)=\sum_{i=1}^{n}[k_i\widetilde{L}_i+k_0-E(k_iL_i+k_0)]\\&=\sum_{i=1}^{n}k_i\widetilde{L}_i-\sum_{i=1}^{n}k_iE(L_i)=\sum_{i=1}^{n}k_i[\widetilde{L}_i-E(L_i)]=\sum_{i=1}^{n}k_i\varepsilon_i\end{aligned}\tag{2-45}$$

三、系统误差与偶然误差联合传播

设 $Z=\sum_{i=1}^{n}k_iL_i$,则

$$\mathrm{MSE}(Z)=E[(Z-\widetilde{Z})^2]$$

$$
\begin{aligned}
&= E\{[Z - E(Z) + E(Z) - \widetilde{Z}]^2\} \\
&= E\{[Z - E(Z)]^2\} + E\{[E(Z) - \widetilde{Z}]^2\} - 2\varepsilon_Z E[Z - E(Z)] \\
&= D_{ZZ} + \varepsilon_Z^2 \\
&= \sum_{i=1}^{n} k_i^2 \sigma_i^2 + \left(\sum_{i=1}^{n} k_i \varepsilon_i\right)^2
\end{aligned} \tag{2-46}
$$

§2-8　误差理论小结

误差理论主要讲述了五个方面的内容。

(一)误差的定义、来源和分类

(1)观测误差是观测值与其真值的偏差，$\Omega = \widetilde{L} - L$。

(2)误差来源于观测者、仪器和观测环境。

(3)误差按影响性质分为三类：偶然误差 Δ、系统误差 ε、粗差 $\Delta_{粗}$。

(4)一个事实：观测误差不可避免，因为观测者的感官限制、仪器的精密度有限、外界环境影响不可避免。误差按其影响的性质分偶然误差(单个误差无规律，大量误差有统计分布规律)、系统误差、粗差。

(二)偶然误差的随机特性

(1)偶然误差分布的随机特性：对称性、集中性、有界性、均值为0。

(2)一维连续随机变量 X，取值 x 对应的概率密度为 $f(x)$，X 的数学期望和方差为

$$E(X) = \int_{-\infty}^{+\infty} x f(x)\,\mathrm{d}x$$

$$D(X) = E\{[X - E(X)]^2\} = \int_{-\infty}^{+\infty} [x - E(X)]^2 f(x)\,\mathrm{d}x = E(X^2) - E^2(X)$$

(3)两个随机变量 X 与 Y 的联合密度函数为 $f(x,y)$，协方差 D_{XY} 为

$$D_{XY} = E\{[X - E(X)][Y - E(Y)]\} = \int_{-\infty}^{+\infty}\int_{-\infty}^{+\infty} [x - E(X)][y - E(Y)] f(x,y)\,\mathrm{d}x\,\mathrm{d}y$$

(4)观测向量 $\underset{n1}{\boldsymbol{X}} = [X_1\ \ X_2\ \ \cdots\ \ X_n]^{\mathrm{T}}$，$\underset{t1}{\boldsymbol{Y}} = [Y_1\ \ Y_2\ \ \cdots\ \ Y_t]^{\mathrm{T}}$，数学期望和方差矩阵为

$$E(\boldsymbol{X}) = [E(X_1)\ \ E(X_2)\ \ \cdots\ \ E(X_n)]^{\mathrm{T}},\ E(\boldsymbol{Y}) = [E(Y_1)\ \ E(Y_2)\ \ \cdots\ \ E(Y_t)]^{\mathrm{T}}$$

$$\underset{nn}{\boldsymbol{D}_{XX}} = E\{[\boldsymbol{X} - E(\boldsymbol{X})][\boldsymbol{X} - E(\boldsymbol{X})]^{\mathrm{T}}\},\ \underset{tt}{\boldsymbol{D}_{YY}} = E\{[\boldsymbol{Y} - E(\boldsymbol{Y})][\boldsymbol{Y} - E(\boldsymbol{Y})]^{\mathrm{T}}\}$$

$$\underset{nt}{\boldsymbol{D}_{XY}} = E\{[\boldsymbol{X} - E(\boldsymbol{X})][\boldsymbol{Y} - E(\boldsymbol{Y})]^{\mathrm{T}}\} = \underset{tn}{\boldsymbol{D}_{YX}^{\mathrm{T}}}$$

(5)正态分布的随机变量：①偶然误差随机变量

$$\Delta \sim N(0,\sigma^2)$$

$$f(\Delta) = \frac{1}{\sqrt{2\pi}\sigma} \mathrm{e}^{-\frac{\Delta^2}{2\sigma^2}} \qquad (-\infty < \Delta < +\infty)$$

$$E(\Delta) = 0,\ D(\Delta) = E(\Delta^2) = \int_{-\infty}^{+\infty} \Delta^2 f(\Delta)\,\mathrm{d}\Delta = \sigma^2$$

②观测值随机变量(只含有偶然误差)

$$L = \widetilde{L} - \Omega \xlongequal{\text{只含}\Delta} \widetilde{L} - \Delta,\ L \sim N(\mu,\sigma^2)$$

$$f(L)=\frac{1}{\sqrt{2\pi}\sigma}e^{-\frac{(L-\mu)^2}{2\sigma^2}} \qquad (-\infty < L < +\infty)$$

$$E(L)=\mu \xlongequal{\text{只含}\Delta} \widetilde{L},\ D(L)=D(\Delta)=\sigma^2$$

可见，正态分布的偶然误差 Δ 和观测值 L 的方差值均为分布参数 σ^2。

(三)观测值的精度指标

观测值的精度指标有方差 σ^2(中误差 σ)、平均误差 θ、或然误差 ρ、极限误差 $\Delta_{\text{限}}$、相对误差 $\frac{\sigma_L}{L}$。

(1)方差 σ^2(中误差 σ)

$$\text{理论值}\ \sigma^2=E(\Delta^2)=\int_{-\infty}^{+\infty}\Delta^2 f(\Delta)\mathrm{d}\Delta=\lim_{n\to\infty}\frac{1}{n}\sum_{i=1}^{n}\Delta_i^2$$

$$\text{估值}\ \hat{\sigma}^2=\frac{1}{n}\sum_{i=1}^{n}\Delta_i^2(\text{独立同精度的}\ \Delta_i)$$

(2)平均误差 θ

$$\text{理论值}\ \theta=E(|\Delta|)=\int_{-\infty}^{+\infty}|\Delta|f(\Delta)\mathrm{d}\Delta=\lim_{n\to\infty}\sum_{i=1}^{n}|\Delta|,\ \theta\approx 0.80\sigma(\text{正态})$$

$$\text{估值}\ \hat{\theta}=\frac{1}{n}\sum_{i=1}^{n}|\Delta_i|$$

(3)或然误差 ρ

$$\int_{-\rho}^{+\rho}\Delta f(\Delta)\mathrm{d}\Delta=\frac{1}{2},\ \rho\approx 0.67\sigma(\text{正态})$$

(4)极限误差 $\Delta_{\text{限}}=(2\sim 3)\sigma$，对应的正态误差概率约为 95.4%和 99.7%。

对于两个观测向量 $\underset{n1}{\boldsymbol{X}}$ 与 $\underset{m1}{\boldsymbol{Y}}$

$$\underset{nm}{\boldsymbol{D}_{XY}}=E\{[\boldsymbol{X}-E(\boldsymbol{X})][\boldsymbol{Y}-E(\boldsymbol{Y})]^{\mathrm{T}}\}$$

(5)相对误差 $\frac{\sigma_L}{L}=\frac{1}{N}$,其中 L 为观测值。

(四)误差及协方差传播规律

1. 误差传播律

已知 L 的误差 Δ_L,则 $X=f(L)$ 的误差

$$\Delta_X=\widetilde{X}-X=f(\widetilde{L})-f(L)=f(L+\Delta_L)-f(L)\approx\left.\frac{\partial f}{\partial L}\right|_L\Delta_L$$

2. 协方差传播律(协因数传播律)

观测向量 $\underset{n1}{\boldsymbol{L}}$ 的方差矩阵为 $\boldsymbol{D}_{LL}$, $\underset{m1}{\boldsymbol{X}}=\boldsymbol{KL}+\boldsymbol{K}_0$, $\underset{t1}{\boldsymbol{Y}}=\boldsymbol{FL}+\boldsymbol{F}_0$，则

$$\underset{mm}{\boldsymbol{D}_{XX}}=\boldsymbol{K}\boldsymbol{D}_{LL}\boldsymbol{K}^{\mathrm{T}},\ \underset{tt}{\boldsymbol{D}_{YY}}=\boldsymbol{F}\boldsymbol{D}_{LL}\boldsymbol{F}^{\mathrm{T}},\ \underset{mt}{\boldsymbol{D}_{XY}}=\boldsymbol{K}\boldsymbol{D}_{LL}\boldsymbol{F}^{\mathrm{T}}=\underset{tm}{\boldsymbol{D}_{YX}^{\mathrm{T}}}$$

$$\boldsymbol{Q}_{LL}=\frac{1}{\sigma_0^2}\boldsymbol{D}_{LL},Q_{ij}=\frac{\sigma_{ij}}{\sigma_0^2},\ Q_{ii}=\frac{\sigma_i^2}{\sigma_0^2},\ p_i=\frac{1}{Q_{ii}}=\frac{\sigma_0^2}{\sigma_i^2},\ \boldsymbol{P}_{LL}=\boldsymbol{Q}_{LL}^{-1}$$

$$\boldsymbol{Q}_{XX}=\boldsymbol{K}\boldsymbol{Q}_{LL}\boldsymbol{K}^{\mathrm{T}},\ \boldsymbol{Q}_{YY}=\boldsymbol{F}\boldsymbol{Q}_{LL}\boldsymbol{F}^{\mathrm{T}},\ \boldsymbol{Q}_{XY}=\boldsymbol{K}\boldsymbol{Q}_{LL}\boldsymbol{F}^{\mathrm{T}}=\boldsymbol{Q}_{YX}^{\mathrm{T}}$$

3. 非线性关系在近似值处的线性化(在 $\widetilde{\boldsymbol{L}}$ 处)

$$\boldsymbol{X}=f(\boldsymbol{L})\approx f(\widetilde{\boldsymbol{L}})+\left(\frac{\partial f}{\partial L_1}\right)_0(L_1-\widetilde{L}_1)+\left(\frac{\partial f}{\partial L_2}\right)_0(L_2-\widetilde{L}_2)+\cdots+\left(\frac{\partial f}{\partial L_n}\right)_0(L_n-\widetilde{L}_n)$$

由于协方差传播与 $\boldsymbol{K}_0$ 无关，此处线性化不必计算 $\boldsymbol{K}_0$，故只需求全微分

$$\mathrm{d}\boldsymbol{X}=\left(\frac{\partial f}{\partial L_1}\right)_0\mathrm{d}L_1+\left(\frac{\partial f}{\partial L_2}\right)_0\mathrm{d}L_2+\cdots+\left(\frac{\partial f}{\partial L_n}\right)_0\mathrm{d}L_n=\boldsymbol{K}\mathrm{d}\boldsymbol{L}$$

然后按协方差传播律公式求 $\boldsymbol{D}_{XX}=\boldsymbol{K}\boldsymbol{D}_{LL}\boldsymbol{K}^{\mathrm{T}}$。

(五)综合误差问题(系统误差+偶然误差)

误差理论是处理带有偶然误差的观测值和进行测量精度评定的基础。认识和描述误差的目的是处理含有误差的观测值，以便获得最优的数据成果。

习　题

1. 试简述利用协方差传播律的详细步骤。

2. 下列各式中的 $L_i(i=1,2,3)$ 均为等精度独立观测值，其中误差为 σ，试求 X 的中误差：①$X=\frac{1}{2}(L_1+L_2)+3L_3$；②$X=\frac{L_1L_2}{L_3}$。

3. 已知独立观测值 L_1、L_2 的中误差为 σ_1、σ_2，试求函数 $Y=3L_1^2+L_1L_2$ 的中误差。

4. 设有观测值向量 $\underset{31}{\boldsymbol{L}}=[L_1\quad L_2\quad L_3]^{\mathrm{T}}$，其协方差矩阵为 $\boldsymbol{D}_{LL}=\begin{bmatrix}6&-3&-2\\-3&4&1\\-2&1&2\end{bmatrix}$，试分别求下列函数的方差：①$F_1=L_1+L_2-2L_3$；②$F_2=L_1^2+L_2+2L_3^{\frac{1}{2}}$。

5. 已知 3 个观测值向量 $\underset{r1}{\boldsymbol{L}_1}$、$\underset{s1}{\boldsymbol{L}_2}$ 和 $\underset{t1}{\boldsymbol{L}_3}$，及其协方差矩阵 $\begin{bmatrix}\boldsymbol{D}_{11}&\boldsymbol{D}_{12}&\boldsymbol{D}_{13}\\\boldsymbol{D}_{21}&\boldsymbol{D}_{22}&\boldsymbol{D}_{23}\\\boldsymbol{D}_{31}&\boldsymbol{D}_{32}&\boldsymbol{D}_{33}\end{bmatrix}$，现组成函数 $\begin{cases}\boldsymbol{X}=\boldsymbol{A}\boldsymbol{L}_1+\boldsymbol{A}_0\\\boldsymbol{Y}=\boldsymbol{B}\boldsymbol{L}_2+\boldsymbol{B}_0\\\boldsymbol{Z}=\boldsymbol{C}\boldsymbol{L}_3+\boldsymbol{C}_0\end{cases}$，式中，$\boldsymbol{A}$、$\boldsymbol{B}$、$\boldsymbol{C}$ 为系数矩阵，$\boldsymbol{A}_0$、$\boldsymbol{B}_0$、$\boldsymbol{C}_0$ 为常数矩阵。令 $\boldsymbol{W}=[\boldsymbol{X}\quad\boldsymbol{Y}\quad\boldsymbol{Z}]^{\mathrm{T}}$，试求协方差矩阵 $\boldsymbol{D}_{WW}$。

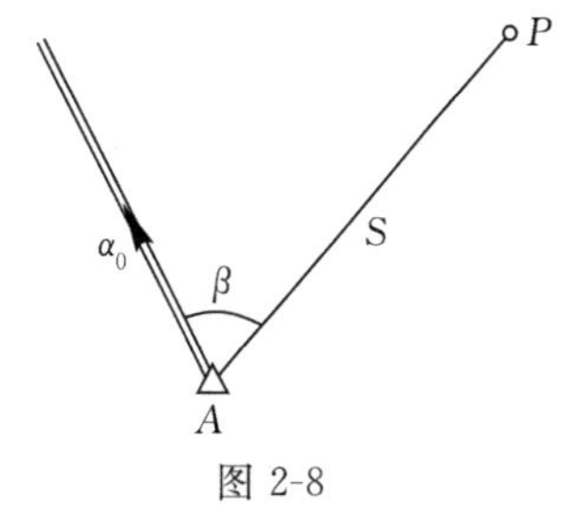

图 2-8

6. 由已知点 A(无误差)引出支点 P，如图 2-8 所示。α_0 为起算方位角，其中误差为 σ_0，观测角 β 和边长 S 的中误差分别为 σ_β 和 σ_S，试求 P 点坐标 X、Y 的协方差矩阵。

7. 水准测量中两种计算高差中误差的公式为 $\sigma_{h_{AB}}=\sqrt{N}\sigma_{站}$ 和 $\sigma_{h_{AB}}=\sqrt{S}\sigma_{\mathrm{km}}$，它们分别在什么前提条件下使用？

8. 在已知水准点 A、B(其高程无误差)间布设水准路线，如图 2-9 所示。路线长为 $S_1=3\ \mathrm{km}$，$S_2=9\ \mathrm{km}$，$S_3=6\ \mathrm{km}$，设每千米观测高差中误差 $\sigma=1.00\ \mathrm{mm}$，试求：① 将闭合差按距离分配之后 P_1、P_2 两点间高差的中误差；② 分配闭合差后 P_1 点高程的中误差。

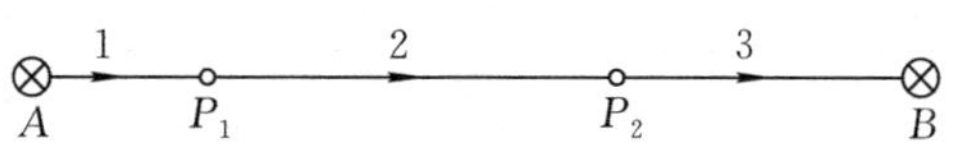

A —1→ P_1 —2→ P_2 —3→ B

图 2-9

9. 有一角度测 4 测回的中误差为 0.42″，试问再增加多少测回其中误差为 0.28″？

10. 以相同精度观测 $\angle A$ 和 $\angle B$,其权分别为 $p_A=\frac{1}{4}$,$p_B=\frac{1}{2}$,已知 $\sigma_B=6''$,试求单位权中误差 σ_0 和 $\angle A$ 的中误差 σ_A。

11. 设对某一长度进行同精度独立观测,已知一次观测中误差 $\sigma=2\text{ mm}$,设 4 次观测值平均值的权为 3,试求:① 单位权中误差 σ_0;② 一次观测值的权;③ 欲使平均值的权等于 12,应观测几次。

12. 由已知水准点 A、B 和 C 向待定点 D 进行水准测量,以测定 D 点高程(图 2-10)。各线路长度为 $S_1=2\text{ km}$, $S_2=S_3=4\text{ km}$, $S_4=1.5\text{ km}$,设 2 km 线路观测高差为单位权观测值,其中误差 $\sigma_0=4\text{ mm}$,试求:①D 点高程最或是值(加权平均值)的中误差 σ_D;②A、D 两点间高差最或是值的中误差 σ_{AD}。

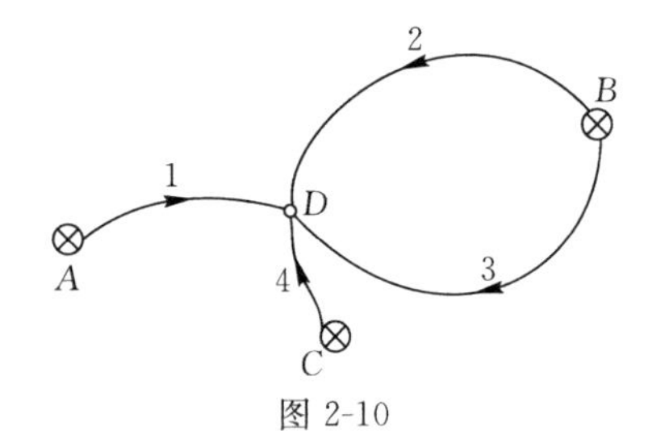

图 2-10

13. 已知观测值向量 $\underset{31}{\boldsymbol{Z}}=\begin{bmatrix}\underset{21}{\boldsymbol{X}}\\ \underset{11}{\boldsymbol{Y}}\end{bmatrix}$ 的权矩阵为 $\boldsymbol{P}_{ZZ}=\begin{bmatrix}5 & -1 & -2\\ -1 & 4 & -1\\ -2 & -1 & 3\end{bmatrix}$,试求 $\boldsymbol{P}_{XX}$、$\boldsymbol{P}_{YY}$,以及 p_{x_1}、p_{x_2} 和 p_y。

14. 设有函数 $F=f_1x-f_2y$,其中 $\begin{cases}x=\alpha_1L_1+\alpha_2L_2+\cdots+\alpha_nL_n\\ y=\beta_1L_1+\beta_2L_2+\cdots+\beta_nL_n\end{cases}$,$\alpha_i$、$\beta_i(i=1,2,\cdots,n)$ 为无误差的常数,而 $L_1,L_2,\cdots,L_n$ 的权分别为 $p_1,p_2,\cdots,p_n$,试求函数 F 的权倒数 $\frac{1}{p_F}$。

15. 已知观测值向量 $\underset{31}{\boldsymbol{L}}$ 的协方差矩阵为 $\boldsymbol{D}_{LL}=\begin{bmatrix}3 & 0 & -2\\ 0 & 6 & 1\\ -2 & 1 & 2\end{bmatrix}$,单位权方差 $\sigma_0^2=4$,现有函数 $F=L_1+5L_2-2L_3$,试求:① 函数 F 的方差 D_{FF} 和协因数 Q_{FF};② 函数 F 关于观测值向量 $\boldsymbol{L}$ 的协方差矩阵 $\boldsymbol{D}_{FL}$ 和协因数矩阵 $\boldsymbol{Q}_{FL}$。

16. 有一水准路线分 3 段进行测量,每段均进行往、返观测,观测值见表 2-2。令 3 km 观测高差的权为单位权,试求:① 单位权中误差;② 各段 1 次观测高差的中误差;③ 各段高差平均值的中误差;④ 全长 1 次观测高差的中误差;⑤ 全长高差平均值的中误差。

表 2-2

路线长度 /km	往测高差 /m	返测高差 /m
2.6	2.563	2.565
5.8	1.517	1.513
1.0	2.526	2.526

17. 设有相关观测值 $\underset{n1}{\boldsymbol{L}}$ 的两组线性函数 $\underset{s1}{\boldsymbol{Z}}=\underset{sn}{\boldsymbol{F}}\underset{n1}{\boldsymbol{L}}+\underset{s1}{\boldsymbol{F}_0}$，$\underset{t1}{\boldsymbol{Y}}=\underset{tn}{\boldsymbol{K}}\underset{n1}{\boldsymbol{L}}+\underset{t1}{\boldsymbol{K}_0}$，已知 $\boldsymbol{L}$ 的综合误差为 $\underset{n1}{\boldsymbol{\Omega}}=\underset{n1}{\boldsymbol{\Delta}}+\underset{n1}{\boldsymbol{\varepsilon}}$，式中，$\boldsymbol{\Delta}$ 和 $\boldsymbol{\varepsilon}$ 分别为观测值 $\boldsymbol{L}$ 的偶然误差和系统误差，$\boldsymbol{L}$ 的协方差矩阵为

$$\boldsymbol{D}_{LL}=\begin{bmatrix}\sigma_1^2 & \sigma_{12} & \cdots & \sigma_{1n}\\ \sigma_{21} & \sigma_2^2 & \cdots & \sigma_{2n}\\ \vdots & \vdots & & \vdots\\ \sigma_{n1} & \sigma_{n2} & \cdots & \sigma_n^2\end{bmatrix}$$

，试求 $\boldsymbol{Z}$ 的综合方差矩阵 $\mathrm{MSE}(\boldsymbol{Z})=E(\boldsymbol{\Omega}_Z\boldsymbol{\Omega}_Z^{\mathrm{T}})$、$\boldsymbol{Z}$ 与 $\boldsymbol{Y}$ 的综合协方差矩阵 $\boldsymbol{D}_{ZY}=E(\boldsymbol{\Omega}_Z\boldsymbol{\Omega}_Y^{\mathrm{T}})$。

第三章　测量平差概述

§3-1　平差的任务和方法

一、平差的任务

观测值存在误差，带来了不闭合问题。如图 3-1(a)所示，三角形内角观测值的和为 $L_1 + L_2 + L_3 \neq 180°$，进而带来几何量取值的不一致性；如图 3-1(b)所示，由 L_1 和 L_2，或由 L_1 和 L_3 求 P 点的坐标，两个方式得到两种结果 P' 和 P''。不闭合问题引起几何上的多解性。因此，我们不能直接把观测值作为被观测量的取值，而需要进行平差处理。

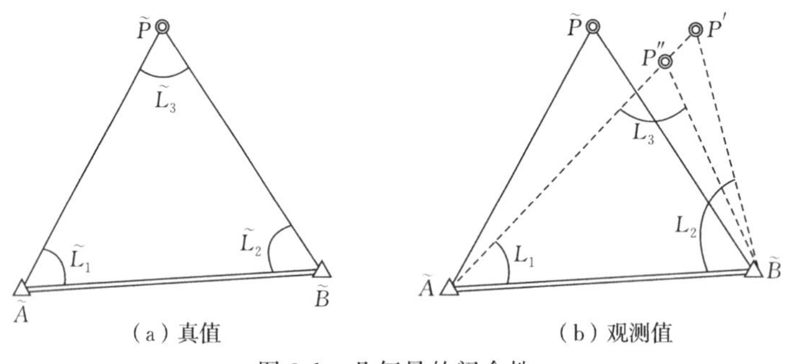

图 3-1　几何量的闭合性

真值闭合：$\tilde{L}_1 + \tilde{L}_2 + \tilde{L}_3 - 180° = 0$。观测值不闭合：$L_1 + L_2 + L_3 - 180° = w \neq 0$。

测量平差就是处理观测误差、解决误差带来的相关问题。这里主要指偶然误差的处理，而系统误差可根据其影响规律削减，粗差直接剔除或按其他方法处理。

平差的任务是寻找一个合适的估值 $\hat{L}(\hat{L} = L + V)$，使之既具有如 $\tilde{L}$ 的闭合性，又具有估计的最优性。这样的 $\hat{L}$ 称为平差值。

二、平差的思路和方法

平差的工作思路如图 3-2 所示。

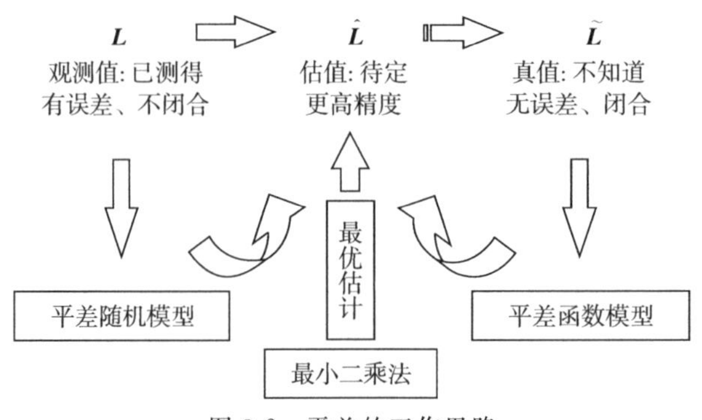

图 3-2　平差的工作思路

平差求最优的 $\hat{\boldsymbol{L}}$ 需要进行三个方面的工作，平差实现过程如图 3-3 所示。

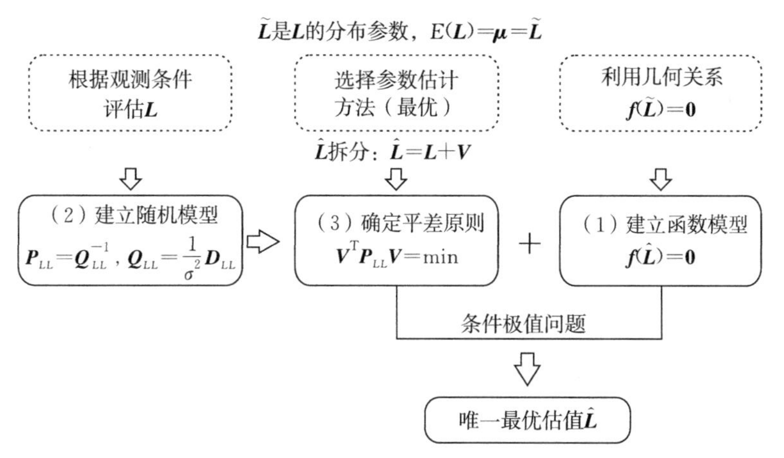

解释如下：

(1)利用 $\tilde{\boldsymbol{L}}$ 的几何关系，建立 $\hat{\boldsymbol{L}}$ 的函数模型→解决几何不闭合问题；

(2)考虑 $\boldsymbol{L}$ 的精度，建立 $\boldsymbol{L}$ 的随机模型→区分观测值精度差别；

(3)采用最小二乘原则，作为平差的原则→保证估值的最优性、唯一性。

图 3-3　平差实现过程

从建立平差的函数模型、建立平差的随机模型、确定平差的原则等三个方面着手，获得真值 $\tilde{\boldsymbol{L}}$ 的唯一的、最优的估计值$\hat{\boldsymbol{L}}$。平差的函数模型和随机模型合称为平差的数学模型。平差工作三个方面缺一不可。因为数学模型个数通常少于未知数 $\hat{\boldsymbol{L}}$ 的个数，通过数学模型不能唯一确定 $\hat{\boldsymbol{L}}$，因此有必要引入平差原则。考虑参数估计的原则性质要求，测量平差中采用最小二乘原则，以便获得最优估计值。

简而言之，平差就是 ① 调整观测值 $\boldsymbol{L}$，变为 $\hat{\boldsymbol{L}}=\boldsymbol{L}+\boldsymbol{V}$；② $\hat{\boldsymbol{L}}$ 消除观测值 $\boldsymbol{L}$ 的闭合差；③ 得到参数 $\tilde{\boldsymbol{L}}$ 的一个最优估值 $\hat{\boldsymbol{L}}$。

§3-2　平差的函数模型

一、平差的变量

平差的函数模型是反映被观测量 $\tilde{L}$ 之间具有几何或物理关系的关系方程，即 $f(\tilde{L})=0$；也是平差中要求被观测量的估值 $\hat{L}$ 应满足的条件方程，即 $f(\hat{L})=0$。例如，三角形内角观测中

$$\text{关于 } \tilde{L} \text{ 的函数模型为：} \tilde{L}_1+\tilde{L}_2+\tilde{L}_3-180^\circ=0$$

$$\text{关于 } \hat{L} \text{ 的函数模型为：} \hat{L}_1+\hat{L}_2+\hat{L}_3-180^\circ=0$$

关于 $\tilde{L}$ 的函数模型和关于 $\hat{L}$ 的函数模型表达的数学关系相同但变量性质不同，前者是后者的依据，后者是求解 $\hat{L}$ 的条件。为了避免重复，本书有时只列示关于 $\hat{L}$ 的函数模型。

平差模型涉及的随机变量或常量如下：

(1)观测值 L：是随机变量，观测读数是它的取值之一。

(2)真值 $\tilde{L}$：是常量，客观上总存在的一个能代表观测量真正大小的数值。

(3)观测误差 Δ:是一个随机变量,观测值与其真值之间的偏差值,也叫真误差。经典平差方法中均假设观测值只含偶然误差。

(4)平差值(最或是值)$\hat{L}$:随机变量,按一定的平差原则确定的被观测量真值 $\widetilde{L}$ 的估值。为了便于计算分析,把 $\hat{L}$ 拆分为两部分,即 $\hat{L}=L+V$。

(5)改正数 V:随机变量,是平差值与观测值之差。由此平差工作的任务由求 $\hat{L}$ 变成求 V。

这些变量存在如下关系

$$\widetilde{L}=L+\Delta(L\ \text{只含偶然误差}),E(\Delta)=0$$

$$\hat{L}=L+V,E(V)=0(\text{后面将证明})$$

以后还要引入未知变量 $\hat{X}$,并取近似值 X^0,拆分为 $\hat{X}=X^0+\hat{x}$。

二、必要观测个数与函数模型的个数

平差函数模型的个数与观测值个数有关,与引入未知数的情况有关。

用来描述物体形状、大小、位置等的几何量称为几何元素。例如,描述 $\triangle ABC$ 的形状的角量有 $\widetilde{L}_1$、$\widetilde{L}_2$ 和 $\widetilde{L}_3$,共有 3 个几何元素,但是,确定 $\triangle ABC$ 的形状的几何元素只需 2 个,如 $\widetilde{L}_1$ 和 $\widetilde{L}_2$,而 $\widetilde{L}_3$ 可由 $\widetilde{L}_3=180°-(\widetilde{L}_1+\widetilde{L}_2)$ 计算得到。我们称 $\triangle ABC$ 的必要元素个数为 2。

必要元素个数:指确定一个几何模型所必要的最少的元素个数,用 t 表示。对一个几何模型的元素进行观测,必要元素个数也是**必要观测个数** t。对于一个平差问题,必要元素个数是一个确定的值。

在实际测量中,观测值个数 n 总是大于必要观测个数 t(只是为了提高成果精度,为了发现粗差),这就产生了 $n-t=r$ 个**多余观测**。重要的是,每一个多余观测都产生一个函数模型,r 个多余观测就产生 r 个函数模型。例如,$\triangle ABC$ 测量内角 L_1、L_2 和 L_3,观测值个数 $n=3$,必要测角个数 $t=2$,多余观测个数 $r=n-t=1$,产生一个函数模型 $\hat{L}_1+\hat{L}_2+\hat{L}_3-180°=0$。

对于一个平差问题,必要观测个数是确定的。必要观测个数与观测元素类型(测角、测边、测方向、测高程)有关。以下分类进行讨论。

1. 水准网的必要观测个数

如图 3-4 所示:①有 1 个或以上已知高程点时,$t=p$,p 为未知点个数;② 无已知点时,$t=p-1$,相当于假设了 1 个已知点。

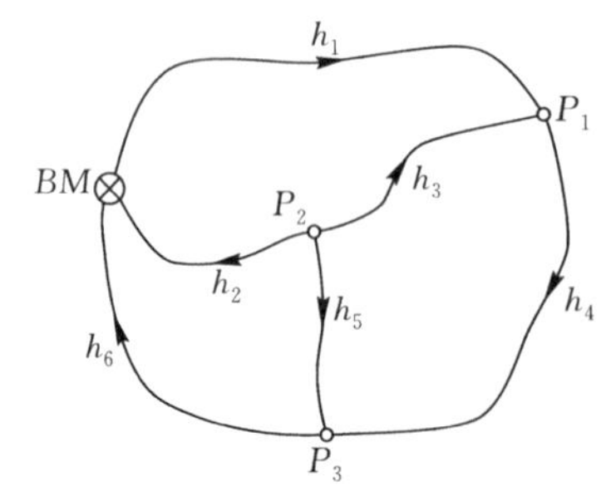

(a) 一个已知点,$n=6$,$p=3$,$t=p=3$,$r=n-t=3$

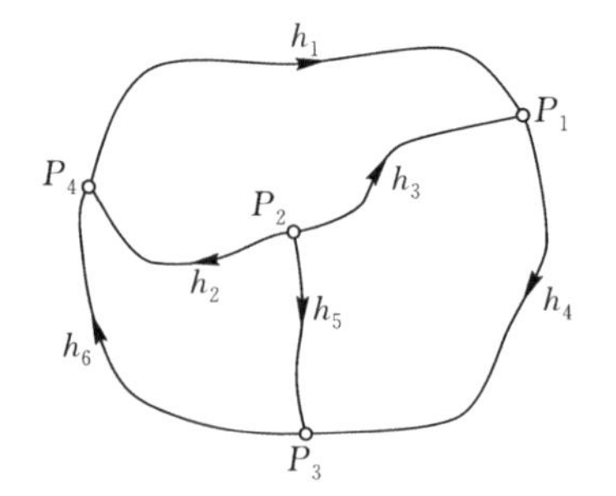

(b) 无已知点,$n=6$,$p=4$,$t=p-1=3$,$r=n-t=3$

图 3-4

2. 测角网的必要观测个数

如图 3-5 所示:①有 2 个或以上已知点时,$t=2p$,p 为未知点个数;② 无已知点时,

$t=2(p-2)$；只有1个已知点，或者1个已知点加1处已知边长或方位角时，$t=2(p-1)$。相当于假设2个已知点后，必要观测个数为其余未知点数的2倍。

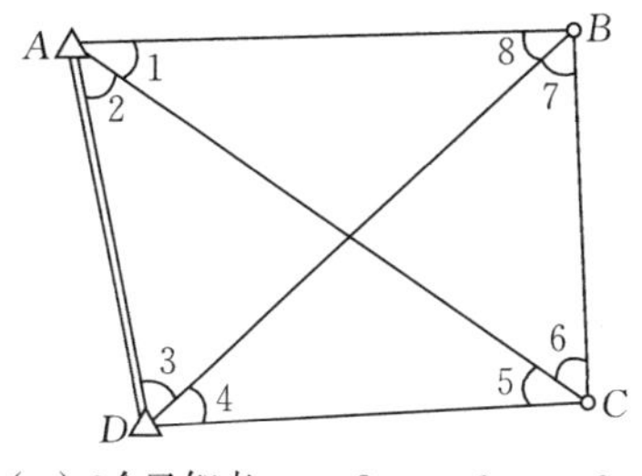

（a）2个已知点，$n=8$，$p=2$，$t=2p=4$

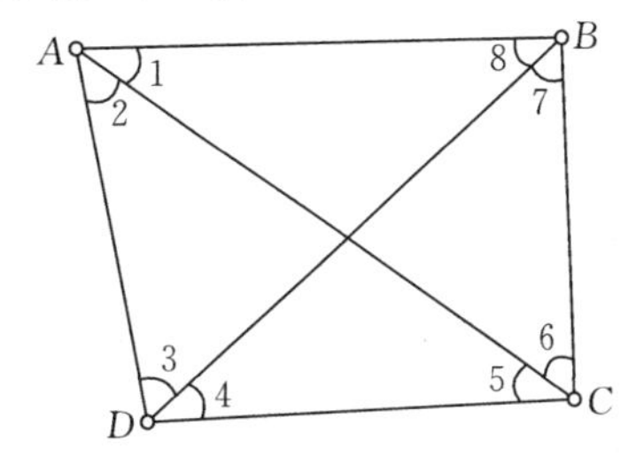

（b）无已知点，$n=8$，$p=4$，$t=2(p-2)=4$

图 3-5

3. 测边网或边角网的必要观测个数

如图3-6所示：①有2个或以上的已知点时，$t=2p$，p为未知点个数；②无已知点时，可假设1个已知点、1个已知方位角(边长可测不能再假设已知)，$t=2(p-2)+1$；③只有1个已知点或者1个已知点加1个方位角时，$t=2(p-1)+1$。测边网或边角网计算必要观测个数时，不能假设边长为已知。

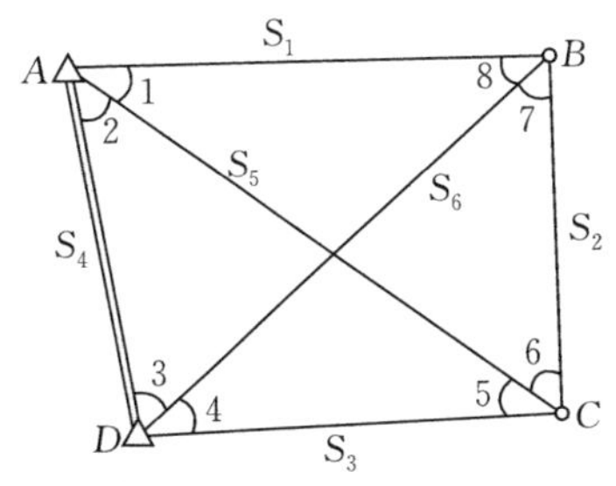

（a）2个已知点，$n=14$，$p=2$，$t=2p=4$，$r=n-t=10$

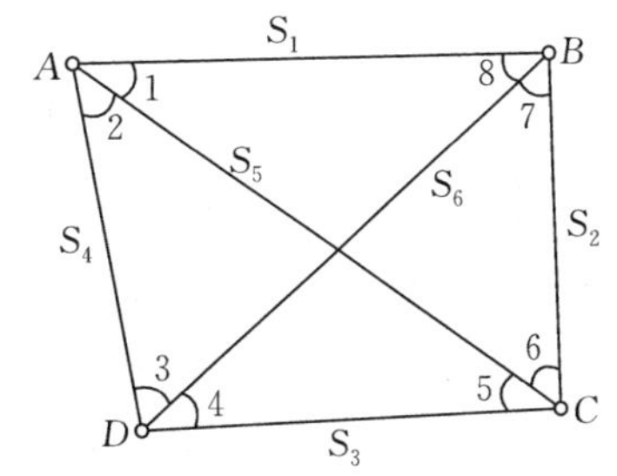

（b）无已知点，$n=14$，$p=4$，$t=2(p-2)+1=5$，$r=n-t=9$

图 3-6

三、函数模型的形式及线性化

在平差过程中为了方便建模和计算，有时需要引入未知参数 $\hat{\boldsymbol{X}}$，引入 u 个参数进行平差就增加 u 个函数模型，函数模型总数变为 $r+u$ 个。如果引入的参数不独立(意指参数之间存在可确定的关系，不同于随机变量的相关性与独立性)，则函数模型个数中就包括若干个参数限制条件。基于引入未知参数的不同情形，函数模型有四种基本形式，由此产生四种基本平差方法。

1. 条件平差及其函数模型

不引入未知参数时，如前面提到，r 个多余观测产生 r 个函数模型的形式，即条件平差的函数模型——条件方程的形式为

$$\underset{r1}{\boldsymbol{F}}(\underset{n1}{\hat{\boldsymbol{L}}})=\underset{r1}{\boldsymbol{0}} \tag{3-1}$$

2. 附有参数的条件平差及其函数模型

引入少量独立的未知参数 $\underset{u1}{\hat{\boldsymbol{X}}}$，$u<t$ 个，这将增加 u 个函数模型，此时函数模型为 $r+u=c$ 个，附有参数的条件平差的函数模型形式为

$$\underset{c1}{\boldsymbol{F}}(\underset{n1}{\hat{\boldsymbol{L}}},\underset{u1}{\hat{\boldsymbol{X}}})=\underset{c1}{\boldsymbol{0}} \tag{3-2}$$

3. 间接平差及其函数模型

引入适量独立的未知参数 $\underset{u1}{\hat{\boldsymbol{X}}}$,$u=t$ 个,此时函数模型个数为 $r+t=n$ 个,间接平差函数模型——误差方程的形式为

$$\underset{n1}{\hat{\boldsymbol{L}}}=\underset{n1}{\boldsymbol{F}}(\underset{t1}{\hat{\boldsymbol{X}}}) \tag{3-3}$$

4. 附有限制条件的间接平差及其函数模型

引入未知参数 $\underset{u1}{\hat{\boldsymbol{X}}}$,$u>t$ 个,由其中的 t 个未知数产生 $r+u=n$ 个函数模型;由多引入的 $u-t=s$ 个未知数,产生 s 个关于未知数的约束条件,总的函数模型个数为 $n+s$ 。因此得到附有限制条件的间接平差函数模型形式为

$$\left.\begin{aligned}\underset{n1}{\hat{\boldsymbol{L}}}&=\underset{n1}{\boldsymbol{F}}(\underset{u1}{\hat{\boldsymbol{X}}})\\ \underset{s1}{\boldsymbol{\Phi}}(\underset{u1}{\hat{\boldsymbol{X}}})&=\boldsymbol{0}\end{aligned}\right\} \tag{3-4}$$

式(3-1)~式(3-4)是关于平差值 $\hat{\boldsymbol{L}}$ 的函数模型,是非线性的关系式。为了方便运算,做如下拆换

$$\left.\begin{aligned}\underset{n1}{\hat{\boldsymbol{L}}}&=\underset{n1}{\boldsymbol{L}}+\underset{n1}{\boldsymbol{V}}\\ \underset{u1}{\hat{\boldsymbol{X}}}&=\underset{u1}{\boldsymbol{X}^0}+\underset{u1}{\hat{\boldsymbol{x}}}\end{aligned}\right\} \tag{3-5}$$

两个拆换有意义上的差别,$\underset{u1}{\boldsymbol{X}^0}$ 为 $\underset{u1}{\hat{\boldsymbol{X}}}$ 的近似值,是常量不是随机变量,而 $\boldsymbol{L}$、$\boldsymbol{V}$ 均是随机变量。分别对式(3-1) ~ 式(3-4) 在 $\hat{\boldsymbol{X}}=\boldsymbol{X}^0$、$\hat{\boldsymbol{L}}=\boldsymbol{L}$ 处按泰勒公式展开,去掉二次以上项,线性化得到关于改正数 $\boldsymbol{V}$ 的函数模型:

(1) $u=0$,$\underset{r1}{\boldsymbol{F}}(\underset{n1}{\hat{\boldsymbol{L}}})=\underset{r1}{\boldsymbol{0}}$,$\boldsymbol{F}(\hat{\boldsymbol{L}})=\boldsymbol{F}(\boldsymbol{L})+\left(\dfrac{\partial \boldsymbol{F}}{\partial \hat{\boldsymbol{L}}}\right)_0(\hat{\boldsymbol{L}}-\boldsymbol{L})=\boldsymbol{0}$(※),令

$$\underset{rn}{\boldsymbol{A}}=\left(\frac{\partial \underset{r1}{\boldsymbol{F}}}{\partial \underset{n1}{\hat{\boldsymbol{L}}}}\right)_0=\begin{bmatrix}\dfrac{\partial F_1}{\partial \hat{L}_1} & \dfrac{\partial F_1}{\partial \hat{L}_2} & \cdots & \dfrac{\partial F_1}{\partial \hat{L}_n}\\ \dfrac{\partial F_2}{\partial \hat{L}_1} & \dfrac{\partial F_2}{\partial \hat{L}_2} & \cdots & \dfrac{\partial F_2}{\partial \hat{L}_n}\\ \vdots & \vdots & & \vdots\\ \dfrac{\partial F_r}{\partial \hat{L}_1} & \dfrac{\partial F_r}{\partial \hat{L}_2} & \cdots & \dfrac{\partial F_r}{\partial \hat{L}_n}\end{bmatrix}_0$$

$\underset{r1}{\boldsymbol{W}}=\underset{r1}{\boldsymbol{F}}(\underset{n1}{\boldsymbol{L}})$ 很小,如果 $\underset{r1}{\boldsymbol{F}}(\underset{n1}{\hat{\boldsymbol{L}}})=\underset{r1}{\boldsymbol{0}}$ 为线性方程 $\underset{rn}{\boldsymbol{A}}\underset{n1}{\hat{\boldsymbol{L}}}+\underset{r1}{\boldsymbol{A}_0}=\underset{r1}{\boldsymbol{0}}$,则 $\underset{r1}{\boldsymbol{W}}=\underset{r1}{\boldsymbol{F}}(\underset{n1}{\boldsymbol{L}})=\underset{rn}{\boldsymbol{A}}\underset{n1}{\boldsymbol{L}}+\underset{r1}{\boldsymbol{A}_0}$,得到条件方程

$$\underset{rn}{\boldsymbol{A}}\underset{n1}{\boldsymbol{V}}+\underset{r1}{\boldsymbol{W}}=\underset{r1}{\boldsymbol{0}} \tag{3-6}$$

※ 矩阵求导:

(1) $\underset{mn}{\boldsymbol{F}}=\underset{mn}{\boldsymbol{F}}(\boldsymbol{x})$ 对一个 x 的导数,有

$$\underset{mn}{\frac{\mathrm{d}\boldsymbol{F}}{\mathrm{d}x}}=\begin{bmatrix}\dfrac{\mathrm{d}F_{11}}{\mathrm{d}x} & \dfrac{\mathrm{d}F_{12}}{\mathrm{d}x} & \cdots & \dfrac{\mathrm{d}F_{1n}}{\mathrm{d}x}\\ \dfrac{\mathrm{d}F_{21}}{\mathrm{d}x} & \dfrac{\mathrm{d}F_{22}}{\mathrm{d}x} & \cdots & \dfrac{\mathrm{d}F_{2n}}{\mathrm{d}x}\\ \vdots & \vdots & & \vdots\\ \dfrac{\mathrm{d}F_{m1}}{\mathrm{d}x} & \dfrac{\mathrm{d}F_{m2}}{\mathrm{d}x} & \cdots & \dfrac{\mathrm{d}F_{mn}}{\mathrm{d}x}\end{bmatrix}$$

当 $n=1$ 时,$\underset{m1}{\dfrac{\mathrm{d}\boldsymbol{F}}{\mathrm{d}x}}=\begin{bmatrix}\dfrac{\mathrm{d}F_{11}}{\mathrm{d}x} & \dfrac{\mathrm{d}F_{21}}{\mathrm{d}x} & \cdots & \dfrac{\mathrm{d}F_{m1}}{\mathrm{d}x}\end{bmatrix}^{\mathrm{T}}$

当 $m=1$ 时,$\underset{1n}{\dfrac{\mathrm{d}\boldsymbol{F}}{\mathrm{d}x}}=\begin{bmatrix}\dfrac{\mathrm{d}F_{11}}{\mathrm{d}x} & \dfrac{\mathrm{d}F_{12}}{\mathrm{d}x} & \cdots & \dfrac{\mathrm{d}F_{1n}}{\mathrm{d}x}\end{bmatrix}$

(2) $\underset{m1}{\boldsymbol{F}}=\underset{m1}{\boldsymbol{F}}(\underset{n1}{\boldsymbol{X}})=\underset{m1}{\boldsymbol{F}}(X_1,X_2,\cdots,X_n)$ 对 $\underset{n1}{\boldsymbol{X}}$ 的导数,有

$$\underset{mn}{\frac{\partial \boldsymbol{F}}{\partial \boldsymbol{X}}}=\begin{bmatrix}\dfrac{\partial F_1}{\partial X_1} & \dfrac{\partial F_1}{\partial X_2} & \cdots & \dfrac{\partial F_1}{\partial X_n}\\ \dfrac{\partial F_2}{\partial X_1} & \dfrac{\partial F_2}{\partial X_2} & \cdots & \dfrac{\partial F_2}{\partial X_n}\\ \vdots & \vdots & & \vdots\\ \dfrac{\partial F_m}{\partial X_1} & \dfrac{\partial F_m}{\partial X_2} & \cdots & \dfrac{\partial F_m}{\partial X_n}\end{bmatrix}$$

当 $m=1$ 时,$\underset{1n}{\dfrac{\partial \boldsymbol{F}}{\partial \boldsymbol{X}}}=\begin{bmatrix}\dfrac{\partial F_1}{\partial X_1} & \dfrac{\partial F_1}{\partial X_2} & \cdots & \dfrac{\partial F_1}{\partial X_n}\end{bmatrix}$

(2) $0 < u < t$，$\underset{c1}{\boldsymbol{F}}(\underset{n1}{\hat{\boldsymbol{L}}},\underset{u1}{\hat{\boldsymbol{X}}}) = \underset{c1}{\boldsymbol{0}}$，得到附有未知数的条件方程

$$\underset{cn\,n1}{\boldsymbol{A}\boldsymbol{V}} + \underset{cu\,u1}{\boldsymbol{B}\hat{\boldsymbol{x}}} + \underset{c1}{\boldsymbol{W}} = \underset{c1}{\boldsymbol{0}} \tag{3-7}$$

(3) $u = t$，$\underset{n1}{\hat{\boldsymbol{L}}} = \underset{n1}{\boldsymbol{F}}(\underset{t1}{\hat{\boldsymbol{X}}})$，得到误差方程

$$\underset{n1}{\boldsymbol{V}} = \underset{nt\,t1}{\boldsymbol{B}\hat{\boldsymbol{x}}} - \underset{n1}{\boldsymbol{l}} \tag{3-8}$$

(4) $t < u < n$，$\begin{cases}\underset{n1}{\hat{\boldsymbol{L}}} = \underset{n1}{\boldsymbol{F}}(\underset{u1}{\hat{\boldsymbol{X}}}) \\ \underset{s1}{\boldsymbol{\Phi}}(\underset{u1}{\hat{\boldsymbol{X}}}) = \boldsymbol{0}\end{cases}$，得到附有限制条件的误差方程

$$\left.\begin{aligned}\underset{n1}{\boldsymbol{V}} &= \underset{nt\,t1}{\boldsymbol{B}\hat{\boldsymbol{x}}} - \underset{n1}{\boldsymbol{l}} \\ \underset{u-t\,uu1}{\boldsymbol{C}\hat{\boldsymbol{x}}} + \underset{u-t\,1}{\boldsymbol{W}_x} &= \underset{u-t\,1}{\boldsymbol{0}}\end{aligned}\right\} \tag{3-9}$$

以上式(3-6)～式(3-9)为平差计算的基本方程，其中 $\boldsymbol{A}$、$\boldsymbol{B}$ 称为系数矩阵，$\boldsymbol{W}$ 为自由项矩阵。引入未知参数的初衷是为了建模的便利，但 u 个未知参数引入后就决定了函数模型的形式，并产生不同类型的平差方法。

(5) u 为任意个，其中 s 个不独立（未知参数间存在 s 个函数关系），这是以上四种情况的综合。平差方法为概括平差（附有限制条件的条件平差），函数模型为$\begin{cases}\underset{c1}{\boldsymbol{F}}(\underset{n1}{\hat{\boldsymbol{L}}},\underset{u1}{\hat{\boldsymbol{X}}}) = \underset{c1}{\boldsymbol{0}} \\ \underset{s1}{\boldsymbol{\Phi}}(\underset{u1}{\hat{\boldsymbol{X}}}) = \underset{s1}{\boldsymbol{0}}\end{cases}$，得到附有限制条件的条件方程

$$\left.\begin{aligned}\underset{cn\,n1}{\boldsymbol{A}\boldsymbol{V}} + \underset{cu\,u1}{\boldsymbol{B}\hat{\boldsymbol{x}}} + \underset{c1}{\boldsymbol{W}} &= \underset{c1}{\boldsymbol{0}} \\ \underset{su\,u1}{\boldsymbol{C}\hat{\boldsymbol{x}}} + \underset{s1}{\boldsymbol{W}_x} &= \underset{s1}{\boldsymbol{0}}\end{aligned}\right\} \tag{3-10}$$

四、单三角形平差问题的 4 种模型

平差问题：

一个三角形的观测值 L_1、L_2、L_3，$n=3$，$t=2$，求平差值 $\hat{L}$。

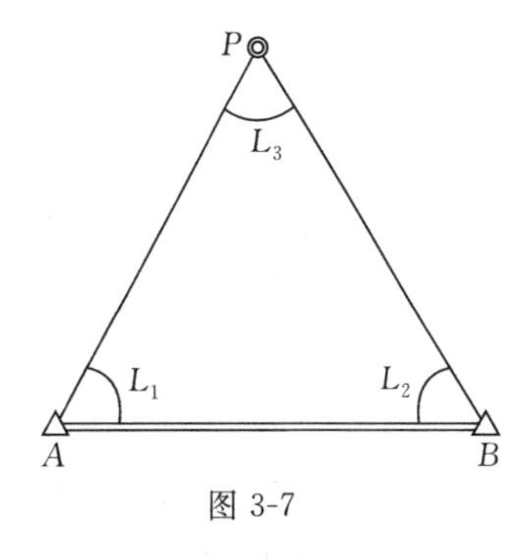

图 3-7

(1) 按条件平差，不引入未知参数，$u=0$，$r=n-t=1$。条件方程 1 个，$\hat{L}_1+\hat{L}_2+\hat{L}_3-180°=0$。

(2) 按附有参数的条件平差，引入一个参数 $\hat{Z}_1=\hat{L}_1$，$1=u<t$，函数模型个数 $c=r+u=2$，函数模型为$\begin{cases}\hat{L}_1+\hat{L}_2+\hat{L}_3-180°=0 \\ \hat{L}_1-\hat{X}_1=0\end{cases}$。

(3) 按间接平差，引入 $u=t=2$ 个独立未知数，$\hat{X}_1=\hat{L}_1$，$\hat{X}_2=\hat{L}_2$ 函数模型个数 $c=r+u=3=n$，函数模型为$\begin{cases}\hat{L}_1=\hat{X}_1 \\ \hat{L}_2=\hat{X}_2 \\ \hat{L}_3=180°-\hat{X}_1-\hat{X}_2\end{cases}$。

(4) 按附有限制条件的间接平差，引入 $u=3>t$ 个未知数，$\hat{X}_1=\hat{L}_1$，$\hat{X}_2=\hat{L}_2$，$\hat{X}_3=\hat{L}_3$，未知数之间不独立，存在 $s=u-t=1$ 个限制条件。函数模型个数 $c=r+u=4$，函数模型为

$$\begin{cases}\text{误差方程 3 个}\begin{cases}\hat{L}_1=\hat{X}_1\\ \hat{L}_2=\hat{X}_2\\ \hat{L}_3=\hat{X}_3\end{cases}\\ \text{限制条件 1 个 } \hat{X}_1+\hat{X}_2+\hat{X}_3-180^\circ=0\end{cases}$$

五、关于 $\widetilde{\boldsymbol{L}}$ 的函数模型

以上讨论的是关于 $\hat{\boldsymbol{L}}$ 的函数模型，它是依据 $\widetilde{\boldsymbol{L}}$ 的函数模型(几何关系)建立的。以条件平差模型为例，$\widetilde{\boldsymbol{L}}$ 的函数模型及线性化如下。

不引入未知参数，$u=0$，函数模型 $\underset{r1}{\boldsymbol{F}}(\underset{n1}{\widetilde{\boldsymbol{L}}})=\underset{r1}{\boldsymbol{0}}$，在 $\widetilde{\boldsymbol{L}}=\boldsymbol{L}$ 处线性化，$\boldsymbol{F}(\widetilde{\boldsymbol{L}})=\boldsymbol{F}(\boldsymbol{L})+\left(\dfrac{\partial \boldsymbol{F}}{\partial \widetilde{\boldsymbol{L}}}\right)_0(\widetilde{\boldsymbol{L}}-\boldsymbol{L})=\underset{r1}{\boldsymbol{0}}$(矩阵求导公式见前页方框中内容)，令

$$\underset{rn}{\boldsymbol{A}}=\left(\frac{\partial \underset{r1}{\boldsymbol{F}}}{\partial \underset{n1}{\widetilde{\boldsymbol{L}}}}\right)_0=\begin{bmatrix}\dfrac{\partial F_1}{\partial \widetilde{L}_1} & \dfrac{\partial F_1}{\partial \widetilde{L}_2} & \cdots & \dfrac{\partial F_1}{\partial \widetilde{L}_n}\\ \dfrac{\partial F_2}{\partial \widetilde{L}_1} & \dfrac{\partial F_2}{\partial \widetilde{L}_2} & \cdots & \dfrac{\partial F_2}{\partial \widetilde{L}_n}\\ \vdots & \vdots & & \vdots\\ \dfrac{\partial F_r}{\partial \widetilde{L}_1} & \dfrac{\partial F_r}{\partial \widetilde{L}_2} & \cdots & \dfrac{\partial F_r}{\partial \widetilde{L}_n}\end{bmatrix}_0$$

$\underset{r1}{\boldsymbol{W}}=\underset{r1}{\boldsymbol{F}}(\underset{n1}{\boldsymbol{L}})$，$\underset{r1}{\boldsymbol{W}}$ 很小。如果 $\underset{r1}{\boldsymbol{F}}(\underset{n1}{\widetilde{\boldsymbol{L}}})=\underset{r1}{\boldsymbol{0}}$ 为线性方程，$\underset{rn\,n1}{\boldsymbol{A}\widetilde{\boldsymbol{L}}}+\underset{r1}{\boldsymbol{A}_0}=\underset{r1}{\boldsymbol{0}}$，则 $\underset{r1}{\boldsymbol{W}}=\underset{r1}{\boldsymbol{F}}(\underset{n1}{\boldsymbol{L}})=\underset{rn\,n1}{\boldsymbol{A}\boldsymbol{L}}+\underset{r1}{\boldsymbol{A}_0}$，则得到关于 $\boldsymbol{\Delta}$ 的条件方程(对比关于 $\boldsymbol{V}$ 的条件方程：$\underset{rn\,n1}{\boldsymbol{A}\boldsymbol{V}}+\underset{r1}{\boldsymbol{W}}=\underset{r1}{\boldsymbol{0}}$)

$$\underset{rn\,n1}{\boldsymbol{A}\boldsymbol{\Delta}}+\underset{r1}{\boldsymbol{W}}=\underset{r1}{\boldsymbol{0}} \tag{3-11}$$

§3-3 平差的随机模型

平差的随机模型是描述平差问题中观测值等随机变量及其相互间统计相关性质的关系式。在某平差问题中，被观测量 $\underset{n1}{\widetilde{\boldsymbol{L}}}$ 的观测值为 $\underset{n1}{\boldsymbol{L}}$，则存在如下关系

$$E(\boldsymbol{L})=E(\widetilde{\boldsymbol{L}})+E(\boldsymbol{\Delta})=\widetilde{\boldsymbol{L}} \tag{3-12}$$

$$\boldsymbol{D}_{LL}=\sigma_0^2\boldsymbol{Q}_{LL}=\sigma_0^2\boldsymbol{P}_{LL}^{-1} \tag{3-13}$$

式中，σ_0^2 为单位权方差，常简写为 $\boldsymbol{D}=\sigma_0^2\boldsymbol{Q}=\sigma_0^2\boldsymbol{P}^{-1}$。这就是平差的随机模型。

(1)对于相关观测

$$\boldsymbol{D}=\underset{nn}{\boldsymbol{D}_{LL}}=E[\boldsymbol{L}-E(\boldsymbol{L})][\boldsymbol{L}-E(\boldsymbol{L})]^{\mathrm{T}}=\begin{bmatrix}\sigma_1^2 & \sigma_{12} & \cdots & \sigma_{1n}\\ \sigma_{21} & \sigma_2^2 & \cdots & \sigma_{2n}\\ \vdots & \vdots & & \vdots\\ \sigma_{n1} & \sigma_{n2} & \cdots & \sigma_n^2\end{bmatrix} \tag{3-14}$$

$$\boldsymbol{Q}=\underset{nn}{\boldsymbol{Q}_{LL}}=\begin{bmatrix}Q_{11} & Q_{12} & \cdots & Q_{1n}\\ Q_{21} & Q_{22} & \cdots & Q_{2n}\\ \vdots & \vdots & & \vdots\\ Q_{n1} & Q_{n2} & \cdots & Q_{nn}\end{bmatrix} \tag{3-15}$$

$$\boldsymbol{P}=\underset{nn}{\boldsymbol{P}_{LL}}=\boldsymbol{Q}_{LL}^{-1}=\begin{bmatrix}P_{11} & P_{12} & \cdots & P_{1n}\\ P_{21} & P_{22} & \cdots & P_{2n}\\ \vdots & \vdots & & \vdots\\ P_{n1} & P_{n2} & \cdots & P_{nn}\end{bmatrix} \tag{3-16}$$

(2)对于不相关观测

$$\boldsymbol{D}=\begin{bmatrix}\sigma_1^2 & & & \\ & \sigma_2^2 & & \\ & & \ddots & \\ & & & \sigma_n^2\end{bmatrix} \tag{3-17}$$

$$\underset{nn}{\boldsymbol{Q}}=\begin{bmatrix}Q_{11} & & & \\ & Q_{22} & & \\ & & \ddots & \\ & & & Q_{nn}\end{bmatrix}=\begin{bmatrix}\frac{1}{p_1} & & & \\ & \frac{1}{p_2} & & \\ & & \ddots & \\ & & & \frac{1}{p_n}\end{bmatrix}=\underset{nn}{\boldsymbol{P}^{-1}} \tag{3-18}$$

$$\boldsymbol{P}=\boldsymbol{Q}^{-1}=\begin{bmatrix}1/Q_{11} & & & \\ & 1/Q_{22} & & \\ & & \ddots & \\ & & & 1/Q_{nn}\end{bmatrix}=\begin{bmatrix}p_1 & & & \\ & p_2 & & \\ & & \ddots & \\ & & & p_n\end{bmatrix}=\begin{bmatrix}P_{11} & & & \\ & P_{22} & & \\ & & \ddots & \\ & & & P_{nn}\end{bmatrix} \tag{3-19}$$

§3-4　平差的原则——最小二乘原则

一、参数估计的性质

参数估计是用随机变量的样本值按某种原则(方法)来估计随机变量的分布参数。

观测值随机变量 L 服从正态分布,$L \sim N(\mu,\sigma^2)$,观测值只含偶然误差时,$E(L)=\mu=\widetilde{L}$,平差的任务是求被观测量 $\widetilde{L}$ 的估值 $\hat{L}$,实质上是对 L 的分布参数 μ 进行估计。平差工作即用随机变量 L 的一组样本,对观测值的真值(或期望)、方差值进行估计,在数理统计上称为**参数估计**。

参数的估计量存在多解性,为了获最优估值 $\hat{L}$,需讨论参数估计的性质和方法。参数估值的性质(质量)有无偏性、一致性和有效性。

1. 无偏性

一般地,参数 θ 的估计量 $\hat{\theta}$ 应通过观测值$(x_1,x_2,\cdots,x_n)$的某种函数来获得,即

$$\hat{\theta}=f(x_1,x_2,\cdots,x_n) \tag{3-20}$$

若 $E(\hat{\theta})=\theta$,则 $\hat{\theta}$ 是 θ 的无偏估计;否则,$\hat{\theta}$ 为 θ 的有偏估计,表明参数估值中存在系统偏差。

2. 一致性

随着观测值个数 n 的增加,参数估计量 $\hat{\theta}$ 与 θ 接近的概率也会增加。如果对于任意小的正

数 ε，下式成立

$$\lim_{n\to\infty} P(|\hat{\theta}-\theta|>\varepsilon)=0 \tag{3-21}$$

则称 $\hat{\theta}$ 是 θ 的**一致估计量**。当参数估计量同时满足下述条件时，称为**严格一致估计量**

$$E(\hat{\theta})=\theta \tag{3-22}$$

$$\lim_{n\to\infty} D(\hat{\theta})=\lim_{n\to\infty} E(\hat{\theta}-\theta)^2=0 \tag{3-23}$$

严格一致估计量一定是一致估计量。由定义式可以看出，当参数的估计量为一致估计量时，随着观测次数的增加，参数估计值将无限接近于参数的理论值。

3. 有效性

实际上观测次数 n 一般不很大，只评价估计量的无偏性和一致性还是不够的。设 $\hat{\theta}_1$ 和 $\hat{\theta}_2$ 为参数 θ 的两个估计量，两者的方差比较，如果有

$$D(\hat{\theta}_1)<D(\hat{\theta}_2) \tag{3-24}$$

则称估计量 $\hat{\theta}_1$ 比 $\hat{\theta}_2$ **更有效**。

在参数 θ 的所有估计量中，$\hat{\theta}_{\min}$ 的方差最小，即

$$D(\hat{\theta}_{\min})=\min\{D(\hat{\theta}_1),D(\hat{\theta}_2),\cdots\}$$

则称 $\hat{\theta}_{\min}$ 是参数 θ 的**最有效**估计量或最小方差估计量。

参数估计量的有效性可以采用克拉默-拉奥(Cramer-Rao)不等式进行判别。对于单参数的克拉默-拉奥判别式可以表述为：对任意的参数估计量 $\hat{\theta}$，下列不等式成立

$$D(\hat{\theta})\geqslant\frac{-1}{E\left(\dfrac{\partial^2}{\partial\theta^2}\ln G\right)}=\sigma^2_{\min} \tag{3-25}$$

式中，不等式右边为最小方差估计量，其中 G 称为似然函数，是观测值的联合概率密度函数 $f(x_1,x_2,\cdots,x_n;\theta)$。

当估计量同时具有无偏性、一致性、最有效时，称为参数的**最优无偏估计量**。若参数估计量是无偏和最有效估计量，则一定是一致性估计量。因此，只需证明参数估计量是否满足前两者，便可以判定是否是最优无偏估计量。由于参数估计中所用的函数模型通常是线性的，所以在测量平差中，最优估计量也常称为**最优线性无偏估计量**。

[例 3-1]试证明 $\tilde{x}$ 的 n 个观测值的算术平均值是观测值期望的无偏估值。

证明：观测值 $(x_1,x_2,\cdots,x_n)$ 为同一个量 $\tilde{x}$ 的观测值，因此各观测值有相同的数学期望 μ，即 $E(x_1)=E(x_2)=\cdots=E(x_n)=\mu$。则观测值的算术平均值 $\bar{x}$ 为

$$\bar{x}=\frac{1}{n}(x_1+x_2+\cdots+x_n)$$

$$E(\bar{x})=\frac{1}{n}[E(x_1)+E(x_2)+\cdots+E(x_n)]=\frac{1}{n}(\mu+\mu+\cdots+\mu)=\mu$$

因而，$\bar{x}$ 是 μ 的无偏估计。

同样可证，x_i 和 $\frac{1}{2}(x_1+x_2)$ 也是 μ 的无偏估计，但是 $\frac{1}{2}x_i$ 就不是无偏的。

[例 3-2]试证明 $\tilde{x}$ 的 n 个独立同精度观测值 $(x_1,x_2,\cdots,x_n)$ 的如下方差估计量是无偏的

$$\hat{\sigma}^2=\frac{1}{n-1}\sum_{i=1}^{n}v_i^2 \tag{3-26}$$

式中,观测值改正数的计算公式为 $v_i=\bar{x}-x_i$,$\bar{x}$ 是观测值的算术平均值。

证明:设观测值的期望为 μ,方差为 σ^2,则有

$$E(x_1)=E(x_2)=\cdots=E(x_n)=\mu,D(x_1)=D(x_2)=\cdots=D(x_n)=\sigma^2$$

$$E(\bar{x})=\mu,D(\bar{x})=D\left(\frac{1}{n}\sum_{i=1}^{n}x_i\right)=\frac{1}{n^2}D(x_1+x_2+\cdots+x_n)=\frac{1}{n^2}n\sigma^2=\frac{1}{n}\sigma^2$$

因为

$$\begin{aligned}\sum_{i=1}^{n}v_i^2&=\sum_{i=1}^{n}(x_i-\bar{x})^2=\sum_{i=1}^{n}[(x_i-\mu)-(\bar{x}-\mu)]^2\\&=\sum_{i=1}^{n}[(x_i-\mu)^2-2(x_i-\mu)(\bar{x}-\mu)+(\bar{x}-\mu)^2]\\&=\sum_{i=1}^{n}(x_i-\mu)^2-2(\bar{x}-\mu)\sum_{i=1}^{n}(x_i-\mu)+n(\bar{x}-\mu)^2\\&=\sum_{i=1}^{n}(x_i-\mu)^2-2(\bar{x}-\mu)(n\bar{x}-n\mu)+n(\bar{x}-\mu)^2\\&=\sum_{i=1}^{n}(x_i-\mu)^2-n(\bar{x}-\mu)^2\end{aligned}$$

$$\begin{aligned}E\left(\sum_{i=1}^{n}v_i^2\right)&=E\left[\sum_{i=1}^{n}(x_i-\mu)^2-nE(\bar{x}-\mu)^2\right]\\&=\sum_{i=1}^{n}E(x_i-\mu)^2-nE[\bar{x}-E(\bar{x})]^2=\sum_{i=1}^{n}D(x_i)-nD(\bar{x})\\&=n\sigma^2-\sigma^2=(n-1)\sigma^2\end{aligned}$$

所以

$$E\left(\frac{1}{n-1}\sum_{i=1}^{n}v_i^2\right)=\frac{1}{n-1}E\left(\sum_{i=1}^{n}v_i^2\right)=\sigma^2$$

则 $\hat{\sigma}^2=\frac{1}{n-1}\sum_{i=1}^{n}v_i^2$ 是观测值方差 σ^2 的无偏估计。

这里提供了一种由改正数 v_i 估计 σ^2 的方法。对照由真误差 Δ_i 估计 σ^2,$\hat{\sigma}^2=\frac{1}{n}\sum_{i=1}^{n}\Delta_i^2$。显然,$\hat{\sigma}'^2=\frac{1}{n}\sum_{i=1}^{n}v_i^2$ 是有偏的,因为 $E(\hat{\sigma}'^2)=E\left(\frac{1}{n}\sum_{i=1}^{n}v_i^2\right)=\frac{1}{n}(n-1)\sigma^2\neq\sigma^2$。

[例 3-3]设 n 个独立同精度观测值$(x_1,x_2,\cdots,x_n)$的分布为 $N(\mu,\sigma^2)$,且假设观测值不含有系统误差。试证明观测值的算术平均值是母体均值 μ 的严格一致估计量。

证明:因为当观测值不含系统误差时,其算术平均值便是 μ 的无偏估计量,即 $E(\bar{x})=\mu$,而算术平均值的方差为

$$D(\bar{x})=D\left(\frac{1}{n}\sum_{i=1}^{n}x_i\right)=\frac{1}{n^2}\sum_{i=1}^{n}D(x_i)=\frac{1}{n}\sigma^2\tag{3-27}$$

因此有

$$\lim_{n\to\infty}D(\bar{x})=\lim_{n\to\infty}\frac{1}{n}\sigma^2=0\tag{3-28}$$

[例 3-4]试证明算术平均值是观测值母体均值的最优无偏估值。

证明:前面已经证明算术平均值是母体均值的无偏估值,因此只需再证明算术平均值是母体均值的最有效估计量即可。对于独立等精度观测值,其似然函数为

$$G=\prod_{i=1}^{n}\frac{1}{\sqrt{2\pi}\sigma}\exp\left[-\frac{(x_i-\mu)^2}{2\sigma^2}\right] \tag{3-29}$$

取自然对数得

$$\ln G=-\frac{n}{2}\ln(2\pi\sigma^2)-\frac{1}{2\sigma^2}\sum_{i=1}^{n}(x_i-\mu)^2 \tag{3-30}$$

因此有

$$\frac{\partial}{\partial\mu}\ln G=\frac{1}{\sigma^2}\sum_{i=1}^{n}(x_i-\mu)=\frac{1}{\sigma^2}\left(\sum_{i=1}^{n}x_i-n\mu\right) \tag{3-31}$$

$$\frac{\partial^2}{\partial\mu^2}\ln G=-\frac{1}{\sigma^2}n \tag{3-32}$$

代入克拉默-拉奥不等式得

$$\sigma_{\min}^2=\frac{-1}{E\left(\frac{\partial^2}{\partial\mu^2}\ln G\right)}=\frac{\sigma^2}{n} \tag{3-33}$$

前面已经证明算术平均值的方差为 σ^2/n,因此 $D(\bar{x})=\sigma_{\min}^2$。由于算术平均值是观测值母体均值的无偏和有效估计量,因而是最优无偏估计量。

二、参数估计方法之一——极大似然法

参数估计是用子样观测值来估计母体分布参数的过程。参数估计分两类:点估计和区间估计。点估计方法有矩法、极大似然法、最小二乘法。

极大似然法是数理统计中利用子样求母体参数点估计的一种常用方法。它是在要求子样出现的概率最大的原则下,求未知参数的方法。

设母体 x 的概率分布密度函数为 $f(x;\theta)$,θ 为未知参数。在一定观测条件下所获得 x 的子样观测值为$(x_1,x_2,\cdots,x_n)$,x 在$x_i(1\leqslant i\leqslant n)$邻域 $\mathrm{d}x$ 上的概率为 $f(x_i;\theta)\mathrm{d}x$。因子样相互独立,则 n 个子样同时出现的概率为 $P=f(x_1;\theta)f(x_2;\theta)\cdots f(x_n;\theta)=\prod_{i=1}^{n}f(x_i;\theta)(\mathrm{d}x)^n$,取似然函数

$$G=\prod_{i=1}^{n}f(x_i;\theta) \tag{3-34}$$

如何求 θ 的最佳估值 $\hat{\theta}$ 呢?按照极大似然法的要求,只有子样同时出现的概率最大时,即取似然函数 $G=\prod_{i=1}^{n}f(x_i;\theta)=\max$ 时的 $\hat{\theta}$ 是最佳的,由此得到求 $\hat{\theta}$ 的方法:$\frac{\partial G}{\partial\theta}=\frac{\partial}{\partial\theta}\prod_{i=1}^{n}f(x_i;\theta)=0$,或$\frac{\partial\ln G}{\partial\theta}=\frac{\partial}{\partial\theta}\sum_{i=1}^{n}\ln f(x_i;\theta)=0$。由此得到的参数估计量 $\hat{\theta}$ 称为极大似然估计量。

极大似然估计量具有渐近有效、渐近无偏和渐近最优。应用极大似然估计法的前提是必须已知母体的分布密度函数 $f(x;\theta)$,这也是极大似然法的应用困难所在。最小二乘法则不需要已知母体的分布密度函数。

三、参数估计方法之二——最小二乘法

在生产实际中，经常遇到利用一组观测数据来估计未知参数、拟合一种关系的问题。例如，匀速运动物体的位置与时刻的物理关系为 $\hat{y}=\hat{\alpha}+\hat{\beta}\tau$，如图 3-8 所示，利用一组 τ_i 时刻的位置观测值 $y_i(i=1,2,\cdots,n)$，估计物体的起始位置估值 $\hat{\alpha}$ 和速度估值 $\hat{\beta}$。如果没有观测误差，则只需两个观测值即可唯一确定参数 $\hat{\alpha}$ 和 $\hat{\beta}$。由于存在偶然误差，则需要进行多余观测，并进行参数估计或拟合。

现在的问题是，如何由 n 个观测值来"最佳"拟合位置与时刻的物理关系？拟合的效果可用位置估计值 $\hat{y}_i$ 与其观测值的偏差 v_i 来衡量，$v_i=\hat{y}_i-y_i$。"最佳"的原则有多种，如求 $\hat{\alpha}$ 和 $\hat{\beta}$：① 使得 n 个偏差的极限偏差最小，即 $\max\{v_1,v_2,\cdots,v_n\}=\min$；② 使得 n 个偏差的平方和最小，即 $v_1^2+v_2^2+\cdots+v_n^2=\min$。

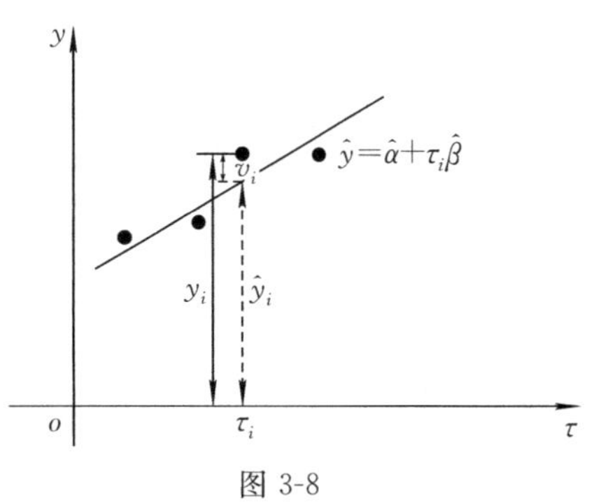

图 3-8

最小二乘法就是按照

$$\boldsymbol{V}^{\mathrm{T}}\boldsymbol{V}=v_1^2+v_2^2+\cdots+v_n^2=\min \tag{3-35}$$

的原则求参数估计量的方法。此种参数估计量称为最小二乘估计；偏差平方和最小原则，称为最小二乘原则。

早在 1794 年，德国 17 岁的高斯(Gauss)从概率论角度首次提出了最小二乘法，并成功用于谷神星运行轨道的预报。高斯在 1806 年《天体运动理论》论文中，是在假定算术平均值为最可靠值、观测误差服从正态分布的条件下得出最小二乘原理的。后来他又证明，最小二乘原理同样适用于不同精度独立观测值、观测值误差期望为零的情形，并证明最小二乘参数估值为最优线性无偏估值，且是唯一的。高斯提出的最小二乘原则为

$$\boldsymbol{V}^{\mathrm{T}}\boldsymbol{P}\boldsymbol{V}=\min \tag{3-36}$$

1806 年，法国的勒让德(Legendre)在《决定彗星轨道新方法》论文中，从代数观点也独立提出了最小二乘法。所以后人又称最小二乘法为高斯-勒让德方法。

四、最小二乘法与极大似然估计法的关系

如果观测值服从正态分布，则最小二乘原理可以由极大似然估计法得出。

子样观测值 $L_1,L_2,\cdots,L_n$ 的联合概率密度函数为 $f(L_1,L_2,\cdots,L_n;\boldsymbol{\mu}_L)$，$\boldsymbol{\mu}_L=[\mu_1\ \ \mu_2\ \ \cdots\ \ \mu_n]^{\mathrm{T}}$ 为 n 个待求参数。对于独立观测值，则似然函数为

$$\begin{aligned}G&=\prod_{i=1}^{n}f(L_i;\mu_i)=f(L_1,L_2,\cdots,L_n;\boldsymbol{\mu}_L)\\&=\frac{1}{(2\pi)^{n/2}\,|\boldsymbol{D}|^{1/2}}\exp\left[-\frac{1}{2}(\boldsymbol{L}-\boldsymbol{\mu}_L)^{\mathrm{T}}\boldsymbol{D}^{-1}(\boldsymbol{L}-\boldsymbol{\mu}_L)\right]\end{aligned} \tag{3-37}$$

$$\ln G=-\ln[(2\pi)^{n/2}\,|\boldsymbol{D}|^{1/2}]-\frac{1}{2}(\boldsymbol{L}-\boldsymbol{\mu}_L)^{\mathrm{T}}\boldsymbol{D}^{-1}(\boldsymbol{L}-\boldsymbol{\mu}_L) \tag{3-38}$$

按极大似然估计要求，应选取 $\boldsymbol{\mu}_L=E(\boldsymbol{L})=\tilde{\boldsymbol{L}}$ 的估值 $\hat{\boldsymbol{L}}$，使 $\ln G$ 取得最大值，即 $(\boldsymbol{L}-\hat{\boldsymbol{L}})^{\mathrm{T}}\boldsymbol{D}^{-1}(\boldsymbol{L}-\hat{\boldsymbol{L}})=\min$。考虑 $-\boldsymbol{V}=\boldsymbol{L}-\hat{\boldsymbol{L}}$，$\boldsymbol{D}^{-1}=(\sigma_0^2\boldsymbol{Q})^{-1}=\frac{1}{\sigma_0^2}\boldsymbol{P}$，则得到正态观测值参数的极大似然估计原则为 $\boldsymbol{V}^{\mathrm{T}}\boldsymbol{P}\boldsymbol{V}=\min$。这正是最小二乘原则。

由此说明,对于正态随机变量,极大似然法与最小二乘法有相同的估计原则。

习 题

1. 一段距离测量了 3 次,试问必要观测数与多余观测数是多少,哪个观测值为必要观测值?

2. 四种基本平差方法的函数模型是按照什么来区分的?

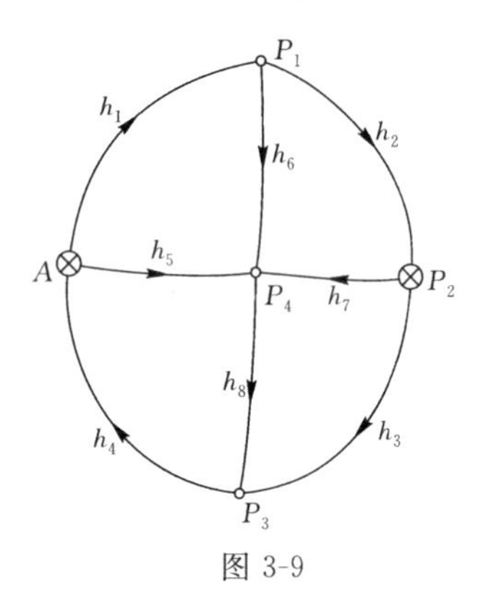

图 3-9

3. 在平差的函数模型中,n、t、r、u、s、c 等字母各代表什么量,它们之间的关系是怎样的?

4. 在已介绍的四种基本平差方法的函数模型中,其方程的共同特点是什么。能否从方程中获得待求量的唯一解,为什么?

5. 对于如图 3-9 所示的水准网,待测量量是什么?试判断必要观测数与多余观测数是多少,并列出按条件平差法平差时的条件方程。

6. 已知水准点 A、B 间有 6 个未知水准点,构成一条附合水准路线。各水准路线长度及往返测高差之差列于表 3-1 中。设每千米一次高差观测值为单位权观测值,试求:①单位权中误差;②每段高差往返测平均值的中误差;③ A、B 点间高差往返测平均值的中误差。

表 3-1

水准路线段号	1	2	3	4	5	6	7
高差之差/mm	3.4	−4.5	−2.2	6.1	−2.9	1.8	5.6
水准路线长/km	3.2	1.5	2.3	3.0	2.7	2.5	4.3

7. 试按条件平差法列出如图 3-10 所示图形的函数模型。

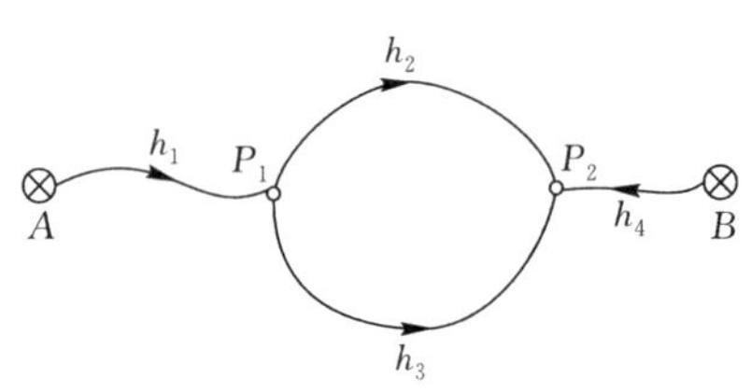

(a) 已知点为A、B,观测值为h_1~h_4

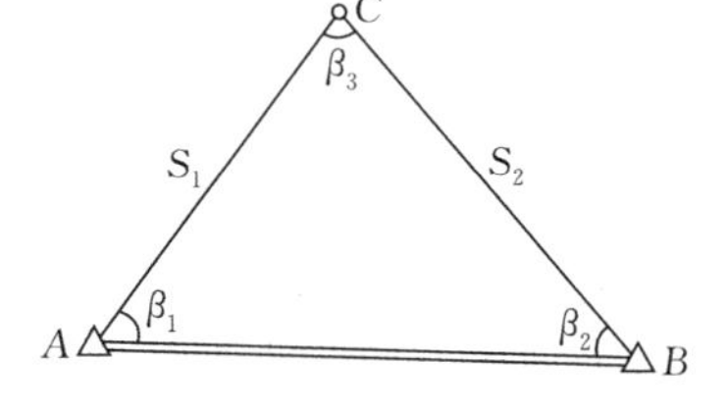

(b) 已知点为A、B,观测值为β_1~β_3、S_1、S_2

图 3-10

8. 试按间接平差法列出如图 3-11 所示图形的函数模型。

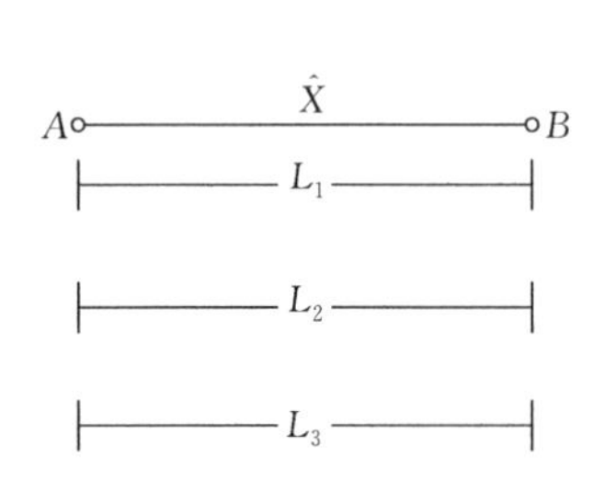

(a) 观测值为L_1~L_3,参数为AB间距离$\hat{X}$

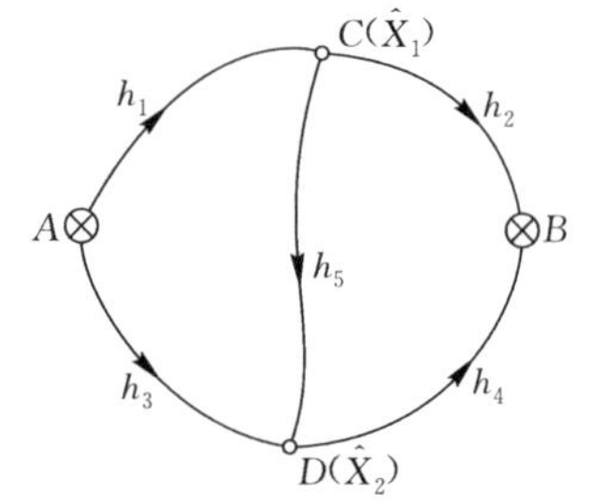

(b) 已知点为A、B,观测值为h_1~h_5,参数为C、D两点高程$\hat{H}_C$、$\hat{H}_D$

图 3-11

9. 在下列非线性方程中，A、B 为已知值，L_i 为观测值，$\tilde{L}_i = L_i + \Delta_i$，试写出其线性化形式：① $\tilde{L}_1\tilde{L}_2 + A = 0$；② $\tilde{L}_1^2 + \tilde{L}_2^2 - B^2 = 0$；③ $\dfrac{\sin\tilde{L}_1 \sin\tilde{L}_2}{\sin\tilde{L}_3 \sin\tilde{L}_4} - 1 = 0$；④ $A\dfrac{\sin\tilde{L}_3 \sin(\tilde{L}_4 + \tilde{L}_5)}{\sin\tilde{L}_1 \sin\tilde{L}_6} - B = 0$。

10. 极大似然估计的前提是什么，它的参数估值具有什么性质？

11. 进行参数估计的准则有多种，选择最小二乘原理作为参数估计的准则的原因是什么？最小二乘原理的估计参数具有哪些性质？

第四章　条件平差

§4-1　条件平差原理

如前所述，在平差问题中引入未知参数的情形不同，则平差函数模型的形式和个数不同，解决平差问题的方法就不相同。引入参数个数和独立关系的四种情形，产生四种基本平差方法。条件平差是针对不引入参数情形下的平差方法。

一、条件平差原理

设有观测值 $\underset{n1}{\boldsymbol{L}}=[L_1\quad L_2\quad\cdots\quad L_n]^{\mathrm{T}}$，其方差矩阵为 $\boldsymbol{D}=\sigma_0^2\boldsymbol{Q}=\sigma_0^2\boldsymbol{P}^{-1}$。平差值 $\underset{n1}{\hat{\boldsymbol{L}}}=[\hat{L}_1\quad\hat{L}_2\quad\cdots\quad\hat{L}_n]^{\mathrm{T}}$ 是 $\underset{n1}{\boldsymbol{L}}$ 的数学期望的估值。

在不引入未知数的情况下，条件平差的函数模型由多余观测个数决定，称为条件方程，条件方程有 r 个。关于 $\underset{n1}{\hat{\boldsymbol{L}}}$ 的条件方程为

$$\underset{r1}{\boldsymbol{F}}(\underset{n1}{\hat{\boldsymbol{L}}})=\underset{r1}{\boldsymbol{F}}(\hat{L}_1,\hat{L}_2,\cdots,\hat{L}_n)=\underset{r1}{\boldsymbol{0}}\tag{4-1}$$

令 $\underset{n1}{\hat{\boldsymbol{L}}}=\underset{n1}{\boldsymbol{L}}+\underset{n1}{\boldsymbol{V}}$，$\underset{n1}{\boldsymbol{V}}=[v_1\quad v_2\quad\cdots\quad v_n]^{\mathrm{T}}$ 称为 $\underset{n1}{\boldsymbol{L}}$ 的改正数。由此求 $\underset{n1}{\hat{\boldsymbol{L}}}$ 的问题转化为求 $\underset{n1}{\boldsymbol{V}}$。

将式(4-1)在 $\underset{n1}{\hat{\boldsymbol{L}}}=\underset{n1}{\boldsymbol{L}}$ 处线性化，$\underset{r1}{\boldsymbol{F}}(\underset{n1}{\hat{\boldsymbol{L}}})=\underset{r1}{\boldsymbol{F}}(\underset{n1}{\boldsymbol{L}})+\left(\dfrac{\partial\underset{r1}{\boldsymbol{F}}}{\partial\underset{n1}{\hat{\boldsymbol{L}}}}\right)_0(\underset{n1}{\hat{\boldsymbol{L}}}-\underset{n1}{\boldsymbol{L}})=\underset{r1}{\boldsymbol{0}}$，令

$$\underset{rn}{\boldsymbol{A}}=\left(\frac{\partial\underset{r1}{\boldsymbol{F}}}{\partial\underset{n1}{\hat{\boldsymbol{L}}}}\right)_0=\begin{bmatrix}\dfrac{\partial F_1}{\partial\hat{L}_1}&\dfrac{\partial F_1}{\partial\hat{L}_2}&\cdots&\dfrac{\partial F_1}{\partial\hat{L}_n}\\\dfrac{\partial F_2}{\partial\hat{L}_1}&\dfrac{\partial F_2}{\partial\hat{L}_2}&\cdots&\dfrac{\partial F_2}{\partial\hat{L}_n}\\\vdots&\vdots&&\vdots\\\dfrac{\partial F_r}{\partial\hat{L}_1}&\dfrac{\partial F_r}{\partial\hat{L}_2}&\cdots&\dfrac{\partial F_r}{\partial\hat{L}_n}\end{bmatrix}_0=\begin{bmatrix}a_{11}&a_{12}&\cdots&a_{1n}\\a_{21}&a_{22}&\cdots&a_{2n}\\\vdots&\vdots&&\vdots\\a_{r1}&a_{r2}&\cdots&a_{rn}\end{bmatrix}$$

$\underset{r1}{\boldsymbol{W}}=\underset{r1}{\boldsymbol{F}}(\underset{n1}{\boldsymbol{L}})$，$\underset{r1}{\boldsymbol{W}}$ 很小。如果 $\underset{r1}{\boldsymbol{F}}(\underset{n1}{\hat{\boldsymbol{L}}})=\underset{r1}{\boldsymbol{0}}$ 为线性方程 $\underset{rn}{\boldsymbol{A}}\underset{n1}{\hat{\boldsymbol{L}}}+\underset{r1}{\boldsymbol{A}_0}=\underset{r1}{\boldsymbol{0}}$，则 $\underset{r1}{\boldsymbol{W}}=\underset{r1}{\boldsymbol{F}}(\underset{n1}{\boldsymbol{L}})=\underset{rn}{\boldsymbol{A}}\underset{n1}{\boldsymbol{L}}+\underset{r1}{\boldsymbol{A}_0}$，得到关于 $\underset{n1}{\boldsymbol{V}}$ 的条件方程

$$\underset{rn}{\boldsymbol{A}}\underset{n1}{\boldsymbol{V}}+\underset{r1}{\boldsymbol{W}}=\underset{r1}{\boldsymbol{0}}\tag{4-2}$$

条件平差的原理是：在条件方程 $\boldsymbol{AV}+\boldsymbol{W}=\boldsymbol{0}$ 的约束下，求 $\boldsymbol{V}^{\mathrm{T}}\boldsymbol{PV}=\min$ 的极值点 $\boldsymbol{V}$。这在数学上是一个条件极值求解的问题。

组成如下函数

$$\underset{11}{\boldsymbol{\Phi}}=\underset{1n}{\boldsymbol{V}^{\mathrm{T}}}\underset{nn}{\boldsymbol{P}}\underset{n1}{\boldsymbol{V}}-2\underset{1r}{\boldsymbol{K}^{\mathrm{T}}}(\underset{rn}{\boldsymbol{A}}\underset{n1}{\boldsymbol{V}}+\underset{r1}{\boldsymbol{W}})$$

式中，$\underset{r1}{\boldsymbol{K}}=[k_1\quad k_2\quad\cdots\quad k_r]^{\mathrm{T}}$，称为联系数向量。将函数 $\boldsymbol{\Phi}$ 对改正向量 $\boldsymbol{V}$ 求偏导，并令其为零，即

$$\frac{\partial \boldsymbol{\Phi}}{\partial \boldsymbol{V}}=2\boldsymbol{V}^{\mathrm{T}}\boldsymbol{P}-2\boldsymbol{K}^{\mathrm{T}}\boldsymbol{A}=\boldsymbol{0}(※)$$

进行转置得

$$\boldsymbol{PV}=\boldsymbol{A}^{\mathrm{T}}\boldsymbol{K}$$

等式两边左乘 $\boldsymbol{P}^{-1}$，得改正数

$$\boldsymbol{V}=\boldsymbol{P}^{-1}\boldsymbol{A}^{\mathrm{T}}\boldsymbol{K}=\boldsymbol{QA}^{\mathrm{T}}\boldsymbol{K} \tag{4-3}$$

代入条件方程式(4-2)得

$$\boldsymbol{AQA}^{\mathrm{T}}\boldsymbol{K}+\boldsymbol{W}=\boldsymbol{0}$$

令 $\boldsymbol{N}_{aa}=\boldsymbol{AQA}^{\mathrm{T}}$，则

$$\boldsymbol{N}_{aa}\boldsymbol{K}+\boldsymbol{W}=\boldsymbol{0} \tag{4-4}$$

称为平差法方程。法方程系数矩阵的秩为 $\mathrm{R}(\boldsymbol{N}_{aa})=\mathrm{R}(\boldsymbol{A})=r$，是一个满秩矩阵。因而，法方程有唯一解，其解为

> ※ $\boldsymbol{V}^{\mathrm{T}}\boldsymbol{PV}$ 求导：
>
> 令 $\underset{n1}{\boldsymbol{V}}=\underset{n1}{\boldsymbol{V}}(t)=[v_1(t)\quad v_2(t)\quad \cdots\quad v_n(t)]^{\mathrm{T}}$
>
> $$\underset{11}{\frac{\mathrm{d}(\boldsymbol{V}^{\mathrm{T}}\boldsymbol{PV})}{\mathrm{d}t}}=\underset{1n}{\frac{\partial(\boldsymbol{V}^{\mathrm{T}}\boldsymbol{PV})}{\partial \boldsymbol{V}}}\underset{n1}{\frac{\mathrm{d}\boldsymbol{V}}{\mathrm{d}t}}$$
>
> 又 $$\underset{11}{\frac{\mathrm{d}(\boldsymbol{V}^{\mathrm{T}}\boldsymbol{PV})}{\mathrm{d}t}}=\underset{1n}{\frac{\mathrm{d}(\boldsymbol{V}^{\mathrm{T}})}{\mathrm{d}t}}(\underset{nn}{\boldsymbol{P}}\underset{n1}{\boldsymbol{V}})+\boldsymbol{V}^{\mathrm{T}}\underset{n1}{\frac{\mathrm{d}(\boldsymbol{PV})}{\mathrm{d}t}}$$
>
> $$=\left[\frac{\mathrm{d}(\boldsymbol{V}^{\mathrm{T}})}{\mathrm{d}t}(\boldsymbol{PV})\right]^{\mathrm{T}}+\boldsymbol{V}^{\mathrm{T}}\boldsymbol{P}\frac{\mathrm{d}\boldsymbol{V}}{\mathrm{d}t}$$
>
> $$=\boldsymbol{V}^{\mathrm{T}}\boldsymbol{P}^{\mathrm{T}}\frac{\mathrm{d}\boldsymbol{V}}{\mathrm{d}t}+\boldsymbol{V}^{\mathrm{T}}\boldsymbol{P}\frac{\mathrm{d}\boldsymbol{V}}{\mathrm{d}t}=2\boldsymbol{V}^{\mathrm{T}}\boldsymbol{P}\frac{\mathrm{d}\boldsymbol{V}}{\mathrm{d}t}$$
>
> 故 $$\frac{\partial(\boldsymbol{V}^{\mathrm{T}}\boldsymbol{PV})}{\partial \boldsymbol{V}}=2\boldsymbol{V}^{\mathrm{T}}\boldsymbol{P}$$

$$\boldsymbol{K}=-\boldsymbol{N}_{aa}^{-1}\boldsymbol{W} \tag{4-5}$$

将 $\boldsymbol{K}$ 值代入式(4-3)便可求出观测值的改正数 $\boldsymbol{V}$，从而求得 $\hat{\boldsymbol{L}}$，即 $\boldsymbol{V}=\boldsymbol{QA}^{\mathrm{T}}\boldsymbol{K}$，$\hat{\boldsymbol{L}}=\boldsymbol{L}+\boldsymbol{V}$。$\boldsymbol{K}$ 值也可以通过解法方程的代数式求得。当观测值为不相关观测时，权矩阵为对角矩阵，法方程和改正数方程的代数式分别为

$$\left.\begin{array}{l}
\sum_{i=1}^{n}\frac{a_{1i}a_{1i}}{p_i}k_1+\sum_{i=1}^{n}\frac{a_{1i}a_{2i}}{p_i}k_2+\cdots+\sum_{i=1}^{n}\frac{a_{1i}a_{ri}}{p_i}k_r+w_1=0\\
\sum_{i=1}^{n}\frac{a_{2i}a_{1i}}{p_i}k_1+\sum_{i=1}^{n}\frac{a_{2i}a_{2i}}{p_i}k_2+\cdots+\sum_{i=1}^{n}\frac{a_{2i}a_{ri}}{p_i}k_r+w_2=0\\
\vdots\\
\sum_{i=1}^{n}\frac{a_{ri}a_{1i}}{p_i}k_1+\sum_{i=1}^{n}\frac{a_{ri}a_{2i}}{p_i}k_2+\cdots+\sum_{i=1}^{n}\frac{a_{ri}a_{ri}}{p_i}k_r+w_r=0
\end{array}\right\} \tag{4-6}$$

$$v_i=\frac{1}{p_i}\sum_{j=1}^{r}a_{ji}k_j=\frac{1}{p_i}(a_{1i}k_1+a_{2i}k_2+\cdots+a_{ri}k_r) \tag{4-7}$$

式中，$i=1,2,\cdots,n$，$j=1,2,\cdots,r$。

$$\boldsymbol{V}=\boldsymbol{QA}^{\mathrm{T}}\boldsymbol{K}=-\boldsymbol{QA}^{\mathrm{T}}\boldsymbol{N}_{aa}^{-1}\boldsymbol{W}$$

$$\hat{\boldsymbol{L}}=\boldsymbol{L}+\boldsymbol{V}=\boldsymbol{L}-\boldsymbol{QA}^{\mathrm{T}}\boldsymbol{N}_{aa}^{-1}\boldsymbol{W}$$

二、条件平差计算步骤及示例

条件平差的计算步骤如下：

(1)列立 $r=n-t$ 个独立的条件方程，对非线性条件方程进行线性化，即

$$\boldsymbol{F}(\hat{\boldsymbol{L}})=\boldsymbol{0}\xrightarrow{\hat{\boldsymbol{L}}=\boldsymbol{L}+\boldsymbol{V}}\boldsymbol{AV}+\boldsymbol{W}=\boldsymbol{0}$$

注意：列条件方程有多种选择时，应选择涉及变量少、形式简单的形式列出；线性化时角度改正数单位默认为角秒，条件方程适用 ρ'' 来统一单位。

(2)建立随机模型。取 σ_0^2，确定观测值的权矩阵，则 $\boldsymbol{D}=\sigma_0^2\boldsymbol{Q}=\sigma_0^2\boldsymbol{P}^{-1}$。

(3)建立法方程并求联系数 $\boldsymbol{K}$。$\boldsymbol{N}_{aa}\boldsymbol{K}+\boldsymbol{W}=\boldsymbol{0}$，其中 $\boldsymbol{N}_{aa}=\boldsymbol{AQA}^{\mathrm{T}}$。

(4)求观测值改正数 $\boldsymbol{V}=\boldsymbol{QA}^{\mathrm{T}}\boldsymbol{K}$，平差值 $\hat{\boldsymbol{L}}=\boldsymbol{L}+\boldsymbol{V}$。

(5)检验平差计算结果的正确性。可以将观测值的平差值 $\hat{\boldsymbol{L}}$ 或 $\boldsymbol{V}$ 代入条件方程,检验平差结果是否满足条件方程。

[例 4-1]如图 4-1 所示的测角网,各角度观测值为独立等精度观测值,角度观测值分别为 $L_1=80°00'06''$, $L_2=50°00'00''$, $L_3=50°00'00''$, $L_4=40°00'00''$, $L_5=40°00'00''$, $L_6=99°59'57''$。试按条件平差法求各个内角的平差值。

解:

(1)此测角网 $n=6, t=4, r=2$,可列出如下两个条件方程

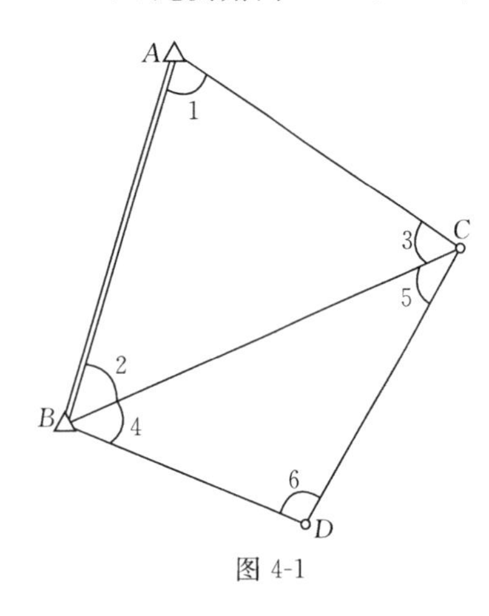

图 4-1

$$\hat{L}_1+\hat{L}_2+\hat{L}_3-180°=0$$

$$\hat{L}_4+\hat{L}_5+\hat{L}_6-180°=0$$

将 $\hat{L}_i=L_i+v_i(i=1,2,\cdots,6)$ 及 L_i 的值代入条件方程,得

$$v_1+v_2+v_3+6''=0$$

$$v_4+v_5+v_6-3''=0$$

条件方程用矩阵表示为

$$\begin{bmatrix}1&1&1&0&0&0\\0&0&0&1&1&1\end{bmatrix}\begin{bmatrix}v_1\\v_2\\v_3\\v_4\\v_5\\v_6\end{bmatrix}+\begin{bmatrix}6''\\-3''\end{bmatrix}=\boldsymbol{0}$$

即

$$\boldsymbol{A}=\begin{bmatrix}1&1&1&0&0&0\\0&0&0&1&1&1\end{bmatrix},\boldsymbol{W}=\begin{bmatrix}6''\\-3''\end{bmatrix}$$

(2)因为观测值精度相同且独立,则观测值的权矩阵 $\boldsymbol{P}=\boldsymbol{I}$,协因数矩阵 $\boldsymbol{Q}=\boldsymbol{P}^{-1}=\boldsymbol{I}$

(3)法方程的系数为

$$\boldsymbol{N}_{aa}=\boldsymbol{AQA}^{\mathrm{T}}=\begin{bmatrix}3&0\\0&3\end{bmatrix}\qquad \boldsymbol{N}_{aa}^{-1}=\begin{bmatrix}1/3&0\\0&1/3\end{bmatrix}$$

解得

$$\boldsymbol{K}=-\boldsymbol{N}_{aa}^{-1}\boldsymbol{W}=\begin{bmatrix}-2\\1\end{bmatrix}$$

(4)则求改正数

$$\boldsymbol{V}=\boldsymbol{QA}^{\mathrm{T}}\boldsymbol{K}=[-2''\ \ -2''\ \ -2''\ \ 1''\ \ 1''\ \ 1'']^{\mathrm{T}}$$

可见,各角的改正数是对于每个三角形将闭合差平均分配到 3 个角上,由此得各角平差值为

$$\begin{bmatrix}\hat{L}_1\\\hat{L}_2\\\hat{L}_3\\\hat{L}_4\\\hat{L}_5\\\hat{L}_6\end{bmatrix}=\begin{bmatrix}L_1\\L_2\\L_3\\L_4\\L_5\\L_6\end{bmatrix}+\begin{bmatrix}v_1\\v_2\\v_3\\v_4\\v_5\\v_6\end{bmatrix}=\begin{bmatrix}80°00'04''\\49°59'58''\\49°59'58''\\40°00'01''\\40°00'01''\\99°59'58''\end{bmatrix}$$

(5)将平差值 $\hat{L}_i$ 代入条件方程,满足等式。平差结果得到检验。

[例 4-2] 如图 4-2 所示的水准网，A 点为已知点，B、C、D 点为未知点。A 点高程为 $H_A = 112.145$ m。各高差观测值及水准路线长列于表 4-1 中。试按条件平差方法求 B、C、D 点的高程平差值。

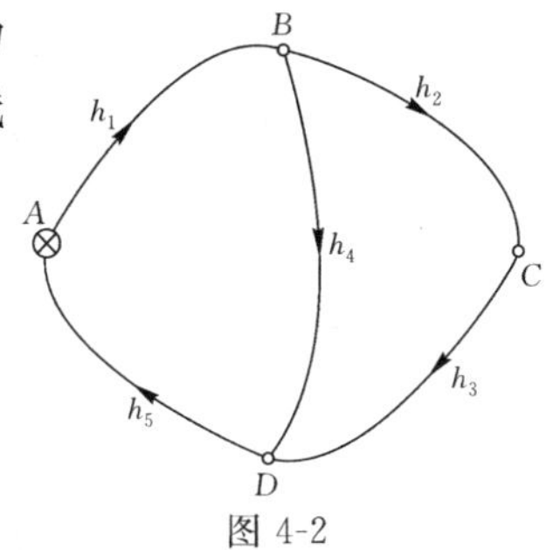

图 4-2

表 4-1

段号	1	2	3	4	5
h/m	2.410	−2.131	2.945	0.820	−3.222
S/km	1.0	2.0	1.0	2.0	2.0

解：

(1) 此水准网 $n=5, t=3, r=2$，可列出如下两个条件方程

$$\hat{h}_1+\hat{h}_4+\hat{h}_5=0$$

$$\hat{h}_2+\hat{h}_3-\hat{h}_4=0$$

令 $\hat{h}_i=h_i+v_i$，并代入条件方程，可得到如下改正数条件方程

$$v_1+v_4+v_5+8=0$$

$$v_2+v_3-v_4-6=0$$

则

$$\boldsymbol{A}=\begin{bmatrix}1 & 0 & 0 & 1 & 1\\ 0 & 1 & 1 & -1 & 0\end{bmatrix},\ \boldsymbol{W}=\begin{bmatrix}8\\ -6\end{bmatrix} \text{（单位为 mm）}$$

(2) 取 1 km 水准路线高差观测值为单位权观测值，则 $p_i=\dfrac{1}{S_i}$，$Q_{ii}=\dfrac{1}{p_i}=S_i$，又 $Q_{ij}=0$，所以高差观测值的协因数矩阵为

$$\boldsymbol{Q}=\begin{bmatrix}1 & & & & \\ & 2 & & & \\ & & 1 & & \\ & & & 2 & \\ & & & & 2\end{bmatrix},\ \boldsymbol{P}=\begin{bmatrix}1 & & & & \\ & 0.5 & & & \\ & & 1 & & \\ & & & 0.5 & \\ & & & & 0.5\end{bmatrix}$$

(3) 法方程的系数矩阵为

$$\boldsymbol{N}_{aa}=\boldsymbol{AQA}^{\mathrm{T}}=\begin{bmatrix}5 & -2\\ -2 & 5\end{bmatrix},\ \boldsymbol{N}_{aa}^{-1}=\frac{1}{21}\begin{bmatrix}5 & 2\\ 2 & 5\end{bmatrix}$$

解得联系数

$$\boldsymbol{K}=-\boldsymbol{N}_{aa}^{-1}\boldsymbol{W}=\begin{bmatrix}-1.3333\\ 0.6667\end{bmatrix}$$

(4) 将联系数代入改正数方程，得改正数为

$$\boldsymbol{V}=\boldsymbol{QA}^{\mathrm{T}}\boldsymbol{K}=\boldsymbol{P}^{-1}\boldsymbol{A}^{\mathrm{T}}\boldsymbol{K}=[-1.3\quad 1.3\quad 0.7\quad -4.0\quad -2.7]^{\mathrm{T}} \text{（单位为 mm）}$$

观测值的平差值为

$$\hat{\boldsymbol{h}}=\boldsymbol{h}+\boldsymbol{V}=[2.4087\quad -2.1297\quad 2.9457\quad 0.8160\quad -3.2247]^{\mathrm{T}} \text{（单位为 m）}$$

(5) 将平差值 $\hat{h}_i$ 代入条件方程，满足等式。平差结果得到检验。

§4-2 平差结果精度评定

测量平差的任务除了求参数的最优估值外，还应对观测值、平差值及平差值函数的精度进行评定。这需要做三个方面的工作：①单位权方差估计；②平差基本变量的协因数矩阵确定；

③平差值函数的中误差估计。

一、单位权方差的估计

单位权方差的估计公式适合四种基本的平差方法。可以证明(见§8-1),单位权方差 σ_0^2 或单位权中误差 σ_0 的无偏估值为

$$\hat{\sigma}_0^2=\frac{\boldsymbol{V}^{\mathrm{T}}\boldsymbol{PV}}{r}\qquad\left(或\ \hat{\sigma}_0=\sqrt{\frac{\boldsymbol{V}^{\mathrm{T}}\boldsymbol{PV}}{r}}\right)\tag{4-8}$$

式中,r 是多余观测数。特别地,当观测值为不相关观测时,$\boldsymbol{P}$ 为对角矩阵,$P_{ii}=p_i$,单位权方差的估值可简化为

$$\hat{\sigma}_0^2=\frac{[pvv]}{r}=\frac{1}{r}\sum_{i=1}^{n}p_iv_i^2\tag{4-9}$$

二、平差基本变量的协因数矩阵

条件平差的基本变量有 $\underset{n1}{\boldsymbol{L}}$、$\underset{r1}{\boldsymbol{W}}$、$\underset{r1}{\boldsymbol{K}}$、$\underset{n1}{\boldsymbol{V}}$、$\underset{n1}{\hat{\boldsymbol{L}}}$。观测值向量 $\boldsymbol{L}$ 的协因数矩阵假设是已知的,其他变量是观测值向量的线性函数,可以利用协因数传播律求出其他变量的协因数矩阵。设

$$\boldsymbol{Z}=[\boldsymbol{L}^{\mathrm{T}}\quad\boldsymbol{W}^{\mathrm{T}}\quad\boldsymbol{K}^{\mathrm{T}}\quad\boldsymbol{V}^{\mathrm{T}}\quad\hat{\boldsymbol{L}}^{\mathrm{T}}]^{\mathrm{T}}$$

各变量关于观测值向量 $\boldsymbol{L}$ 的线性函数形式如下

$$\begin{aligned}
&\boldsymbol{L}=\boldsymbol{IL}\\
&\boldsymbol{W}=F(\boldsymbol{L})=\boldsymbol{AL}+\boldsymbol{A}_0\\
&\boldsymbol{K}=-\boldsymbol{N}_{aa}^{-1}\boldsymbol{W}=-\boldsymbol{N}_{aa}^{-1}\boldsymbol{AL}-\boldsymbol{N}_{aa}^{-1}\boldsymbol{A}_0\\
&\boldsymbol{V}=\boldsymbol{QA}^{\mathrm{T}}\boldsymbol{K}=-\boldsymbol{QA}^{\mathrm{T}}\boldsymbol{N}_{aa}^{-1}\boldsymbol{W}=-\boldsymbol{QA}^{\mathrm{T}}\boldsymbol{N}_{aa}^{-1}\boldsymbol{AL}-\boldsymbol{QA}^{\mathrm{T}}\boldsymbol{N}_{aa}^{-1}\boldsymbol{A}_0\\
&\hat{\boldsymbol{L}}=\boldsymbol{L}+\boldsymbol{V}
\end{aligned}$$

由协因数传播律得

$$\begin{aligned}
&\boldsymbol{Q}_{LL}=\boldsymbol{Q}\\
&\boldsymbol{Q}_{WW}=\boldsymbol{AQA}^{\mathrm{T}}=\boldsymbol{N}_{aa}\\
&\boldsymbol{Q}_{KK}=\boldsymbol{N}_{aa}^{-1}\boldsymbol{Q}_{WW}\boldsymbol{N}_{aa}^{-1}=\boldsymbol{N}_{aa}^{-1}\boldsymbol{N}_{aa}\boldsymbol{N}_{aa}^{-1}=\boldsymbol{N}_{aa}^{-1}\\
&\boldsymbol{Q}_{VV}=\boldsymbol{QA}^{\mathrm{T}}\boldsymbol{Q}_{KK}\boldsymbol{AQ}=\boldsymbol{QA}^{\mathrm{T}}\boldsymbol{N}_{aa}^{-1}\boldsymbol{AQ}\\
&\boldsymbol{Q}_{LW}=\boldsymbol{QA}^{\mathrm{T}}\\
&\boldsymbol{Q}_{LK}=-\boldsymbol{QA}^{\mathrm{T}}\boldsymbol{N}_{aa}^{-1}\\
&\boldsymbol{Q}_{LV}=-\boldsymbol{QA}^{\mathrm{T}}\boldsymbol{N}_{aa}^{-1}\boldsymbol{AQ}\\
&\boldsymbol{Q}_{WK}=-\boldsymbol{AQA}^{\mathrm{T}}\boldsymbol{N}_{aa}^{-1}=-\boldsymbol{I}\\
&\boldsymbol{Q}_{WV}=-\boldsymbol{Q}_{WW}\boldsymbol{N}_{aa}^{-1}\boldsymbol{AQ}\\
&\qquad=-\boldsymbol{N}_{aa}\boldsymbol{N}_{aa}^{-1}\boldsymbol{AQ}=-\boldsymbol{AQ}\\
&\boldsymbol{Q}_{KV}=\boldsymbol{N}_{aa}^{-1}\boldsymbol{Q}_{WW}\boldsymbol{N}_{aa}^{-1}\boldsymbol{AQ}=\boldsymbol{N}_{aa}^{-1}\boldsymbol{AQ}\\
&\boldsymbol{Q}_{L\hat{L}}=\boldsymbol{Q}_{LL}+\boldsymbol{Q}_{LV}=\boldsymbol{Q}-\boldsymbol{QA}^{\mathrm{T}}\boldsymbol{N}_{aa}^{-1}\boldsymbol{AQ}\ (※)\\
&\boldsymbol{Q}_{W\hat{L}}=\boldsymbol{Q}_{WL}+\boldsymbol{Q}_{WV}=\boldsymbol{Q}_{LW}^{\mathrm{T}}+\boldsymbol{Q}_{WV}\\
&\qquad=\boldsymbol{AQ}-\boldsymbol{AQ}=\boldsymbol{0}\\
&\boldsymbol{Q}_{K\hat{L}}=\boldsymbol{Q}_{KL}+\boldsymbol{Q}_{KV}\\
&\qquad=-\boldsymbol{N}_{aa}^{-1}\boldsymbol{AQ}+\boldsymbol{N}_{aa}^{-1}\boldsymbol{AQ}=\boldsymbol{0}
\end{aligned}$$

※ 证明 $\boldsymbol{Q}_{X\hat{L}}=\boldsymbol{Q}_{XL}+\boldsymbol{Q}_{XV}$,$\boldsymbol{Q}_{\hat{L}\hat{L}}=\boldsymbol{Q}-\boldsymbol{Q}_{VV}$

$\boldsymbol{X}$ 代表列矩阵 $\boldsymbol{L}$、$\boldsymbol{W}$、$\boldsymbol{K}$、$\boldsymbol{V}$、$\hat{\boldsymbol{L}}$ 之一

$$\boldsymbol{X}=\boldsymbol{IX}+\boldsymbol{OL}+\boldsymbol{OV}=[\boldsymbol{I}\ \ \boldsymbol{O}\ \ \boldsymbol{O}]\begin{bmatrix}\boldsymbol{X}\\\boldsymbol{L}\\\boldsymbol{V}\end{bmatrix}$$

$$\hat{\boldsymbol{L}}=\boldsymbol{OX}+\boldsymbol{IL}+\boldsymbol{IV}=[\boldsymbol{O}\ \ \boldsymbol{I}\ \ \boldsymbol{I}]\begin{bmatrix}\boldsymbol{X}\\\boldsymbol{L}\\\boldsymbol{V}\end{bmatrix}$$

$$\begin{aligned}\boldsymbol{Q}_{X\hat{L}}&=[\boldsymbol{I}\ \ \boldsymbol{O}\ \ \boldsymbol{O}]\begin{bmatrix}\boldsymbol{Q}_{XX}&\boldsymbol{Q}_{XL}&\boldsymbol{Q}_{XV}\\\boldsymbol{Q}_{LX}&\boldsymbol{Q}_{LL}&\boldsymbol{Q}_{LV}\\\boldsymbol{Q}_{VX}&\boldsymbol{Q}_{VL}&\boldsymbol{Q}_{VV}\end{bmatrix}\begin{bmatrix}\boldsymbol{O}^{\mathrm{T}}\\\boldsymbol{I}^{\mathrm{T}}\\\boldsymbol{I}^{\mathrm{T}}\end{bmatrix}\\
&=[\boldsymbol{Q}_{XX}\ \ \boldsymbol{Q}_{XL}\ \ \boldsymbol{Q}_{XV}]\begin{bmatrix}\boldsymbol{O}\\\boldsymbol{I}\\\boldsymbol{I}\end{bmatrix}=\boldsymbol{Q}_{XL}+\boldsymbol{Q}_{XV}\end{aligned}$$

且 $\boldsymbol{Q}_{\hat{L}X}=\boldsymbol{Q}_{X\hat{L}}^{\mathrm{T}}=\boldsymbol{Q}_{LX}+\boldsymbol{Q}_{VX}$

又 $\boldsymbol{Q}_{VL}=\boldsymbol{Q}_{LV}=-\boldsymbol{Q}_{VV}$

所以 $\boldsymbol{Q}_{\hat{L}\hat{L}}=\boldsymbol{Q}_{L\hat{L}}+\boldsymbol{Q}_{V\hat{L}}=\boldsymbol{Q}_{LL}+\boldsymbol{Q}_{LV}+\boldsymbol{Q}_{VL}+\boldsymbol{Q}_{VV}$

$=\boldsymbol{Q}-\boldsymbol{Q}_{VV}$

$$\boldsymbol{Q}_{V\hat{L}}=\boldsymbol{Q}_{VL}+\boldsymbol{Q}_{VV}=\boldsymbol{0}$$

$$\boldsymbol{Q}_{\hat{L}\hat{L}}=\boldsymbol{Q}_{LL}+\boldsymbol{Q}_{LV}+\boldsymbol{Q}_{VL}+\boldsymbol{Q}_{VV}=\boldsymbol{Q}-\boldsymbol{Q}\boldsymbol{A}^{\mathrm{T}}\boldsymbol{N}_{aa}^{-1}\boldsymbol{A}\boldsymbol{Q}$$

由上面的结果可知，平差值 $\hat{\boldsymbol{L}}$ 与 $\boldsymbol{W}$、$\boldsymbol{K}$ 及 $\boldsymbol{V}$ 不相关，以上结果列于表 4-2 中，其左下部分是右上部分的转置。

表 4-2　条件平差基本向量的协因数矩阵

	$\boldsymbol{L}$	$\boldsymbol{W}$	$\boldsymbol{K}$	$\boldsymbol{V}$	$\hat{\boldsymbol{L}}$
$\boldsymbol{L}$	$\boldsymbol{Q}$	$\boldsymbol{Q}\boldsymbol{A}^{\mathrm{T}}$	$-\boldsymbol{Q}\boldsymbol{A}^{\mathrm{T}}\boldsymbol{N}_{aa}^{-1}$	$-\boldsymbol{Q}_{VV}$	$\boldsymbol{Q}-\boldsymbol{Q}\boldsymbol{A}^{\mathrm{T}}\boldsymbol{N}_{aa}^{-1}\boldsymbol{A}\boldsymbol{Q}$
$\boldsymbol{W}$	$\boldsymbol{A}\boldsymbol{Q}$	$\boldsymbol{N}_{aa}$	$-\boldsymbol{I}$	$-\boldsymbol{A}\boldsymbol{Q}$	$\boldsymbol{0}$
$\boldsymbol{K}$	$-\boldsymbol{N}_{aa}^{-1}\boldsymbol{A}\boldsymbol{Q}$	$-\boldsymbol{I}$	$\boldsymbol{N}_{aa}^{-1}$	$\boldsymbol{N}_{aa}^{-1}\boldsymbol{A}\boldsymbol{Q}$	$\boldsymbol{0}$
$\boldsymbol{V}$	$-\boldsymbol{Q}_{VV}$	$-\boldsymbol{Q}\boldsymbol{A}^{\mathrm{T}}$	$\boldsymbol{Q}\boldsymbol{A}^{\mathrm{T}}\boldsymbol{N}_{aa}^{-1}$	$\boldsymbol{Q}\boldsymbol{A}^{\mathrm{T}}\boldsymbol{N}_{aa}^{-1}\boldsymbol{A}\boldsymbol{Q}$	$\boldsymbol{0}$
$\hat{\boldsymbol{L}}$	$\boldsymbol{Q}-\boldsymbol{Q}\boldsymbol{A}^{\mathrm{T}}\boldsymbol{N}_{aa}^{-1}\boldsymbol{A}\boldsymbol{Q}$	$\boldsymbol{0}$	$\boldsymbol{0}$	$\boldsymbol{0}$	$\boldsymbol{Q}-\boldsymbol{Q}_{VV}$

三、平差值函数的中误差

条件平差可以求出观测值的平差值。在实际应用中还需求平差值的某种函数，并对这些函数的精度进行评估。如根据高差平差值求高程平差值及其方差估值：$\hat{H}_C=H_A+\hat{h}_1+\hat{h}_2$，$\hat{\sigma}_{H_C}^2=\hat{\sigma}_0^2 Q_{H_CH_C}$。

作为一般的情形，设观测值的平差值为 $(\hat{L}_1,\hat{L}_2,\cdots,\hat{L}_n)$，其有一个函数

$$\boldsymbol{\varphi}=\boldsymbol{\varphi}(\hat{L}_1,\hat{L}_2,\cdots,\hat{L}_n)$$

对等式两边取全微分

$$\mathrm{d}\boldsymbol{\varphi}=\left(\frac{\partial\boldsymbol{\varphi}}{\partial\hat{L}_1}\right)_0\mathrm{d}\hat{L}_1+\left(\frac{\partial\boldsymbol{\varphi}}{\partial\hat{L}_2}\right)_0\mathrm{d}\hat{L}_2+\cdots+\left(\frac{\partial\boldsymbol{\varphi}}{\partial\hat{L}_n}\right)_0\mathrm{d}\hat{L}_n$$

$$=\begin{bmatrix}\frac{\partial\boldsymbol{\varphi}}{\partial\hat{L}_1} & \frac{\partial\boldsymbol{\varphi}}{\partial\hat{L}_2} & \cdots & \frac{\partial\boldsymbol{\varphi}}{\partial\hat{L}_n}\end{bmatrix}_0\begin{bmatrix}\mathrm{d}\hat{L}_1\\ \mathrm{d}\hat{L}_2\\ \vdots\\ \mathrm{d}\hat{L}_n\end{bmatrix}=\boldsymbol{f}^{\mathrm{T}}\mathrm{d}\hat{\boldsymbol{L}}$$

该公式称为平差值函数的权函数式。令

$$\boldsymbol{f}^{\mathrm{T}}=\begin{bmatrix}\frac{\partial\boldsymbol{\varphi}}{\partial\hat{L}_1} & \frac{\partial\boldsymbol{\varphi}}{\partial\hat{L}_2} & \cdots & \frac{\partial\boldsymbol{\varphi}}{\partial\hat{L}_n}\end{bmatrix}_0,\ \mathrm{d}\hat{\boldsymbol{L}}=\begin{bmatrix}\mathrm{d}\hat{L}_1 & \mathrm{d}\hat{L}_2 & \cdots & \mathrm{d}\hat{L}_n\end{bmatrix}^{\mathrm{T}}$$

根据协因数传播律，则有平差值函数的协因数 $\boldsymbol{Q}_{\varphi\varphi}$ 和中误差估值 $\hat{\boldsymbol{\sigma}}_{\varphi}$ 为

$$\left.\begin{aligned}\boldsymbol{Q}_{\varphi\varphi}&=\boldsymbol{f}^{\mathrm{T}}\boldsymbol{Q}_{\hat{L}\hat{L}}\boldsymbol{f}=\boldsymbol{f}^{\mathrm{T}}\boldsymbol{Q}\boldsymbol{f}-(\boldsymbol{A}\boldsymbol{Q}\boldsymbol{f})^{\mathrm{T}}\boldsymbol{N}_{aa}^{-1}\boldsymbol{A}\boldsymbol{Q}\boldsymbol{f}\\ \hat{\boldsymbol{\sigma}}_{\varphi}&=\hat{\sigma}_0\sqrt{\boldsymbol{Q}_{\varphi\varphi}}\end{aligned}\right\}\tag{4-10}$$

同理，对于观测值平差值的多个函数 $\boldsymbol{\varphi}$，其方差矩阵为

$$\boldsymbol{D}_{\varphi\varphi}=\hat{\sigma}_0^2\boldsymbol{Q}_{\varphi\varphi}$$

[例 4-3]按[例 4-2]的平差结果，求 $\hat{h}_i$ 的中误差及 C 点高程中误差。

解：依[例 4-2]，1 km 线路长的高差观测为单位权观测。

(1)求单位权方差估值。

$$\hat{\sigma}_0^2=\frac{\boldsymbol{V}^{\mathrm{T}}\boldsymbol{P}\boldsymbol{V}}{r}=\frac{1}{r}\sum_{i=1}^{n}p_i v_i^2$$

$$=\frac{1}{2}(1.3^2+0.5\times1.3^2+0.7^2+0.5\times4.0^2+0.5\times2.7^2)$$

$$=\frac{1}{2}\times 14.67=7.3(\text{mm}^2)$$

$$\hat{\sigma}_0=2.7\ \text{mm}$$

(2)求 $\boldsymbol{Q}_{\hat{h}\hat{h}}$ 和 $\hat{\sigma}_{\hat{h}_i}$。

$$\boldsymbol{AQ}=\begin{bmatrix}1 & 0 & 0 & 1 & 1\\0 & 1 & 1 & -1 & 0\end{bmatrix}\begin{bmatrix}1 & & & & \\ & 2 & & & \\ & & 1 & & \\ & & & 2 & \\ & & & & 2\end{bmatrix}=\begin{bmatrix}1 & 0 & 0 & 2 & 2\\0 & 2 & 1 & -2 & 0\end{bmatrix}$$

$$\boldsymbol{N}_{aa}=\begin{bmatrix}5 & -2\\-2 & 5\end{bmatrix},\ \boldsymbol{N}_{aa}^{-1}=\frac{1}{21}\begin{bmatrix}5 & 2\\2 & 5\end{bmatrix}$$

$$\boldsymbol{Q}_{\hat{h}\hat{h}}=\boldsymbol{Q}-(\boldsymbol{AQ})^{\mathrm{T}}\boldsymbol{N}_{aa}^{-1}\boldsymbol{AQ}$$

$$=\begin{bmatrix}1 & & & & \\ & 2 & & & \\ & & 1 & & \\ & & & 2 & \\ & & & & 2\end{bmatrix}-\frac{1}{21}\begin{bmatrix}5 & 4 & 2 & 6 & 10\\4 & 20 & 10 & -12 & 8\\2 & 10 & 5 & -6 & 4\\6 & -12 & -6 & 24 & 12\\10 & 8 & 4 & 12 & 20\end{bmatrix}$$

$$=\begin{bmatrix}0.76 & -0.19 & -0.09 & -0.29 & -0.48\\-0.19 & 1.05 & -0.48 & 0.57 & -0.38\\-0.09 & -0.48 & 0.76 & 0.29 & -0.19\\-0.29 & 0.57 & 0.29 & 0.86 & -0.57\\-0.48 & -0.38 & -0.19 & -0.57 & 1.05\end{bmatrix}$$

$$Q_{\hat{h}_1\hat{h}_1}=1-\frac{5}{21}=0.76,\ \hat{\sigma}_{\hat{h}_1}=\hat{\sigma}_0\sqrt{Q_{\hat{h}_1\hat{h}_1}}=2.3\ \text{mm}$$

$$Q_{\hat{h}_2\hat{h}_2}=2-\frac{20}{21}=1.05,\ \hat{\sigma}_{\hat{h}_2}=\hat{\sigma}_0\sqrt{Q_{\hat{h}_2\hat{h}_2}}=2.8\ \text{mm}$$

$$Q_{\hat{h}_3\hat{h}_3}=1-\frac{5}{21}=0.76,\ \hat{\sigma}_{\hat{h}_3}=\hat{\sigma}_0\sqrt{Q_{\hat{h}_3\hat{h}_3}}=2.3\ \text{mm}$$

$$Q_{\hat{h}_4\hat{h}_4}=2-\frac{24}{21}=0.86,\ \hat{\sigma}_{\hat{h}_4}=\hat{\sigma}_0\sqrt{Q_{\hat{h}_4\hat{h}_4}}=2.5\ \text{mm}$$

$$Q_{\hat{h}_5\hat{h}_5}=2-\frac{20}{21}=1.05,\ \hat{\sigma}_{\hat{h}_5}=\hat{\sigma}_0\sqrt{Q_{\hat{h}_5\hat{h}_5}}=2.8\ \text{mm}$$

(3)C 点高程的中误差。平差后

$$\hat{H}_C=H_A+\hat{h}_1+\hat{h}_2=[1\ \ 1\ \ 0\ \ 0\ \ 0]\begin{bmatrix}\hat{h}_1\\\hat{h}_2\\\hat{h}_3\\\hat{h}_4\\\hat{h}_5\end{bmatrix}+H_A$$

$$Q_{\hat{H}_C\hat{H}_C}=f^{\mathrm{T}}Q_{\hat{h}\hat{h}}f=[1\quad 1\quad 0\quad 0\quad 0]\begin{bmatrix}0.76 & -0.19 & -0.09 & -0.29 & -0.48\\ -0.19 & 1.05 & -0.48 & 0.57 & -0.38\\ -0.09 & -0.48 & 0.76 & 0.29 & -0.19\\ -0.29 & 0.57 & 0.29 & 0.86 & -0.57\\ -0.48 & -0.38 & -0.19 & -0.57 & 1.05\end{bmatrix}\begin{bmatrix}1\\1\\0\\0\\0\end{bmatrix}$$

$$=[0.57\ 0.86\ -0.57\ 0.28\ -0.86]\begin{bmatrix}1\\1\\0\\0\\0\end{bmatrix}=1.43$$

$$\hat{\sigma}_{\hat{H}_C}=\hat{\sigma}_0\sqrt{Q_{\hat{H}_C\hat{H}_C}}=2.7\times\sqrt{1.43}=3.2(\mathrm{mm})$$

§4-3　条件方程类型

一、水准网条件平差

条件方程的建立是条件平差方应用法的关键。如果条件方程有错误，就会导致平差结果的错误。

对于如图 4-3 所示的水准网，有 2 个已知水准点 A 和 B，3 个待定点。

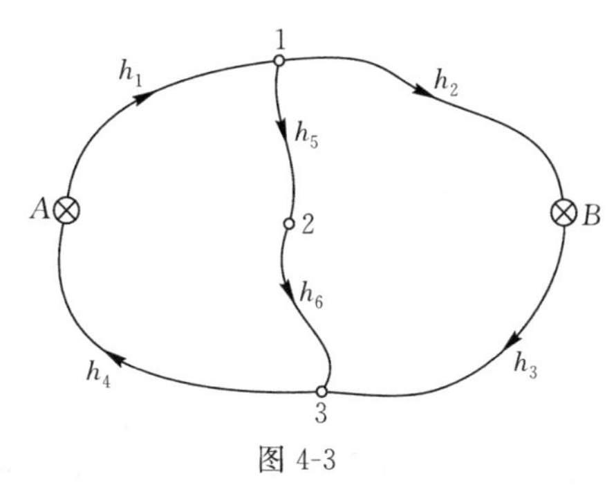

图 4-3

为了确定 1 个待定点的高程，需要 1 个高差观测值。所以在有已知点的水准网中，必要观测数等于待定点的个数。对于如图 4-3 所示的水准网，必要观测数是 3，多余观测数是 $r=n-t=3$，因此需要列出 3 个条件方程。3 个条件方程有多种列法，但所列的方程不应相关。

例如下面 3 个闭合环条件方程就是相关的

$$\hat{h}_1+\hat{h}_4+\hat{h}_5+\hat{h}_6=0$$

$$\hat{h}_2+\hat{h}_3-\hat{h}_5-\hat{h}_6=0$$

$$\hat{h}_1+\hat{h}_2+\hat{h}_3+\hat{h}_4=0$$

下面 2 个附合条件方程与上面第三个方程也是相关的

$$\hat{h}_1+\hat{h}_2+H_A-H_B=0$$

$$\hat{h}_3+\hat{h}_4-H_A+H_B=0$$

因此，3 个条件方程列立，可以选 2 个闭合环方程加 1 个附合条件方程。

如果水准网中没有已知点，则可以假设某一点的高程为已知，也就是设立假定高程系统。

二、测角网的条件平差

平面测角网的起算数据至少需要 4 个，分别是 2 个已知点坐标值，或 1 个点的坐标值加上

1条边长值和1条边的坐标方位角。仅含有必要起算数据的控制网称为自由网。控制网中除必要起算数据外,还有多余起算数据的称为附合网。如果控制网无起算数据或起算数据少于必要起算数据时,应假设起算数据,如假设某点的坐标、某边的边长或坐标方位角。

对于含有必要起算数据的测角网而言,每确定1个待定点的坐标需要2个角度观测值,因此,测角网的必要观测数为 $t=2p$,p 为待定点数目。测角网条件方程的基本形式如下。

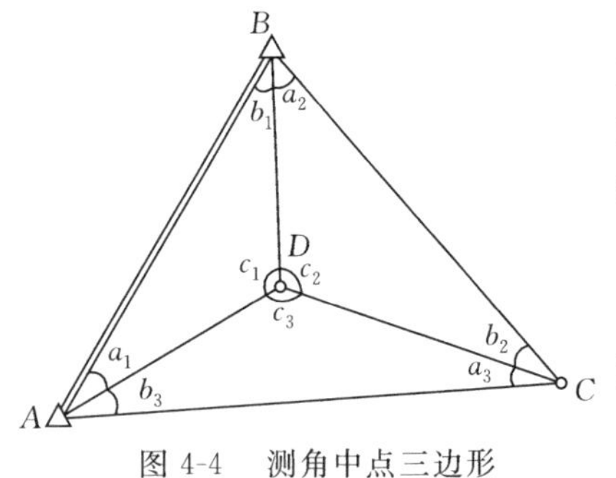

图 4-4 测角中点三边形

如图4-4所示的三角网称为中点三边形,其中 A 和 B 为已知点,C 和 D 为待定点。网中观测值数为 $n=9$,必要观测数为 $t=4$,多余观测数为 $r=5$,可以列出5个条件方程[8]。

1. 图形条件(内角和条件)

图形条件指三角形或多边形内角和应等于理论值。对于如图4-4所示的三角网,可以列出如下3个图形条件

$$\hat{a}_i+\hat{b}_i+\hat{c}_i-180°=0 \tag{4-11}$$

式中,$i=1,2,3$。改正数条件方程为

$$\begin{aligned}&v_{a_i}+v_{b_i}+v_{c_i}+w_i=0\\&w_i=a_i+b_i+c_i-180°\end{aligned} \tag{4-12}$$

2. 圆周条件(水平条件)

对于如图4-4所示三角网,其完整性还应有其他方面的要求,其一是圆周条件,其形式如下

$$\hat{c}_1+\hat{c}_2+\hat{c}_3-360°=0 \tag{4-13}$$

误差条件方程形式为

$$\begin{aligned}&v_{c_1}+v_{c_2}+v_{c_3}+w_c=0\\&w_c=c_1+c_2+c_3-360°\end{aligned} \tag{4-14}$$

3. 极条件(边长条件)

为了保持三角网的完整性,还应满足边长条件。边长条件分三种情况:中点多边形、大地四边形、其他混合图形。关键是找到推算边,使推算边可通过角度传算至本条边。

对于如图4-4所示的三角网,以 D 点为极,各三角形相邻边存在如下关系

$$\frac{DB_1}{DA_1}\frac{DA_2}{DC_2}\frac{DC_3}{DB_3}=1$$

式中,下标代表所属三角形的编号。可利用正弦定理将上述表达式变换为含有观测值平差值的条件方程形式

$$\frac{\sin\hat{a}_1\sin\hat{a}_2\sin\hat{a}_3}{\sin\hat{b}_1\sin\hat{b}_2\sin\hat{b}_3}=1 \tag{4-15}$$

令 $F(\hat{a},\hat{b})=\dfrac{\sin\hat{a}_1\sin\hat{a}_2\sin\hat{a}_3}{\sin\hat{b}_1\sin\hat{b}_2\sin\hat{b}_3}$,$F(a,b)=\dfrac{\sin a_1\sin a_2\sin a_3}{\sin b_1\sin b_2\sin b_3}$,故条件方程变为

$$F(\hat{a},\hat{b})-1=0 \tag{4-16}$$

将 $F(\hat{a},\hat{b})$ 在 $\hat{a}=a,\hat{b}=b$ 处线性化,得

$$F(\hat{a},\hat{b})=F(a,b)+\left(\frac{\partial F}{\partial\hat{a}}\right)_0(\hat{a}-a)+\left(\frac{\partial F}{\partial\hat{b}}\right)_0(\hat{b}-b)$$

令 $v_a=\hat{a}-a$，$v_b=\hat{b}-b$，则

$$\left(\frac{\partial F}{\partial \hat{a}_1}\right)_0=\left(\frac{\cos\hat{a}_1}{\sin\hat{b}_1}\frac{\sin\hat{a}_2}{\sin\hat{b}_2}\frac{\sin\hat{a}_3}{\sin\hat{b}_3}\right)_0=F(a,b)\cot a_1$$

同理

$$\left(\frac{\partial F}{\partial \hat{a}_i}\right)_0=F(a,b)\cot a_i,\ \left(\frac{\partial F}{\partial \hat{b}_i}\right)_0=-F(a,b)\cot b_i$$

代入方程式(4-16)并考虑 v 取″，得

$$F(a,b)\cot a_1\frac{v_{a_1}}{\rho''}+F(a,b)\cot a_2\frac{v_{a_2}}{\rho''}+F(a,b)\cot a_3\frac{v_{a_3}}{\rho''}-$$

$$F(a,b)\cot b_1\frac{v_{b_1}}{\rho''}-F(a,b)\cot b_2\frac{v_{b_2}}{\rho''}-F(a,b)\cot b_3\frac{v_{b_3}}{\rho''}+F(a,b)-1=0$$

整理得

$$\cot a_1 v_{a_1}+\cot a_2 v_{a_2}+\cot a_3 v_{a_3}-\cot b_1 v_{b_1}-\cot b_2 v_{b_2}-\cot b_3 v_{b_3}+w=0$$

式中，$w=\rho''\left[1-\dfrac{1}{F(a,b)}\right]$。

推论：当条件方程的形式为 $F(\hat{a},\hat{b})-k_0=0$ 时，$w=\rho''\left[1-\dfrac{k_0}{F(a,b)}\right]$。

对于如图 4-5 所示的大地四边形，共有 8 个角度观测值。按条件平差法平差时，除了列出 3 个图形条件外，还可以列出 1 个边长条件，其形式如下

$$\frac{AB_{\triangle ABC}}{AC_{\triangle ABC}}\frac{AC_{\triangle ACD}}{AD_{\triangle ACD}}\frac{AD_{\triangle ABD}}{AB_{\triangle ABD}}=1$$

此边长条件以 A 点为极点。将上述边长条件转换成条件方程得

$$\frac{\sin\hat{a}_3}{\sin(\hat{a}_2+\hat{b}_2)}\frac{\sin(\hat{a}_4+\hat{b}_4)}{\sin\hat{b}_3}\frac{\sin\hat{a}_2}{\sin\hat{b}_4}=1$$

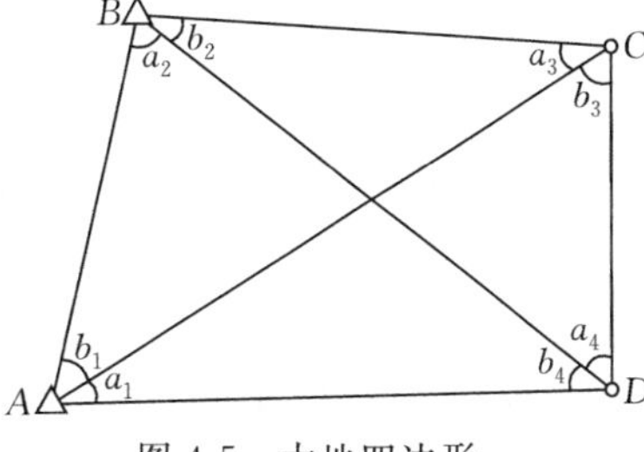

图 4-5　大地四边形

也可以以其他点作为极点列条件方程。上述条件方程的线性化形式为

$$[\cot a_2-\cot(a_2+b_2)]v_{a_2}+\cot a_3 v_{a_3}+\cot(a_4+b_4)v_{a_4}-$$

$$\cot(a_2+b_2)v_{b_2}-\cot b_3 v_{b_3}+[\cot(a_4+b_4)-\cot b_4]v_{b_4}+\rho''\left(1-\frac{1}{F(a,b)}\right)=0$$

式中

$$F(a,b)=\frac{\sin a_3}{\sin(a_2+b_2)}\frac{\sin(a_4+b_4)}{\sin b_3}\frac{\sin a_2}{\sin b_4}$$

三、测边网条件平差

测边网的基本图形也可以分解为三角形、中点多边形和大地四边形等。测边网由于观测值是边长，所以控制网的大小和尺寸可以由观测值获得。为了确定控制网的位置和方向，还需要知道网中某一点的坐标及某一条边的坐标方位角。因此，测边网的必要起算数据是 3 个。

测边网条件方程可以采用角度法、面积法和边长法等方式建立。下面介绍角度法。角度

法指利用边长平差值计算的角度值应满足一定的几何条件。对于如图 4-6 所示的测边中点三边形,可以由边长观测值的平差值计算角度值 $\hat{\beta}_1$、$\hat{\beta}_2$ 和 $\hat{\beta}_3$,它们应满足

$$\hat{\beta}_1+\hat{\beta}_2+\hat{\beta}_3-360^\circ=0$$

可以改写成如下形式的角度改正数条件方程

$$v_{\beta_1}+v_{\beta_2}+v_{\beta_3}+w=0 \tag{4-17}$$

$$w=\beta_1+\beta_2+\beta_3-360^\circ$$

式中,β_i 是由边长观测值计算得到的角度近似值。上述方程并不含有观测值,因而必须对其加以改造,使之成为含有观测值的条件方程。

1. 角度改正数与边长改正数的关系

在如图 4-7 所示的三角形中,根据余弦定理,边长、角度量存在如下关系

$$\hat{S}_a^2=\hat{S}_b^2+\hat{S}_c^2-2\hat{S}_b\hat{S}_c\cos\hat{A} \tag{4-18}$$

求微分得

$$2S_a\mathrm{d}\hat{S}_a=(2S_b-2S_c\cos A)\mathrm{d}\hat{S}_b+(2S_c-2S_b\cos A)\mathrm{d}\hat{S}_c+2S_bS_c\sin A\,\mathrm{d}\hat{A} \tag{4-19}$$

对于上述三角形存在如下等式

$$S_bS_c\sin A=S_bh_b=S_ah_a=2\text{倍三角形面积}$$

$$S_b-S_c\cos A=S_a\cos C$$

$$S_c-S_b\cos A=S_a\cos B$$

代入式(4-19)得

$$\mathrm{d}\hat{A}=\frac{1}{h_a}(\mathrm{d}\hat{S}_a-\cos C\,\mathrm{d}\hat{S}_b-\cos B\,\mathrm{d}\hat{S}_c)$$

用改正数代替微分,并代入观测值,得

$$v''_A=\frac{\rho''}{h_a}(v_{S_a}-\cos C v_{S_b}-\cos B v_{S_c}) \tag{4-20}$$

式(4-20)为角度改正数与边长改正数之间的关系式。

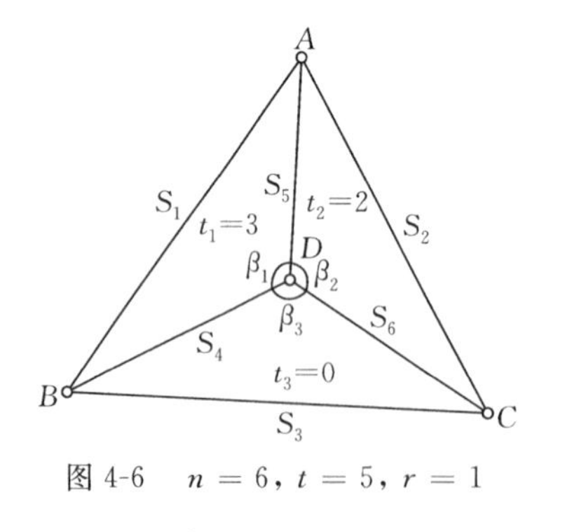

图 4-6 $n=6,t=5,r=1$

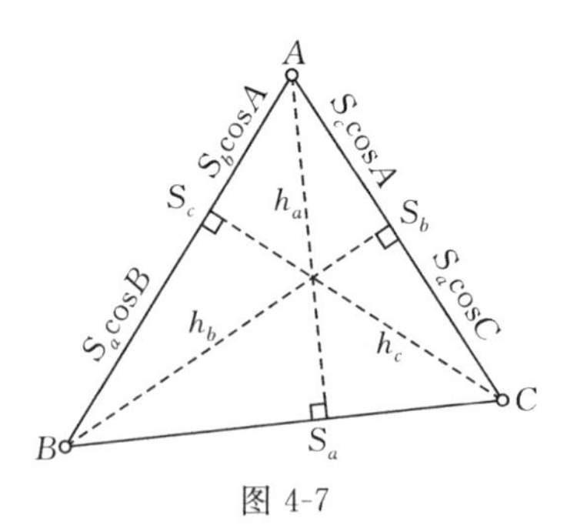

图 4-7

2. 以边长改正数表示的图形条件方程

按上述规律,可以建立含有观测值改正数的条件方程。对于图 4-6 而言的中点多边形,角度 β_1、β_2、β_3 的角度改正数分别为

$$v''_{\beta_1}=\frac{\rho''}{h_1}(v_{S_1}-\cos\angle DAB v_{S_4}-\cos\angle DBA v_{S_5})$$

$$v''_{\beta_2}=\frac{\rho''}{h_2}(v_{S_2}-\cos\angle DBCv_{S_5}-\cos\angle DCBv_{S_6})$$

$$v''_{\beta_3}=\frac{\rho''}{h_3}(v_{S_3}-\cos\angle DACv_{S_4}-\cos\angle DCAv_{S_6})$$

其中，h_1 为 D 点到 AB 边的垂足，其他类推。将上面 3 个公式代入式(4-17) 并整理得

$$\frac{\rho''}{h_1}v_{S_1}+\frac{\rho''}{h_2}v_{S_2}+\frac{\rho''}{h_3}v_{S_3}-\rho''\left(\frac{1}{h_1}\cos\angle DAB+\frac{1}{h_3}\cos\angle DAC\right)v_{S_4}-$$
$$\rho''\left(\frac{1}{h_1}\cos\angle DBA+\frac{1}{h_2}\cos\angle DBC\right)v_{S_5}-\rho''\left(\frac{1}{h_2}\cos\angle DCB+\frac{1}{h_3}\cos\angle DCA\right)v_{S_6}+w=0 \tag{4-21}$$

式中，$w=\beta_1+\beta_2+\beta_3-360^\circ$，$\beta_i$ 是由边长观测值计算所得角度近似值，可以由余弦定理或其他公式求得。对于如图 4-7 所示的三角形，下列公式成立

$$\tan\frac{A}{2}=\frac{r}{P-S_a},\ \tan\frac{B}{2}=\frac{r}{P-S_b},\ \tan\frac{C}{2}=\frac{r}{P-S_c}$$

$$P=\frac{S_a+S_b+S_c}{2},\ r=\sqrt{\frac{(P-S_a)(P-S_b)(P-S_c)}{P}}$$

四、边角网条件平差

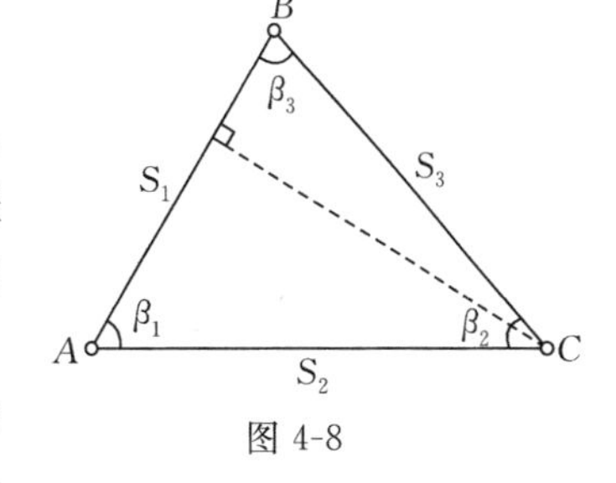

图 4-8

边角网指控制网中同时含有边长和角度观测值的控制网。对于边角网除了列出如前所述的角度和边长观测值条件方程外，还可以列出同时含有角度和边长观测值的条件方程，如利用正弦定理和余弦定理所列条件方程。

对于如图 4-8 所示的边角网，观测值数为 6，多余观测数为 3，可以列出 1 个图形条件、1 个正弦定理条件和 1 个余弦定理条件。例如，有余弦定理如下

$$\hat{S}_1^2=\hat{S}_2^2+\hat{S}_3^2-2\hat{S}_2\hat{S}_3\cos\hat{\beta}_2$$

对其进行全微分得

$$S_1\mathrm{d}\hat{S}_1=(S_2-S_3\cos\beta_2)\mathrm{d}\hat{S}_2+(S_3-S_2\cos\beta_2)\mathrm{d}\hat{S}_3+S_2S_3\sin\beta_2\mathrm{d}\hat{\beta}_2$$

其中微分用改正数代替得

$$v_{\beta_2}=\frac{\rho''}{S_2S_3\sin\beta_2}[S_1v_{S_1}-(S_2-S_3\cos\beta_2)v_{S_2}-(S_3-S_2\cos\beta_2)v_{S_3}] \tag{4-22}$$

由图 4-8 知

$$S_2S_3\sin\beta_2=S_1h_1$$

$$\frac{S_1}{S_1h_1}=\frac{1}{S_1}(\cot\beta_1+\cot\beta_3)$$

$$\frac{S_2-S_3\cos\beta_2}{S_1h_1}=\frac{\cos\beta_1}{h_1}=\frac{1}{S_2}\cot\beta_1$$

$$\frac{S_3-S_2\cos\beta_2}{S_1h_1}=\frac{\cos\beta_3}{h_1}=\frac{1}{S_3}\cot\beta_3$$

其中，h_1 为 B 点到 S_1 边的垂足。将上面 4 个等式代入式(4-22) 得

$$v_{\beta_2}=\frac{\rho''}{S_1}(\cot\beta_1+\cot\beta_3)v_{S_1}-\frac{\rho''}{S_2}\cot\beta_1 v_{S_2}-\frac{\rho''}{S_3}\cot\beta_3 v_{S_3} \tag{4-23}$$

则可以列出如下条件方程

$$\beta_2+v_{\beta_2}=L_2+v_{L_2}$$

式中，L_2 为利用边长观测值对角度 β_2 计算的值，v_{L_2} 为相应的改正数。将式(4-23)代入得如下条件方程

$$-v_{L_2}+\frac{\rho''}{S_1}(\cot\beta_1+\cot\beta_3)v_{S_1}-\frac{\rho''}{S_2}\cot\beta_1 v_{S_2}-\frac{\rho''}{S_3}\cot\beta_3 v_{S_3}+w=0$$

$$w=L_2-\beta_2$$

同理可得其他角度改正数与距离改正数之间的关系式。

[例 4-4]对于如图 4-9 所示的测边网，网中各控制点均为待定点。共观测了 6 条边长值，观测值如下

$$S_1=3\,734.704\ \text{m},S_2=4\,749.467\ \text{m},S_3=3\,734.704\ \text{m}$$

$$S_4=2\,421.526\ \text{m},S_5=1\,349.938\ \text{m},S_6=4\,408.640\ \text{m}$$

测边中误差计算公式为 $(2+3\times10^{-6}\times S_i)$mm(其中，$S_i$ 取以 mm 为单位的数值)。试按条件平差法求出观测值的平差值，并对其精度进行估计。

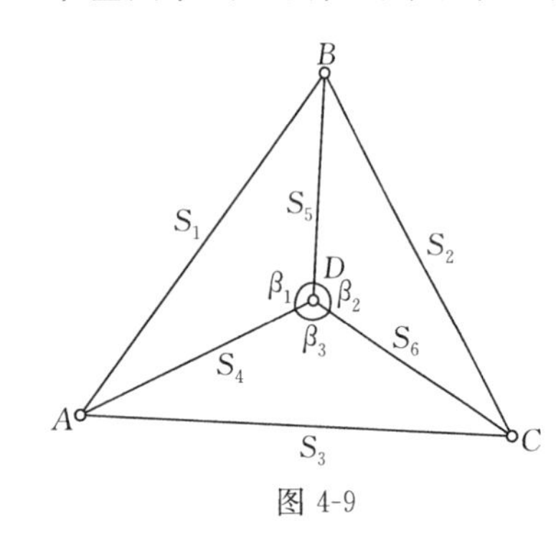

图 4-9

解：此测边网观测值数 $n=6$，必要观测数 $t=5$，多余观测数为 $r=n-t=1$。可以列出 1 个条件方程，其形式与式(4-21)相同。对各边观测值定权时，取 $\sigma_0^2=25\ \text{mm}^2$，则各观测值权的计算值为

$$p_1=\frac{25}{(2+3\times10^{-6}\times S_1)^2}=0.143\,4$$

$$p_2=0.094\,7,\ p_3=0.075\,4,\ p_4=0.291\,3$$

$$p_5=0.683\,1,\ p_6=0.107\,8$$

条件方程的数值形式为

$$819.81v_1+165.60v_2+106.11v_3-878.65v_4-869.25v_5-254.09v_6+22.81''=0$$

法方程为

$$9\,481\,585.77k+22.81''=0$$

解法方程得联系数为

$$k=-0.000\,002\,4$$

改正数解及观测值平差值如表 4-3 所示。

表 4-3

编号	1	2	3	4	5	6
v/m	−0.013 8	−0.004 2	−0.003 4	0.007 2	0.003 1	0.005 7
$\hat{S}$/m	3 734.690	4 749.463	5 401.034	2 421.533	1 349.941	4 408.646

单位权中误差估值为

$$\hat{\sigma}_0=\sqrt{\frac{\boldsymbol{V}^{\mathrm{T}}\boldsymbol{PV}}{r}}=0.007\ \text{m}$$

观测值平差值的协因数矩阵为 $\boldsymbol{Q}_{\hat{S}\hat{S}}=\boldsymbol{Q}-\boldsymbol{Q}_{VV}=\boldsymbol{Q}-\boldsymbol{QA}^{\mathrm{T}}\boldsymbol{N}_{aa}^{-1}\boldsymbol{AQ}$，是对称矩阵，其值为

$$\begin{bmatrix} 3.526\,4 & -1.054\,5 & -0.848\,1 & 1.819\,0 & 0.767\,4 & 1.420\,8 \\ & 10.237\,9 & -0.259\,4 & 0.556\,4 & 0.234\,7 & 0.434\,6 \\ & & 13.045\,5 & 0.447\,5 & 0.188\,8 & 0.349\,5 \\ & & & 2.473\,5 & -0.404\,9 & -0.749\,7 \\ & & & & 1.293\,1 & -0.316\,3 \\ & & & & & 8.687\,6 \end{bmatrix}$$

据观测值平差值的中误差计算公式为 $\hat{\sigma}_{\hat{S}_i}=\hat{\sigma}_0\sqrt{Q_{\hat{S}_i\hat{S}_i}}$，各观测值平差值的中误差为

$$\hat{\sigma}_{\hat{S}_1}=0.014\ \text{m},\hat{\sigma}_{\hat{S}_2}=0.024\ \text{m},\hat{\sigma}_{\hat{S}_3}=0.027\ \text{m}$$

$$\hat{\sigma}_{\hat{S}_4}=0.012\ \text{m},\hat{\sigma}_{\hat{S}_5}=0.008\ \text{m},\hat{\sigma}_{\hat{S}_6}=0.022\ \text{m}$$

习 题

1. 对于如图 4-10 所示的水准网：已知点高程为 $H_A=154.815$ m，$H_B=162.227$ m，$H_C=145.145$ m，$H_D=142.658$ m；高差观测值为 $h_1=15.923$ m，$h_2=8.514$ m，$h_3=10.852$ m，$h_4=-21.582$ m，$h_5=-14.858$ m，$h_6=-17.352$ m；水准路线长为 $S_1=2.5$ km，$S_2=3.4$ km，$S_3=3.6$ km，$S_4=1.8$ km，$S_5=2.3$ km，$S_6=2.0$ km。试按条件平差法求出观测值的平差值，并求出平差值的中误差（取 $C=1$ km）。

2. 在图 4-11 中，有由 A、B、C、D 4 个点构成的直线，测量了其中的 6 段距离，距离测量值为 $L_1=233.714$ m，$L_2=155.162$ m，$L_3=341.738$ m，$L_4=388.873$ m，$L_5=496.895$ m，$L_6=730.615$ m。以 60 m 距离观测中误差为单位权中误差，观测值权与距离成反比，试按条件平差法求出各段距离的平差值。

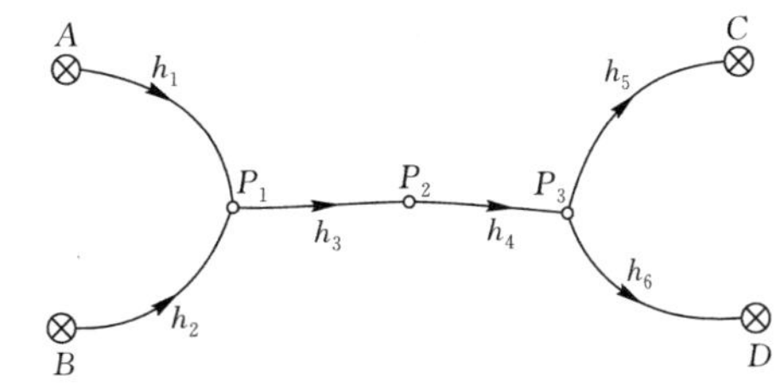

图 4-10

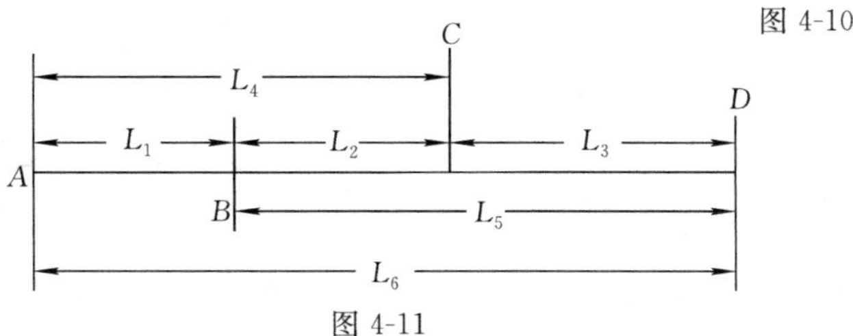

图 4-11

3. 对于如图 4-8 所示的边角网，设控制点均为未知点，共有 3 条边长观测值和 3 个角度观测值。观测值如下

$$\beta_1=60°32'38.0'',\quad \beta_2=52°27'10.1'',\quad \beta_3=67°00'13.9''$$

$$S_1=3\,208.400\ \text{m},\quad S_2=3\,725.058\ \text{m},\quad S_3=3\,523.536\ \text{m}$$

设角度观测值中误差为 $\sigma_\beta=2''$，距离观测值中误差为 $\sigma_{S_i}=(2+2\times10^{-6}\times S_i)$mm（其中，$S_i$ 取以 mm 为单位的数值）。试按条件平差法求出观测值平差值（取 $\sigma_0=\sigma_\beta$）。

4. 在图 4-12 的水准网中，A 为已知点，B、C、D 为待定点，已知点高 $H=5.000$ m，观测了 5 条路线的高差：$h_1=1.626$ m，$h_2=0.822$ m，$h_3=0.715$ m，$h_4=1.504$ m，$h_5=-$

2.331 m,各观测路线长度相等。试求:①改正数条件方程;②各段高差改正数及平差值。

5. 如图 4-13 所示:$L_1=63°19'40''$,$\sigma_1=20''$;$L_2=58°25'18''$,$\sigma_2=20''$;$L_3=301°45'42''$,$\sigma_3=10''$。试:①列出改正数条件方程;②用条件平差法求 $\angle C$(内角)的平差值(取 $\sigma_0=10''$)。

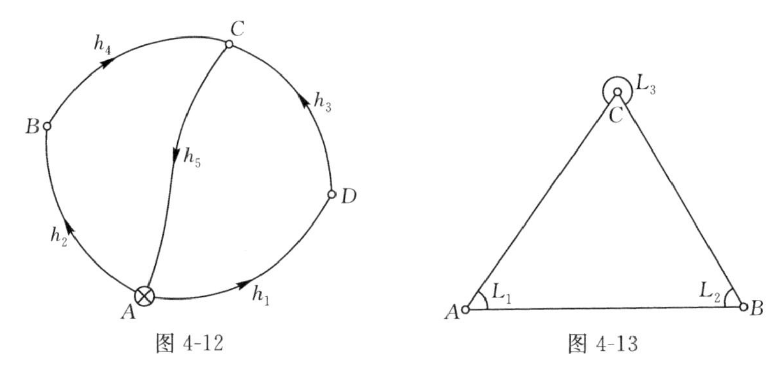

图 4-12　　图 4-13

6. 试指出图 4-14 中各水准网条件方程的个数(水准网中 P_i 表示待定高程点,h_i 表示观测高差)。

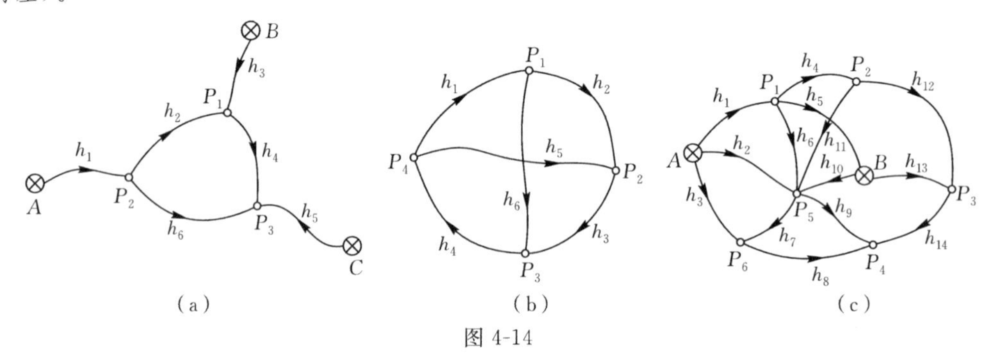

(a)　　(b)　　(c)

图 4-14

7. 试确定如图 4-15 所示图形的条件方程的个数。

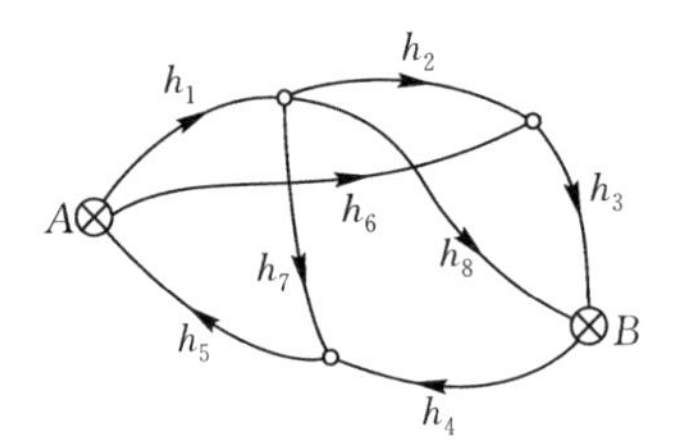

(a) 已知点为A、B,观测值为h_1~h_8

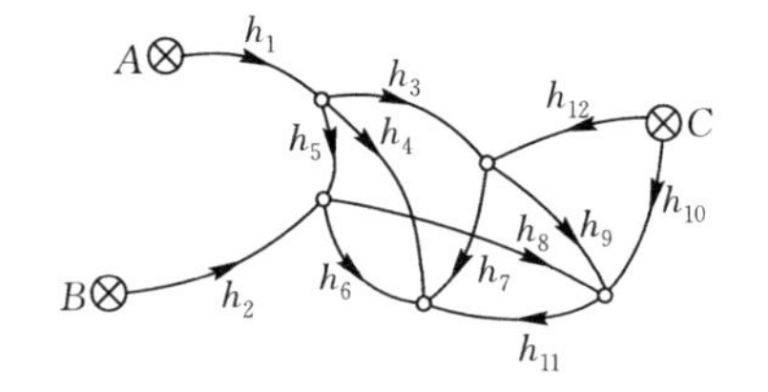

(b) 已知点为A、B、C,观测值为h_1~h_{12}

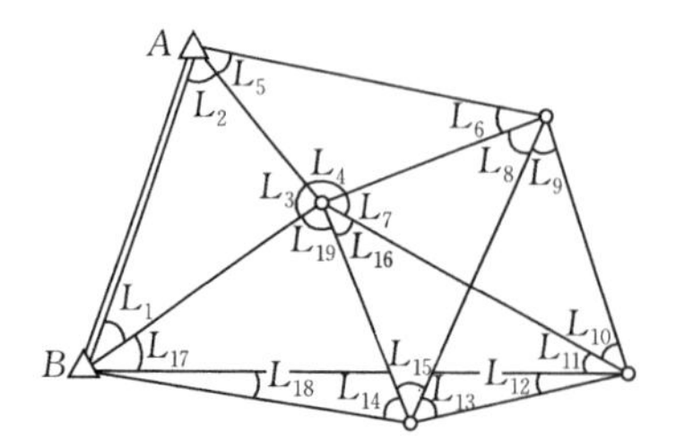

(c) 已知值为X_A、Y_A、X_B、Y_B,
观测值为L_1~L_{19}

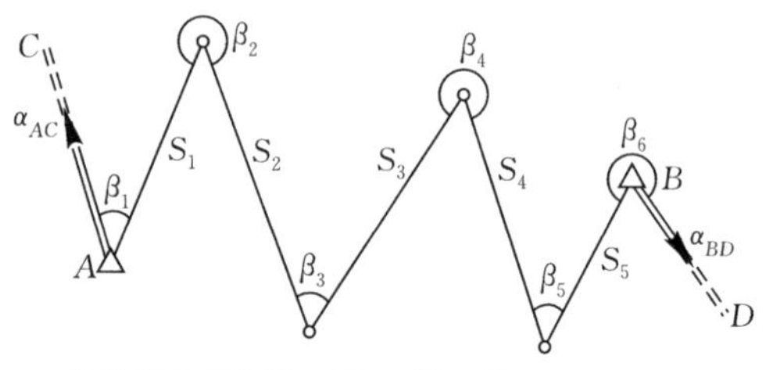

(d) 已知值为X_A、Y_A、X_B、Y_B、α_{AC}、α_{BD},
观测值为β_1~β_6、S_1~S_5

图 4-15

8. 试指出图 4-16 中各图形按条件平差时条件方程的总数及各类条件的个数(图 4-16 中 P_i 为待定坐标点，β_i 为角度观测值，S_i 为边长观测值，$\tilde{\alpha}_i$ 为已知方位角)。

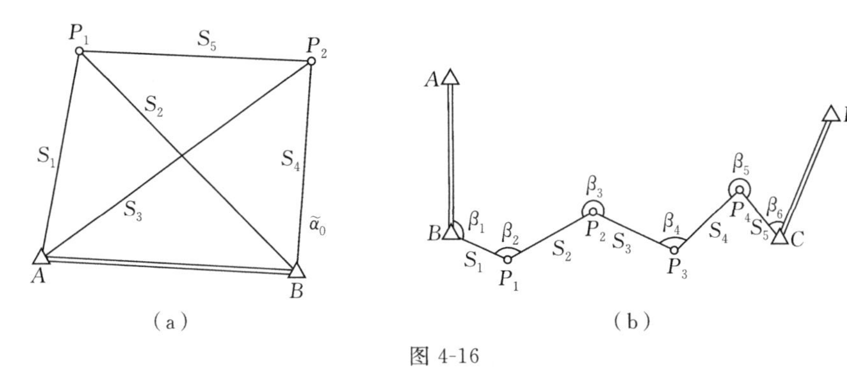

(a)　　　　　　　　　　(b)

图 4-16

9. 如图 4-17 所示的水准网中，测得各点间高差为：$h_1=1.357$ m，$h_2=2.008$ m，$h_3=0.353$ m，$h_4=1.000$ m，$h_5=-0.657$ m；$S_1=1$ km，$S_2=1.5$ km，$S_3=1.5$ km，$S_4=1$ km，$S_5=2$ km。设 $C=1$，试求：① 平差后 A、B 两点间高差的权；② 平差后 A、C 两点间高差的权。

10. 在如图 4-18 所示的水准网中：A、B、C 为已知点，$H_A=12.000$ m，$H_B=12.500$ m，$H_C=14.000$ m；高差观测值 $h_1=2.500$ m，$h_2=2.000$ m，$h_3=1.352$ m，$h_4=1.851$ m；$S_1=1$ km，$S_2=2$ km，$S_3=1$ km，$S_4=1$ km。试按条件平差法求高差的平差值 $\hat{h}$ 及 P_2 点的精度 σ_{P_2}。

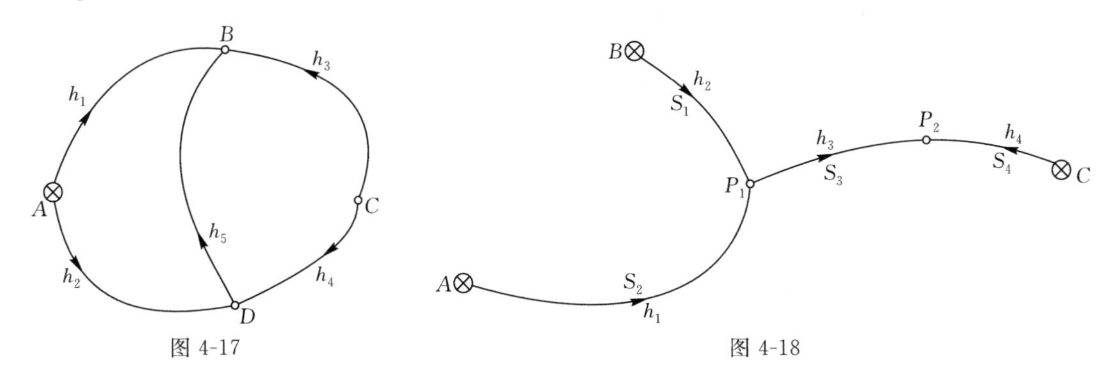

图 4-17　　　　　　　　　　图 4-18

11. 水准网(如图 4-19 所示)的观测高差及水准路线长度见表 4-4。试按条件平差法求：①各高差的平差值；② A 点到 E 点平差后高差的中误差；③ E 点到 C 点平差后高差的中误差。

表 4-4

段号	观测高差/mm	水准路线长/km
1	+189.404	3.2
2	+736.976	55.0
3	+376.607	9.7
4	+547.576	6.2
5	+273.527	16.1
6	+187.275	25.1
7	+274.080	12.1
8	+86.261	9.4

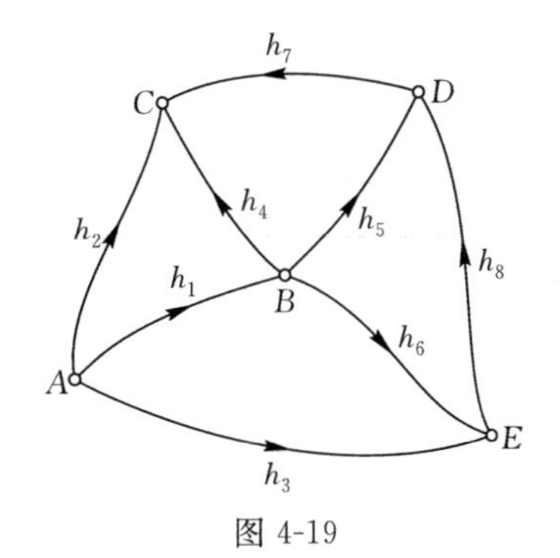

图 4-19

12. 在图 4-20 中，B 点、C 点的坐标为 ($X_B=1\ 000.000, Y_B=1\ 000.000$) 和 ($X_C=714.754, Y_C=1\ 380.328$)，测得下列独立观测值：$\beta_1=17°11'16''$，$\sigma_{\beta_1}=20''$；$\beta_2=119°09'26''$，$\sigma_{\beta_2}=10''$；$\beta_3=43°38'50''$，$\sigma_{\beta_3}=10''$；$S_1=1\ 404.605$ m，$S_2=1\ 110.086$ m，$\sigma_{S_i}=3+10^{-6}\times 4\times S_i$（其中，$S_i$ 取以 mm 为单位的数值）。试：①按条件平差求各观测值的平差值；②求 A 点坐标的最小二乘估值及其协方差矩阵。

13. 有平面直角三角形 ABC（如图 4-21 所示），测出边长 S_1、S_2 和角度 β，其观测值及其中误差为：$S_1=416.046$ m，$\sigma_{S_1}=2.0$ cm；$S_2=202.116$ m，$\sigma_{S_2}=1.2$ cm；$\beta=29°03'43''$，$\sigma_\beta=6.0''$。试：①按条件平差列出条件方程式；②求观测值的平差值及其协因数矩阵和协方差矩阵。

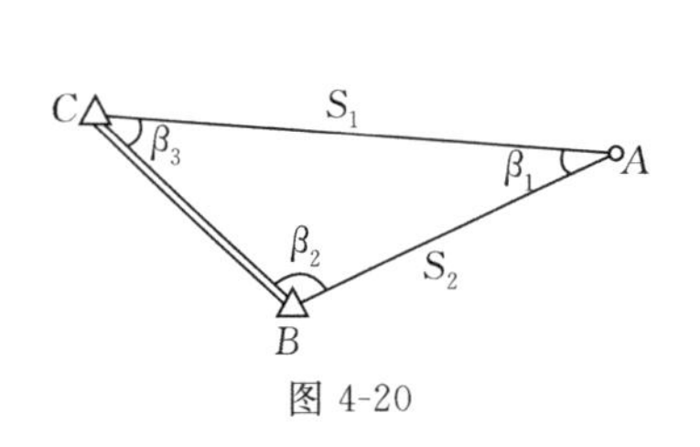

图 4-20

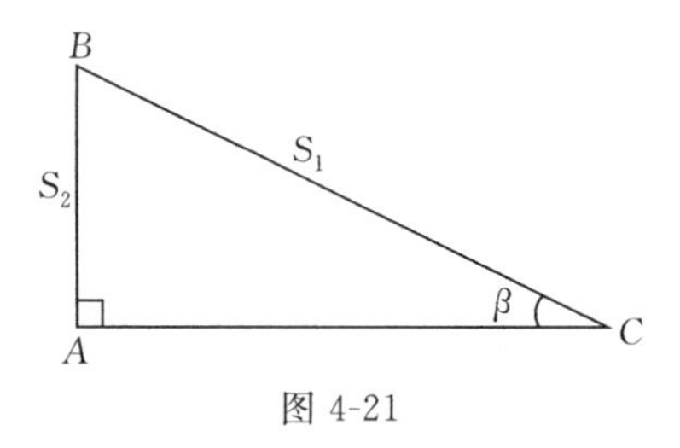

图 4-21

14. 图 4-22 中，A、B、C、D 为已知点，P_1、P_2、P_3 为待定导线点，观测了 5 个左角和 4 条边长。已知点数据见表 4-5，观测值见表 4-6。观测值的测角中误差 $\sigma_\beta=2''$，边长中误差 $\sigma_{S_i}=0.2\sqrt{S_i}$ mm（其中，S_i 取以 km 为单位的数值）。试按条件平差法：①列出条件方程；②写出法方程；③求出联系数 $\boldsymbol{K}$、观测值改正数 $\boldsymbol{V}$ 及平差值 $\hat{\boldsymbol{L}}$。

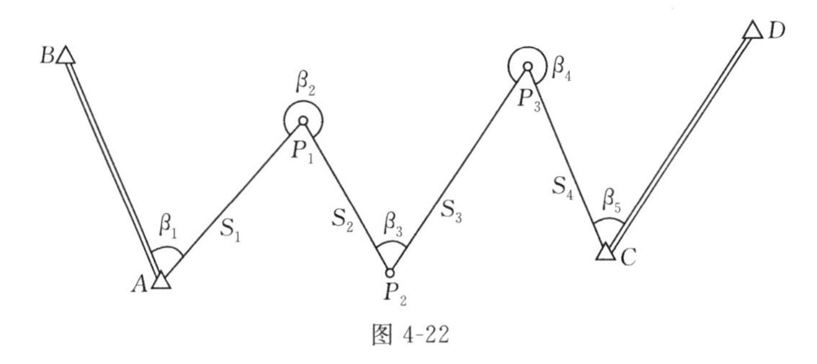

图 4-22

表 4-5

点号	X/m	Y/m
A	599.951	224.856
B	704.816	141.165
C	747.166	572.726
D	889.339	622.134

表 4-6

角号	观测角 /(° ′ ″)	边号	观测边长 /m
β_1	74 10 31	S_1	143.824
β_2	279 05 12	S_2	124.777
β_3	67 55 29	S_3	188.950
β_4	276 10 12	S_4	117.338
β_5	80 23 46		

第五章　附有参数的条件平差

§5-1　附有参数的条件平差原理

按条件平差有时不能方便地列立条件方程，因此需要引入一些未知参数。如果在平差时引入少量（$u<t$）独立的未知参数 $\underset{u1}{\hat{\boldsymbol{X}}}$，建立含有未知参数的条件方程作为函数模型进行平差，则称为**附有参数的条件平差法**。

如图 5-1(a)所示的测角网，其中 A、B 为已知点，C、D 为未知点，AD 为已知边长。观测个数 $n=6$，必要观测个数 $t=3$，多余观测个数 $r=3$。其中可以列出 2 个图形条件方程，另一个条件方程的建立比较烦琐。如果选择 $\angle ABD=\hat{X}_1$，则可以列出 $c=r+u=4$ 个条件方程。此时，图形条件 2 个、基线条件 1 个和极条件 1 个，条件方程就容易列立。

如图 5-1(b)所示的水准网，$n=5$，$t=3$，$r=2$。为了在平差过程能直接求出 C 点高程的平差值，可引入 1 个（$u=1$）未知参数 $\hat{X}_1=\hat{H}_C$，条件方程变为 3 个。

以上两例是引入少量未知参数，从而方便解题的情形。

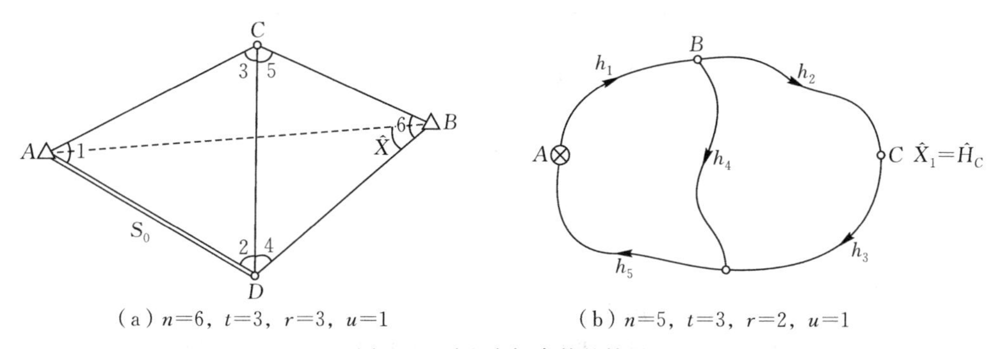

(a) $n=6$, $t=3$, $r=3$, $u=1$　　(b) $n=5$, $t=3$, $r=2$, $u=1$

图 5-1　引入未知参数的情况

设有观测值 $\underset{n1}{\boldsymbol{L}}=[L_1\ \ L_2\ \ \cdots\ \ L_n]^{\mathrm{T}}$，$\underset{n1}{\hat{\boldsymbol{L}}}=[\hat{L}_1\ \ \hat{L}_2\ \ \cdots\ \ \hat{L}_n]^{\mathrm{T}}$ 为 $\underset{n1}{\boldsymbol{L}}$ 的数学期望的估值。现引入 $u(u<t)$ 个独立参数 $\underset{u1}{\hat{\boldsymbol{X}}}=[\hat{X}_1\ \ \hat{X}_2\ \ \cdots\ \ \hat{X}_u]^{\mathrm{T}}$ 参与平差，需要求 $\underset{n1}{\hat{\boldsymbol{L}}}$ 和 $\underset{u1}{\hat{\boldsymbol{X}}}$。

u 个未知参数 $\underset{u1}{\hat{\boldsymbol{X}}}$ 的引入，可以列出 $r+u=c$ 个附有参数的条件方程

$$\underset{c1}{\boldsymbol{F}}(\underset{n1}{\hat{\boldsymbol{L}}},\underset{u1}{\hat{\boldsymbol{X}}})=F(\hat{L}_1,\hat{L}_2,\cdots,\hat{L}_n;\hat{X}_1,\hat{X}_2,\cdots,\hat{X}_u)=\boldsymbol{0} \tag{5-1}$$

令 $\hat{\boldsymbol{L}}=\boldsymbol{L}+\boldsymbol{V}$，$\hat{\boldsymbol{X}}=\boldsymbol{X}^0+\hat{\boldsymbol{x}}$，$\boldsymbol{X}^0$ 为 $\hat{\boldsymbol{X}}$ 的近似值。将式(5-1)在 $\boldsymbol{L}$、$\boldsymbol{X}^0$ 处线性化，得到关于 $\boldsymbol{V}$、$\hat{\boldsymbol{x}}$ 的附有参数的条件方程

$$\underset{cn}{\boldsymbol{A}}\underset{n1}{\boldsymbol{V}}+\underset{cu}{\boldsymbol{B}}\underset{u1}{\hat{\boldsymbol{x}}}+\underset{c1}{\boldsymbol{W}}=\boldsymbol{0} \tag{5-2}$$

式中

$$\underset{cn}{\boldsymbol{A}}=\left(\frac{\partial \underset{c1}{\boldsymbol{F}}}{\partial \underset{n1}{\hat{\boldsymbol{L}}}}\right)_0=\begin{bmatrix}\frac{\partial F_1}{\partial \hat{L}_1} & \frac{\partial F_1}{\partial \hat{L}_2} & \cdots & \frac{\partial F_1}{\partial \hat{L}_n}\\ \frac{\partial F_2}{\partial \hat{L}_1} & \frac{\partial F_2}{\partial \hat{L}_2} & \cdots & \frac{\partial F_2}{\partial \hat{L}_n}\\ \vdots & \vdots & & \vdots\\ \frac{\partial F_c}{\partial \hat{L}_1} & \frac{\partial F_c}{\partial \hat{L}_2} & \cdots & \frac{\partial F_c}{\partial \hat{L}_n}\end{bmatrix}_0=\begin{bmatrix}a_{11} & a_{12} & \cdots & a_{1n}\\ a_{21} & a_{22} & \cdots & a_{2n}\\ \vdots & \vdots & & \vdots\\ a_{c1} & a_{c2} & \cdots & a_{cn}\end{bmatrix}$$

$$\underset{cu}{\boldsymbol{B}}=\left(\frac{\partial \underset{c1}{\boldsymbol{F}}}{\partial \underset{u1}{\boldsymbol{X}}}\right)_0=\begin{bmatrix}\frac{\partial F_1}{\partial \hat{X}_1} & \frac{\partial F_1}{\partial \hat{X}_2} & \cdots & \frac{\partial F_1}{\partial \hat{X}_u}\\ \frac{\partial F_2}{\partial \hat{X}_1} & \frac{\partial F_2}{\partial \hat{X}_2} & \cdots & \frac{\partial F_2}{\partial \hat{X}_u}\\ \vdots & \vdots & & \vdots\\ \frac{\partial F_c}{\partial \hat{X}_1} & \frac{\partial F_c}{\partial \hat{X}_2} & \cdots & \frac{\partial F_c}{\partial \hat{X}_u}\end{bmatrix}_0=\begin{bmatrix}b_{11} & b_{12} & \cdots & b_{1u}\\ b_{21} & b_{22} & \cdots & b_{2u}\\ \vdots & \vdots & & \vdots\\ b_{c1} & b_{c2} & \cdots & b_{cu}\end{bmatrix}$$

$\underset{c1}{\boldsymbol{W}}=\underset{c1}{\boldsymbol{F}}(\underset{n1}{\boldsymbol{L}},\underset{u1}{\boldsymbol{X}^0})$,$\underset{c1}{\boldsymbol{W}}$ 很小,且 $\mathrm{R}(\boldsymbol{A})=c$、$\mathrm{R}(\boldsymbol{B})=u$。平差随机模型为:$\boldsymbol{D}=\sigma_0^2\boldsymbol{Q}=\sigma_0^2\boldsymbol{P}^{-1}$。

在 $\boldsymbol{V}^{\mathrm{T}}\boldsymbol{P}\boldsymbol{V}=\min$ 的原则下解算参数,需组成如下函数

$$\boldsymbol{\Phi}=\boldsymbol{V}^{\mathrm{T}}\boldsymbol{P}\boldsymbol{V}-2\boldsymbol{K}^{\mathrm{T}}(\boldsymbol{A}\boldsymbol{V}+\boldsymbol{B}\hat{\boldsymbol{x}}+\boldsymbol{W}) \tag{5-3}$$

式中,$\underset{c1}{\boldsymbol{K}}$ 为联系数向量。将函数 $\boldsymbol{\Phi}$ 分别对 $\boldsymbol{V}$ 和 $\hat{\boldsymbol{x}}$ 求偏导,并令其为零

$$\frac{\partial \boldsymbol{\Phi}}{\partial \boldsymbol{V}}=2\boldsymbol{V}^{\mathrm{T}}\boldsymbol{P}-2\boldsymbol{K}^{\mathrm{T}}\boldsymbol{A}=\boldsymbol{0}$$

$$\frac{\partial \boldsymbol{\Phi}}{\partial \hat{\boldsymbol{x}}}=-2\boldsymbol{K}^{\mathrm{T}}\boldsymbol{B}=\boldsymbol{0}$$

转置得

$$\boldsymbol{P}\boldsymbol{V}-\boldsymbol{A}^{\mathrm{T}}\boldsymbol{K}=\boldsymbol{0} \tag{5-4}$$

$$\boldsymbol{B}^{\mathrm{T}}\boldsymbol{K}=\boldsymbol{0} \tag{5-5}$$

式(5-2)、式(5-4)和式(5-5)共同组成附有参数条件平差法的基础方程。可由基础方程解算出参数的唯一最小二乘解。由式(5-4)得

$$\boldsymbol{V}=\boldsymbol{Q}\boldsymbol{A}^{\mathrm{T}}\boldsymbol{K}=\boldsymbol{P}^{-1}\boldsymbol{A}^{\mathrm{T}}\boldsymbol{K} \tag{5-6}$$

代入式(5-2)得

$$\boldsymbol{A}\boldsymbol{Q}\boldsymbol{A}^{\mathrm{T}}\boldsymbol{K}+\boldsymbol{B}\hat{\boldsymbol{x}}+\boldsymbol{W}=\boldsymbol{0}$$

令 $\underset{cc}{\boldsymbol{N}_{aa}}=\underset{cn}{\boldsymbol{A}}\underset{nn}{\boldsymbol{Q}}\underset{nc}{\boldsymbol{A}^{\mathrm{T}}}$,则

$$\boldsymbol{N}_{aa}\boldsymbol{K}+\boldsymbol{B}\hat{\boldsymbol{x}}+\boldsymbol{W}=\boldsymbol{0} \tag{5-7}$$

称为附有参数的条件平差的法方程,可求得

$$\boldsymbol{K}=-\boldsymbol{N}_{aa}^{-1}(\boldsymbol{B}\hat{\boldsymbol{x}}+\boldsymbol{W}) \tag{5-8}$$

代入式(5-5)得

$$\boldsymbol{B}^{\mathrm{T}}\boldsymbol{N}_{aa}^{-1}\boldsymbol{B}\hat{\boldsymbol{x}}+\boldsymbol{B}^{\mathrm{T}}\boldsymbol{N}_{aa}^{-1}\boldsymbol{W}=\boldsymbol{0}$$

令 $\underset{uu}{\boldsymbol{N}_{bb}}=\underset{uc}{\boldsymbol{B}^{\mathrm{T}}}\underset{cc}{\boldsymbol{N}_{aa}^{-1}}\underset{cu}{\boldsymbol{B}}$,则有参数解为

$$\hat{x} = -N_{bb}^{-1}B^{T}N_{aa}^{-1}W \tag{5-9}$$

代入式(5-8)和式(5-6)得联系数向量和改正数向量解为

$$K = N_{aa}^{-1}(BN_{bb}^{-1}B^{T}N_{aa}^{-1} - I)W$$

$$V = QA^{T}N_{aa}^{-1}(BN_{bb}^{-1}B^{T}N_{aa}^{-1} - I)W$$

观测值及未知参数的平差值为

$$\hat{L} = L + V$$

$$\hat{X} = X^{0} + \hat{x}$$

§5-2　平差结果精度评定

一、单位权中误差估值及协因数矩阵计算公式

附有参数的条件平差法中，单位权中误差的估值为

$$\hat{\sigma}_{0} = \sqrt{\frac{V^{T}PV}{r}} \tag{5-10}$$

单位权中误差的估值与参数的选择与否无关。

附有参数的条件平差法中的基本变量有 L、W、$\hat{X}$、K、V、$\hat{L}$，它们的关系如下

$$L = L$$

$$W = F(L, X^{0}) = AL + BX^{0} + A_{0}$$

$$\hat{X} = X^{0} + \hat{x} = X^{0} - N_{bb}^{-1}B^{T}N_{aa}^{-1}W$$

$$K = -N_{aa}^{-1}W - N_{aa}^{-1}B\hat{x}$$

$$V = QA^{T}K = P^{-1}A^{T}K$$

$$\hat{L} = L + V$$

上述基本变量的协因数矩阵列于表 5-1 中。

表 5-1　附有参数的条件平差基本变量的协因数矩阵

	L	W	$\hat{X}$	K	V	$\hat{L}$
L	Q	QA^{T}	$-QA^{T}N_{aa}^{-1}BQ_{\hat{X}\hat{X}}$	$-QA^{T}Q_{KK}$	$-Q_{VV}$	$Q-Q_{VV}$
W	AQ	N_{aa}	$-BQ_{\hat{X}\hat{X}}$	$-N_{aa}Q_{KK}$	$-N_{aa}Q_{KK}AQ$	$BQ_{\hat{X}\hat{X}}B^{T}N_{aa}^{-1}AQ$
$\hat{X}$	$-Q_{\hat{X}\hat{X}}B^{T}N_{aa}^{-1}AQ$	$-Q_{\hat{X}\hat{X}}B^{T}$	N_{bb}^{-1}	0	0	$-N_{bb}^{-1}B^{T}N_{aa}^{-1}AQ$
K	$-Q_{KK}AQ$	$-Q_{KK}N_{aa}$	0	$N_{aa}^{-1}-N_{aa}^{-1}BQ_{\hat{X}\hat{X}}B^{T}N_{aa}^{-1}$	$Q_{KK}AQ$	0
V	$-Q_{VV}$	$-QA^{T}Q_{KK}N_{aa}$	0	$QA^{T}Q_{KK}$	$QA^{T}Q_{KK}AQ$	0
$\hat{L}$	$Q-Q_{VV}$	$QA^{T}N_{aa}^{-1}BQ_{\hat{X}\hat{X}}B^{T}$	$-QA^{T}N_{aa}^{-1}BN_{bb}^{-1}$	0	0	$Q-Q_{VV}$

二、平差值函数的中误差

通过附有参数的条件平差，可得到观测值平差值 $\hat{L}$ 及参数的平差值 $\hat{X}$。设有平差值的一个函数如下

$$\varphi = \varphi(\hat{L}, \hat{X}) \tag{5-11}$$

对其进行全微分，得权函数式如下

$$\mathrm{d}\boldsymbol{\varphi}=\left(\frac{\partial\boldsymbol{\varphi}}{\partial\hat{\boldsymbol{L}}}\right)_{L,X^0}\mathrm{d}\hat{\boldsymbol{L}}+\left(\frac{\partial\boldsymbol{\varphi}}{\partial\hat{\boldsymbol{X}}}\right)_{L,X^0}\mathrm{d}\hat{\boldsymbol{X}}=\boldsymbol{f}^{\mathrm{T}}\mathrm{d}\hat{\boldsymbol{L}}+\boldsymbol{f}_x^{\mathrm{T}}\mathrm{d}\hat{\boldsymbol{X}}=[\boldsymbol{f}^{\mathrm{T}}\quad\boldsymbol{f}_x^{\mathrm{T}}]\begin{bmatrix}\mathrm{d}\hat{\boldsymbol{L}}\\ \mathrm{d}\hat{\boldsymbol{X}}\end{bmatrix}\tag{5-12}$$

式中

$$\boldsymbol{f}^{\mathrm{T}}=\left(\frac{\partial\boldsymbol{\varphi}}{\partial\hat{\boldsymbol{L}}}\right)_{L,X^0}=\begin{bmatrix}\frac{\partial\boldsymbol{\varphi}}{\partial\hat{L}_1} & \frac{\partial\boldsymbol{\varphi}}{\partial\hat{L}_2} & \cdots & \frac{\partial\boldsymbol{\varphi}}{\partial\hat{L}_n}\end{bmatrix}_{L,X^0}$$

$$\boldsymbol{f}_x^{\mathrm{T}}=\left(\frac{\partial\boldsymbol{\varphi}}{\partial\hat{\boldsymbol{X}}}\right)_{L,X^0}=\begin{bmatrix}\frac{\partial\boldsymbol{\varphi}}{\partial\hat{X}_1} & \frac{\partial\boldsymbol{\varphi}}{\partial\hat{X}_2} & \cdots & \frac{\partial\boldsymbol{\varphi}}{\partial\hat{X}_u}\end{bmatrix}_{L,X^0}$$

根据协因数传播律,平差值函数的协因数为

$$\boldsymbol{Q}_{\varphi\varphi}=[\boldsymbol{f}^{\mathrm{T}}\quad\boldsymbol{f}_x^{\mathrm{T}}]\begin{bmatrix}\boldsymbol{Q}_{\hat{L}\hat{L}} & \boldsymbol{Q}_{\hat{L}\hat{X}}\\ \boldsymbol{Q}_{\hat{X}\hat{L}} & \boldsymbol{Q}_{\hat{X}\hat{X}}\end{bmatrix}\begin{bmatrix}\boldsymbol{f}\\ \boldsymbol{f}_x\end{bmatrix}=\boldsymbol{f}^{\mathrm{T}}\boldsymbol{Q}_{\hat{L}\hat{L}}\boldsymbol{f}+\boldsymbol{f}^{\mathrm{T}}\boldsymbol{Q}_{\hat{L}\hat{X}}\boldsymbol{f}_x+\boldsymbol{f}_x^{\mathrm{T}}\boldsymbol{Q}_{\hat{X}\hat{L}}\boldsymbol{f}+\boldsymbol{f}_x^{\mathrm{T}}\boldsymbol{Q}_{\hat{X}\hat{X}}\boldsymbol{f}_x\tag{5-13}$$

平差值函数的中误差为

$$\hat{\boldsymbol{\sigma}}_{\varphi}=\hat{\sigma}_0\sqrt{\boldsymbol{Q}_{\varphi\varphi}}\tag{5-14}$$

同理,对于多个函数 $\boldsymbol{\varphi}$,其方差矩阵为

$$\boldsymbol{D}_{\varphi\varphi}=\hat{\sigma}_0^2\boldsymbol{Q}_{\varphi\varphi}$$

§5-3　附有参数的条件平差算例

[例 5-1]有一测角网,如图 5-1(a)所示(※),其中 A、B 为已知点,C、D 为未知点,AD 为已知边长,网中共观测了 6 个角度。起算数据及观测数据如下:$A(100.0,100.0)$、$B(100.0,199.6208)$;$S_0=76.605\ \mathrm{m}$;$L_1=70°00'06''$,$L_2=55°00'00''$,$L_3=55°00'00''$,$L_4=40°00'00''$,$L_5=40°00'00''$,$L_6=99°59'57''$。选择角度 $\angle ABD$ 的平差值作为未知参数 $\hat{X}$。试:① 按附有参数的条件平差法求出观测值及参数的最优估值,并求出它们的中误差;② 求 D 点坐标及其中误差。

解:此测角网观测值数 $n=6$,必要观测数 $t=3$,多余观测数为 $r=n-t=3$。由于选择了 $u=1$ 个未知参数,所以应列出 $c=r+u=4$ 个附有参数的条件方程,其形式如下

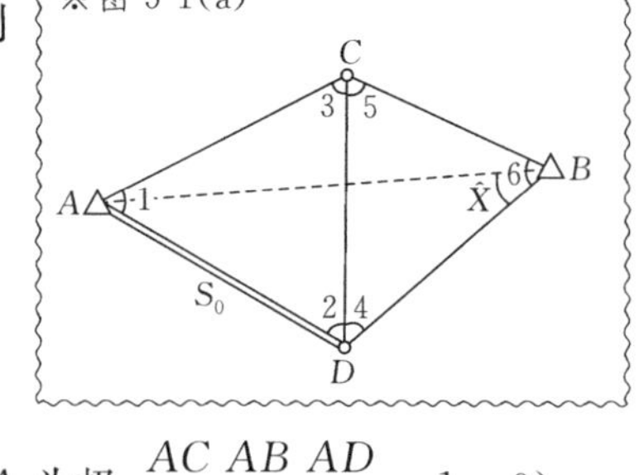

$$\hat{L}_1+\hat{L}_2+\hat{L}_3-180°=0$$

$$\hat{L}_4+\hat{L}_5+\hat{L}_6-180°=0$$

$$\frac{S_0}{\sin\hat{X}}=\frac{S_{AB}}{\sin(\hat{L}_2+\hat{L}_4)}$$

$$\frac{\sin(\hat{L}_6-\hat{X})}{\sin(\hat{L}_3+\hat{L}_5)}\frac{\sin(\hat{L}_2+\hat{L}_4)}{\sin\hat{X}}\frac{\sin\hat{L}_3}{\sin\hat{L}_2}-1=0\quad\left(以 A 为极,\frac{AC}{AB}\frac{AB}{AD}\frac{AD}{AC}-1=0\right)$$

可以利用第三个条件方程计算参数 $\hat{X}$ 的近似值为 $X^0=49°59'58.6''$,$S_0=76.605$,$S_{AB}=99.6208$。第三个条件方程的线性化形式为

$$S_{AB}\frac{\cos(L_2+L_4)}{\sin^2(L_2+L_4)}\frac{v_2}{\rho''}+S_{AB}\frac{\cos(L_2+L_4)}{\sin^2(L_2+L_4)}\frac{v_4}{\rho''}-S_0\frac{\cos X^0}{\sin^2X^0}\frac{\hat{x}}{\rho''}+\omega_3=0$$

$$\omega_3=\frac{S_0}{\sin X^0}-\frac{S_{AB}}{\sin(L_2+L_4)}$$

第四个条件方程的线性化形式为

$$[-\cot L_2+\cot(L_2+L_4)]v_{L_2}+[\cot L_3-\cot(L_3+L_5)]v_{L_3}+\cot(L_2+L_4)v_{L_4}-$$

$$\cot(L_3+L_5)v_{L_5}+\cot(L_6-X^0)v_{L_6}-[\cot X^0+\cot(L_6-X^0)]\hat{x}+\omega_4=0$$

$$\omega_4=\rho''\left[1-\frac{\sin(L_3+L_5)\sin X^0\sin L_2}{\sin L_3\sin(L_2+L_4)\sin(L_6-X^0)}\right]$$

条件方程的数值形式为

$$\begin{bmatrix}1 & 1 & 1 & 0 & 0 & 0\\ 0 & 0 & 0 & 1 & 1 & 1\\ 0 & -4.212\times10^{-5} & 0 & -4.212\times10^{-5} & 0 & 0\\ 0 & -0.7877 & 0.7877 & -0.0875 & 0.0875 & 0.8391\end{bmatrix}\boldsymbol{V}+\begin{bmatrix}0\\ 0\\ -4.068\times10^{-4}\\ 1.6782\end{bmatrix}\hat{x}+\begin{bmatrix}6\\ -3\\ 0\\ -5.04\end{bmatrix}=\boldsymbol{0}$$

考虑测角为独立同精度观测，取 $\sigma_0=\sigma_L$，则 $\boldsymbol{Q}_{LL}=\underset{66}{\boldsymbol{I}}$。参数及观测值改正数的解为

$$\hat{x}=0.31'',\ \boldsymbol{V}=[1.8\quad 0.8\quad 5.1\quad -2.1\quad -2.1\quad 1.1]^{\mathrm{T}}('')$$

单位权中误差估值为

$$\hat{\sigma}_0=\sqrt{\frac{\boldsymbol{V}^{\mathrm{T}}\boldsymbol{PV}}{r}}=6.5''$$

由表 5-1 可知，未知参数估值的协因数及其中误差为

$$Q_{\hat{X}\hat{X}}=N_{bb}^{-1}=0.0077,\ \hat{\sigma}_{\hat{X}}=\hat{\sigma}_0\sqrt{Q_{\hat{X}\hat{X}}}=0.6''$$

观测值平差值的协因数及其中误差为

$$\hat{\sigma}_{\hat{L}_1}=\hat{\sigma}_0\sqrt{Q_{\hat{L}_1\hat{L}_1}}=6.5\times\sqrt{0.6642}=5.0('')$$

$$\hat{\sigma}_{\hat{L}_2}=\hat{\sigma}_0\sqrt{Q_{\hat{L}_2\hat{L}_2}}=6.5\times\sqrt{0.3361}=3.6('')$$

$$\hat{\sigma}_{\hat{L}_3}=\hat{\sigma}_0\sqrt{Q_{\hat{L}_3\hat{L}_3}}=6.5\times\sqrt{0.2762}=3.3('')$$

$$\hat{\sigma}_{\hat{L}_4}=\hat{\sigma}_0\sqrt{Q_{\hat{L}_4\hat{L}_4}}=6.5\times\sqrt{0.6202}=5.0('')$$

$$\hat{\sigma}_{\hat{L}_5}=\hat{\sigma}_0\sqrt{Q_{\hat{L}_5\hat{L}_5}}=6.5\times\sqrt{0.6206}=5.0('')$$

$$\hat{\sigma}_{\hat{L}_6}=\hat{\sigma}_0\sqrt{Q_{\hat{L}_6\hat{L}_6}}=6.5\times\sqrt{0.4824}=4.3('')$$

D 点坐标的计算公式为

$$X_D=X_A+S_0\cos\hat{\alpha}_{AD}=X_A+S_0\cos[\alpha_{AB}-(180^\circ-\hat{X}-\hat{L}_2-\hat{L}_4)]$$

$$Y_D=Y_A+S_0\sin\hat{\alpha}_{AD}=Y_A+S_0\sin[\alpha_{AB}-(180^\circ-\hat{X}-\hat{L}_2-\hat{L}_4)]$$

权函数形式为

$$\mathrm{d}X_D=-S_0\sin\alpha_{AD}^0\mathrm{d}\hat{L}_2\frac{1}{\rho''}-S_0\sin\alpha_{AD}^0\mathrm{d}\hat{L}_4\frac{1}{\rho''}-S_0\sin\alpha_{AD}^0\mathrm{d}\hat{X}\frac{1}{\rho''}$$

$$\mathrm{d}Y_D=S_0\cos\alpha_{AD}^0\mathrm{d}\hat{L}_2\frac{1}{\rho''}+S_0\cos\alpha_{AD}^0\mathrm{d}\hat{L}_4\frac{1}{\rho''}+S_0\cos\alpha_{AD}^0\mathrm{d}\hat{X}\frac{1}{\rho''}$$

由式(5-13)算得 D 点坐标的协因数矩阵为

$$\boldsymbol{Q}_{DD}=\begin{bmatrix}11.139 & -7.7977\\ -7.7977 & 5.4615\end{bmatrix}\times10^{-8}$$

D 点坐标的中误差为

$$\hat{\sigma}_{\hat{X}_D}=\hat{\sigma}_0\sqrt{Q_{\hat{X}_D\hat{X}_D}}=2.2\ \mathrm{mm}$$

$$\hat{\sigma}_{\hat{Y}_D}=\hat{\sigma}_0\sqrt{Q_{\hat{Y}_D\hat{Y}_D}}=1.6\ \text{mm}$$

习 题

1. 在如图5-2所示的水准网中,点 A 的高程 $H_A=120.000$ m,$P_1\sim P_4$ 为待定点,观测高差及路线长度见表5-2。若设 P_2 点高程平差值为参数,试:①列出条件方程;②求法方程;③求观测值的改正数及平差值;④求平差后单位权方差及 P_2 点高程平差值中误差。

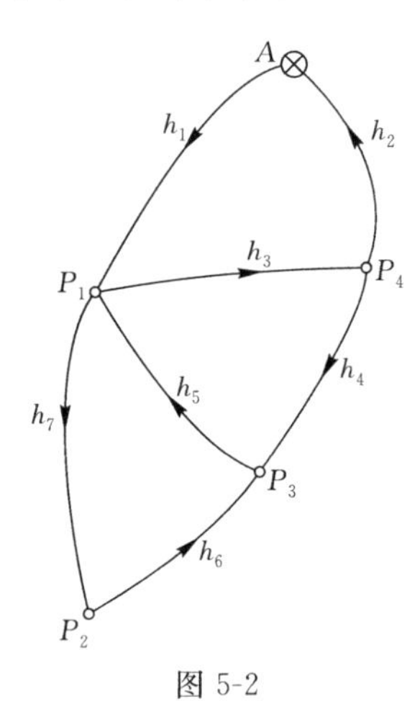

图 5-2

表 5-2

段号	1	2	3	4	5	6	7
观测高差/m	1.270	−3.380	2.114	1.613	−3.721	2.931	0.782
水准路线长/km	3	2	1	2	1	2	2

2. 有一边角网如图5-3所示,A、B 为已知点,$X_A=641.292$ m,$Y_A=319.638$ m,$X_B=589.868$ m,$Y_B=540.460$ m,C、D 为待定点,观测了6个内角和 C、B 点间的边长 S,观测值为:$L_1=85°23'05''$,$L_2=46°37'10''$,$L_3=47°59'58''$,$L_4=40°00'50''$,$L_5=67°59'37''$,$L_6=71°59'19''$;$S=310.941$ m。测角精度为 $\sigma_\beta=3''$,测距精度为 $\sigma_S=4$ mm,设 CD 间的距离平差值为参数,试按附有参数的条件平差法求:①条件方程;②观测值的改正数及平差值;③平差后单位权中误差;④平差后 CD 边的距离及相对中误差。

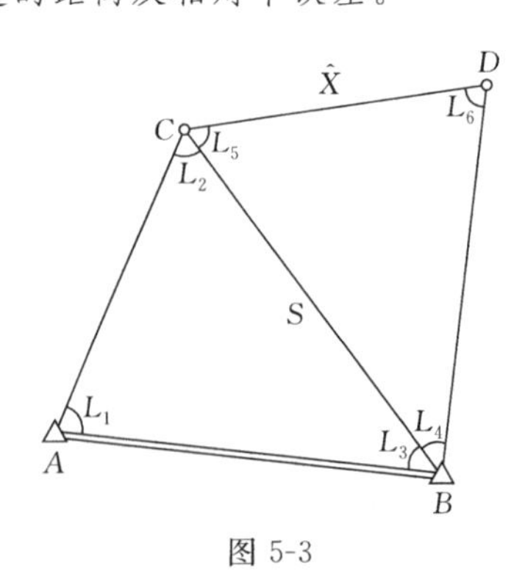

图 5-3

3. 在附有参数的条件平差模型里,所选参数的个数有没有限制,能否多于必要观测数?

4. 某平差问题有 10 个同精度观测值，必要观测数 $t=6$，现选取 2 个独立的参数参与平差，应列出多少个条件方程？

5. 已知附有参数的条件方程为 $v_1-v_2+v_3-\hat{x}-5=0$，$v_4+v_5+v_6+\hat{x}+6=0$，试求等精度观测值 L_i 的改正数 $v_i(i=1,2,\cdots,6)$ 及参数 $\hat{x}$。

6. 试按附有参数的条件平差法列出如图 5-4 所示的函数模型。

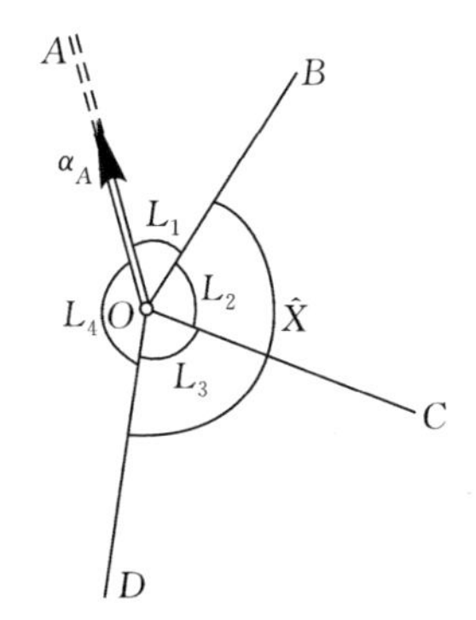

（a）已知值为α_A，观测值为$L_1 \sim L_4$，参数为$\angle BOD$

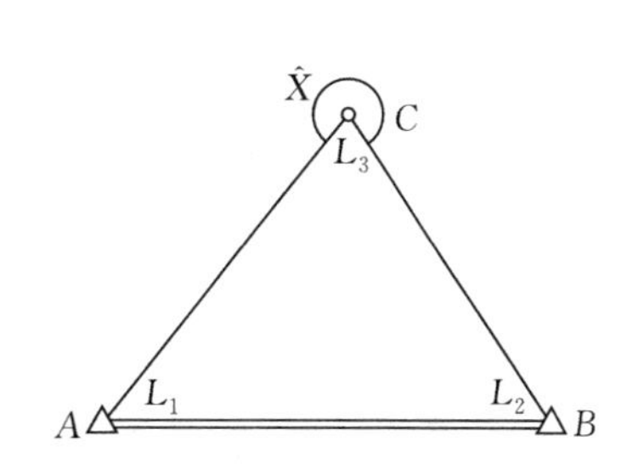

（b）已知点为A、B，观测值为$L_1 \sim L_3$，参数为$\angle ACB$

图 5-4

7. 在如图 5-5 所示的水准网中，A 为已知点，C、D 为待定点，同精度观测了 4 条水准路线高差，现选取 $\hat{h}_2$ 为参数，试求平差后 C、D 两点间高差的权。

8. 在如图 5-6 所示的三角网中，A、B 为已知点，C、D 为待定点，观测了 $L_1 \sim L_6$ 6 个角度，试用附有参数的条件平差法求平差后 $\angle ACB$ 的权。

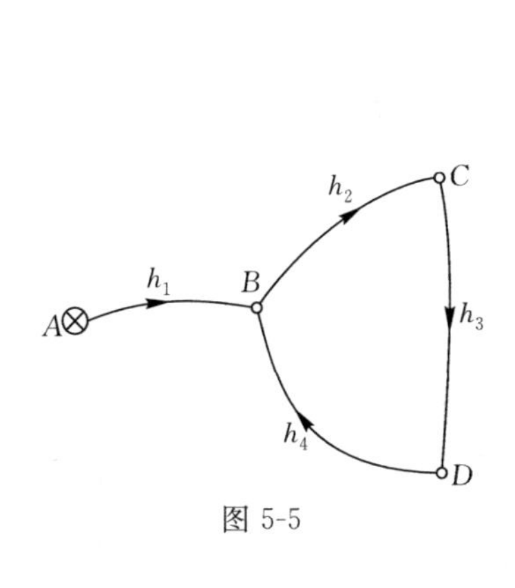

图 5-5

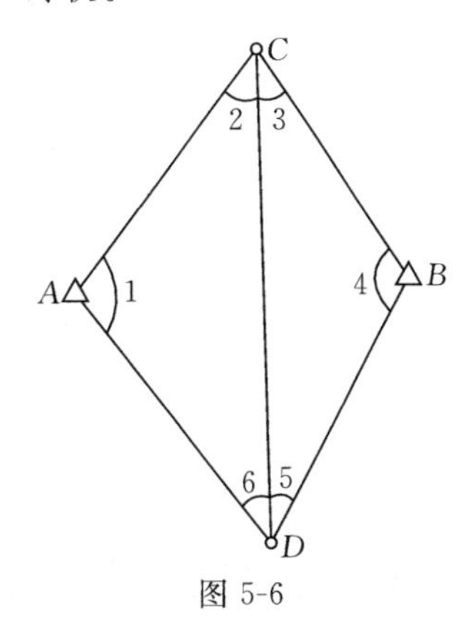

图 5-6

第六章　间接平差

§6-1　间接平差原理

当平差问题中引入适量（$u=t$）独立未知参数$\underset{t1}{\hat{\boldsymbol{X}}}$时，函数模型个数$c=r+t=n$，函数模型的形式为$\underset{n1}{\hat{\boldsymbol{L}}}=\boldsymbol{F}(\underset{t1}{\hat{\boldsymbol{X}}})$，$\boldsymbol{V}=\boldsymbol{B}\hat{\boldsymbol{x}}-\boldsymbol{l}$（※）。这种通过引入适量参数$\underset{t1}{\hat{\boldsymbol{X}}}$来建立$\underset{n1}{\hat{\boldsymbol{L}}}$的函数模型，通过$\underset{t1}{\hat{\boldsymbol{X}}}$来间接求$\underset{n1}{\hat{\boldsymbol{L}}}$的平差方法，称为**间接平差**。间接平差的函数模型称为**误差方程**，又称**观测方程**。

※ 附有参数的条件平差→间接平差

引入$u=t$个独立参数$\underset{t1}{\hat{\boldsymbol{X}}}$，如按附有参数的条件平差建函数模型，模型个数$c=r+t=n$

$$\underset{n1}{\boldsymbol{F}}(\underset{n1}{\hat{\boldsymbol{L}}},\underset{t1}{\hat{\boldsymbol{X}}})=\boldsymbol{0}$$

线性化得

$$\underset{nn}{\boldsymbol{A}}\underset{n1}{\boldsymbol{V}}+\underset{nt}{\boldsymbol{B}}\underset{t1}{\hat{\boldsymbol{x}}}+\underset{n1}{\boldsymbol{W}}=\boldsymbol{0}$$

考虑此处$\underset{nn}{\boldsymbol{A}}$可逆，则

$$\underset{n1}{\boldsymbol{V}}=-\underset{nn}{\boldsymbol{A}^{-1}}\underset{nt}{\boldsymbol{B}}\underset{t1}{\hat{\boldsymbol{x}}}-\underset{nn}{\boldsymbol{A}^{-1}}\underset{n1}{\boldsymbol{W}}$$

可见，由t个独立$\underset{t1}{\hat{\boldsymbol{X}}}$可表示$n$个$\underset{n1}{\hat{\boldsymbol{L}}}$

一、间接平差原理

由t个独立的未知参数$\underset{t1}{\hat{\boldsymbol{X}}}=[\hat{X}_1\ \hat{X}_2\ \cdots\ \hat{X}_t]^{\mathrm{T}}$表示$n$个$\underset{n1}{\hat{\boldsymbol{L}}}=[\hat{L}_1\ \hat{L}_2\ \cdots\ \hat{L}_n]^{\mathrm{T}}$，建立$n$个误差方程如下

$$\underset{n1}{\hat{\boldsymbol{L}}}=\underset{n1}{\boldsymbol{F}}(\underset{t1}{\hat{\boldsymbol{X}}})=\boldsymbol{F}(\hat{X}_1,\hat{X}_2,\cdots,\hat{X}_t)\tag{6-1}$$

令$\hat{\boldsymbol{L}}=\boldsymbol{L}+\boldsymbol{V}$，$\hat{\boldsymbol{X}}=\boldsymbol{X}^0+\hat{\boldsymbol{x}}$，$\boldsymbol{X}^0$为$\hat{\boldsymbol{X}}$的近似值。式(6-1)右边在$\boldsymbol{X}^0$处线性化为

$$\boldsymbol{L}+\boldsymbol{V}=\boldsymbol{F}(\boldsymbol{X}^0)+\left(\frac{\partial\boldsymbol{F}}{\partial\hat{\boldsymbol{X}}}\right)_0(\hat{\boldsymbol{X}}-\boldsymbol{X}^0)=\boldsymbol{B}(\hat{\boldsymbol{X}}-\boldsymbol{X}^0)+\boldsymbol{F}(\boldsymbol{X}^0)=\boldsymbol{B}\hat{\boldsymbol{X}}+\boldsymbol{d}$$

得到$\boldsymbol{V}$关于$\hat{\boldsymbol{x}}$的误差方程

$$\boldsymbol{V}=\boldsymbol{B}\hat{\boldsymbol{x}}-\boldsymbol{l}\tag{6-2}$$

式中

$$\underset{nt}{\boldsymbol{B}}=\left(\frac{\partial\underset{n1}{\boldsymbol{F}}}{\partial\underset{t1}{\hat{\boldsymbol{X}}}}\right)_0=\begin{bmatrix}\dfrac{\partial F_1}{\partial\hat{X}_1}&\dfrac{\partial F_1}{\partial\hat{X}_2}&\cdots&\dfrac{\partial F_1}{\partial\hat{X}_t}\\\dfrac{\partial F_2}{\partial\hat{X}_1}&\dfrac{\partial F_2}{\partial\hat{X}_2}&\cdots&\dfrac{\partial F_2}{\partial\hat{X}_t}\\\vdots&\vdots&&\vdots\\\dfrac{\partial F_n}{\partial\hat{X}_1}&\dfrac{\partial F_n}{\partial\hat{X}_2}&\cdots&\dfrac{\partial F_n}{\partial\hat{X}_t}\end{bmatrix}_0=\begin{bmatrix}b_{11}&b_{12}&\cdots&b_{1t}\\b_{21}&b_{22}&\cdots&b_{2t}\\\vdots&\vdots&&\vdots\\b_{n1}&b_{n2}&\cdots&b_{nt}\end{bmatrix}$$

$$\underset{n1}{\boldsymbol{l}}=\underset{n1}{\boldsymbol{L}}-\underset{n1}{\boldsymbol{F}}(\underset{t1}{\boldsymbol{X}^0})$$

当函数模型为线性形式$\underset{n1}{\hat{\boldsymbol{L}}}=\underset{nt}{\boldsymbol{B}}\underset{t1}{\hat{\boldsymbol{X}}}+\underset{n1}{\boldsymbol{d}}$时，$\underset{n1}{\boldsymbol{l}}=\underset{n1}{\boldsymbol{L}}-(\underset{nt}{\boldsymbol{B}}\underset{t1}{\boldsymbol{X}^0}+\underset{n1}{\boldsymbol{d}})$。

参数的解算应满足条件目标函数$\boldsymbol{\phi}(\hat{\boldsymbol{x}})=\boldsymbol{V}^{\mathrm{T}}\boldsymbol{P}\boldsymbol{V}=\min$，则平差问题变为极值求解问题。将$\boldsymbol{V}^{\mathrm{T}}\boldsymbol{P}\boldsymbol{V}$对$\hat{\boldsymbol{x}}$求偏导数，并令其为零，得

$$\frac{\partial(\boldsymbol{V}^{\mathrm{T}}\boldsymbol{PV})}{\partial\hat{\boldsymbol{x}}}=2\boldsymbol{V}^{\mathrm{T}}\boldsymbol{P}\frac{\partial\boldsymbol{V}}{\partial\hat{\boldsymbol{x}}}=2\boldsymbol{V}^{\mathrm{T}}\boldsymbol{PB}=\boldsymbol{0}$$

转置得

$$\boldsymbol{B}^{\mathrm{T}}\boldsymbol{PV}=\boldsymbol{0} \tag{6-3}$$

式(6-2)和式(6-3)为间接平差的基础方程。将式(6-2)代入式(6-3)得

$$\boldsymbol{B}^{\mathrm{T}}\boldsymbol{PB}\hat{\boldsymbol{x}}-\boldsymbol{B}^{\mathrm{T}}\boldsymbol{Pl}=\boldsymbol{0}$$

简写为

$$\boldsymbol{N}_{BB}\hat{\boldsymbol{x}}-\boldsymbol{W}=\boldsymbol{0} \tag{6-4}$$

式中，$\boldsymbol{N}_{BB}=\boldsymbol{B}^{\mathrm{T}}\boldsymbol{PB}$，$\boldsymbol{W}=\boldsymbol{B}^{\mathrm{T}}\boldsymbol{Pl}$。式(6-4)称为间接平差法方程。系数矩阵 $\boldsymbol{N}_{BB}$ 为满秩矩阵，$\mathrm{R}(\boldsymbol{N}_{BB})=\mathrm{R}(\boldsymbol{B})=t$，参数有唯一解。参数解为

$$\hat{\boldsymbol{x}}=\boldsymbol{N}_{BB}^{-1}\boldsymbol{W}\qquad(\text{或 }\hat{\boldsymbol{x}}=(\boldsymbol{B}^{\mathrm{T}}\boldsymbol{PB})^{-1}\boldsymbol{B}^{\mathrm{T}}\boldsymbol{Pl}) \tag{6-5}$$

由参数解可得参数 $\hat{\boldsymbol{X}}$、改正数 $\boldsymbol{V}$ 和平差值 $\hat{\boldsymbol{L}}$，即

$$\hat{\boldsymbol{X}}=\boldsymbol{X}^{0}+\hat{\boldsymbol{x}} \tag{6-6}$$

$$\boldsymbol{V}=\boldsymbol{B}\hat{\boldsymbol{x}}-\boldsymbol{l} \tag{6-7}$$

$$\hat{\boldsymbol{L}}=\boldsymbol{L}+\boldsymbol{V} \tag{6-8}$$

二、间接平差法的解算步骤

(1)选择 t 个独立参数，列出 n 个误差方程，并将其进行线性化。

(2)根据实际观测情况，确定观测值的权及权矩阵。

(3)组成法方程 $\boldsymbol{N}_{BB}\hat{\boldsymbol{x}}-\boldsymbol{W}=\boldsymbol{0}$，求解参数 $\hat{\boldsymbol{x}}$ 及 $\hat{\boldsymbol{X}}=\boldsymbol{X}^{0}+\hat{\boldsymbol{x}}$。

(4)由误差方程计算观测值的改正数向量 $\boldsymbol{V}$，并求观测值的平差值 $\hat{\boldsymbol{L}}=\boldsymbol{L}+\boldsymbol{V}$。

(5)将 $\hat{\boldsymbol{X}}$ 和 $\hat{\boldsymbol{L}}$ 的计算结果代入误差方程，检验解的正确性。

[例 6-1]如图 6-1 所示的测角网，各角度观测值为独立等精度观测值，角度观测值分别为 $L_1=80°00'06''$，$L_2=50°00'00''$，$L_3=50°00'00''$，$L_4=40°00'00''$，$L_5=40°00'00''$，$L_6=99°59'57''$。试按间接平差法求各个内角的平差值(对比[例 4-1])。

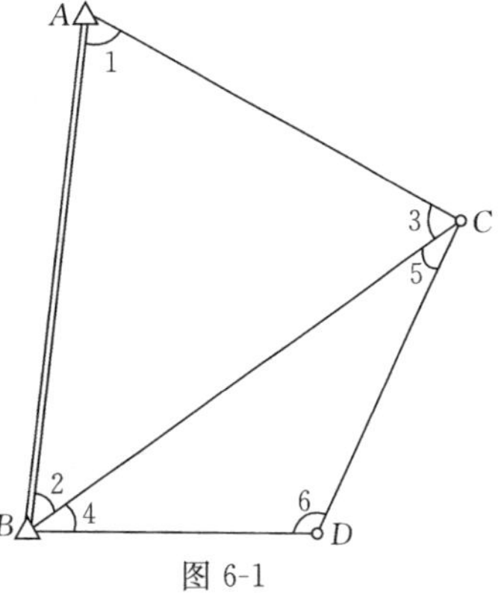

图 6-1

解：

(1)此测角网 $n=6$，$t=4$。引入 4 个参数，令 $\hat{X}_1=\hat{L}_1$，$\hat{X}_2=\hat{L}_2$，$\hat{X}_3=\hat{L}_4$，$\hat{X}_4=\hat{L}_5$，取 $X_1^0=L_1$，$X_2^0=L_2$，$X_3^0=L_4$，$X_4^0=L_5$。平差值和改正数误差方程为

$$\begin{cases}\hat{L}_1=\hat{X}_1\\ \hat{L}_2=\hat{X}_2\\ \hat{L}_3=-\hat{X}_1-\hat{X}_2+180\\ \hat{L}_4=\hat{X}_3\\ \hat{L}_5=\hat{X}_4\\ \hat{L}_6=-\hat{X}_3-\hat{X}_4+180\end{cases}\xrightarrow[\hat{L}_i=L_i+v_i]{\hat{X}_i=X_i^0+\hat{x}_i}\begin{cases}v_1=\hat{x}_1\\ v_2=\hat{x}_2\\ v_3=-\hat{x}_1-\hat{x}_2-6''\\ v_4=\hat{x}_3\\ v_5=\hat{x}_4\\ v_6=-\hat{x}_3-\hat{x}_4+3''\end{cases}$$

对照 $\boldsymbol{V}=\boldsymbol{B}\hat{\boldsymbol{x}}-\boldsymbol{l}$, 可知

$$\underset{64}{\boldsymbol{B}}=\begin{bmatrix}1&0&0&0\\0&1&0&0\\-1&-1&0&0\\0&0&1&0\\0&0&0&1\\0&0&-1&-1\end{bmatrix},\ \underset{61}{\boldsymbol{l}}=\begin{bmatrix}0''\\0''\\6''\\0''\\0''\\-3''\end{bmatrix}$$

(2)因为观测值为独立同精度,取 $\sigma_0=\sigma_\beta$(测角中误差),则观测值 $\boldsymbol{L}$ 的权矩阵 $\boldsymbol{P}=\boldsymbol{I}$,协因数矩阵 $\boldsymbol{Q}=\boldsymbol{P}^{-1}=\underset{66}{\boldsymbol{I}}$。

(3)法方程的系数为

$$\underset{44}{\boldsymbol{N}_{BB}}=\boldsymbol{B}^{\mathrm{T}}\boldsymbol{P}\boldsymbol{B}=\begin{bmatrix}2&1&0&0\\1&2&0&0\\0&0&2&1\\0&0&1&2\end{bmatrix},\ \underset{41}{\boldsymbol{W}}=\boldsymbol{B}^{\mathrm{T}}\boldsymbol{P}\boldsymbol{l}=\begin{bmatrix}-6\\-6\\3\\3\end{bmatrix}$$

组成法方程 $\boldsymbol{N}_{BB}\hat{\boldsymbol{x}}-\boldsymbol{W}=\boldsymbol{0}$, 求参数

$$2\hat{x}_1+\hat{x}_2+6=0$$

$$\hat{x}_1+2\hat{x}_2+6=0$$

$$2\hat{x}_3+\hat{x}_4-3=0$$

$$\hat{x}_3+2\hat{x}_4-3=0$$

$$\hat{\boldsymbol{x}}=\boldsymbol{N}_{BB}^{-1}\boldsymbol{W}=\begin{bmatrix}-2''\\-2''\\1''\\1''\end{bmatrix},\ \hat{\boldsymbol{X}}=\boldsymbol{X}^0+\hat{\boldsymbol{x}}=\begin{bmatrix}80°00'04''\\49°59'58''\\40°00'01''\\40°00'01''\end{bmatrix}$$

(4)求观测值的改正数和平差值

$$\boldsymbol{V}=\boldsymbol{B}\hat{\boldsymbol{x}}-\boldsymbol{l}=\begin{bmatrix}1&0&0&0\\0&1&0&0\\-1&-1&0&0\\0&0&1&0\\0&0&0&1\\0&0&-1&-1\end{bmatrix}\begin{bmatrix}-2\\-2\\1\\1\end{bmatrix}-\begin{bmatrix}0\\0\\6\\0\\0\\-3\end{bmatrix}=\begin{bmatrix}-2''\\-2''\\-2''\\1''\\1''\\1''\end{bmatrix}$$

$$\hat{\boldsymbol{L}}=\boldsymbol{L}+\boldsymbol{V}=\begin{bmatrix}80°00'04''\\49°59'58''\\49°59'58''\\40°00'01''\\40°00'01''\\99°59'58''\end{bmatrix}$$

(5)按间接平差解算的结果与条件平差方法([例 4-1])结果相同。

[例 6-2]如图 6-2 所示的水准网,A 点为已知点,B、C、D 点为未知点。A 点高程为 $H_A=$

112.145 m。各高差观测值及水准路线长列于表 6-1 中。试按间接平差方法，求 B、C、D 点的高程平差值（对比[例 4-2]）。

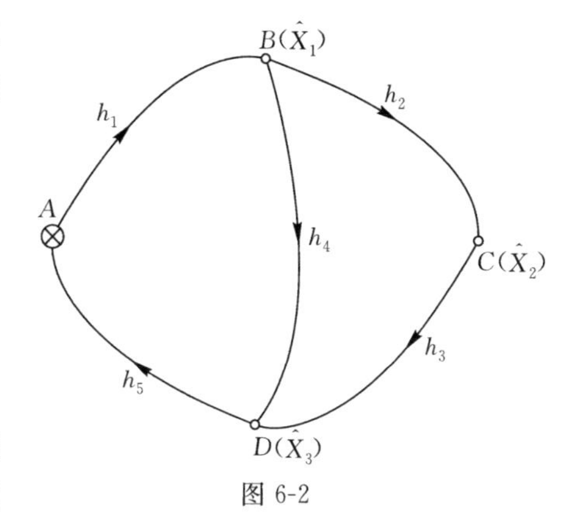

图 6-2

表 6-1

段号	1	2	3	4	5
h/m	2.410	−2.131	2.945	0.820	−3.222
S/km	1.0	2.0	1.0	2.0	2.0

解：

(1)此水准网 $n=5, t=3$。令 B、C、D 高程的平差值为 3 个未知参数：$\hat{X}_1=\hat{H}_B, \hat{X}_2=\hat{H}_C, \hat{X}_3=\hat{H}_D$。取 $X_1^0=H_A+h_1=114.555$ m，$X_2^0=H_A+h_1+h_2=112.424$ m，$X_3^0=H_A-h_5=115.367$ m。有 5 个条件方程，并令 $\hat{h}_i=h_i+v_i(i=1,2,\cdots,5)$，$\hat{X}_i=X_i^0+\hat{x}_i(i=1,2,3)$，则

$$\begin{cases}\hat{h}_1=\hat{X}_1-\hat{H}_A\\ \hat{h}_2=-\hat{X}_1+\hat{X}_2\\ \hat{h}_3=-\hat{X}_2+\hat{X}_3\\ \hat{h}_4=-\hat{X}_1+\hat{X}_3\\ \hat{h}_5=-\hat{X}_3+H_A\end{cases} \Longrightarrow \begin{cases}v_1=\hat{x}_1\\ v_2=-\hat{x}_1+\hat{x}_2\\ v_3=-\hat{x}_2+\hat{x}_3-(h_1+h_2+h_3+h_5)\\ v_4=-\hat{x}_1+\hat{x}_3-(h_1+h_4+h_5)\\ v_5=-\hat{x}_3\end{cases}$$

对照 $\boldsymbol{V}=\boldsymbol{B}\hat{\boldsymbol{x}}-\boldsymbol{l}$，可知

$$\boldsymbol{B}=\begin{bmatrix}1&0&0\\-1&1&0\\0&-1&1\\-1&0&1\\0&0&-1\end{bmatrix},\ \boldsymbol{l}=\begin{bmatrix}0\\0\\2\\8\\0\end{bmatrix}\ (\text{单位为 mm})$$

(2)取 1 km 水准路线高差观测值为单位权观测值，则权的计算公式为 $p_i=1/S_i$。各高差观测值的权为 $p_1=1, p_2=0.5, p_3=1, p_4=0.5, p_5=0.5$。考虑 h_i 为不相关观测，$P_{ii}=p_i$，$P_{ij}=0$，所以权矩阵为

$$\boldsymbol{P}=\begin{bmatrix}1&&&&\\&0.5&&&\\&&1&&\\&&&0.5&\\&&&&0.5\end{bmatrix}$$

(3)法方程的系数矩阵为

$$\boldsymbol{N}_{BB}=\boldsymbol{B}^{\mathrm{T}}\boldsymbol{P}\boldsymbol{B}=\begin{bmatrix}1&-1&0&-1&0\\0&1&-1&0&0\\0&0&1&1&-1\end{bmatrix}\begin{bmatrix}1&&&&\\&0.5&&&\\&&1&&\\&&&0.5&\\&&&&0.5\end{bmatrix}\begin{bmatrix}1&0&0\\-1&1&0\\0&-1&1\\-1&0&1\\0&0&-1\end{bmatrix}$$

$$
=\begin{bmatrix}1 & -0.5 & 0 & -0.5 & 0\\0 & 0.5 & -1 & 0 & 0\\0 & 0 & 1 & 0.5 & -0.5\end{bmatrix}\begin{bmatrix}1 & 0 & 0\\-1 & 1 & 0\\0 & -1 & 1\\-1 & 0 & 1\\0 & 0 & -1\end{bmatrix}=\begin{bmatrix}2 & -0.5 & -0.5\\-0.5 & 1.5 & -1\\-0.5 & -1 & 2\end{bmatrix}
$$

$$
\boldsymbol{W}=\boldsymbol{B}^{\mathrm{T}}\boldsymbol{P}\boldsymbol{l}=\begin{bmatrix}1 & -0.5 & 0 & -0.5 & 0\\0 & 0.5 & -1 & 0 & 0\\0 & 0 & 1 & 0.5 & -0.5\end{bmatrix}\begin{bmatrix}0\\0\\2\\8\\0\end{bmatrix}=\begin{bmatrix}-4\\-2\\6\end{bmatrix}
$$

组成法方程 $\boldsymbol{N}_{BB}\hat{\boldsymbol{x}}-\boldsymbol{W}=\boldsymbol{0}$

$$
\begin{aligned}
2\hat{x}_1-0.5\hat{x}_2-0.5\hat{x}_3+4=0\\
-0.5\hat{x}_1+1.5\hat{x}_2-\hat{x}_3+2=0\\
-0.5\hat{x}_1-\hat{x}_2+2\hat{x}_3-6=0
\end{aligned}
$$

解法方程,得参数

$$\hat{\boldsymbol{x}}=\boldsymbol{N}_{BB}^{-1}\boldsymbol{W}=[-1.3\quad 0.0\quad 2.7]^{\mathrm{T}}\ (\text{单位为 mm})$$

$$\hat{\boldsymbol{X}}=\boldsymbol{X}^0+\hat{\boldsymbol{x}}=[114.5535\quad 112.4240\quad 115.3700]^{\mathrm{T}}\ (\text{单位为 m})$$

(4)将参数代入改正数方程得改正数为

$$
\boldsymbol{V}=\boldsymbol{B}\hat{\boldsymbol{x}}-\boldsymbol{l}=\begin{bmatrix}1 & 0 & 0\\-1 & 1 & 0\\0 & -1 & 1\\-1 & 0 & 1\\0 & 0 & -1\end{bmatrix}\begin{bmatrix}-1.3\\0.0\\2.7\end{bmatrix}-\begin{bmatrix}0\\0\\2\\8\\0\end{bmatrix}=\begin{bmatrix}-1.3\\1.3\\2.7\\4.0\\-2.7\end{bmatrix}-\begin{bmatrix}0\\0\\2\\8\\0\end{bmatrix}=\begin{bmatrix}-1.3\\1.3\\0.7\\-4.0\\-2.7\end{bmatrix}\ (\text{单位为 mm})
$$

观测值的平差值为

$$\hat{\boldsymbol{h}}=\boldsymbol{h}+\boldsymbol{V}=[2.4087\quad -2.1297\quad 2.9457\quad 0.8160\quad -3.2247]^{\mathrm{T}}\ (\text{单位为 m})$$

(5)经检验,$\hat{\boldsymbol{h}}$、$\hat{\boldsymbol{x}}$ 满足误差方程,按间接平差解算的结果与条件平差方法([例 4-2])结果相同。

§6-2 平差结果精度评定

一、单位权中误差的估计

单位权中误差的计算公式为

$$\hat{\sigma}_0=\sqrt{\frac{\boldsymbol{V}^{\mathrm{T}}\boldsymbol{P}\boldsymbol{V}}{r}}=\sqrt{\frac{\boldsymbol{V}^{\mathrm{T}}\boldsymbol{P}\boldsymbol{V}}{n-t}}\tag{6-9}$$

$\boldsymbol{V}^{\mathrm{T}}\boldsymbol{P}\boldsymbol{V}$ 也可按下式计算

$$
\begin{aligned}
\boldsymbol{V}^{\mathrm{T}}\boldsymbol{P}\boldsymbol{V}&=(\boldsymbol{B}\hat{\boldsymbol{x}}-\boldsymbol{l})^{\mathrm{T}}\boldsymbol{P}\boldsymbol{V}=\hat{\boldsymbol{x}}^{\mathrm{T}}\boldsymbol{B}^{\mathrm{T}}\boldsymbol{P}\boldsymbol{V}-\boldsymbol{l}^{\mathrm{T}}\boldsymbol{P}\boldsymbol{V}\qquad(\text{因 }\boldsymbol{B}^{\mathrm{T}}\boldsymbol{P}\boldsymbol{V}=\boldsymbol{0})\\
&=-\boldsymbol{l}^{\mathrm{T}}\boldsymbol{P}(\boldsymbol{B}\hat{\boldsymbol{x}}-\boldsymbol{l})=\boldsymbol{l}^{\mathrm{T}}\boldsymbol{P}\boldsymbol{l}-(\boldsymbol{B}^{\mathrm{T}}\boldsymbol{P}\boldsymbol{l})^{\mathrm{T}}\hat{\boldsymbol{x}}
\end{aligned}\tag{6-10}
$$

二、协因数矩阵

间接平差中的基本变量有

$$\boldsymbol{L}=\boldsymbol{I}\boldsymbol{L}$$

$$\hat{\boldsymbol{x}}=\boldsymbol{N}_{BB}^{-1}\boldsymbol{B}^{\mathrm{T}}\boldsymbol{P}\boldsymbol{l}$$

$$\boldsymbol{V}=\boldsymbol{B}\hat{\boldsymbol{x}}-\boldsymbol{l}=(\boldsymbol{B}\boldsymbol{N}_{BB}^{-1}\boldsymbol{B}^{\mathrm{T}}\boldsymbol{P}-\boldsymbol{I})\boldsymbol{l}$$

$$\hat{\boldsymbol{L}}=\boldsymbol{L}+\boldsymbol{V}$$

其中，$\boldsymbol{l}=\boldsymbol{L}-\boldsymbol{F}(\boldsymbol{X}^0)=\boldsymbol{L}-(\boldsymbol{B}\boldsymbol{X}^0+\boldsymbol{d})$，$\hat{\boldsymbol{X}}=\boldsymbol{X}^0+\hat{\boldsymbol{x}}$，$\boldsymbol{Q}_{LL}=\boldsymbol{Q}_{ll}$，$\boldsymbol{Q}_{\hat{X}\hat{X}}=\boldsymbol{Q}_{\hat{x}\hat{x}}$。各基本变量的协因数矩阵(见表 6-2)为

$$\boldsymbol{Q}_{LL}=\boldsymbol{Q}$$

$$\boldsymbol{Q}_{\hat{X}\hat{X}}=\boldsymbol{N}_{BB}^{-1}\boldsymbol{B}^{\mathrm{T}}\boldsymbol{P}\boldsymbol{Q}\boldsymbol{P}\boldsymbol{B}\boldsymbol{N}_{BB}^{-1}=\boldsymbol{N}_{BB}^{-1}$$

$$\boldsymbol{Q}_{\hat{X}L}=\boldsymbol{N}_{BB}^{-1}\boldsymbol{B}^{\mathrm{T}}\boldsymbol{P}\boldsymbol{Q}=\boldsymbol{N}_{BB}^{-1}\boldsymbol{B}^{\mathrm{T}}=\boldsymbol{Q}_{L\hat{X}}^{\mathrm{T}}$$

$$\boldsymbol{Q}_{VL}=\boldsymbol{B}\boldsymbol{Q}_{\hat{X}L}-\boldsymbol{Q}=\boldsymbol{B}\boldsymbol{N}_{BB}^{-1}\boldsymbol{B}^{\mathrm{T}}-\boldsymbol{Q}=\boldsymbol{Q}_{LV}^{\mathrm{T}}$$

$$\boldsymbol{Q}_{V\hat{X}}=\boldsymbol{B}\boldsymbol{Q}_{\hat{X}\hat{X}}-\boldsymbol{Q}_{L\hat{X}}=\boldsymbol{B}\boldsymbol{N}_{BB}^{-1}-\boldsymbol{B}\boldsymbol{N}_{BB}^{-1}=\boldsymbol{0}=\boldsymbol{Q}_{\hat{X}V}^{\mathrm{T}}$$

$$\begin{aligned}\boldsymbol{Q}_{VV}&=\boldsymbol{B}\boldsymbol{Q}_{\hat{X}\hat{X}}\boldsymbol{B}^{\mathrm{T}}-\boldsymbol{B}\boldsymbol{Q}_{\hat{X}L}-\boldsymbol{Q}_{L\hat{X}}\boldsymbol{B}^{\mathrm{T}}+\boldsymbol{Q}\\&=\boldsymbol{B}\boldsymbol{N}_{BB}^{-1}\boldsymbol{B}^{\mathrm{T}}-\boldsymbol{B}\boldsymbol{N}_{BB}^{-1}\boldsymbol{B}^{\mathrm{T}}-\boldsymbol{B}\boldsymbol{N}_{BB}^{-1}\boldsymbol{B}^{\mathrm{T}}+\boldsymbol{Q}\\&=\boldsymbol{Q}-\boldsymbol{B}\boldsymbol{N}_{BB}^{-1}\boldsymbol{B}^{\mathrm{T}}\end{aligned}$$

$$\boldsymbol{Q}_{\hat{L}L}=\boldsymbol{Q}+\boldsymbol{Q}_{VL}=\boldsymbol{B}\boldsymbol{N}_{BB}^{-1}\boldsymbol{B}^{\mathrm{T}}$$

$$\boldsymbol{Q}_{\hat{L}\hat{X}}=\boldsymbol{B}\boldsymbol{N}_{BB}^{-1}$$

$$\boldsymbol{Q}_{\hat{L}V}=\boldsymbol{Q}_{LV}+\boldsymbol{Q}_{VV}=\boldsymbol{0}$$

$$\boldsymbol{Q}_{\hat{L}\hat{L}}=\boldsymbol{Q}_{L\hat{L}}+\boldsymbol{Q}_{V\hat{L}}=\boldsymbol{Q}+\boldsymbol{Q}_{LV}+\boldsymbol{Q}_{VL}+\boldsymbol{Q}_{VL}=\boldsymbol{Q}-\boldsymbol{Q}_{VV}=\boldsymbol{B}\boldsymbol{N}_{BB}^{-1}\boldsymbol{B}^{\mathrm{T}}$$

表 6-2　间接平差基本变量的协因数矩阵

	$\boldsymbol{L}$	$\hat{\boldsymbol{X}}$	$\boldsymbol{V}$	$\hat{\boldsymbol{L}}$
$\boldsymbol{L}$	$\boldsymbol{Q}$	$\boldsymbol{B}\boldsymbol{N}_{BB}^{-1}$	$\boldsymbol{B}\boldsymbol{N}_{BB}^{-1}\boldsymbol{B}^{\mathrm{T}}-\boldsymbol{Q}$	$\boldsymbol{B}\boldsymbol{N}_{BB}^{-1}\boldsymbol{B}^{\mathrm{T}}$
$\hat{\boldsymbol{X}}$	$\boldsymbol{N}_{BB}^{-1}\boldsymbol{B}^{\mathrm{T}}$	$\boldsymbol{N}_{BB}^{-1}$	$\boldsymbol{0}$	$\boldsymbol{N}_{BB}^{-1}\boldsymbol{B}^{\mathrm{T}}$
$\boldsymbol{V}$	$\boldsymbol{B}\boldsymbol{N}_{BB}^{-1}\boldsymbol{B}^{\mathrm{T}}-\boldsymbol{Q}$	$\boldsymbol{0}$	$\boldsymbol{Q}-\boldsymbol{B}\boldsymbol{N}_{BB}^{-1}\boldsymbol{B}^{\mathrm{T}}$	$\boldsymbol{0}$
$\hat{\boldsymbol{L}}$	$\boldsymbol{B}\boldsymbol{N}_{BB}^{-1}\boldsymbol{B}^{\mathrm{T}}$	$\boldsymbol{B}\boldsymbol{N}_{BB}^{-1}$	$\boldsymbol{0}$	$\boldsymbol{B}\boldsymbol{N}_{BB}^{-1}\boldsymbol{B}^{\mathrm{T}}$

三、参数平差值函数的中误差

设有参数平差值 $\hat{\boldsymbol{X}}$ 的一个函数

$$\boldsymbol{\varphi}=\boldsymbol{\varphi}(\hat{\boldsymbol{X}})=\boldsymbol{\varphi}(\hat{X}_1,\hat{X}_2,\cdots,\hat{X}_t)$$

对其进行全微分，得权函数式

$$\mathrm{d}\boldsymbol{\varphi}=\left(\frac{\partial\boldsymbol{\varphi}}{\partial\hat{\boldsymbol{X}}}\right)_{X^0}\mathrm{d}\hat{\boldsymbol{X}}=\boldsymbol{f}_x^{\mathrm{T}}\mathrm{d}\hat{\boldsymbol{X}}$$

式中，$\boldsymbol{f}_x^{\mathrm{T}}=\left(\frac{\partial\boldsymbol{\varphi}}{\partial\hat{\boldsymbol{X}}}\right)_{X^0}=\begin{bmatrix}\frac{\partial\boldsymbol{\varphi}}{\partial\hat{X}_1} & \frac{\partial\boldsymbol{\varphi}}{\partial\hat{X}_2} & \cdots & \frac{\partial\boldsymbol{\varphi}}{\partial\hat{X}_t}\end{bmatrix}_{X^0}$。

根据协因数传播律,参数平差值函数的协因数(或协因数矩阵)为

$$\boldsymbol{Q}_{\varphi\varphi}=\boldsymbol{f}_x^{\mathrm{T}}\boldsymbol{Q}_{\hat{X}\hat{X}}\boldsymbol{f}_x=\boldsymbol{f}_x^{\mathrm{T}}\boldsymbol{N}_{BB}^{-1}\boldsymbol{f}_x \tag{6-11}$$

对于参数平差值的一个函数,其中误差为

$$\hat{\boldsymbol{\sigma}}_{\varphi}=\hat{\sigma}_0\sqrt{\boldsymbol{Q}_{\varphi\varphi}} \tag{6-12}$$

对于参数平差值的多个函数,其方差矩阵为

$$\boldsymbol{D}_{\varphi\varphi}=\hat{\sigma}_0^2\boldsymbol{Q}_{\varphi\varphi} \tag{6-13}$$

[例 6-3]在[例 6-2]的水准网中,试求 D、C 点间高差平差值的中误差。

单位权中误差估值为

$$\hat{\sigma}_0=\sqrt{\frac{\boldsymbol{V}^{\mathrm{T}}\boldsymbol{PV}}{r}}=2.7\ \mathrm{mm}$$

所求中误差可按两种方式计算:

(1) D、C 间高差平差值为 $\hat{h}_{DC}=-\hat{h}_3$

解:水准网高差观测值平差值的协因数矩阵为

$$\boldsymbol{Q}_{\hat{h}\hat{h}}=\boldsymbol{BN}_{BB}^{-1}\boldsymbol{B}^{\mathrm{T}}=\begin{bmatrix}0.7619 & -0.1905 & -0.0952 & -0.2857 & -0.4762\\ -0.1905 & 1.0476 & -0.4762 & 0.5714 & -0.3810\\ -0.0952 & -0.4762 & 0.7619 & 0.2857 & -0.1905\\ -0.2857 & 0.5714 & 0.2857 & 0.8571 & -0.5714\\ -0.4762 & -0.3810 & -0.1905 & -0.5714 & 1.0476\end{bmatrix}$$

$$\hat{\sigma}_{\hat{h}_{DC}}=\hat{\sigma}_{\hat{h}_3}=\hat{\sigma}_0\sqrt{Q_{\hat{h}_3\hat{h}_3}}=2.7\sqrt{0.7619}\,\mathrm{mm}=2.4\ \mathrm{mm}$$

(2) D、C 点间高差的平差值为 $\hat{h}_{DC}=\hat{X}_2-\hat{X}_3$,其中误差为 $\hat{\sigma}_{\hat{h}_{DC}}=\hat{\sigma}_0\sqrt{Q_{\hat{h}_{DC}\hat{h}_{DC}}}$,则 $\hat{h}_{DC}$ 是参数平差值的函数,其协因数为

$$Q_{\hat{h}_{DC}\hat{h}_{DC}}=[0\quad 1\quad -1]\boldsymbol{Q}_{\hat{X}\hat{X}}[0\quad 1\quad -1]^{\mathrm{T}}=0.7619$$

式中,参数平差值的协因数矩阵为

$$\boldsymbol{Q}_{\hat{X}\hat{X}}=\boldsymbol{N}_{BB}^{-1}=(\boldsymbol{B}^{\mathrm{T}}\boldsymbol{PB})^{-1}=\begin{bmatrix}0.7619 & 0.5714 & 0.4762\\ 0.5714 & 1.4286 & 0.8571\\ 0.4762 & 0.8571 & 1.0476\end{bmatrix}$$

因此,D、C 间高差平差值的中误差估值为

$$\hat{\sigma}_{\hat{h}_{DC}}=\hat{\sigma}_0\sqrt{Q_{\hat{h}_{DC}\hat{h}_{DC}}}=2.7\sqrt{0.7619}\ \mathrm{mm}=2.4\ \mathrm{mm}$$

§6-3 误差方程类型

间接平差是较为常用的平差方法。因为其函数模型——误差方程,有较强的规律性,便于计算机编程处理。下面将讨论有关间接平差法在测量中的一些实际应用,以便加深对间接平差法的理解。

一、水准网间接平差

水准网的形状可以是单一水准路线,包括如图 6-3 所示的附合水准路线、闭合水准路线、结点水准网和环状水准网。

水准网中若有两个以上已知水准点，则相应的水准网称为附合网；只有一个已知水准点，或无已知水准点的水准网，称为独立水准网。水准网中无已知水准点时，应建立假设或独立高程系统，即任意设定某一点的高程，并作为已知值。

水准网进行间接平差时，可以取未知点高程的平差值作为参数，也可以取高差作为未知参数，此时应避免参数间相关，即参数间应是独立的，如[例 6-2]所示。

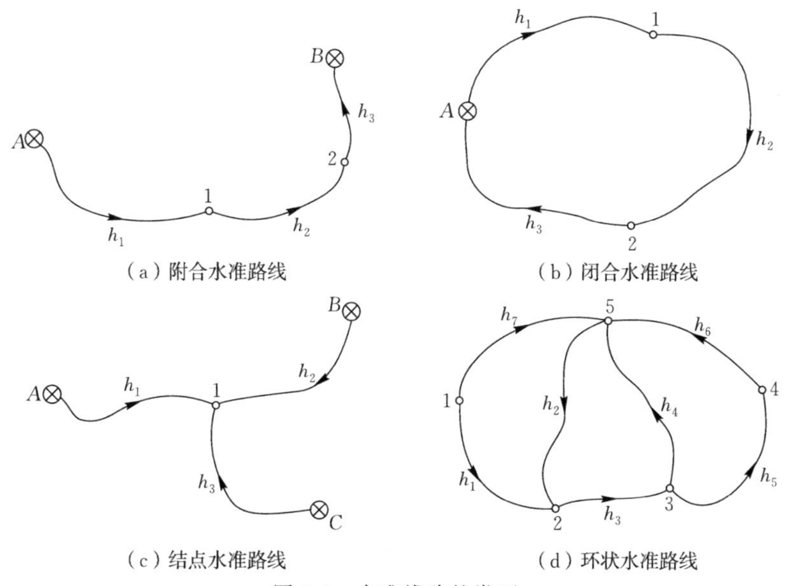

图 6-3　水准线路的类型

二、测角网坐标平差

间接平差要求选取 t 个独立参数。对于测角网，1 个未知点需要 2 个必要测角，1 个未知点正好有 2 个平面坐标。因此，选择待定点的平面坐标平差值作为未知参数，参数个数和独立性符合要求，而且待定点坐标往往是直接所需的量，解题结果便于应用。选择待定点坐标平差值作为未知参数的间接平差方法称为**坐标平差法**。

如图 6-4 所示，角度观测值 L_i 涉及未知点 i、j、k 点，如果选择 3 点的 6 个坐标平差值作为未知参数，则观测值的平差值 $\hat{L}_i$ 是它们的函数，由此建立间接平差的误差方程。

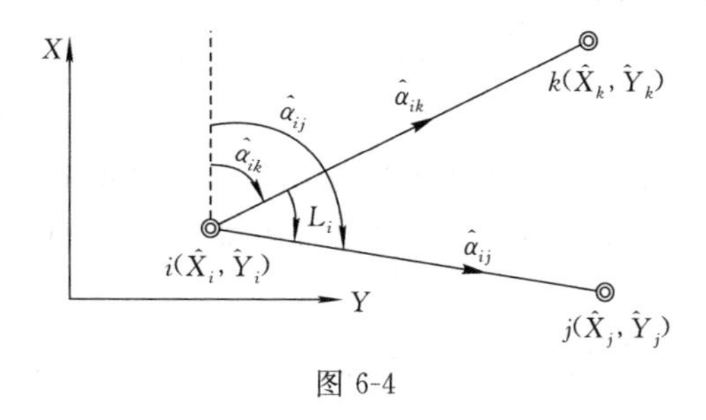

图 6-4

（1）由方位角建立误差方程。

$$\hat{L}_i = \hat{\alpha}_{ij} - \hat{\alpha}_{ik} \tag{6-14}$$

$$\left.\begin{aligned}\hat{\alpha}_{ij}&=\arctan\frac{\hat{Y}_j-\hat{Y}_i}{\hat{X}_j-\hat{X}_i}\\\hat{\alpha}_{ik}&=\arctan\frac{\hat{Y}_k-\hat{Y}_i}{\hat{X}_k-\hat{X}_i}\end{aligned}\right\}\tag{6-15}$$

(2)方位角函数的线性化(在坐标近似值处)。

$$\hat{\alpha}_{ij}=\alpha_{ij}^0+\delta\hat{\alpha}_{ij}$$

$$\alpha_{ij}^0=\arctan\frac{Y_j^0-Y_i^0}{X_j^0-X_i^0}$$

$$\delta\hat{\alpha}_{ij}=\left(\frac{\partial\hat{\alpha}_{ij}}{\partial\hat{X}_i}\right)_0\hat{x}_i+\left(\frac{\partial\hat{\alpha}_{ij}}{\partial\hat{Y}_i}\right)_0\hat{y}_i+\left(\frac{\partial\hat{\alpha}_{ij}}{\partial\hat{X}_j}\right)_0\hat{x}_j+\left(\frac{\partial\hat{\alpha}_{ij}}{\partial\hat{Y}_j}\right)_0\hat{y}_j\tag{6-16}$$

$\delta\hat{\alpha}_{ik}^0$ 表达式中各系数项为

$$\left(\frac{\partial\hat{\alpha}_{ij}}{\partial\hat{X}_i}\right)_0=\frac{\dfrac{Y_j^0-Y_i^0}{(X_j^0-X_i^0)^2}}{1+\left(\dfrac{Y_j^0-Y_i^0}{X_j^0-X_i^0}\right)^2}=\frac{\Delta Y_{ij}^0}{(S_{ij}^0)^2}=\frac{\sin\alpha_{ij}^0}{S_{ij}^0}\ (※)$$

> ※ $(\arctan x)'=\dfrac{1}{1+x^2}$
>
> $(\mathrm{arccot}\,x)'=-\dfrac{1}{1+x^2}$

同理得

$$\left(\frac{\partial\hat{\alpha}_{ij}}{\partial\hat{Y}_i}\right)_0=-\frac{\Delta X_{ij}^0}{(S_{ij}^0)^2}=-\frac{\cos\alpha_{ij}^0}{S_{ij}^0}$$

$$\left(\frac{\partial\hat{\alpha}_{ij}}{\partial\hat{X}_j}\right)_0=-\frac{\Delta Y_{ij}^0}{(S_{ij}^0)^2}=-\frac{\sin\alpha_{ij}^0}{S_{ij}^0}$$

$$\left(\frac{\partial\hat{\alpha}_{ij}}{\partial\hat{Y}_j}\right)_0=\frac{\Delta X_{ij}^0}{(S_{ij}^0)^2}=\frac{\cos\alpha_{ij}^0}{S_{ij}^0}$$

$\hat{\alpha}_{ik}$ 的线性化同理。将上述偏导数代入方位角改正数项,并考虑方位角改正数通常以角秒为单位,得

$$\delta\hat{\alpha}_{ij}=\frac{\rho''\Delta Y_{ij}^0}{(S_{ij}^0)^2}\hat{x}_i-\frac{\rho''\Delta X_{ij}^0}{(S_{ij}^0)^2}\hat{y}_i-\frac{\rho''\Delta Y_{ij}^0}{(S_{ij}^0)^2}\hat{x}_j+\frac{\rho''\Delta X_{ij}^0}{(S_{ij}^0)^2}\hat{y}_j\tag{6-17}$$

或

$$\delta\hat{\alpha}_{ij}=\frac{\rho''\sin\alpha_{ij}^0}{S_{ij}^0}\hat{x}_i-\frac{\rho''\cos\alpha_{ij}^0}{S_{ij}^0}\hat{y}_i-\frac{\rho''\sin\alpha_{ij}^0}{S_{ij}^0}\hat{x}_j+\frac{\rho''\cos\alpha_{ij}^0}{S_{ij}^0}\hat{y}_j\tag{6-18}$$

式(6-17)和式(6-18)称为坐标方位角改正数方程,其单位是角秒。

特别地,如果某个测站点的坐标为已知,如 i 点为已知点,则有 $\hat{x}_i=\hat{y}_i=0$。此时,方位角改正数方程变为

$$\delta\hat{\alpha}_{ij}=-\frac{\rho''\Delta Y_{ij}^0}{(S_{ij}^0)^2}\hat{x}_j+\frac{\rho''\Delta X_{ij}^0}{(S_{ij}^0)^2}\hat{y}_j$$

如果 i、j 两点均为已知点,则坐标方位角改正数方程为 $\delta\hat{\alpha}_{ij}=0$。可以得出 $\delta\hat{\alpha}_{ji}=\delta\hat{\alpha}_{ij}$,即同一边的正反坐标方位角改正数相等。

(3)改正数方程的建立。

$$L_i + v_i = \hat{\alpha}_{ij} - \hat{\alpha}_{ik} \tag{6-19}$$

将 $\alpha = \alpha^0 + \delta\alpha$ 代入,则有如下误差方程

$$v_i = \delta\hat{\alpha}_{ij} - \delta\hat{\alpha}_{ik} - l_i \tag{6-20}$$

式中,$l_i = L_i - (\alpha_{ij}^0 - \alpha_{ik}^0)$。将式(6-16)代入式(6-20)得误差方程为

$$v_i = \rho''\left[\frac{\Delta Y_{ij}^0}{(S_{ij}^0)^2} - \frac{\Delta Y_{ik}^0}{(S_{ik}^0)^2}\right]\hat{x}_i - \rho''\left[\frac{\Delta X_{ij}^0}{(S_{ij}^0)^2} - \frac{\Delta X_{ik}^0}{(S_{ik}^0)^2}\right]\hat{y}_i -$$

$$\rho''\frac{\Delta Y_{ij}^0}{(S_{ij}^0)^2}\hat{x}_j + \rho''\frac{\Delta X_{ij}^0}{(S_{ij}^0)^2}\hat{y}_j + \rho''\frac{\Delta Y_{ik}^0}{(S_{ik}^0)^2}\hat{x}_k - \rho''\frac{\Delta X_{ik}^0}{(S_{ik}^0)^2}\hat{y}_k - l_i$$

所得结果为线性化的角度观测值误差方程。如果其中某个控制点坐标为已知,则在上述误差方程中其相应的坐标改正项为零。

综上所述,建立角度观测值误差方程的步骤为:

(1)选择待定控制点的坐标作为未知参数。

(2)计算参数的近似值,边长、方位角的近似值。

(3)建立以待定点坐标为未知参数的误差方程,并将误差方程线性化。

(4)利用已知控制点的坐标和待定点的近似坐标计算各边的近似方位角和近似边长。

(5)利用近似方位角和近似边长计算误差方程各系数项和常数项,并列出线性化误差方程。

三、测边网坐标平差

测边网的观测值为边长。如果以未知点坐标作为参数进行间接平差,则称为测边网坐标平差。

如图 6-5 所示,其中 j、k 为控制点,利用测距仪测量了两点的水平距离 L_i。选择 j、k 点的坐标平差值为未知参数,令 $\hat{X}_j = X_j^0 + \hat{x}_j$,$\hat{Y}_j = Y_j^0 + \hat{y}_j$,$\hat{X}_k = X_k^0 + \hat{x}_k$,$\hat{Y}_k = Y_k^0 + \hat{y}_k$,$X^0$、$Y^0$ 为坐标近似值,$\hat{x}$、$\hat{y}$ 为坐标改正数。

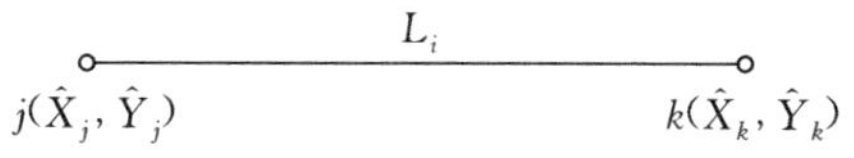

L_i

$j(\hat{X}_j, \hat{Y}_j)$　　$k(\hat{X}_k, \hat{Y}_k)$

图 6-5

(1)由坐标平差值建立距离观测值的误差方程。

$$\hat{L}_i = \sqrt{(\hat{X}_k - \hat{X}_j)^2 + (\hat{Y}_k - \hat{Y}_j)^2}\ (= \hat{S}_i) \tag{6-21}$$

等式右边为由坐标平差值计算距离的函数,简便起见,用 $\hat{S}_i$ 表示,其近似值为 $S_i^0 = \sqrt{(X_k^0 - X_j^0)^2 + (Y_k^0 - Y_j^0)^2}$。

(2)距离函数 $\hat{S}_i$ 的线性化。

$$\hat{S}_i = S_i^0 + \hat{s}_i$$

式中

$$\hat{s}_i = \left(\frac{\partial \hat{S}_i}{\partial \hat{X}_j}\right)_0 \hat{x}_j + \left(\frac{\partial \hat{S}_i}{\partial \hat{Y}_j}\right)_0 \hat{y}_j + \left(\frac{\partial \hat{S}_i}{\partial \hat{X}_k}\right)_0 \hat{x}_k + \left(\frac{\partial \hat{S}_i}{\partial \hat{Y}_k}\right)_0 \hat{y}_k \tag{6-22}$$

$$\left(\frac{\partial \hat{S}_i}{\partial \hat{X}_j}\right)_0 = -\frac{\Delta X_{jk}^0}{S_i^0},\left(\frac{\partial \hat{S}_i}{\partial \hat{Y}_j}\right)_0 = -\frac{\Delta Y_{jk}^0}{S_i^0},\left(\frac{\partial \hat{S}_i}{\partial \hat{X}_k}\right)_0 = \frac{\Delta X_{jk}^0}{S_i^0},\left(\frac{\partial \hat{S}_i}{\partial \hat{Y}_k}\right)_0 = \frac{\Delta Y_{jk}^0}{S_i^0}$$

特别地,若 j 点为已知点,则其坐标改正数为零,即 $\hat{x}_j=\hat{y}_j=0$,则 $\hat{S}_i$ 变为

$$\hat{S}_i=\frac{\Delta X_{jk}^0}{S_i^0}\hat{x}_k+\frac{\Delta Y_{jk}^0}{S_i^0}\hat{y}_k \tag{6-23}$$

若 k 点为已知点,则有 $\hat{x}_k=\hat{y}_k=0$,$\hat{S}_i$ 变为

$$\hat{S}_i=-\frac{\Delta X_{jk}^0}{S_i^0}\hat{x}_j-\frac{\Delta Y_{jk}^0}{S_i^0}\hat{y}_j \tag{6-24}$$

(3)距离改正数方程的建立。

$$\hat{L}_i=L_i+v_i=S_i^0+\hat{s}_i$$

式中

$$v_i=\hat{s}_i-l_i,\ l_i=L_i-S_i^0$$

距离观测值的误差方程按 jk 方向或按 kj 方向建立,都是相同的。

四、导线网坐标平差

导线网控制测量中,有角度观测值和边长观测值,如果选取未知点坐标作为参数进行间接平差,则称为导线网坐标平差。

导线网的误差方程与测角网、测边网的误差方程的列立方法相同。如图 6-6 所示的导线网中,有 3 个已知点、3 个已知方位角、5 个未知控制点、10 个角度观测值和 7 个距离观测值。导线网必要观测数为 10,可以选取 5 个待定点的坐标作为未知参数,并按坐标平差法进行平差计算。

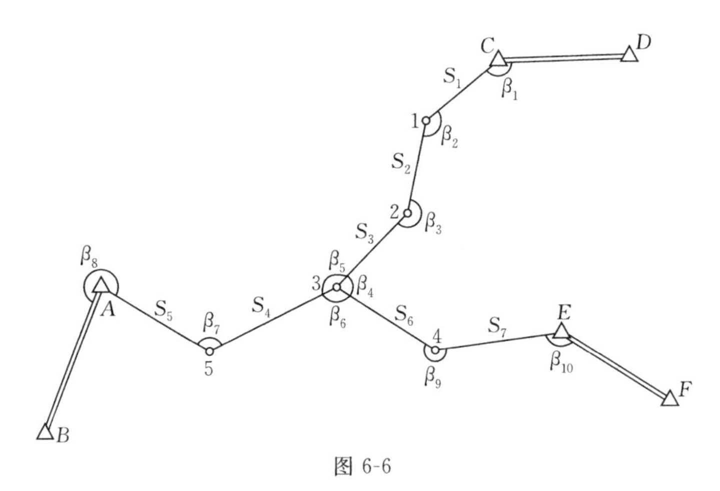

图 6-6

以角度观测值 β_1 和 β_9 为例,列出的误差方程如下

$$v_{\beta_1}=-\rho''\frac{\Delta Y_{C1}^0}{(S_{C1}^0)^2}\hat{x}_1+\rho''\frac{\Delta X_{C1}^0}{(S_{C1}^0)^2}\hat{y}_1-(\beta_1-\alpha_{C1}^0+\alpha_{CD})$$

$$v_{\beta_9}=-\rho''\frac{\Delta Y_{43}^0}{(S_{43}^0)^2}\hat{x}_3+\rho''\frac{\Delta X_{43}^0}{(S_{43}^0)^2}\hat{y}_3+\left[\rho''\frac{\Delta Y_{43}^0}{(S_{43}^0)^2}-\rho''\frac{\Delta Y_{4E}^0}{(S_{4E}^0)^2}\right]\hat{x}_4+$$

$$\left[-\rho''\frac{\Delta X_{43}^0}{(S_{43}^0)^2}+\rho''\frac{\Delta X_{4E}^0}{(S_{4E}^0)^2}\right]\hat{y}_4-(\beta_9-\alpha_{43}^0+\alpha_{4E}^0)$$

以 S_1 和 S_6 为例,列出边长观测值的误差方程为

$$v_{S_1}=\frac{\Delta X_{C1}^0}{S_{C1}^0}\hat{x}_1+\frac{\Delta Y_{C1}^0}{S_{C1}^0}\hat{y}_1-(S_1-S_1^0)$$

$$v_{S_6}=-\frac{\Delta X_{34}^0}{S_{34}^0}\hat{x}_3-\frac{\Delta Y_{34}^0}{S_{34}^0}\hat{y}_3+\frac{\Delta X_{34}^0}{S_{34}^0}\hat{x}_4+\frac{\Delta Y_{34}^0}{S_{34}^0}\hat{y}_4-(S_6-S_6^0)$$

在边角网中，假设角度观测值为独立同精度观测值，常取测角中误差为单位权中误差，即取 $\sigma_0=\sigma_\beta$，则角度观测值的权均为 1。设测边中误差计算公式为 $\sigma_{S_i}=(a+bS_i\times10^{-6})\text{mm}$，其中，$a$ 为常数误差，b 为比例误差，S_i 为所测距离值（以 mm 为单位），则边长观测值的权为

$$p_{S_i}=\frac{\sigma_\beta^2}{(a+bS_i\times10^{-6})^2} \tag{6-25}$$

此时，边长观测值的权的单位为$('')^2/\text{mm}^2$。测角和测边的中误差需根据仪器的精度指标或实测确定。

设角度观测值为 m 个，边长观测值为 n 个，均为独立观测值，则导线网观测值的权矩阵为

$$\boldsymbol{P}=\begin{bmatrix}1&&&&&&\\&1&&&&&\\&&\ddots&&&&\\&&&1&&&\\&&&&p_{S_1}&&\\&&&&&p_{S_2}&&\\&&&&&&\ddots&\\&&&&&&&p_{S_n}\end{bmatrix} \tag{6-26}$$

以上是按间接平差法进行导线网平差，简易平差法是先平均分配角度闭合差，然后代入 $\hat{\beta}$ 求坐标闭合差，最后分配坐标闭合差。

五、GPS 控制网平差

全球定位系统（GPS）广泛应用于测量各领域中，其中控制测量是一项重要的应用领域。GPS 相对定位精度较高，在控制测量中应用广泛。GPS 相对定位是指利用多台接收机同时跟踪接收多个相同卫星的信号，从而确定接收机间相对位置或坐标差的方法。相对定位的精度可以达到 $10^{-9}\sim10^{-8}$ 级。

相对定位的观测值为两点间的坐标差，引入未知点三维坐标作为参数，进行 GPS 相对定位间接平差，可解算高精度的坐标差平差值。平差得到的高精度坐标差与国际 GNSS 服务（IGS）站，或国家高精度 GPS 网及中国地壳观测网络中的基准站进行联测，就可获得测站点在 WGS-84 坐标系中的高精度坐标。

如图 6-7 所示，i、j 为基线 k 的测站点，观测值为 ΔX_{ij}、ΔY_{ij}、ΔZ_{ij}。取 i、j 点坐标平差值（6 个）为未知参数，基线 k 的误差方程为

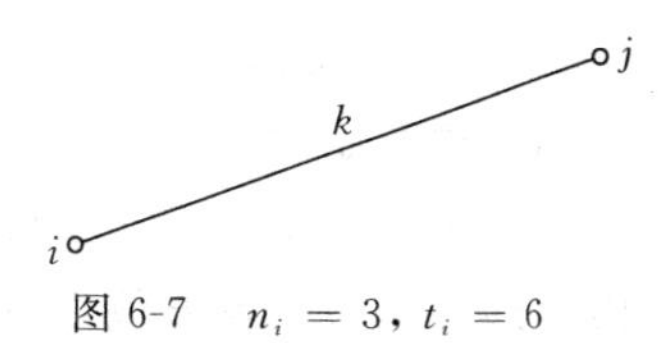

图 6-7　$n_i=3$，$t_i=6$

$$\begin{bmatrix}\Delta\hat{X}_{ij}\\ \Delta\hat{Y}_{ij}\\ \Delta\hat{Z}_{ij}\end{bmatrix}=\begin{bmatrix}\hat{X}_{j}\\ \hat{Y}_{j}\\ \hat{Z}_{j}\end{bmatrix}-\begin{bmatrix}\hat{X}_{i}\\ \hat{Y}_{i}\\ \hat{Z}_{i}\end{bmatrix} \tag{6-27}$$

GPS 控制网平差的原理及算例详见§12-1。

§6-4 间接平差算例

[例 6-4]如图 6-8 所示的测角网,其中 A、B 控制点为已知点,共有 15 个角度观测值。起算数据及观测数据如表 6-3 所示。试按间接平差法求出待定点坐标平差值,并求出其相应的中误差。

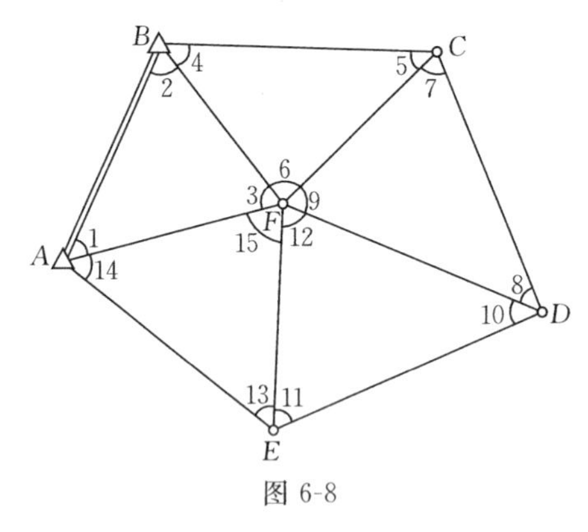

图 6-8

表 6-3

角度观测值						起算数据/m	
编号	° ′ ″	编号	° ′ ″	编号	° ′ ″		
1	49 39 43.9	6	58 01 50.1	11	72 38 29.3	X_A	10 318.123
2	59 43 40.2	7	54 39 30.8	12	40 51 59.9	Y_A	3 280.931
3	70 36 34.2	8	48 37 31.8	13	33 18 28.0	X_B	15 319.243
4	64 38 40.0	9	76 42 59.8	14	32 54 56.4	Y_B	5 223.347
5	57 19 28.7	10	66 29 30.3	15	113 46 39.2		

解:图 6-8 所示三角网为中点多边形,必要观测数为 8,可选择 4 个待定点的坐标作为未知参数。AB 边的边长及坐标方位角计算值为

$$S_{AB}=5\,365.089\,1\text{ m},\ \alpha_{AB}=21°13'33.5''$$

(1)近似量求解。利用正弦定理由 AB 边长起始,可以求出一些边的边长近似值,其值为

$$S^0_{AF}=4\,912.136\,0\text{ m},\ S^0_{BF}=4\,335.407\,2\text{ m},\ S^0_{CF}=4\,654.351\,2\text{ m}$$

$$S^0_{DF}=5\,059.458\,4\text{ m},\ S^0_{EF}=4\,860.919\,9\text{ m}$$

由 AB 边起始,可以算出一些边的近似坐标方位角,其值为

$$\alpha^0_{AF}=\alpha_{AB}+\beta_1=70°53'17.4'',\ \alpha^0_{FE}=137°06'38.2'',\ \alpha^0_{FC}=19°31'41.7'',\ \alpha^0_{FD}=96°14'41.5''$$

由上述近似边长及方位角可以计算待定点的近似坐标。4 个待定点的近似坐标为

$$X^0_C=16\,313.037\,5\text{ m},\ Y^0_C=9\,478.134\,8\text{ m},\ X^0_D=11\,376.062\,7\text{ m},\ Y^0_D=12\,951.752\,8\text{ m}$$

$$X^0_E=8\,364.974\,2\text{ m},\ Y^0_E=11\,230.586\,3\text{ m},X^0_F=11\,926.419\,8\text{ m},\ Y^0_F=7\,922.316\,8\text{ m}$$

(2)误差方程系数计算。测角网的误差方程可按式(6-17)来列立。为了建立误差方程，首先应计算各边的方位角近似值及坐标方位角改正数方程。各边坐标方位角改正数方程系数计算值如表 6-4 所示。误差方程各系数如表 6-5 所示，其中误差方程系数的单位是(″)/dm，常数项的单位是(″)。

表 6-4

方向	$\hat{x}_C$	$\hat{y}_C$	$\hat{x}_D$	$\hat{y}_D$	$\hat{x}_E$	$\hat{y}_E$	$\hat{x}_F$	$\hat{y}_F$
AF							−3.967 6	1.374 8
BF							−2.961 9	−3.723 3
CF	−1.481 4	4.176 7					1.481 4	−4.176 7
DF			−4.052 6	−0.443 5			4.052 6	0.443 5
EF					−2.887 9	−3.109 0	2.887 9	3.109 0
BC	−4.597 0	1.073 7						
CD	1.966 2	2.794 5	−1.966 2	−2.794 5				
DE			−2.951 3	5.163 2	2.951 3	−5.163 2		
AE					−0.601 2	−0.601 2		

表 6-5

角号	$\hat{x}_C$	$\hat{y}_C$	$\hat{x}_D$	$\hat{y}_D$	$\hat{x}_E$	$\hat{y}_E$	$\hat{x}_F$	$\hat{y}_F$	$l/(″)$
1							−3.967 6	1.374 8	0
2							2.961 9	3.723 3	−0.639 5
3							1.005 8	−5.098 1	−1.060 5
4	4.597 0	−1.073 7					−2.961 9	−3.723 3	−1.634 7
5	−3.115 7	−3.103 0					−1.481 4	4.176 7	−0.625 8
6	−1.481 4	4.176 7					4.443 2	−0.453 4	1.060 5
7	−3.447 6	1.382 2	1.966 2	2.794 5			1.481 4	−4.176 7	1.329 6
8	1.966 2	2.794 5	2.086 4	−2.351 1			−4.052 6	−0.443 5	1.070 4
9	1.481 4	−4.176 7	−4.052 6	−0.443 5			2.571 2	4.620 2	0
10			−1.101 3	−5.606 6	−2.951 3	5.163 2	4.052 6	0.443 5	−1.547 1
11			−2.951 3	5.163 2	5.839 3	−2.054 2	−2.887 9	−3.109 0	−2.152 9
12			4.052 6	0.443 5	−2.887 9	−3.109 0	−1.164 7	2.665 5	3.200 0
13					−0.441 0	−2.507 8	2.887 9	3.109 0	2.645 5
14					−2.446 9	−0.601 2	3.967 6	−1.374 8	0.954 5
15					2.887 9	3.109 0	−6.855 6	−1.734 1	0

(3)法方程组成及解算。组成法方程时，设角度观测值的权矩阵为单位矩阵。法方程形式为 $\boldsymbol{B}^{\mathrm{T}}\boldsymbol{P}\boldsymbol{B}\hat{\boldsymbol{x}}-\boldsymbol{B}^{\mathrm{T}}\boldsymbol{P}\boldsymbol{l}=\mathbf{0}$，其中系数矩阵的数值形式为

$$
\begin{bmatrix}
50.9810 & -6.9133 & -8.6799 & -14.9141 & 0 & 0 & -24.8490 & -9.0857 \\
 & 55.3916 & 25.4750 & -0.8553 & 0 & 0 & 6.3181 & -37.1661 \\
 & & 50.9898 & -4.8797 & -25.6870 & -12.2230 & -16.6229 & -8.3722 \\
 & & & 71.8231 & 45.4154 & -40.9331 & -25.6215 & -30.0347 \\
 & & & & 65.6697 & -6.6993 & -56.2413 & -30.1756 \\
 & & & & & 56.8597 & -0.4635 & -11.9720 \\
 & & & & & & 178.6673 & 33.8443 \\
 & & & & & & & 143.7758
\end{bmatrix}
$$

法方程的常数项向量的数值形式为

$\boldsymbol{B}^{\mathrm{T}}\boldsymbol{Pl}=[-9.6152\ \ 12.9557\ \ 25.8737\ \ 0.1763\ \ -20.7490\ \ -20.7223\ \ 12.7997\ \ 21.4388]^{\mathrm{T}}$

法方程的解(单位为 dm)为

$\hat{\boldsymbol{x}}=[-0.1029\ \ 0.2948\ \ 0.1067\ \ 0.1177\ \ -0.3702\ \ -0.2658\ \ -0.0752\ \ 0.1675]^{\mathrm{T}}$

将参数解代入误差方程,得观测值改正数解为

$\boldsymbol{V}=[0.5''\ 1.0''\ 0.1''\ 0.4''\ 0.8''\ -0.1''\ -0.8''\ -0.3''\ -1.3''\ 0.3''\ 0.5''\ -0.3''\ -1.5''\ -0.4''\ -1.7'']^{\mathrm{T}}$

(4)平差值计算。将法方程的参数解与参数近似值相加,得 4 个待定点的坐标平差值为

$\hat{X}_C=16\,313.0272\ \mathrm{m}$, $\hat{Y}_C=9\,478.1643\ \mathrm{m}$, $\hat{X}_D=11\,376.0734\ \mathrm{m}$, $\hat{Y}_D=12\,951.7646\ \mathrm{m}$

$\hat{X}_E=8\,364.9372\ \mathrm{m}$, $\hat{Y}_E=11\,230.5597\ \mathrm{m}$, $\hat{X}_F=11\,926.4123\ \mathrm{m}$, $\hat{Y}_F=7\,922.3335\ \mathrm{m}$

将角度改正数与角度观测值相加,即可得出角度观测值的平差值。

(5)精度评定。单位权中误差的估值为

$$\hat{\sigma}_0=\sqrt{\frac{\boldsymbol{V}^{\mathrm{T}}\boldsymbol{PV}}{r}}=1.2''$$

参数平差值的协因数矩阵为 $\boldsymbol{Q}_{\hat{X}\hat{X}}=\boldsymbol{N}_{BB}^{-1}=(\boldsymbol{B}^{\mathrm{T}}\boldsymbol{PB})^{-1}$。第一个和第二个参数平差值的协因数为第一个待定控制点 C 的坐标平差值的协因数,其值为

$$Q_{\hat{X}_C\hat{X}_C}=0.05188,\ Q_{\hat{Y}_C\hat{Y}_C}=0.06512$$

因此,C 点坐标平差值的中误差为

$$\hat{\sigma}_{\hat{X}_C}=\hat{\sigma}_0\sqrt{Q_{\hat{X}_C\hat{X}_C}}=0.278\ \mathrm{dm}$$

$$\hat{\sigma}_{\hat{Y}_C}=\hat{\sigma}_0\sqrt{Q_{\hat{Y}_C\hat{Y}_C}}=0.311\ \mathrm{dm}$$

C 点的点位中误差为

$$\hat{\sigma}_C=\sqrt{0.278^2+0.311^2}=0.417(\mathrm{dm})$$

同理,可以求出其他控制点坐标平差值的中误差。

[**例 6-5**]如图 6-9 所示的测边网,其中 A、B 点为已知点,共有 13 个边长观测值,边长观测值中误差计算公式为 $\sigma_i=(2+2D_i\times10^{-6})\mathrm{mm}$(其中,$D_i$ 取以 mm 为单位的数值)。起算数据及观测数据列于表 6-6 中。试按间接平差的坐标平差法求出待定点的坐标平差值,并评定其精度。

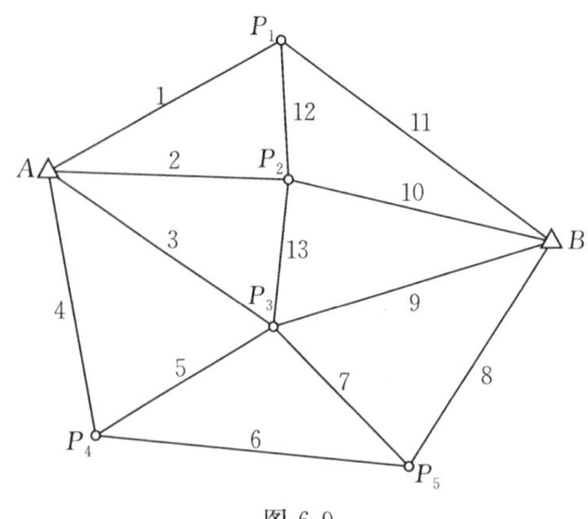

图 6-9

表 6-6

边长观测值/m						起算数据/m	
1	5 805.768	6	6 511.611	11	17 638.992	X_A	18 010.139
2	5 719.250	7	4 558.919	12	2 251.811	Y_A	8 301.000
3	6 119.535	8	12 398.176	13	4 821.494	X_B	13 023.474
4	5 306.251	9	14 279.817			Y_B	27 823.235
5	4 935.066	10	15 746.746				

解：

(1)近似值计算。按坐标平差法进行平差时，选择 5 个待定点的坐标平差值为未知参数，按式(6-22)可列出第一个观测值的误差方程

$$v_1=\frac{\Delta X^0_{AP_1}}{10S^0_1}\hat{x}_1+\frac{\Delta Y^0_{AP_1}}{10S^0_1}\hat{y}_1-(D_1-S^0_1)$$

式中，D_1 是第一个边长观测值，S^0_1 是由 A 点坐标和 P_1 点的近似坐标计算所得边长近似值。因此，误差方程的常数项 $l_1=D_1-S^0_1$ 是边长观测值与近似值之差。误差方程中未知参数的单位是 dm。同理可以列出其他的误差，误差方程数与观测值数相同。为了计算误差方程系数项与常数项，应计算各待定点的近似坐标。这首先需要计算各边的坐标增量。利用余弦定理计算部分所需角度近似值为

$$\angle P_1AB=56°40'06.9'',\ \angle P_1AP_2=22°31'05.4'',\ \angle P_2AP_3=47°55'07.5''$$

$$\angle P_3AP_4=50°34'03.0'',\ \angle AP_4P_3=73°17'08.9'',\ \angle P_3P_4P_5=44°19'58.0''$$

利用上述角度值，可以计算一些边的坐标方位角，其值为

$$\alpha_{AP_1}=47°39'37.3'',\ \alpha_{AP_2}=70°10'42.7'',\ \alpha_{AP_3}=118°05'50.2''$$

$$\alpha_{AP_4}=168°39'53.2'',\ \alpha_{P_4P_5}=106°17'00.2''$$

利用坐标方位角与边长观测值可以计算边的坐标增量，并算出待定点的近似坐标。各待定点的近似坐标为

$X^0_1=21\ 920.462\ 6$ m，$Y^0_1=12\ 592.423\ 0$ m，$X^0_2=19\ 949.481\ 1$ m，$Y^0_2=13\ 681.406\ 4$ m

$X^0_3=15\ 128.020\ 4$ m，$Y^0_3=13\ 699.342\ 4$ m，$X^0_4=12\ 807.391\ 4$ m，$Y^0_4=9\ 343.936\ 9$ m

$X^0_5=10\ 981.611\ 6$ m，$Y^0_5=15\ 594.345\ 4$ m

(2)误差方程列出。利用近似坐标可以算出各边的坐标增量与近似边长值，将其代入误差方程，可求出误差方程的数值形式为

$$v_1=\frac{\Delta X^0_{AP_1}}{10S^0_1}\hat{x}_1+\frac{\Delta Y^0_{AP_1}}{10S^0_1}\hat{y}_1-(D_1-S^0_1)=0.067\ 4\hat{x}_1+0.073\ 9\hat{y}_1$$

$$v_2=0.033\ 9\hat{x}_2+0.094\ 1\hat{y}_2$$

$$v_3=-0.047\ 1\hat{x}_3+0.088\ 2\hat{y}_3$$

$$v_4=-0.098\ 1\hat{x}_4+0.019\ 7\hat{y}_4$$

$$v_5=0.047\ 0\hat{x}_3+0.088\ 3\hat{y}_3-0.047\ 0\hat{x}_4-0.088\ 3\hat{y}_4$$

$$v_6=0.028\ 0\hat{x}_4-0.096\ 0\hat{y}_4-0.028\ 0\hat{x}_5+0.096\ 0\hat{y}_5$$

$$v_7=0.091\ 0\hat{x}_3-0.041\ 6\hat{y}_3-0.091\ 0\hat{x}_5+0.041\ 6\hat{y}_5$$

$$v_8 = -0.0165\hat{x}_5 - 0.0986\hat{y}_5 + 0.0071$$

$$v_9 = 0.0147\hat{x}_3 - 0.0989\hat{y}_3 + 0.0099$$

$$v_{10} = 0.0440\hat{x}_2 - 0.0898\hat{y}_2 + 0.0280$$

$$v_{11} = 0.0504\hat{x}_1 - 0.0863\hat{y}_1$$

$$v_{12} = 0.0875\hat{x}_1 - 0.0484\hat{y}_1 - 0.0875\hat{x}_2 + 0.0484\hat{y}_2$$

$$v_{13} = 0.1\hat{x}_2 - 0.0004\hat{y}_2 - 0.1\hat{x}_3 + 0.0004\hat{y}_3$$

误差方程中,未知参数的单位是 dm,观测值改正数、常数项的单位均是 m。

(3)法方程组成及解算。为了组成法方程,应确定观测值的权。设以 6 km 边长观测值中误差为单位权中误差,则边长观测值权的计算公式为

$$p_i = \frac{(2 + 2\times 6)^2}{(2 + 2D_i \times 10^{-6})^2}$$

法方程的形式为 $\boldsymbol{B}^{\mathrm{T}}\boldsymbol{PB}\hat{\boldsymbol{x}} - \boldsymbol{B}^{\mathrm{T}}\boldsymbol{Pl} = \boldsymbol{0}$。由法方程得参数解为

$\hat{x}_1 = -0.0428$ dm, $\hat{y}_1 = 0.0342$ dm, $\hat{x}_2 = -0.0379$ dm, $\hat{y}_2 = 0.0462$ dm, $\hat{x}_3 = -0.0227$ dm

$\hat{y}_3 = 0.0202$ dm, $\hat{x}_4 = -0.0041$ dm, $\hat{y}_4 = 0.0205$ dm, $\hat{x}_5 = -0.0120$ dm, $\hat{y}_5 = 0.0345$ dm

将参数解代入误差方程后,可以得到观测值的改正数为

$v_1 = -0.0004$ m, $v_2 = 0.0031$ m, $v_3 = 0.0028$ m, $v_4 = 0.0008$ m, $v_5 = -0.0009$ m

$v_6 = 0.0015$ m, $v_7 = -0.0004$ m, $v_8 = 0.0040$ m, $v_9 = 0.0076$ m, $v_{10} = 0.0222$ m

$v_{11} = -0.0051$ m, $v_{12} = 0.0002$ m, $v_{13} = -0.0015$ m

(4)观测值及控制点坐标的平差值。将观测值改正数及参数解与观测值及参数的近似值相加,可以获得观测值平差值及控制点坐标平差值。观测值平差值为

$\hat{D}_1 = 5\,805.768$ m, $\hat{D}_2 = 5\,719.253$ m, $\hat{D}_3 = 6\,119.538$ m, $\hat{D}_4 = 5\,306.252$ m

$\hat{D}_5 = 4\,935.065$ m, $\hat{D}_6 = 6\,511.613$ m, $\hat{D}_7 = 4\,558.919$ m, $\hat{D}_8 = 12\,398.180$ m

$\hat{D}_9 = 14\,279.825$ m, $\hat{D}_{10} = 15\,746.768$ m, $\hat{D}_{11} = 17\,638.987$ m, $\hat{D}_{12} = 2\,251.811$ m

$\hat{D}_{13} = 4\,821.492$ m

待定点坐标平差值为

$\hat{X}_1 = 21\,920.458$ m, $\hat{Y}_1 = 12\,592.426$ m, $\hat{X}_2 = 19\,949.477$ m, $\hat{Y}_2 = 13\,681.411$ m

$\hat{X}_3 = 15\,128.018$ m, $\hat{Y}_3 = 13\,699.344$ m, $\hat{X}_4 = 12\,807.391$ m, $\hat{Y}_4 = 9\,343.939$ m

$\hat{X}_5 = 10\,981.610$ m, $\hat{Y}_5 = 15\,594.349$ m

(5)精度评定。单位权中误差估值为

$$\hat{\sigma}_0 = \sqrt{\frac{\boldsymbol{V}^{\mathrm{T}}\boldsymbol{PV}}{r}} = 7\ \mathrm{mm}$$

参数平差值的协因数矩阵为 $\boldsymbol{Q}_{\hat{X}\hat{X}} = \boldsymbol{N}_{BB}^{-1} = (\boldsymbol{B}^{\mathrm{T}}\boldsymbol{PB})^{-1}$,其中第一个待定点坐标平差值的协因数为

$$Q_{\hat{X}_1\hat{X}_1} = 98.1116,\ Q_{\hat{Y}_1\hat{Y}_1} = 72.6204$$

第一个待定点坐标平差值的中误差为

$$\sigma_{\hat{X}_1} = \hat{\sigma}_0\sqrt{Q_{\hat{X}_1\hat{X}_1}} = 6.6\ \mathrm{mm}$$

$$\sigma_{\hat{Y}_1} = \hat{\sigma}_0\sqrt{Q_{\hat{Y}_1\hat{Y}_1}} = 5.6\ \mathrm{mm}$$

同理，可以求出其他控制点坐标的中误差。

[例 6-6]如图 6-10 所示的导线网，其中 A、B 点为已知点，已知 AC、BD 边的坐标方位角，有 12 个角度和 8 个距离观测值，起算数据及观测数据列于表 6-7 中。设测角中误差为 $\sigma_\beta=3''$，测距中误差计算公式为 $\sigma_{S_i}=(2+2S_i\times10^{-6})\mathrm{mm}$，$S_i$ 以 mm 为单位。试按坐标平差法求出待定点的坐标平差值，并评定其精度。

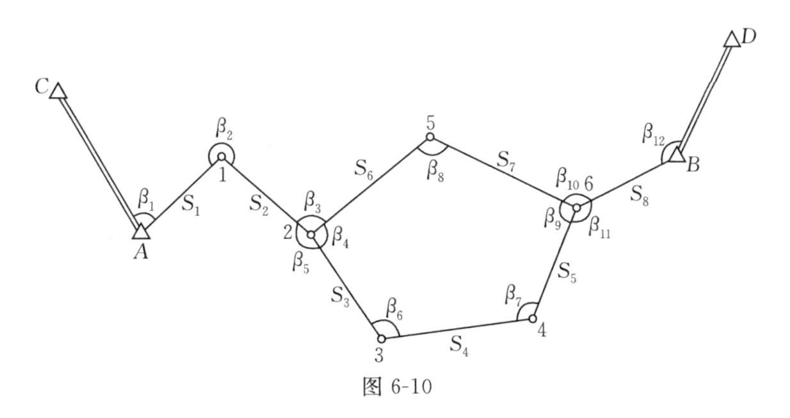

图 6-10

表 6-7

角度观测值/(° ′ ″)				距离观测值/m		起算数据	
1	128 23 39.7	9	69 57 03.9	1	2 489.348	X_A	3 032.189 m
2	220 34 46.4	10	156 31 45.9	2	3 831.337	Y_A	8 027.347 m
3	91 51 21.7	11	156 31 10.2	3	3 348.220	X_B	2 735.814 m
4	78 29 39.6	12	137 28 39.4	4	4 390.357	Y_B	26 180.401 m
5	189 38 58.7			5	4 282.245	α_{AC}	321°34′23.3″
6	146 34 12.5			6	5 217.311	α_{BD}	41°17′58.3″
7	129 52 27.5			7	6 638.344		
8	115 06 37.3			8	2 912.738		

解：$n=12+8=20$，$t=12$。引入 6 个未知点的 12 个坐标平差值作为参数。

(1)近似值计算。各边坐标方位角近似值为

$$\alpha_{A1}=89°58'03.0'',\ \alpha_{12}=130°32'49.4'',\ \alpha_{23}=120°53'50.7''$$

$$\alpha_{34}=87°28'03.2'',\ \alpha_{25}=42°24'11.1'',\ \alpha_{46}=37°20'30.7'',\ \alpha_{6B}=83°49'20.5''$$

各待定点的近似坐标值为

$$X_1^0=X_A+S_1\cos\alpha_{A1}^0=3\,033.601\,0\ \mathrm{m},Y_1^0=Y_A+S_1\sin\alpha_{A1}^0=10\,516.694\,6\ \mathrm{m}$$

$$X_2^0=542.954\,9\ \mathrm{m},\quad Y_2^0=13\,428.021\,6\ \mathrm{m},\quad X_3^0=-1\,176.364\,7\ \mathrm{m},\quad Y_3^0=16\,301.089\,2\ \mathrm{m}$$

$$X_4^0=-982.376\,3\ \mathrm{m},\ Y_4^0=20\,687.158\,4\ \mathrm{m},\ X_5^0=4\,395.516\,7\ \mathrm{m},\quad Y_5^0=16\,946.274\,2\ \mathrm{m}$$

$$X_6^0=2\,422.139\,2\ \mathrm{m},\ Y_6^0=23\,284.637\,3\ \mathrm{m}$$

(2)误差方程建立。按坐标平差法进行平差时，以各待定点坐标作为未知参数。角度观测值误差方程的数值形式为

$$v_{\beta_1}=-\rho''\frac{\Delta Y_{A1}^0}{(S_{A1}^0)^2}\hat{x}_1+\rho''\frac{\Delta X_{A1}^0}{(S_{A1}^0)}\hat{y}_1=-82.859\,0\hat{x}_1+0.047\,0\hat{y}_1$$

$$v_{\beta_2}=123.767\,6\hat{x}_1+34.950\,5\hat{y}_1-40.908\,7\hat{x}_2-34.994\,5\hat{y}_2$$

$v_{\beta_3} = -40.9087\hat{x}_1 - 34.9975\hat{y}_1 + 67.5686\hat{x}_2 + 5.8043\hat{y}_2 - 26.6599\hat{x}_5 + 29.1932\hat{y}_5$

$v_{\beta_4} = 26.2020\hat{x}_2 + 60.8271\hat{y}_2 - 52.8619\hat{x}_3 - 31.6340\hat{y}_3 + 26.6599\hat{x}_5 - 29.1932\hat{y}_5$

$v_{\beta_5} = 40.9087\hat{x}_1 + 34.9975\hat{y}_1 - 93.7706\hat{x}_2 - 66.6314\hat{y}_2 + 52.8619\hat{x}_3 + 31.6340\hat{y}_3$

$v_{\beta_6} = -52.8619\hat{x}_2 - 31.6340\hat{y}_2 + 99.7974\hat{x}_3 + 29.5581\hat{y}_3 - 46.9354\hat{x}_4 + 2.0759\hat{y}_4$

$v_{\beta_7} = -46.9354\hat{x}_3 + 2.0759\hat{y}_3 + 76.1523\hat{x}_4 - 40.3705\hat{y}_4 - 29.2169\hat{x}_6 + 38.2946\hat{y}_6$

$v_{\beta_8} = 26.6599\hat{x}_2 - 29.1932\hat{y}_2 - 56.3266\hat{x}_5 + 19.9568\hat{y}_5 + 29.6666\hat{x}_6 + 9.2364\hat{y}_6 - 2.4''$

$v_{\beta_9} = -29.2169\hat{x}_4 + 38.2946\hat{y}_4 + 29.6666\hat{x}_5 + 9.2364\hat{y}_5 - 0.4497\hat{x}_6 - 47.5310\hat{y}_6 + 1.6''$

$v_{\beta_{10}} = -29.6666\hat{x}_5 - 9.2364\hat{y}_5 + 100.0704\hat{x}_6 + 1.6101\hat{y}_6 - 18.3''$

$v_{\beta_{11}} = 29.2169\hat{x}_4 - 38.2946\hat{y}_4 - 99.6207\hat{x}_6 + 45.9209\hat{y}_6 + 16.7''$

$v_{\beta_{12}} = -70.4038\hat{x}_6 + 7.6263\hat{y}_6 + 15.1''$

距离观测值的误差方程为

$$v_{S_1} = \frac{\Delta X_{A1}^0}{S_{A1}^0}\hat{x}_1 + \frac{\Delta Y_{A1}^0}{S_{A1}^0}\hat{y}_1 = 0.0006\hat{x}_1 + \hat{y}_1$$

$$v_{S_2} = 0.6501\hat{x}_1 - 0.7599\hat{y}_1 - 0.6501\hat{x}_2 + 0.7599\hat{y}_2$$

$$v_{S_3} = 0.5135\hat{x}_2 - 0.8581\hat{y}_2 - 0.5135\hat{x}_3 + 0.8581\hat{y}_3$$

$$v_{S_4} = -0.0442\hat{x}_3 - 0.9990\hat{y}_3 + 0.0442\hat{x}_4 + 0.9990\hat{y}_4$$

$$v_{S_5} = -0.7950\hat{x}_4 - 0.6066\hat{y}_4 + 0.7950\hat{x}_6 + 0.6066\hat{y}_6$$

$$v_{S_6} = -0.7384\hat{x}_2 - 0.6743\hat{y}_2 + 0.7384\hat{x}_5 + 0.6743\hat{y}_5$$

$$v_{S_7} = 0.2973\hat{x}_5 - 0.9548\hat{y}_5 - 0.2973\hat{x}_6 + 0.9548\hat{y}_6 + 0.1076\ \text{m}$$

$$v_{S_8} = -0.1077\hat{x}_6 - 0.9941\hat{y}_6 - 0.0349\ \text{m}$$

(3)法方程组成及解算。间接平差法方程的形式为 $\boldsymbol{B}^{\mathrm{T}}\boldsymbol{P}\boldsymbol{B}\hat{\boldsymbol{x}} - \boldsymbol{B}^{\mathrm{T}}\boldsymbol{P}\boldsymbol{l} = \boldsymbol{0}$,法方程解为 $\hat{\boldsymbol{x}} = (\boldsymbol{B}^{\mathrm{T}}\boldsymbol{P}\boldsymbol{B})^{-1}\boldsymbol{B}^{\mathrm{T}}\boldsymbol{P}\boldsymbol{l}$。为了组成法方程,应确定观测值的权矩阵。设测角中误差为单位权中误差,则角度观测值的权、距离观测值的权、观测值的权矩阵为

$$p_{\beta_i} = 1,\ p_{S_i} = \frac{3^2}{(2 + 2S_i \times 10^{-6})^2}('')^2/\text{mm}^2,\ \boldsymbol{P} = \begin{bmatrix} 1 & & & & & & \\ & 1 & & & & & \\ & & \ddots & & & & \\ & & & 1 & & & \\ & & & & p_{S_1} & & \\ & & & & & \ddots & \\ & & & & & & p_{S_8} \end{bmatrix}$$

其中,S_i 为边长观测值。法方程参数解为

$$\hat{x}_1 = 0.0029\ \text{m},\ \hat{y}_1 = 0.0031\ \text{m},\quad \hat{x}_2 = 0.0609\ \text{m},\ \hat{y}_2 = -0.0512\ \text{m}$$

$$\hat{x}_3 = 0.0998\ \text{m},\ \hat{y}_3 = -0.0958\ \text{m},\ \hat{x}_4 = 0.1187\ \text{m},\ \hat{y}_4 = -0.1099\ \text{m}$$

$$\hat{x}_5 = 0.1014\ \text{m},\ \hat{y}_5 = -0.0327\ \text{m},\ \hat{x}_6 = 0.2106\ \text{m},\ \hat{y}_6 = -0.0170\ \text{m}$$

将上述参数解代入误差方程,可以得到观测值改正数解为

$$v_{\beta_1}=-0.2'',\ v_{\beta_2}=-0.2'',\ v_{\beta_3}=-0.1'',\ v_{\beta_4}=-0.1'',\ v_{\beta_5}=0.2'',\ v_{\beta_6}=-0.3''$$

$$v_{\beta_7}=-0.3'',\ v_{\beta_8}=-0.04'',\ v_{\beta_9}=-0.1'',\ v_{\beta_{10}}=-0.1'',\ v_{\beta_{11}}=0.2'',\ v_{\beta_{12}}=-0.2''$$

$$v_{S_1}=3.1\ \text{mm},\ v_{S_2}=-79.0\ \text{mm},\ v_{S_3}=-58.2\ \text{mm},\ v_{S_4}=-13.2\ \text{mm}$$

$$v_{S_5}=96.7\ \text{mm},\ v_{S_6}=42.4\ \text{mm},\ v_{S_7}=40.6\ \text{mm},\ v_{S_8}=13.0\ \text{mm}$$

(4)平差值计算。待定点坐标平差值为

$$\hat{X}_1=3\,033.604\ \text{m},\ \hat{Y}_1=10\,516.698\ \text{m},\ \hat{X}_2=543.016\ \text{m},\ \hat{Y}_2=13\,427.970\ \text{m}$$

$$\hat{X}_3=-1\,176.265\ \text{m},\ \hat{Y}_3=16\,300.993\ \text{m},\ \hat{X}_4=-982.258\ \text{m},\ \hat{Y}_4=20\,687.048\ \text{m}$$

$$\hat{X}_5=4\,395.618\ \text{m},\ \hat{Y}_5=16\,946.242\ \text{m},\ \hat{X}_6=2\,422.350\ \text{m},\ \hat{Y}_6=23\,284.566\ \text{m}$$

(5)精度评定。单位权中误差估值为

$$\hat{\sigma}_0=\sqrt{\frac{\boldsymbol{V}^{\mathrm{T}}\boldsymbol{PV}}{n-t}}=0.2''$$

第一个待定点坐标平差值的协因数为

$$Q_{\hat{X}_1\hat{X}_1}=0.000\,12,\ Q_{\hat{Y}_1\hat{Y}_1}=4.450\,07$$

第一个待定点坐标平差值的中误差为

$$\hat{\sigma}_{\hat{X}_1}=\hat{\sigma}_0\sqrt{Q_{\hat{X}_1\hat{X}_1}}=0.002\ \text{m}$$

$$\hat{\sigma}_{\hat{Y}_1}=\hat{\sigma}_0\sqrt{Q_{\hat{Y}_1\hat{Y}_1}}=0.478\ \text{m}$$

同理,可以求出其他控制点坐标平差值的中误差。

[**例 6-7**]如图 6-11 所示,利用 4 台 GPS 接收机同时在 4 个测站点上进行数据采集。经数据处理后得 6 个基线向量观测值如表 6-8 所示。现假设 G1 点坐标为已知,其坐标值为

$$X_1=-2\,623\,811.172\,6\ \text{m},\ Y_1=3\,976\,788.172\,3\ \text{m},$$

$$Z_1=4\,226\,313.003\,2\ \text{m}$$

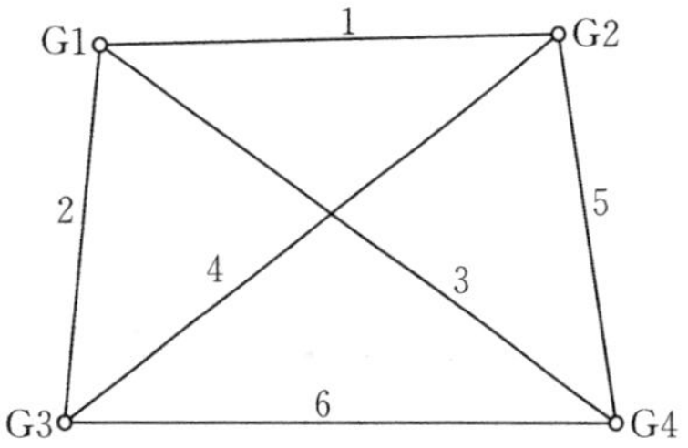

为了方便起见,假设各基线观测值的精度相同且相互独立,并假设每个基线向量观测值协方差矩阵为对角矩阵,且各元素值相同。试求基线观测值的平差值及各待定点的坐标平差值。

图 6-11

表 6-8

编号	起点	终点	ΔX	ΔY	ΔZ
1	G1	G2	−1 792.316 1	−714.622 9	−321.815 4
2	G1	G3	268.907 4	4 024.551 1	−3 533.844 8
3	G1	G4	−3 553.970 5	1 558.819 6	−3 517.528 0
4	G2	G3	2 061.225 1	4 739.177 5	−3 212.026 5
5	G2	G4	−1 761.649 4	2 273.454 6	−3 195.720 3
6	G3	G4	−3 822.856 6	−2 465.720 8	16.303 7

解:GPS 控制网中含有 6 条基线观测值,观测值数为 18,有 3 个待定点,必要观测值数为 9。选择 3 个待定点坐标为未知参数,未知参数的近似值为

$$X_2^0 = -2\,625\,603.488\,7\text{ m}, Y_2^0 = 3\,976\,073.549\,4\text{ m}, Z_2^0 = 4\,225\,991.187\,8\text{ m}$$

$$X_3^0 = -2\,623\,542.265\,2\text{ m}, Y_3^0 = 3\,980\,812.723\,4\text{ m}, Z_3^0 = 4\,222\,779.158\,4\text{ m}$$

$$X_4^0 = -2\,627\,365.143\,1\text{ m}, Y_4^0 = 3\,978\,346.991\,9\text{ m}, Z_4^0 = 4\,222\,795.475\,2\text{ m}$$

上述近似值可由 G1 点坐标值分别与第一、二、三个观测值相加而求得。误差方程的形式为 $\boldsymbol{V} = \boldsymbol{B}\hat{\boldsymbol{x}} - \boldsymbol{l}, \boldsymbol{l} = \boldsymbol{L} - \boldsymbol{F}(\boldsymbol{X}^0)$，误差方程数值形式如下，其中，未知参数、常数项及改正数的单位均为 m。

$$\begin{bmatrix} v_1 \\ v_2 \\ v_3 \\ v_4 \\ v_5 \\ v_6 \\ v_7 \\ v_8 \\ v_9 \\ v_{10} \\ v_{11} \\ v_{12} \\ v_{13} \\ v_{14} \\ v_{15} \\ v_{16} \\ v_{17} \\ v_{18} \end{bmatrix} = \begin{bmatrix} 1 & 0 & 0 & 0 & 0 & 0 & 0 & 0 & 0 \\ 0 & 1 & 0 & 0 & 0 & 0 & 0 & 0 & 0 \\ 0 & 0 & 1 & 0 & 0 & 0 & 0 & 0 & 0 \\ 0 & 0 & 0 & 1 & 0 & 0 & 0 & 0 & 0 \\ 0 & 0 & 0 & 0 & 1 & 0 & 0 & 0 & 0 \\ 0 & 0 & 0 & 0 & 0 & 1 & 0 & 0 & 0 \\ 0 & 0 & 0 & 0 & 0 & 0 & 1 & 0 & 0 \\ 0 & 0 & 0 & 0 & 0 & 0 & 0 & 1 & 0 \\ 0 & 0 & 0 & 0 & 0 & 0 & 0 & 0 & 1 \\ -1 & 0 & 0 & 1 & 0 & 0 & 0 & 0 & 0 \\ 0 & -1 & 0 & 0 & 1 & 0 & 0 & 0 & 0 \\ 0 & 0 & -1 & 0 & 0 & 1 & 0 & 0 & 0 \\ -1 & 0 & 0 & 0 & 0 & 0 & 1 & 0 & 0 \\ 0 & -1 & 0 & 0 & 0 & 0 & 0 & 1 & 0 \\ 0 & 0 & -1 & 0 & 0 & 0 & 0 & 0 & 1 \\ 0 & 0 & 0 & -1 & 0 & 0 & 1 & 0 & 0 \\ 0 & 0 & 0 & 0 & -1 & 0 & 0 & 1 & 0 \\ 0 & 0 & 0 & 0 & 0 & -1 & 0 & 0 & 1 \end{bmatrix} \begin{bmatrix} \hat{x}_2 \\ \hat{y}_2 \\ \hat{z}_2 \\ \hat{x}_3 \\ \hat{y}_3 \\ \hat{z}_3 \\ \hat{x}_4 \\ \hat{y}_4 \\ \hat{z}_4 \end{bmatrix} - \begin{bmatrix} 0 \\ 0 \\ 0 \\ 0 \\ 0 \\ 0 \\ 0 \\ 0 \\ 0 \\ 0.001\,6 \\ 0.003\,5 \\ 0.002\,9 \\ 0.005\,0 \\ 0.012\,1 \\ -0.007\,7 \\ 0.021\,3 \\ 0.010\,7 \\ -0.013\,1 \end{bmatrix}$$

法方程形式为 $\boldsymbol{B}^{\mathrm{T}}\boldsymbol{P}\boldsymbol{B}\hat{\boldsymbol{x}} - \boldsymbol{B}^{\mathrm{T}}\boldsymbol{P}\boldsymbol{l} = \boldsymbol{0}$，法方程数值形式为

$$\begin{bmatrix} 3 & 0 & 0 & -1 & 0 & 0 & -1 & 0 & 0 \\ 0 & 3 & 0 & 0 & -1 & 0 & 0 & -1 & 0 \\ 0 & 0 & 3 & 0 & 0 & -1 & 0 & 0 & -1 \\ -1 & 0 & 0 & 3 & 0 & 0 & -1 & 0 & 0 \\ 0 & -1 & 0 & 0 & 3 & 0 & 0 & -1 & 0 \\ 0 & 0 & -1 & 0 & 0 & 3 & 0 & 0 & -1 \\ -1 & 0 & 0 & -1 & 0 & 0 & 3 & 0 & 0 \\ 0 & -1 & 0 & 0 & -1 & 0 & 0 & 3 & 0 \\ 0 & 0 & -1 & 0 & 0 & -1 & 0 & 0 & 3 \end{bmatrix} \begin{bmatrix} \hat{x}_2 \\ \hat{y}_2 \\ \hat{z}_2 \\ \hat{x}_3 \\ \hat{y}_3 \\ \hat{z}_3 \\ \hat{x}_4 \\ \hat{y}_4 \\ \hat{z}_4 \end{bmatrix} - \begin{bmatrix} -0.006\,6 \\ -0.015\,6 \\ 0.004\,8 \\ -0.019\,7 \\ -0.007\,2 \\ 0.016\,0 \\ 0.026\,3 \\ 0.022\,8 \\ -0.020\,8 \end{bmatrix} = \boldsymbol{0}$$

解算法方程得参数解为

$$\hat{x}_2 = -0.001\,6\text{ m},\ \hat{y}_2 = -0.004\,0\text{ m},\ \hat{z}_2 = 0.001\,2\text{ m}$$

$$\hat{x}_3 = -0.005\,0\text{ m},\ \hat{y}_3 = -0.001\,7\text{ m},\ \hat{z}_3 = 0.004\,0\text{ m}$$

$$\hat{x}_4 = 0.006\,6\text{ m},\quad \hat{y}_4 = 0.005\,7\text{ m},\quad \hat{z}_4 = -0.005\,2\text{ m}$$

待定点的坐标平差值为

$$\hat{X}_2=-2\,625\,603.490\,3\text{ m},\hat{Y}_2=3\,976\,073.545\,4\text{ m},\hat{Z}_2=4\,225\,991.189\,0\text{ m}$$

$$\hat{X}_3=-2\,623\,542.270\,2\text{ m},\hat{Y}_3=3\,980\,812.721\,7\text{ m},\hat{Z}_3=4\,222\,779.162\,4\text{ m}$$

$$\hat{X}_4=-2\,627\,365.136\,5\text{ m},\hat{Y}_4=3\,978\,346.997\,6\text{ m},\hat{Z}_4=4\,222\,795.470\,0\text{ m}$$

单位权中误差估值为

$$\hat{\sigma}_0=\sqrt{\frac{\boldsymbol{V}^{\mathrm{T}}\boldsymbol{PV}}{r}}=0.006\text{ m}$$

参数解的协因数矩阵为 $\boldsymbol{Q}_{\hat{X}\hat{X}}=(\boldsymbol{B}^{\mathrm{T}}\boldsymbol{PB})^{-1}$，其数值形式为

$$\begin{bmatrix}
0.5 & 0 & 0 & 0.25 & 0 & 0 & 0.25 & 0 & 0\\
0 & 0.5 & 0 & 0 & 0.25 & 0 & 0 & 0.25 & 0\\
0 & 0 & 0.5 & 0 & 0 & 0.25 & 0 & 0 & 0.25\\
0.25 & 0 & 0 & 0.5 & 0 & 0 & 0.25 & 0 & 0\\
0 & 0.25 & 0 & 0 & 0.5 & 0 & 0 & 0.25 & 0\\
0 & 0 & 0.25 & 0 & 0 & 0.5 & 0 & 0 & 0.25\\
0.25 & 0 & 0 & 0.25 & 0 & 0 & 0.5 & 0 & 0\\
0 & 0.25 & 0 & 0 & 0.25 & 0 & 0 & 0.5 & 0\\
0 & 0 & 0.25 & 0 & 0 & 0.25 & 0 & 0 & 0.5
\end{bmatrix}$$

G2 点坐标平差值的中误差为

$$\hat{\sigma}_{\hat{X}_1}=\hat{\sigma}_0\sqrt{Q_{\hat{X}_1\hat{X}_1}}=0.004\text{ m},\ \hat{\sigma}_{\hat{Y}_1}=\hat{\sigma}_0\sqrt{Q_{\hat{Y}_1\hat{Y}_1}}=0.004\text{ m},\ \hat{\sigma}_{\hat{Z}_1}=\hat{\sigma}_0\sqrt{Q_{\hat{Z}_1\hat{Z}_1}}=0.004\text{ m}$$

同理，可以求出其他待定点坐标平差值的中误差。

习　题

1. 在间接平差中，独立参数的个数与什么量有关，误差方程和法方程的个数又是多少？

2. 在某平差问题中，如果多余观测个数少于必要观测个数，此时间接平差中的法方程和条件平差中的法方程的个数哪一个少，为什么？

3. 对控制网进行间接平差，可否在观测前根据布设的网形和拟定的观测方案来估算网中待定点的精度？

4. 在间接平差中，计算 $\boldsymbol{V}^{\mathrm{T}}\boldsymbol{PV}$ 有哪几种途径？描述其推导过程。

5. 在间接平差中，$\hat{\boldsymbol{X}}$ 与 $\hat{\boldsymbol{L}}$、$\hat{\boldsymbol{L}}$ 与 $\boldsymbol{V}$ 是否相关？试推导证明。

6. 在如图 6-12 所示的三角网中，A、B 为已知点，P_1、P_2 为待定点。已知点坐标为 $X_A=867.156$ m，$Y_A=252.080$ m，$X_B=638.267$ m，$Y_B=446.686$ m；待定点近似坐标为 $X_{P_1}^0=855.050$ m，$Y_{P_1}^0=491.050$ m，$X_{P_2}^0=634.240$ m，$Y_{P_2}^0=222.820$ m；同精度角度观测值为 $L_1=94°15'21''$，$L_2=43°22'42''$，$L_3=38°26'00''$，$L_4=102°35'52''$，$L_5=38°58'01''$，$L_6=42°21'43''$。设 P_1、P_2 点坐标平差值参数为 $\hat{\boldsymbol{X}}=[\hat{X}_{P_1}\ \ \hat{Y}_{P_1}\ \ \hat{X}_{P_2}\ \ \hat{Y}_{P_2}]^{\mathrm{T}}$，试按坐标平差法求：①$P_1$、

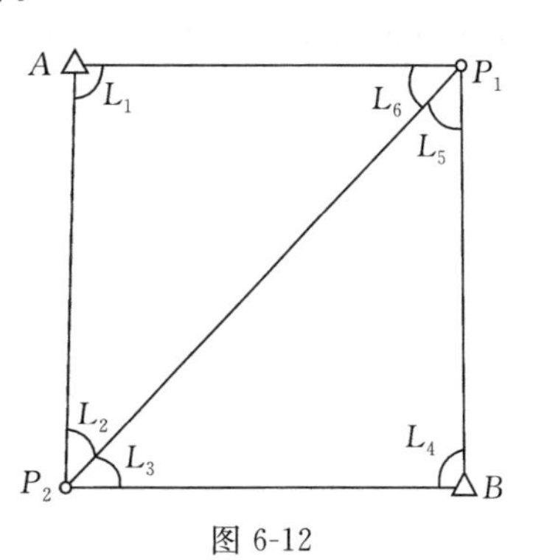

图 6-12

P_2 点坐标平差值及点位中误差;② 观测值的平差值 $\hat{\boldsymbol{L}}$。

7. 设在单一附合水准路线(图 6-13)中,已知 A、B 两点高程为 H_A、H_B,路线长为 S_1、S_2,观测高差为 h_1、h_2,试用间接平差法写出 P 点高程平差值及其中误差的公式。

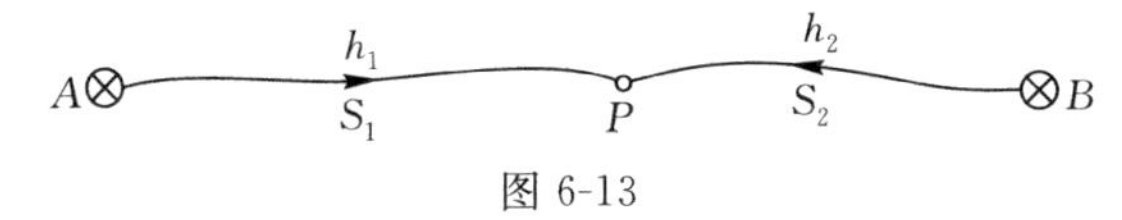

图 6-13

8. 在如图 6-14 所示的单一附合导线中,A、B 为已知点,P_1、P_2、P_3 为待定点,观测角中误差为 $\sigma_\beta = 3''$,观测边中误差为 $\sigma_{S_i} = \sqrt{5^2 + (3S_i \times 10^{-6})^2}$ mm(其中,S_i 取以 mm 为单位的数值)。已知数据和观测值见表 6-9 和表 6-10。

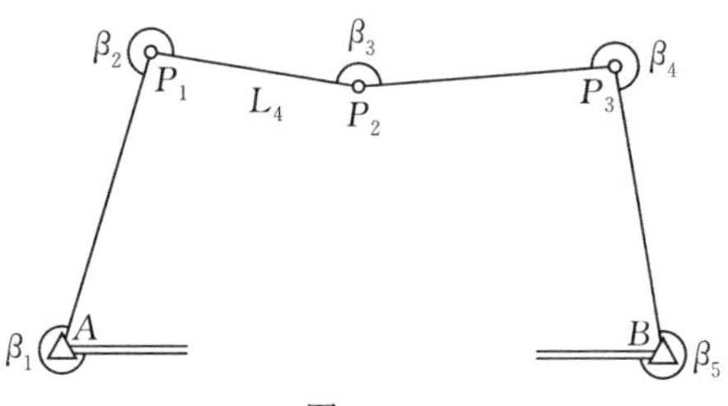

图 6-14

表 6-9

点号	已知坐标		已知方位角
	X/m	Y/m	
A	6 556.947	4 101.735	49°30′13.4″
B	8 748.155	6 667.647	

表 6-10

角号	观测角 /(° ′ ″)	边号	观测边 /m
β_1	291 45 27.4	S_1	1 628.524
β_2	275 16 43.8	S_2	1 293.480
β_3	128 49 32.4	S_3	1 229.421
β_4	274 57 18.0	S_4	1 511.185
β_5	289 10 52.9	S_5	

9. 在三角形(图 6-15)中,以不等精度测得:$\alpha = 78°23'12''$, $p_\alpha = 1$; $\beta = 85°30'06''$, $p_\beta = 2$; $\gamma = 16°06'32''$, $p_\gamma = 2$; $\delta = 343°53'24''$, $p_\delta = 1$。试用间接平差法求各内角的平差值。

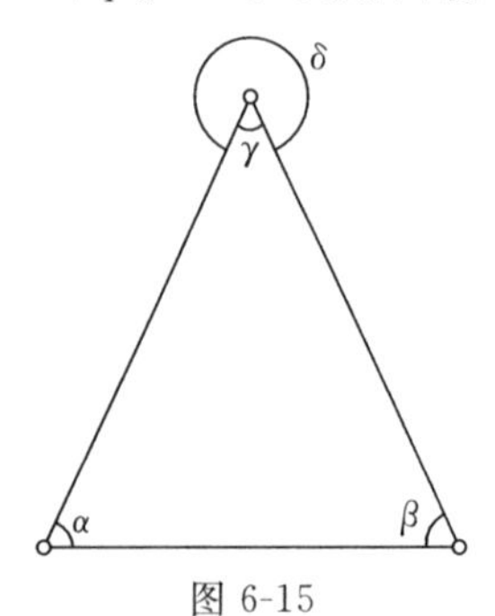

图 6-15

10. 试列出图 6-16 中各图形的误差方程式(常数项用字母表示)。

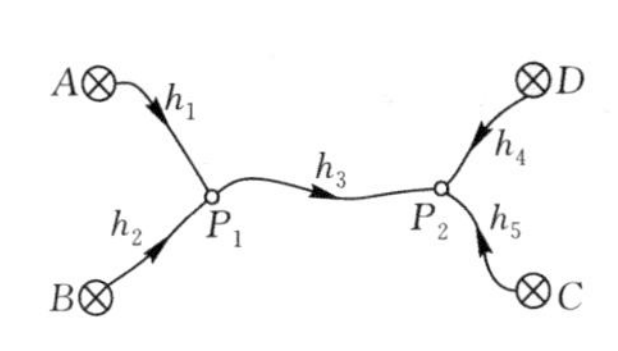

(a) A、B、C、D为已知点，P_1、P_2为未知点，观测高差为$h_1 \sim h_5$，设$\hat{h}_1$、$\hat{h}_5$为参数

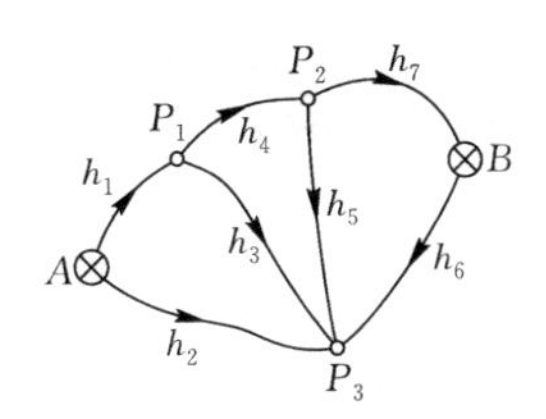

(b) A、B为已知点，$P_1 \sim P_3$为未知点，观测高差为$h_1 \sim h_7$，设P_1点高程、高差$\hat{h}_4$、$\hat{h}_5$为参数

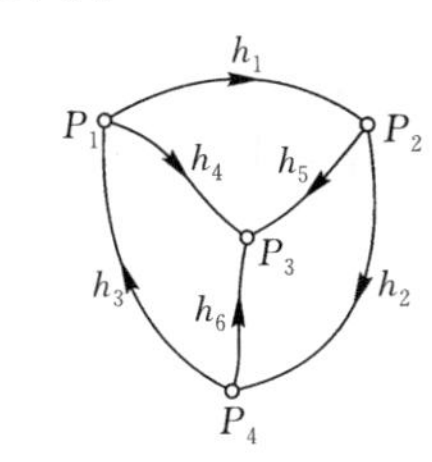

(c) $P_1 \sim P_4$为未知点，观测高差为$h_1 \sim h_6$，设$P_1 \sim P_3$点的高程平差值为参数

图 6-16

11. 在如图 6-17 所示的水准网中，A、B 为已知点，$P_1 \sim P_3$ 为待定点，观测高差为 $h_1 \sim h_5$，相应的路线长度分别为 4 km、2 km、2 km、4 km、4 km。若已知平差后每千米观测高差中误差的估值 $\hat{\sigma}_{km}=2$ mm，试求 P_2 点平差后高程的中误差。

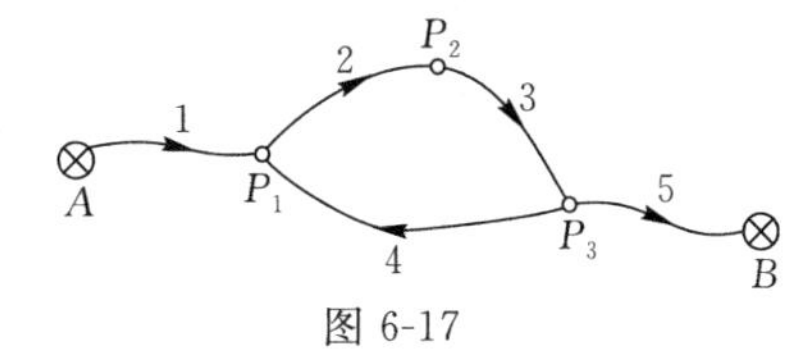

图 6-17

12. 对某水准网列出如下误差方程 $\boldsymbol{V}=\begin{bmatrix}1 & 0\\1 & 1\\0 & -1\\1 & 0\\1 & -1\end{bmatrix}\hat{\boldsymbol{x}}-\begin{bmatrix}0\\0\\6\\-4\\2\end{bmatrix}$，已知 $\boldsymbol{Q}_{LL}=\boldsymbol{I}$，试按间接平差法求：① 未知参数 $\hat{\boldsymbol{X}}$ 的协因数矩阵；②未知数函数 $\hat{\varphi}=2\hat{X}_1+\hat{X}_2$ 的权。

13. 在如图 6-18 所示的直角三角形 ABC 中，边长观测值为 $L_1=278.61$ m，$L_2=431.53$ m，$L_3=329.54$ m，$\boldsymbol{Q}_{LL}=\boldsymbol{I}$。若选 AB 和 AC 的距离为未知参数 $\hat{X}_1$、$\hat{X}_2$，并令 $X_1^0=L_3$，$X_2^0=L_1$，试按间接平差法：① 列出误差方程；② 求改正数 $\boldsymbol{V}$ 和边长平差值 $\hat{\boldsymbol{L}}$；③ 列出 BC 边的边长平差值的未知数函数式，并计算其权。

14. 在如图 6-19 所示的水准网中，A、B 为已知水准点，P_1、P_2、P_3 为待定点，观测高差为 $h_1 \sim h_8$，相应的路线长度为 $S_1=S_2=S_3=S_6=3$ km，$S_4=S_5=4$ km，$S_7=S_8=1$ km。若设 2 km 观测高差为单位权观测值，经平差计算后得 $[pvv]=28.12\ \mathrm{mm}^2$，试计算网中 3 个待定点平差后高程的中误差。

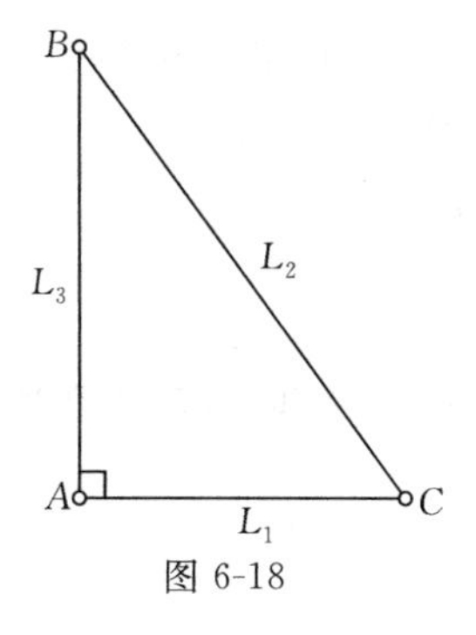

图 6-18

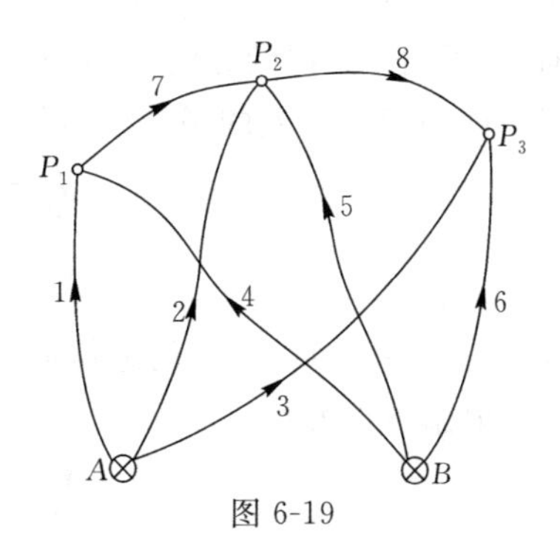

图 6-19

第七章　附有限制条件的间接平差

§7-1　附有限制条件的间接平差原理

一、附有限制条件的间接平差函数模型

平差问题中常出现已知条件问题。如图 7-1 所示，BP_1 为已知边长 S_0，$n=3$，$t=1$。引入未知数有两种选择：

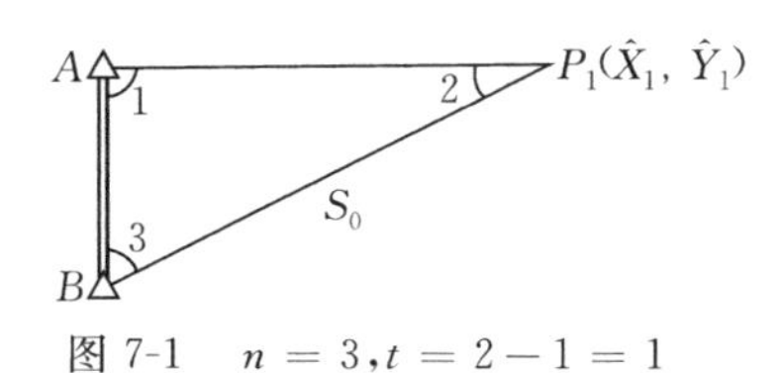

图 7-1　$n=3, t=2-1=1$

(1)引入 $\hat{X}_1$，$u=t=1$

$$\left.\begin{aligned}\hat{L}_1&=F_1(\hat{X}_1)\\\hat{L}_2&=F_2(\hat{X}_1)\\\hat{L}_3&=F_3(\hat{X}_1)\end{aligned}\right\}\text{(误差方程不便立列，不便考虑 }S_0\text{)}$$

(2)引入 $\hat{X}_1$ 和 $\hat{Y}_1$，$u=2$

$$\left.\begin{aligned}\hat{L}_1&=F_1(\hat{X}_1,\hat{Y}_1)\\\hat{L}_2&=F_2(\hat{X}_1,\hat{Y}_1)\\\hat{L}_3&=F_3(\hat{X}_1,\hat{Y}_1)\\(X_1-X_B)^2&+(Y_1-Y_B)^2-S_0^2=0\end{aligned}\right\}\text{(误差方程便于立列)}$$

一般地，在一个平差问题中，如果列入 t 个独立参数 $\underset{t1}{\hat{\boldsymbol{X}}}$，可列出 n 个误差方程(间接平差)；如果引入 $u>t$ 个参数 $\underset{u1}{\hat{\boldsymbol{X}}}$，情况又如何呢？根据必要元素个数的含义可知，$\underset{u1}{\hat{\boldsymbol{X}}}$ 中包含 t 个独立参数和 $u-t=s$ 个不独立的参数。s 个不独立的参数就产生 s 个**限制条件**(关系参数的方程)。此时，在 $r+u$ 个函数模型中，除了 $r+t=n$ 个误差方程，还有 $s=u-t$ 个限制条件方程，此类函数模型产生的平差方法，称为附有限制条件的间接平差。

例如，在平面控制网间接平差中，常以未知点坐标作为参数，参数个数 $2p$(p 为未知点个数)与必要观测个数相同。当平差问题中有边长或方位角已知条件时，必要观测个数为 $t<2p$。此时，为了列立方程的方便，仍引入 $2p$ 个参数，则需采用附有限制条件的间接平差法。

附有限制条件的间接平差的函数模型的一般形式为

$$\underset{n1}{\hat{\boldsymbol{L}}}=\underset{n1}{\boldsymbol{F}}(\underset{u1}{\hat{\boldsymbol{X}}})\tag{7-1}$$

$$\boldsymbol{\Phi}_s(\underset{u1}{\hat{\boldsymbol{X}}})=\boldsymbol{0}\tag{7-2}$$

令 $\hat{\boldsymbol{L}}=\boldsymbol{L}+\boldsymbol{V}$，$\hat{\boldsymbol{X}}=\boldsymbol{X}^0+\hat{\boldsymbol{x}}$，$\boldsymbol{X}^0$ 为 $\hat{\boldsymbol{X}}$ 的近似值。将式(7-1)和式(7-2)在 $\boldsymbol{X}^0$ 处线性化，得关于 $\boldsymbol{V}$、$\hat{\boldsymbol{x}}$ 的误差方程和限制条件方程

$$\underset{n1}{\boldsymbol{V}}=\underset{nu}{\boldsymbol{B}}\underset{u1}{\hat{\boldsymbol{x}}}-\underset{n1}{\boldsymbol{l}}\tag{7-3}$$

$$\underset{su}{\boldsymbol{C}}\underset{u1}{\hat{\boldsymbol{x}}}+\underset{s1}{\boldsymbol{W}_x}=\boldsymbol{0}\tag{7-4}$$

其中，$\underset{nu}{B}=\left(\frac{\partial \underset{n1}{F}}{\partial \underset{u1}{\hat{X}}}\right)_0$，$\underset{n1}{l}=\underset{n1}{L}-\underset{n1}{F}(\underset{u1}{X^0})$，$\underset{su}{C}=\left(\frac{\partial \boldsymbol{\Phi}_s}{\partial \underset{u1}{\hat{X}}}\right)_0$，$\underset{s1}{W_x}=\boldsymbol{\Phi}_s(\underset{u1}{X^0})$。误差方程与限制条件方程系数矩阵的秩为 $R(B)=u$，$R(C)=s$。

平差的随机模型为

$$D=\sigma_0^2 Q=\sigma_0^2 P^{-1} \tag{7-5}$$

二、基础方程及其解

误差方程和限制条件方程中方程个数少于未知数个数，不能得到 $\hat{x}$ 和 V 的唯一解和最优估计。为此，应以 $V^{\mathrm{T}}PV=\min$ 为原则，组成如下目标函数 $\boldsymbol{\Phi}(\hat{x})$，并求条件极值点

$$\boldsymbol{\Phi}(\hat{x})=V^{\mathrm{T}}PV+2K_s^{\mathrm{T}}(C\hat{x}+W_x)=\min \tag{7-6}$$

式中，$\underset{s1}{K_s}$ 为联系数向量。将 $\boldsymbol{\Phi}$ 对 $\hat{x}$ 求导，并令其为零得

$$\frac{\partial \boldsymbol{\Phi}}{\partial \hat{x}}=2V^{\mathrm{T}}PB+2K_s^{\mathrm{T}}C=0$$

即 $B^{\mathrm{T}}PV+C^{\mathrm{T}}K_s=0$，代入误差方程得 $B^{\mathrm{T}}PB\hat{x}+C^{\mathrm{T}}K_s-B^{\mathrm{T}}Pl=0$。设 $N_{BB}=B^{\mathrm{T}}PB$，$W=B^{\mathrm{T}}Pl$，则

$$\left.\begin{aligned}\underset{su}{C}\,\underset{u1}{\hat{x}}+\underset{s1}{W_x}&=0\\ \underset{uu}{N_{BB}}\underset{u1}{\hat{x}}+\underset{us}{C^{\mathrm{T}}}\underset{s1}{K_s}-\underset{u1}{W}&=0\end{aligned}\right\} \tag{7-7}$$

称为附有限制条件间接平差法的法方程。由于 $R(N_{BB})=u$，为满秩矩阵，由法方程可得

$$\hat{x}=-N_{BB}^{-1}(C^{\mathrm{T}}K_s-W) \tag{7-8}$$

$$N_{CC}K_s-(CN_{BB}^{-1}W+W_x)=0 \tag{7-9}$$

式中，$\underset{ss}{N_{CC}}=\underset{su}{C}\underset{uu}{N_{BB}^{-1}}\underset{us}{C^{\mathrm{T}}}$ 为满秩矩阵，$R(N_{CC})=s$。联系数向量解为

$$K_s=N_{CC}^{-1}(CN_{BB}^{-1}W+W_x) \tag{7-10}$$

代入式(7-8)得参数解为

$$\hat{x}=(N_{BB}^{-1}-N_{BB}^{-1}C^{\mathrm{T}}N_{CC}^{-1}CN_{BB}^{-1})W-N_{BB}^{-1}C^{\mathrm{T}}N_{CC}^{-1}W_x \tag{7-11}$$

代入式(7-3)得到 $V=B\hat{x}-l$。由式(7-12)和式(7-13)可以得到参数和观测值的平差值

$$\hat{L}=L+V \tag{7-12}$$

$$\hat{X}=X^0+\hat{x} \tag{7-13}$$

附有限制条件的间接平差的解算步骤为：列立误差方程和限制条件方程；计算 N_{BB}、N_{BB}^{-1}、N_{CC}、N_{CC}^{-1}，解法方程求 K_s、$\hat{x}$、$\hat{X}$；计算 V、$\hat{L}$。

§7-2　平差结果精度评定

一、单位权中误差的估计

单位权中误差计算公式为

$$\hat{\sigma}_0=\sqrt{\frac{V^{\mathrm{T}}PV}{r}}=\sqrt{\frac{V^{\mathrm{T}}PV}{n-t}} \tag{7-14}$$

二、基本变量的协因数矩阵

附有限制条件的间接平差法的基本变量有 $\boldsymbol{L}$、$\boldsymbol{W}$、$\hat{\boldsymbol{X}}$、$\boldsymbol{K}_s$、$\boldsymbol{V}$、$\hat{\boldsymbol{L}}$。设观测值向量协因数矩阵为已知,其值为 $\boldsymbol{Q}_{LL}=\boldsymbol{Q}$。其他基本变量都是观测值向量的函数,即

$$
\begin{aligned}
&\boldsymbol{L}=\boldsymbol{L}\\
&\boldsymbol{W}=\boldsymbol{B}^{\mathrm{T}}\boldsymbol{P}\boldsymbol{l}=\boldsymbol{B}^{\mathrm{T}}\boldsymbol{P}[\boldsymbol{L}-\boldsymbol{F}(\boldsymbol{X}^{0})]\\
&\hat{\boldsymbol{X}}=\boldsymbol{X}^{0}+\hat{\boldsymbol{x}}=\boldsymbol{X}^{0}+(\boldsymbol{N}_{BB}^{-1}-\boldsymbol{N}_{BB}^{-1}\boldsymbol{C}^{\mathrm{T}}\boldsymbol{N}_{CC}^{-1}\boldsymbol{C}\boldsymbol{N}_{BB}^{-1})\boldsymbol{W}-\boldsymbol{N}_{BB}^{-1}\boldsymbol{C}^{\mathrm{T}}\boldsymbol{N}_{CC}^{-1}\boldsymbol{W}_x\\
&\boldsymbol{K}_s=\boldsymbol{N}_{CC}^{-1}\boldsymbol{C}\boldsymbol{N}_{BB}^{-1}\boldsymbol{W}+\boldsymbol{N}_{CC}^{-1}\boldsymbol{W}_x\\
&\boldsymbol{V}=\boldsymbol{B}\hat{\boldsymbol{x}}-\boldsymbol{l}\\
&\hat{\boldsymbol{L}}=\boldsymbol{L}+\boldsymbol{V}
\end{aligned}
$$

略去推导过程,上述基本变量的协因数矩阵如表 7-1 所示。

表 7-1 附有限制条件的间接平差基本变量协因数矩阵

	$\boldsymbol{L}$	$\boldsymbol{W}$	$\boldsymbol{K}_s$	$\hat{\boldsymbol{X}}$	$\boldsymbol{V}$	$\hat{\boldsymbol{L}}$
$\boldsymbol{L}$	$\boldsymbol{Q}$	$\boldsymbol{B}$	$\boldsymbol{B}\boldsymbol{N}_{BB}^{-1}\boldsymbol{C}^{\mathrm{T}}\boldsymbol{N}_{CC}^{-1}$	$\boldsymbol{B}\boldsymbol{Q}_{\hat{X}\hat{X}}$	$-\boldsymbol{Q}_{VV}$	$\boldsymbol{Q}-\boldsymbol{Q}_{VV}$
$\boldsymbol{W}$	$\boldsymbol{B}^{\mathrm{T}}$	$\boldsymbol{N}_{BB}$	$\boldsymbol{C}^{\mathrm{T}}\boldsymbol{N}_{CC}^{-1}$	$\boldsymbol{N}_{BB}\boldsymbol{Q}_{\hat{X}\hat{X}}$	$(\boldsymbol{Q}_{\hat{X}\hat{X}}\boldsymbol{N}_{BB}-\boldsymbol{I})^{\mathrm{T}}\boldsymbol{B}^{\mathrm{T}}$	$\boldsymbol{N}_{BB}\boldsymbol{Q}_{\hat{X}\hat{X}}\boldsymbol{B}^{\mathrm{T}}$
$\boldsymbol{K}_s$	$\boldsymbol{N}_{CC}^{-1}\boldsymbol{C}\boldsymbol{N}_{BB}^{-1}\boldsymbol{B}^{\mathrm{T}}$	$\boldsymbol{N}_{CC}^{-1}\boldsymbol{C}$	$\boldsymbol{N}_{CC}^{-1}$	$\boldsymbol{0}$	$-\boldsymbol{N}_{CC}^{-1}\boldsymbol{C}\boldsymbol{N}_{BB}^{-1}\boldsymbol{B}^{\mathrm{T}}$	$\boldsymbol{0}$
$\hat{\boldsymbol{X}}$	$\boldsymbol{Q}_{\hat{X}\hat{X}}\boldsymbol{B}^{\mathrm{T}}$	$\boldsymbol{Q}_{\hat{X}\hat{X}}\boldsymbol{N}_{BB}$	$\boldsymbol{0}$	$\boldsymbol{N}_{BB}^{-1}-\boldsymbol{N}_{BB}^{-1}\boldsymbol{C}^{\mathrm{T}}\boldsymbol{N}_{CC}^{-1}\boldsymbol{C}\boldsymbol{N}_{BB}^{-1}$	$\boldsymbol{0}$	$\boldsymbol{Q}_{\hat{X}\hat{X}}\boldsymbol{B}^{\mathrm{T}}$
$\boldsymbol{V}$	$-\boldsymbol{Q}_{VV}$	$\boldsymbol{B}(\boldsymbol{Q}_{\hat{X}\hat{X}}\boldsymbol{N}_{BB}-\boldsymbol{I})$	$-\boldsymbol{B}\boldsymbol{N}_{BB}^{-1}\boldsymbol{C}^{\mathrm{T}}\boldsymbol{N}_{CC}^{-1}$	$\boldsymbol{0}$	$\boldsymbol{Q}-\boldsymbol{B}\boldsymbol{Q}_{\hat{X}\hat{X}}\boldsymbol{B}^{\mathrm{T}}$	$\boldsymbol{0}$
$\hat{\boldsymbol{L}}$	$\boldsymbol{Q}-\boldsymbol{Q}_{VV}$	$\boldsymbol{B}\boldsymbol{Q}_{\hat{X}\hat{X}}\boldsymbol{N}_{BB}$	$\boldsymbol{0}$	$\boldsymbol{B}\boldsymbol{Q}_{\hat{X}\hat{X}}$	$\boldsymbol{0}$	$\boldsymbol{Q}-\boldsymbol{Q}_{VV}$

三、平差值函数的协因数矩阵

设有参数平差值 $\hat{\boldsymbol{X}}$ 的一个函数

$$\boldsymbol{\varphi}=\boldsymbol{\varphi}(\hat{\boldsymbol{X}})=\boldsymbol{\varphi}(\hat{X}_1,\hat{X}_2,\cdots,\hat{X}_u) \tag{7-15}$$

对其进行全微分

$$\mathrm{d}\boldsymbol{\varphi}=\left(\frac{\partial\boldsymbol{\varphi}}{\partial\hat{\boldsymbol{X}}}\right)_{X^0}\mathrm{d}\hat{\boldsymbol{X}}=\boldsymbol{f}_x^{\mathrm{T}}\mathrm{d}\hat{\boldsymbol{X}}$$

式中,$\boldsymbol{f}_x^{\mathrm{T}}=\left(\frac{\partial\boldsymbol{\varphi}}{\partial\hat{\boldsymbol{X}}}\right)_{X^0}=\begin{bmatrix}\frac{\partial\boldsymbol{\varphi}}{\partial\hat{X}_1} & \frac{\partial\boldsymbol{\varphi}}{\partial\hat{X}_2} & \cdots & \frac{\partial\boldsymbol{\varphi}}{\partial\hat{X}_u}\end{bmatrix}_{X^0}$。

根据协因数传播律,参数平差值函数的协因数(或协因数矩阵)为

$$\boldsymbol{Q}_{\varphi\varphi}=\boldsymbol{f}_x^{\mathrm{T}}\boldsymbol{Q}_{\hat{X}\hat{X}}\boldsymbol{f}_x \tag{7-16}$$

$$\boldsymbol{Q}_{\hat{X}\hat{X}}=\boldsymbol{N}_{BB}^{-1}-\boldsymbol{N}_{BB}^{-1}\boldsymbol{C}^{\mathrm{T}}\boldsymbol{N}_{CC}^{-1}\boldsymbol{C}\boldsymbol{N}_{BB}^{-1} \tag{7-17}$$

平差值函数的中误差为 $\hat{\boldsymbol{\sigma}}_{\varphi}=\hat{\sigma}_0\sqrt{\boldsymbol{Q}_{\varphi\varphi}}$。

同理,对于参数平差值的多个函数 $\boldsymbol{\varphi}$,其方差矩阵为 $\boldsymbol{D}_{\varphi\varphi}=\hat{\sigma}_0^2\boldsymbol{Q}_{\varphi\varphi}$。

§7-3 附有限制条件的间接平差算例

[例 7-1][8] 如图 7-2 所示,一条直线通过已知点($x_0=0.4$,$y_0=1.2$)。为了确定直线方程

$y=ax+b$，以等精度观测 $x_i(x=1,2,3)$ 处的函数值 $y_i(i=1,2,3)$，观测值见表 7-2。试求参数 a、b 的拟合值。

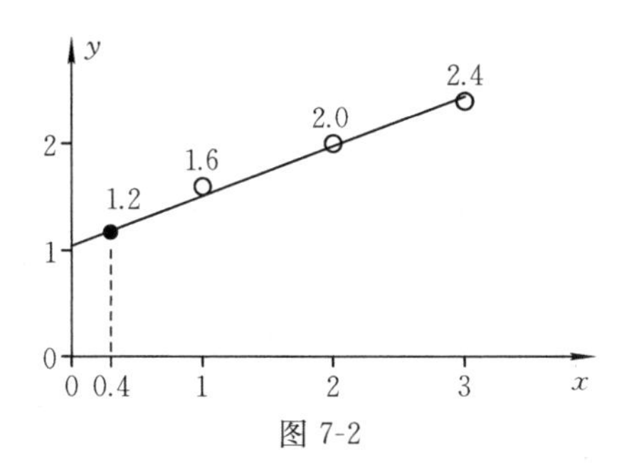

图 7-2

表 7-2

点号	x_i	y_i
1	1	1.6
2	2	2.0
3	3	2.4

解：由题知观测值为 y_i，$n=3$，$t=1$，$r=3-1=2$。选直线方程中 a、b 作为参数：$\hat{X}=[\hat{a}\ \ \hat{b}]^{\mathrm{T}}$。$u=2$，$s=u-t=1$。基础方程 $r+u=4$ 个，其中限制条件方程 1 个，误差方程 3 个。误差方程为 $\hat{y}_i=x_i\hat{a}+\hat{b}(i=1,2,3)$，限制条件为 $x_0\hat{a}+\hat{b}-y_0=0$。令 $\hat{y}_i=y_i+v_i$，考虑基础方程为线性方程，取 $\boldsymbol{X}^0=[a^0\ \ b^0]^{\mathrm{T}}=[0\ \ 0]^{\mathrm{T}}$，则 $\hat{\boldsymbol{x}}=\hat{\boldsymbol{X}}$，得误差方程和限制条件方程为

$$v_1=\hat{a}+\hat{b}-1.6$$

$$v_2=2\hat{a}+\hat{b}-2.0$$

$$v_3=3\hat{a}+\hat{b}-2.4$$

$$0.4\hat{a}+\hat{b}-1.2=0$$

$$\boldsymbol{B}=\begin{bmatrix}1 & 1\\ 2 & 1\\ 3 & 1\end{bmatrix},\ \boldsymbol{l}=\begin{bmatrix}1.6\\ 2.0\\ 2.4\end{bmatrix},\ \boldsymbol{P}=\boldsymbol{P}_{yy}=\boldsymbol{I},\boldsymbol{C}=[0.4\ \ 1],\ \boldsymbol{W}_x=-1.2$$

$$\boldsymbol{N}_{BB}=\boldsymbol{B}^{\mathrm{T}}\boldsymbol{P}\boldsymbol{B}=\begin{bmatrix}14 & 6\\ 6 & 3\end{bmatrix},\ \boldsymbol{W}=\boldsymbol{B}^{\mathrm{T}}\boldsymbol{P}\boldsymbol{l}=\begin{bmatrix}12.8\\ 6.0\end{bmatrix},\begin{bmatrix}\boldsymbol{N}_{BB} & \boldsymbol{C}^{\mathrm{T}}\\ \boldsymbol{C} & 0\end{bmatrix}\begin{bmatrix}\hat{\boldsymbol{x}}\\ \boldsymbol{K}_s\end{bmatrix}-\begin{bmatrix}\boldsymbol{W}\\ -\boldsymbol{W}_x\end{bmatrix}=0$$

相应的法方程为

$$\begin{bmatrix}14 & 6 & 0.4\\ 6 & 3 & 1\\ 0.4 & 1 & 0\end{bmatrix}\begin{bmatrix}\hat{a}\\ \hat{b}\\ k_s\end{bmatrix}-\begin{bmatrix}12.8\\ 6.0\\ 1.2\end{bmatrix}=\boldsymbol{0}$$

解得

$$\hat{a}=0.479,\ \hat{b}=1.01,\ k_s=0.099$$

所以，拟合直线方程为

$$y=0.479x+1.01$$

[例 7-2]如图 7-3 所示的测角网，其中 A、B 点为已知点，C、D 点为未知点，且已知 CD 边的坐标方位角 α 和边长 S。观测数据和起算数据列于表 7-3 中。现选择 C、D 点的坐标为未知参数，试按附有限制条件的间接平差法求出待定点坐标平差值，并评定精度。

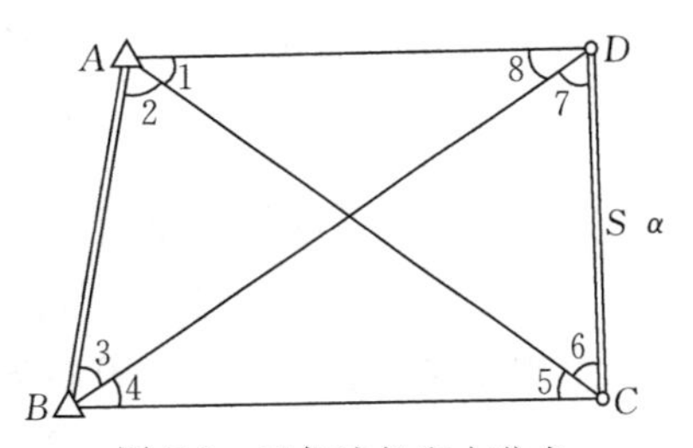

图 7-3 已知边长和方位角

$(n=8,t=2,u=4,s=u-t=2)$

表 7-3

角度观测值/(° ′ ″)				起算数据			
1	54 17 51.2	5	47 28 40.6	X_A	14 748.781 m	S	10 607.659 m
2	41 13 28.5	6	37 25 16.5	Y_A	10 806.355 m	α	353°42′45.6″
3	37 15 08.5	7	41 03 20.4	X_B	5 132.380 m		
4	54 02 47.4	8	47 13 26.8	Y_B	11 223.457 m		

解：$n=8$，$t=4-2=2$。为了方便，引入 $u=4$ 个参数$(\hat{X}_C,\hat{Y}_C)$和$(\hat{X}_D,\hat{Y}_D)$，参数间就产生 $s=u-t=2$ 个函数关系(限制条件)，即$(\hat{X}_C-\hat{X}_D)^2+(\hat{Y}_C-\hat{Y}_D)^2=S^2$，$\arctan\dfrac{\hat{Y}_D-\hat{Y}_C}{\hat{X}_D-\hat{Y}_C}=\alpha$。

(1)近似值计算。为了建立误差方程，需准备相关数据。待定点 C、D 点的近似坐标值为

$$\alpha_{AB}=177°30'59.1'',\ S_{AB}=9\ 625.442\ 4\ \text{m}$$

$$\alpha_{AD}^0=81°59'39.4'',\ S_{AD}^0=7\ 937.712\ 0\ \text{m}$$

$$\alpha_{AC}^0=136°17'30.6'',\ S_{AC}^0=13\ 056.641\ 1\ \text{m}$$

$$X_C^0=X_A+S_{AC}^0\cos\alpha_{AC}^0=5\ 310.545\ 7\ \text{m}$$

$$Y_C^0=Y_A+S_{AC}^0\sin\alpha_{AC}^0=19\ 828.305\ 4\ \text{m}$$

$$X_D^0=X_A+S_{AD}^0\cos\alpha_{AD}^0=15\ 854.283\ 2\ \text{m}$$

$$Y_D^0=Y_A+S_{AD}^0\sin\alpha_{AD}^0=18\ 666.707\ 2\ \text{m}$$

(2)误差方程建立。建立误差方程时，以 C、D 点坐标为未知参数。第一个角度观测值的误差方程为

$$v_1=-\rho''\frac{\Delta Y_{AC}^0}{10\times(S_{AC}^0)^2}\hat{x}_C+\rho''\frac{\Delta X_{AC}^0}{10\times(S_{AC}^0)^2}\hat{y}_C+\rho''\frac{\Delta Y_{AD}^0}{10\times(S_{AD}^0)^2}\hat{x}_D-\rho''\frac{\Delta X_{AD}^0}{10\times(S_{AD}^0)^2}\hat{y}_D-l_1$$

$$l_1=\beta_1-(\alpha_{AC}^0-\alpha_{AD}^0)$$

其数值形式为

$$v_1=-1.091\ 6\hat{x}_C-1.142\ 0\hat{y}_C+2.573\ 2\hat{x}_D-0.361\ 9\hat{y}_D$$

上述误差方程中参数的单位是分米，常数项及改正数的单位是角秒。同理可得其他误差方程为

$$v_2=1.091\ 6\hat{x}_C+1.142\ 0\hat{y}_C$$

$$v_3=-0.901\ 2\hat{x}_D+1.298\ 2\hat{y}_D-0.033$$

$$v_4=-2.396\hat{x}_C+0.049\ 6\hat{y}_C+0.901\ 2\hat{x}_D-1.298\ 2\hat{y}_D-5.093\ 7$$

$$v_5=1.304\ 4\hat{x}_C-1.191\ 6\hat{y}_C+0.126\ 7$$

$$v_6=0.878\ 7\hat{x}_C-0.790\ 9\hat{y}_C+0.212\ 9\hat{x}_D+1.932\ 8\hat{y}_D+0.114\ 5$$

$$v_7=0.212\ 9\hat{x}_C+1.932\ 8\hat{y}_C-1.114\ 1\hat{x}_D-0.634\ 7\hat{y}_D-0.047\ 5$$

$$v_8=-1.672\hat{x}_D-0.936\ 2\hat{y}_D+5.033$$

(3)限制条件方程建立。限制条件方程由基线条件和方位角条件构成

$$-\frac{\Delta X_{CD}^0}{10\times S_{CD}^0}\hat{x}_C-\frac{\Delta Y_{CD}^0}{10\times S_{CD}^0}\hat{y}_C+\frac{\Delta X_{CD}^0}{10\times S_{CD}^0}\hat{x}_D+\frac{\Delta Y_{CD}^0}{10\times S_{CD}^0}\hat{y}_D+w_1=0$$

$$\rho''\frac{\Delta Y_{CD}^{0}}{10\times(S_{CD}^{0})^{2}}\hat{x}_{C}-\rho''\frac{\Delta X_{CD}^{0}}{10\times(S_{AC}^{0})^{2}}\hat{y}_{C}-\rho''\frac{\Delta Y_{CD}^{0}}{10\times(S_{AD}^{0})^{2}}\hat{x}_{D}+\rho''\frac{\Delta X_{CD}^{0}}{10\times(S_{AD}^{0})^{2}}\hat{y}_{D}-w_{2}=0$$

$$w_{1}=\sqrt{(\Delta X_{CD}^{0})^{2}+(\Delta Y_{CD}^{0})^{2}}-S$$

$$w_{2}=\arctan\frac{Y_{D}^{0}-Y_{C}^{0}}{X_{D}^{0}-X_{C}^{0}}-\alpha$$

其中,参数的单位是分米,基线条件方程和方位角条件方程中常数项的单位分别是米和角秒。限制条件方程的数值形式为

$$-0.0994\hat{x}_{C}+0.011\hat{y}_{C}+0.0994\hat{x}_{D}-0.011\hat{y}_{D}-0.1281=0$$

$$-0.2129\hat{x}_{C}-1.9328\hat{y}_{C}+0.2129\hat{x}_{D}+1.9328\hat{y}_{D}+1.5841=0$$

(4)法方程解算。由误差方程和限制条件方程可组成如式(7-8)和式(7-9)的法方程。解算法方程得参数解为

$$\hat{x}_{C}=-0.2922\ \text{dm},\ \hat{y}_{C}=0.9174\ \text{dm},\ \hat{x}_{D}=0.8920\ \text{dm},\hat{y}_{D}=-0.0327\ \text{dm}$$

联系数向量解为

$$\boldsymbol{K}_{s}=\begin{bmatrix}49.0858\\1.5102\end{bmatrix}$$

待定点坐标平差值为

$$\hat{X}_{C}=5\,310.2535\ \text{m},\ \hat{Y}_{C}=19\,829.2228\ \text{m},\ \hat{X}_{D}=15\,855.1752\ \text{m},\ \hat{Y}_{D}=18\,666.6745\ \text{m}$$

将参数代入误差方程得观测值改正数解为

$$\mathbf{V}=[1.6''\ \ 0.7''\ \ -0.9''\ \ -3.5''\ \ -1.3''\ \ -0.7''\ \ 0.7''\ \ 3.6'']^{\mathrm{T}}$$

(5)精度评定。单位权中误差估值为

$$\hat{\sigma}_{0}=\sqrt{\frac{\boldsymbol{V}^{\mathrm{T}}\boldsymbol{PV}}{r}}=2.3''$$

参数平差值的协因数矩阵为

$$\boldsymbol{Q}_{\hat{X}\hat{X}}=\begin{bmatrix}0.0773&0.0013&0.0773&0.0013\\&0.0827&0.0013&0.0827\\&&0.0773&0.0013\\&&&0.0827\end{bmatrix}$$

C 点坐标平差值中误差为

$$\hat{\sigma}_{\hat{X}_{C}}=\hat{\sigma}_{0}\sqrt{Q_{\hat{X}_{C}\hat{X}_{C}}}=6.39\ \text{dm},\ \hat{\sigma}_{\hat{Y}_{C}}=\hat{\sigma}_{0}\sqrt{Q_{\hat{Y}_{C}\hat{Y}_{C}}}=6.61\ \text{dm}$$

由 $\hat{\sigma}_{C}^{2}=\hat{\sigma}_{\hat{X}_{C}}^{2}+\hat{\sigma}_{\hat{Y}_{C}}^{2}$ 可算得 C 点的点位中误差为 $\hat{\sigma}_{C}=9.19$ dm。同理,可求 D 点坐标的中误差。

习　题

1. 附有限制条件的间接平差中的限制条件方程与条件平差中的条件方程的相同点和不同点在哪?

2. 附有限制条件的间接平差法适用于什么样的情况,适合解决什么样的平差问题?在水准测量平差中,经常采用此平差方法吗?

3. 附有限制条件的间接平差对参数的选取有何限制?

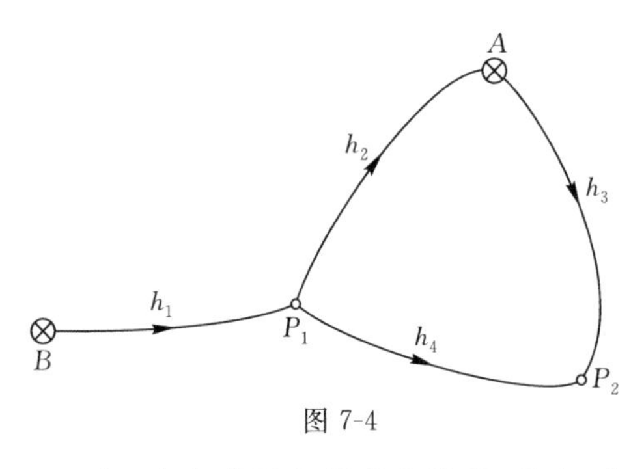

图 7-4

4. 有水准网如图 7-4 所示，A、B 点为已知点，其高程为 $H_A=13.140$ m，$H_B=10.212$ m。P_1、P_2 点为待定点，同精度观测高差值为 $h_1=2.513$ m，$h_2=0.425$ m，$h_3=2.271$ m，$h_4=2.690$ m。若选 P_1、P_2 点高程平差值及 h_2 的平差值为未知参数，试：① 列出误差方程和限制条件；② 组成法方程；③ 求参数的平差值及其权倒数；④ 求高差平差值 $\hat{h}_2$ 的中误差；⑤ 求各高差的平差值。

5. 有水准网如图 7-5 所示，已知 A、B 点的高程为 $H_A=1.00$ m，$H_B=10.00$ m，P_1、P_2 点为待定点，同精度独立观测了 5 条路线的高差为 $h_1=3.56$ m，$h_2=5.42$ m，$h_3=4.11$ m，$h_4=4.85$ m，$h_5=0.50$ m。若设参数 $\hat{\boldsymbol{X}}=\begin{bmatrix}\hat{X}_1 & \hat{X}_2 & \hat{X}_3\end{bmatrix}^{\mathrm{T}}=\begin{bmatrix}\hat{h}_1 & \hat{h}_5 & \hat{h}_4\end{bmatrix}^{\mathrm{T}}$，试按附有限制条件的间接平差求：① 待定点高程的平差值；② 改正数 $\boldsymbol{V}$ 及其平差值 $\hat{\boldsymbol{L}}$。

6. 在大地四边形中(如图 7-6 所示)，A、B 点为已知点，C、D 点为待定点，现选取 L_1、L_2、L_5、L_7、L_8 的平差值为参数，记为 $\hat{X}_1,\hat{X}_2,\cdots,\hat{X}_5$，试列出误差方程和限制条件。

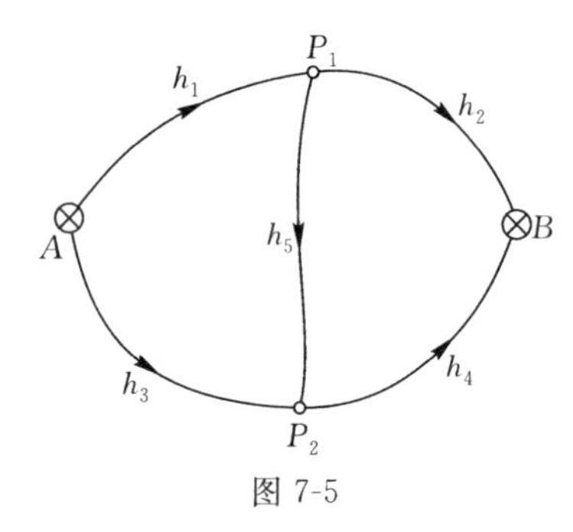

图 7-5

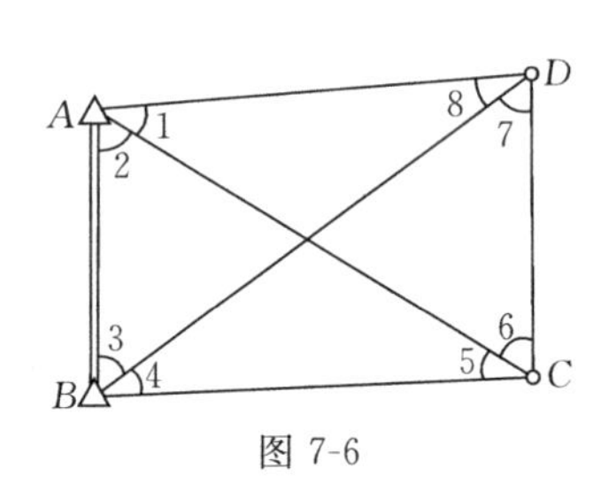

图 7-6

7. 试按附有限制条件的间接平差法列出如图 7-7 所示图形的函数模型。

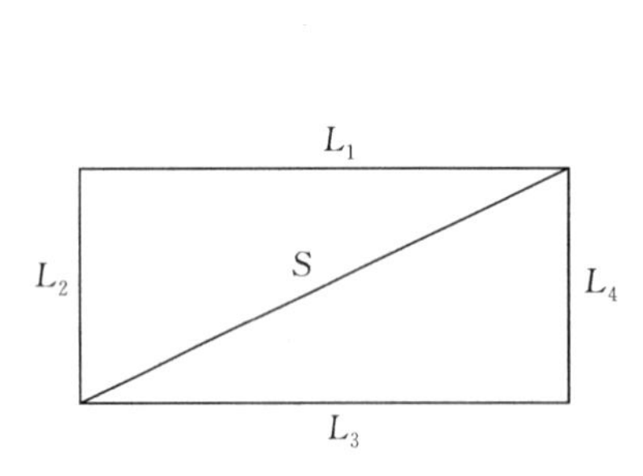

(a) 已知值为矩形的对角边S，观测值为$L_1\sim L_4$，参数为$\hat{L}_1$、$\hat{L}_3$、$\hat{L}_4$

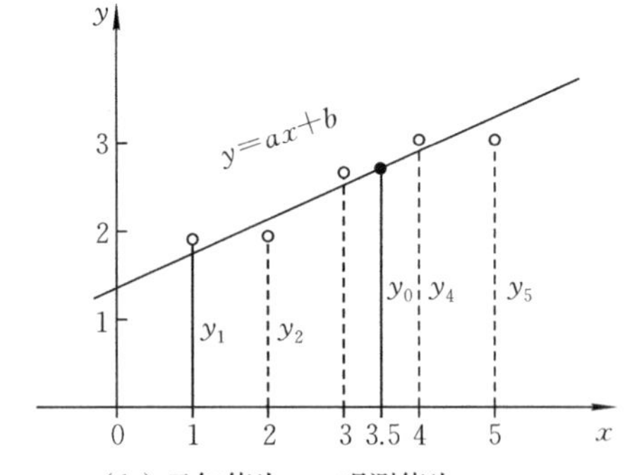

(b) 已知值为y_0，观测值为$y_1\sim y_5$，参数为$\hat{a}$、$\hat{b}$

图 7-7

8. 以等精度测得图 7-8 中三角形的 4 个角值为 $L_1\sim L_4$，$L_1=36°25'10''$，$L_2=48°16'33''$，$L_3=95°18'11''$，$L_4=264°41'38''$。设参数 $\hat{\boldsymbol{X}}=\begin{bmatrix}\hat{X}_1 & \hat{X}_2 & \hat{X}_3\end{bmatrix}^{\mathrm{T}}=\begin{bmatrix}\hat{L}_1 & \hat{L}_2 & \hat{L}_3\end{bmatrix}^{\mathrm{T}}$，试按附有限制条件的间接平差：① 列出误差方程和限制条件；② 列出法方程，并计算未知数的平差值及

协因数矩阵；③ 计算 $\hat{L}_4$ 及其权倒数。

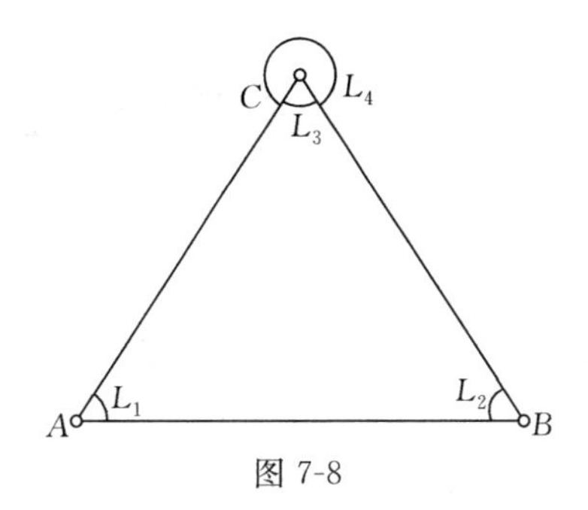

图 7-8

9. 某平差问题中有同精度独立观测值 $L_1 \sim L_4$，按附有限制条件的间接平差进行计算，已列出误差方程为 $v_1=\hat{x}_1-4$，$v_2=\hat{x}_1-1$，$v_3=\hat{x}_2+2$，$v_4=\hat{x}_1+\hat{x}_2+6$，限制条件为 $\hat{x}_1-2\hat{x}_2+5=0$。设有未知数的函数为 $\hat{\varphi}=\hat{x}_1-2\hat{x}_2$，试：① 列出法方程；② 求未知数 $\hat{x}_1$、$\hat{x}_2$ 及联系数 $\boldsymbol{K}_s$；③ 计算未知数函数的权倒数 $\boldsymbol{Q}_{\hat{\varphi}\hat{\varphi}}$。

第八章　平差结果的统计性质

§8-1　平差结果的统计性质

前述四种基本平差方法，在约束条件（函数模型）下求出了使目标函数 $\boldsymbol{V}^{\mathrm{T}}\boldsymbol{PV}$ 最小的极值点 $\boldsymbol{V}$，进而解得 $\widetilde{\boldsymbol{L}}$、$\widetilde{\boldsymbol{X}}$、$\sigma_0$ 的估值 $\hat{\boldsymbol{L}}$、$\hat{\boldsymbol{X}}$、$\hat{\sigma}_0$ 等平差结果。估值的质量如何呢？

评价参数估值最优性质的标准为无偏性、一致性和最有效性。本节将证明按照最小二乘原理进行平差计算所获得的结果具有最优估计性质。

不同平差方法具有相同的平差结果，因此具有相同的统计性质。下面仅按条件平差和间接平差法讨论平差结果的统计特性。

一、估计量 $\hat{L}$ 和 $\hat{X}$ 的无偏性

$\hat{\boldsymbol{L}}$ 和 $\hat{\boldsymbol{X}}$ 是由平差计算得出的观测值和参数的平差值，$\widetilde{\boldsymbol{L}}$ 和 $\widetilde{\boldsymbol{X}}$ 是观测值和参数的真值。要证明估计量 $\hat{\boldsymbol{L}}$ 和 $\hat{\boldsymbol{X}}$ 的无偏性，即证明

$$\left.\begin{aligned} E(\hat{\boldsymbol{L}}) &= \widetilde{\boldsymbol{L}} \\ E(\hat{\boldsymbol{X}}) &= \widetilde{\boldsymbol{X}} \end{aligned}\right\} \tag{8-1}$$

因为 $\hat{\boldsymbol{X}} = \boldsymbol{X}^0 + \hat{\boldsymbol{x}}$，要证明 $E(\hat{\boldsymbol{X}}) = \widetilde{\boldsymbol{X}}$，则只需证明 $E(\hat{\boldsymbol{x}}) = \tilde{\boldsymbol{x}}$；由于 $E(\hat{\boldsymbol{L}}) = E(\boldsymbol{L} + \boldsymbol{V}) = E(\boldsymbol{L}) + E(\boldsymbol{V}) = \widetilde{\boldsymbol{L}} + E(\boldsymbol{V})$，欲证 $E(\hat{\boldsymbol{L}}) = \widetilde{\boldsymbol{L}}$，则只需证明 $E(\boldsymbol{V}) = \boldsymbol{0}$。

（1）按条件平差

$$\boldsymbol{F}(\widetilde{\boldsymbol{L}}) = \boldsymbol{A}\widetilde{\boldsymbol{L}} + \boldsymbol{A}_0 = \boldsymbol{0}，\text{且 } \boldsymbol{F}(\hat{\boldsymbol{L}}) = \boldsymbol{A}\hat{\boldsymbol{L}} + \boldsymbol{A}_0 = \boldsymbol{0}$$

$$\boldsymbol{V} = \boldsymbol{Q}\boldsymbol{A}^{\mathrm{T}}\boldsymbol{K} = \boldsymbol{Q}\boldsymbol{A}^{\mathrm{T}}(-\boldsymbol{N}_{aa}^{-1}\boldsymbol{W})$$

$$\boldsymbol{W} = \boldsymbol{F}(\boldsymbol{L}) = \boldsymbol{A}\boldsymbol{L} + \boldsymbol{A}_0$$

$$E(\boldsymbol{W}) = E(\boldsymbol{A}\boldsymbol{L} + \boldsymbol{A}_0) = \boldsymbol{A}E(\boldsymbol{L}) + E(\boldsymbol{A}_0) = \boldsymbol{A}\widetilde{\boldsymbol{L}} + \boldsymbol{A}_0 = \boldsymbol{0}$$

$$E(\boldsymbol{V}) = -\boldsymbol{Q}\boldsymbol{A}^{\mathrm{T}}\boldsymbol{N}_{aa}^{-1}E(\boldsymbol{W}) = \boldsymbol{0}$$

（2）按间接平差

$$\widetilde{\boldsymbol{L}} = \boldsymbol{F}(\widetilde{\boldsymbol{X}}) = \boldsymbol{B}\widetilde{\boldsymbol{X}} + \boldsymbol{d}，\text{且 } \hat{\boldsymbol{L}} = \boldsymbol{F}(\hat{\boldsymbol{X}}) = \boldsymbol{B}\hat{\boldsymbol{X}} + \boldsymbol{d}$$

$$\hat{\boldsymbol{x}} = \boldsymbol{N}_{BB}^{-1}\boldsymbol{B}^{\mathrm{T}}\boldsymbol{P}\boldsymbol{l}$$

$$\boldsymbol{V} = \boldsymbol{B}\hat{\boldsymbol{x}} - \boldsymbol{l}$$

$$\boldsymbol{l} = \boldsymbol{L} - \boldsymbol{F}(\boldsymbol{X}^0) = \boldsymbol{L} - (\boldsymbol{B}\boldsymbol{X}^0 + \boldsymbol{d})$$

$$\begin{aligned} E(\boldsymbol{l}) &= E(\boldsymbol{L} - \boldsymbol{B}\boldsymbol{X}^0 - \boldsymbol{d}) = \widetilde{\boldsymbol{L}} - (\boldsymbol{B}\boldsymbol{X}^0 + \boldsymbol{d}) \\ &= \boldsymbol{B}\widetilde{\boldsymbol{X}} + \boldsymbol{d} - \boldsymbol{B}\boldsymbol{X}^0 - \boldsymbol{d} = \boldsymbol{B}(\widetilde{\boldsymbol{X}} - \boldsymbol{X}^0) = \boldsymbol{B}\tilde{\boldsymbol{x}} \end{aligned}$$

$$E(\hat{\boldsymbol{x}}) = \boldsymbol{N}_{BB}^{-1}\boldsymbol{B}^{\mathrm{T}}\boldsymbol{P}E(\boldsymbol{l}) = \boldsymbol{N}_{BB}^{-1}\boldsymbol{B}^{\mathrm{T}}\boldsymbol{P}\boldsymbol{B}\tilde{\boldsymbol{x}} = \tilde{\boldsymbol{x}}$$

$$E(\boldsymbol{V}) = E(\boldsymbol{B}\hat{\boldsymbol{x}} - \boldsymbol{l}) = \boldsymbol{B}E(\hat{\boldsymbol{x}}) - E(\boldsymbol{l}) = \boldsymbol{B}\tilde{\boldsymbol{x}} - \boldsymbol{B}\tilde{\boldsymbol{x}} = \boldsymbol{0}$$

$$E(\hat{\boldsymbol{L}}) = E(\boldsymbol{L} + \boldsymbol{V}) = E(\boldsymbol{L}) + E(\boldsymbol{V}) = \widetilde{\boldsymbol{L}} + \boldsymbol{0} = \widetilde{\boldsymbol{L}}$$

二、观测值的平差值 $\hat{L}$ 的方差最小性

要证明观测值的平差值 $\hat{L}$ 的方差最小，即要证明 $\hat{L}$ 的方差矩阵或协因数矩阵的迹最小，即

$$\mathrm{tr}(\boldsymbol{D}_{\hat{L}\hat{L}})=\min \qquad (\text{或 } \mathrm{tr}(\boldsymbol{Q}_{\hat{L}\hat{L}})=\min) \tag{8-2}$$

按条件平差证明

$$\hat{\boldsymbol{L}}=\boldsymbol{L}+\boldsymbol{V}=\boldsymbol{L}+\boldsymbol{Q}\boldsymbol{A}^{\mathrm{T}}\boldsymbol{K}=\boldsymbol{L}-\boldsymbol{Q}\boldsymbol{A}^{\mathrm{T}}\boldsymbol{N}_{aa}^{-1}\boldsymbol{W}$$

$$\boldsymbol{W}=\boldsymbol{A}\boldsymbol{L}+\boldsymbol{A}_0,\ \boldsymbol{Q}_{WW}=\boldsymbol{N}_{aa},\ \boldsymbol{Q}_{LW}=\boldsymbol{Q}\boldsymbol{A}^{\mathrm{T}}$$

显然不能直接判定 $\mathrm{tr}(\boldsymbol{Q}_{\hat{L}\hat{L}})$ 是否为最小。

假设另有一估值 $\underset{n1}{\hat{\boldsymbol{L}}'}=\underset{n1}{\boldsymbol{L}}+\underset{nr}{\boldsymbol{G}}\underset{r1}{\boldsymbol{W}}=[\boldsymbol{I}\ \ \boldsymbol{G}]\begin{bmatrix}\boldsymbol{L}\\ \boldsymbol{W}\end{bmatrix}$（$\boldsymbol{G}$ 为待定系数矩阵），按 $\mathrm{tr}(\boldsymbol{Q}_{\hat{L}'\hat{L}'})=\min$ 反求 $\boldsymbol{G}$，看 $\hat{\boldsymbol{L}}'$ 与 $\hat{\boldsymbol{L}}$ 是否相同，若相同则有 $\mathrm{tr}(\boldsymbol{Q}_{\hat{L}\hat{L}})=\min$。

$$E(\hat{\boldsymbol{L}}')=E(\boldsymbol{L}+\boldsymbol{G}\boldsymbol{W})=\tilde{\boldsymbol{L}}+\boldsymbol{G}E(\boldsymbol{W})=\tilde{\boldsymbol{L}} \qquad (\text{因为 } E(\boldsymbol{W})=\boldsymbol{0})$$

因此，$\hat{\boldsymbol{L}}'$ 是 $\tilde{\boldsymbol{L}}$ 的无偏估计

$$\boldsymbol{Q}_{\hat{L}'\hat{L}'}=[\boldsymbol{I}\ \ \boldsymbol{G}]\begin{bmatrix}\boldsymbol{Q} & \boldsymbol{Q}\boldsymbol{A}^{\mathrm{T}}\\ \boldsymbol{A}\boldsymbol{Q} & \boldsymbol{N}_{aa}\end{bmatrix}\begin{bmatrix}\boldsymbol{I}\\ \boldsymbol{G}^{\mathrm{T}}\end{bmatrix}=\boldsymbol{Q}+\boldsymbol{G}\boldsymbol{A}\boldsymbol{Q}+\boldsymbol{Q}\boldsymbol{A}^{\mathrm{T}}\boldsymbol{G}^{\mathrm{T}}+\boldsymbol{G}\boldsymbol{N}_{aa}\boldsymbol{G}^{\mathrm{T}}$$

令 $\boldsymbol{\Phi}=\mathrm{tr}(\boldsymbol{Q}_{\hat{L}'\hat{L}'})=\mathrm{tr}(\boldsymbol{Q})+\mathrm{tr}(\boldsymbol{G}\boldsymbol{A}\boldsymbol{Q})+\mathrm{tr}(\boldsymbol{Q}\boldsymbol{A}^{\mathrm{T}}\boldsymbol{G}^{\mathrm{T}})+\mathrm{tr}(\boldsymbol{G}\boldsymbol{N}_{aa}\boldsymbol{G}^{\mathrm{T}})$，现求 $\boldsymbol{\Phi}=\mathrm{tr}(\boldsymbol{Q}_{\hat{L}'\hat{L}'})$，取得极值的 $\boldsymbol{G}$

$$\frac{\partial\boldsymbol{\Phi}}{\partial\boldsymbol{G}}=2\boldsymbol{Q}\boldsymbol{A}^{\mathrm{T}}+2\boldsymbol{G}\boldsymbol{N}_{aa}=\boldsymbol{0}$$

$$\boldsymbol{G}\boldsymbol{N}_{aa}=-\boldsymbol{Q}\boldsymbol{A}^{\mathrm{T}}$$

$$\boldsymbol{G}=-\boldsymbol{Q}\boldsymbol{A}^{\mathrm{T}}\boldsymbol{N}_{aa}^{-1}$$

可见 $\hat{\boldsymbol{L}}=\hat{\boldsymbol{L}}'$，即条件平差值 $\hat{\boldsymbol{L}}=\boldsymbol{L}-\boldsymbol{Q}\boldsymbol{A}^{\mathrm{T}}\boldsymbol{N}_{aa}^{-1}\boldsymbol{W}$ 的方差最小，$\hat{\boldsymbol{L}}$ 为 $\tilde{\boldsymbol{L}}$ 的最优估计。

> ※ 矩阵迹运算、求导
>
> $\mathrm{tr}(\underset{tn}{\boldsymbol{A}}\underset{nt}{\boldsymbol{B}})=\mathrm{tr}(\underset{nt}{\boldsymbol{B}}\underset{tn}{\boldsymbol{A}})$
>
> $\mathrm{tr}(\underset{nn}{\boldsymbol{A}})=\mathrm{tr}(\underset{nn}{\boldsymbol{A}^{\mathrm{T}}})$
>
> $\dfrac{\partial(\boldsymbol{X}\boldsymbol{A})}{\partial\boldsymbol{X}}=\boldsymbol{A}^{\mathrm{T}}$
>
> $\dfrac{\partial(\boldsymbol{A}\boldsymbol{X})^{\mathrm{T}}}{\partial\boldsymbol{X}}=\boldsymbol{A}$
>
> $\dfrac{\partial(\boldsymbol{X}^{\mathrm{T}}\boldsymbol{A}\boldsymbol{X})}{\partial\boldsymbol{X}}=2\boldsymbol{A}\boldsymbol{X}$
>
> $\dfrac{\partial(\boldsymbol{A}^{\mathrm{T}}\boldsymbol{X}^{\mathrm{T}}\boldsymbol{X}\boldsymbol{B})}{\partial\boldsymbol{X}}=\boldsymbol{X}(\boldsymbol{A}\boldsymbol{B}^{\mathrm{T}}+\boldsymbol{B}\boldsymbol{A}^{\mathrm{T}})$
>
> $\dfrac{\partial\mathrm{tr}(\boldsymbol{X})}{\partial\boldsymbol{X}}=\boldsymbol{I}$
>
> $\dfrac{\partial\mathrm{tr}(\boldsymbol{A}^{\mathrm{T}}\boldsymbol{X}\boldsymbol{B}^{\mathrm{T}})}{\partial\boldsymbol{X}}=\boldsymbol{A}\boldsymbol{B}$
>
> $\dfrac{\partial\mathrm{tr}(\boldsymbol{A}\boldsymbol{X}\boldsymbol{B}\boldsymbol{X}^{\mathrm{T}})}{\partial\boldsymbol{X}}=\boldsymbol{A}^{\mathrm{T}}\boldsymbol{X}\boldsymbol{B}^{\mathrm{T}}+\boldsymbol{A}\boldsymbol{X}\boldsymbol{B}$
>
> $\dfrac{\partial\mathrm{tr}(\boldsymbol{A}\boldsymbol{X}^{\mathrm{T}}\boldsymbol{X})}{\partial\boldsymbol{X}}=\boldsymbol{X}(\boldsymbol{A}+\boldsymbol{A}^{\mathrm{T}})$
>
> $\dfrac{\partial\mathrm{tr}(\boldsymbol{X}\boldsymbol{A}\boldsymbol{X}^{\mathrm{T}})}{\partial\boldsymbol{X}}=\boldsymbol{X}(\boldsymbol{A}+\boldsymbol{A}^{\mathrm{T}})$
>
> $\dfrac{\partial\mathrm{tr}(\boldsymbol{X}^{\mathrm{T}}\boldsymbol{A}\boldsymbol{X})}{\partial\boldsymbol{X}}=(\boldsymbol{A}+\boldsymbol{A}^{\mathrm{T}})\boldsymbol{X}$

三、$\hat{\sigma}_0^2=\dfrac{\boldsymbol{V}^{\mathrm{T}}\boldsymbol{P}\boldsymbol{V}}{r}$ 是 σ_0^2 的无偏估计

（1）按条件平差

$$E(\boldsymbol{V})=E[\boldsymbol{Q}\boldsymbol{A}^{\mathrm{T}}(-\boldsymbol{N}_{aa}^{-1})\boldsymbol{W}]=\boldsymbol{0}$$

$$\begin{aligned}E(\boldsymbol{V}^{\mathrm{T}}\boldsymbol{P}\boldsymbol{V})&=\mathrm{tr}(\boldsymbol{P}\boldsymbol{D}_{VV})+E^{\mathrm{T}}(\boldsymbol{V})\boldsymbol{P}E(\boldsymbol{V})\\&=\sigma_0^2\mathrm{tr}(\boldsymbol{P}\boldsymbol{Q}_{VV})=\sigma_0^2\mathrm{tr}(\boldsymbol{P}\boldsymbol{Q}\boldsymbol{A}^{\mathrm{T}}\boldsymbol{N}_{aa}^{-1}\boldsymbol{A}\boldsymbol{Q})(※)\\&=\sigma_0^2\mathrm{tr}(\underset{nr}{\boldsymbol{A}^{\mathrm{T}}}\underset{rn}{\boldsymbol{N}_{aa}^{-1}\boldsymbol{A}\boldsymbol{Q}})=\sigma_0^2\mathrm{tr}(\boldsymbol{N}_{aa}^{-1}\boldsymbol{A}\boldsymbol{Q}\boldsymbol{A}^{\mathrm{T}})\\&=\sigma_0^2\mathrm{tr}(\boldsymbol{N}_{aa}^{-1}\boldsymbol{N}_{aa})=\sigma_0^2\mathrm{tr}(\underset{rr}{\boldsymbol{I}})=r\sigma_0^2\end{aligned}$$

$$E\left(\frac{\boldsymbol{V}^{\mathrm{T}}\boldsymbol{P}\boldsymbol{V}}{r}\right)=\sigma_0^2$$

（2）按间接平差

$$\begin{aligned}E(\boldsymbol{V}^{\mathrm{T}}\boldsymbol{P}\boldsymbol{V})&=\mathrm{tr}(\boldsymbol{P}\boldsymbol{D}_{VV})+E^{\mathrm{T}}(\boldsymbol{V})\boldsymbol{P}E(\boldsymbol{V})=\sigma_0^2\mathrm{tr}(\boldsymbol{P}\boldsymbol{Q}_{VV})\\&=\sigma_0^2\mathrm{tr}[\boldsymbol{P}(\boldsymbol{Q}-\boldsymbol{B}\boldsymbol{N}_{BB}^{-1}\boldsymbol{B}^{\mathrm{T}})]\\&=\sigma_0^2\mathrm{tr}(\boldsymbol{I}-\boldsymbol{P}\boldsymbol{B}\boldsymbol{N}_{BB}^{-1}\boldsymbol{B}^{\mathrm{T}})\end{aligned}$$

$$\sigma_0^2[\mathrm{tr}(\underset{nn}{\boldsymbol{I}}) - \mathrm{tr}(\underset{nt}{\boldsymbol{PB}}\underset{tn}{\boldsymbol{N}_{BB}^{-1}\boldsymbol{B}^{\mathrm{T}}})] = \sigma_0^2[n - \mathrm{tr}(\underset{tn}{\boldsymbol{N}_{BB}^{-1}\boldsymbol{B}^{\mathrm{T}}}\underset{nt}{\boldsymbol{PB}})]$$

$$= \sigma_0^2[n - \mathrm{tr}(\boldsymbol{N}_{BB}^{-1}\boldsymbol{N}_{BB})]$$

$$= \sigma_0^2(n-t) = r\sigma_0^2$$

$$E\left(\frac{\boldsymbol{V}^{\mathrm{T}}\boldsymbol{PV}}{r}\right) = \sigma_0^2$$

以上证明 $\hat{\boldsymbol{\sigma}}_0^2 = \dfrac{\boldsymbol{V}^{\mathrm{T}}\boldsymbol{PV}}{r}$ 是 $\boldsymbol{\sigma}_0^2$ 的无偏估计。

模型 $\begin{cases}\boldsymbol{AV} + \boldsymbol{W} = \boldsymbol{0} \\ \boldsymbol{V} = \boldsymbol{B}\hat{\boldsymbol{x}} - \boldsymbol{l}\end{cases} \Rightarrow \boldsymbol{AB}\hat{\boldsymbol{x}} = \boldsymbol{Al} - \boldsymbol{W}$

平差 $\boldsymbol{V} = -\boldsymbol{QA}^{\mathrm{T}}\boldsymbol{N}_{aa}^{-1}\boldsymbol{W}$

$\hat{\boldsymbol{x}} = \boldsymbol{N}_{BB}^{-1}\boldsymbol{B}^{\mathrm{T}}\boldsymbol{Pl}$

$\begin{cases}\boldsymbol{V} = \boldsymbol{QA}^{\mathrm{T}}\boldsymbol{K} \\ \boldsymbol{B}^{\mathrm{T}}\boldsymbol{PV} = \boldsymbol{0}\end{cases}$

$\boldsymbol{B}^{\mathrm{T}}\boldsymbol{A}^{\mathrm{T}}\boldsymbol{K} = \boldsymbol{0}$

则 $\boldsymbol{K}^{\mathrm{T}}(\boldsymbol{AB}) = \boldsymbol{0}$ 且 $(\boldsymbol{AB})^{\mathrm{T}}\boldsymbol{K} = \boldsymbol{0}$

令 $f(\boldsymbol{k}) = \boldsymbol{K}^{\mathrm{T}}(\boldsymbol{AB})(\boldsymbol{AB})^{\mathrm{T}}\boldsymbol{K} = \boldsymbol{Y}^{\mathrm{T}}\boldsymbol{Y}$

则 $f(\boldsymbol{k}) = f(\boldsymbol{y}) = \boldsymbol{0}$

且为非 $\boldsymbol{0}$ 的 $\boldsymbol{K}$ 的二次齐次方程

若 $\boldsymbol{AB} \neq \boldsymbol{0}$,则 $\boldsymbol{Y} \neq \boldsymbol{0}$,$f(\boldsymbol{k}) > 0$ 与 $f(\boldsymbol{k}) = \boldsymbol{0}$ 矛盾。

故 $\boldsymbol{AB} = \boldsymbol{0}$。

§8-2 基本平差方法总结

一、基本平差方法和概括平差

前面几章介绍了四种基本平差方法:条件平差、附有参数的条件平差、间接平差、附有限制条件的间接平差,其平差求解公式汇总于表 8-1 中。这些方法的函数模型各不相同,但随机模型和平差原则相同。四种函数模型为

$$① \underset{r1}{\boldsymbol{F}}(\underset{n1}{\hat{\boldsymbol{L}}}) = \boldsymbol{0};$$

$$② \underset{c1}{\boldsymbol{F}}(\underset{n1}{\hat{\boldsymbol{L}}}, \underset{u1}{\hat{\boldsymbol{X}}}) = \boldsymbol{0};$$

$$③ \underset{n1}{\hat{\boldsymbol{L}}} = \underset{n1}{\boldsymbol{F}}(\underset{t1}{\hat{\boldsymbol{X}}});$$

$$④ \begin{cases}\underset{n1}{\hat{\boldsymbol{L}}} = \underset{n1}{\boldsymbol{F}}(\underset{u1}{\hat{\boldsymbol{X}}}) \\ \boldsymbol{\Phi}_s(\underset{u1}{\hat{\boldsymbol{X}}}) = \boldsymbol{0}\end{cases}$$

以上四种函数模型均含有关于 $\hat{\boldsymbol{L}}$、$\hat{\boldsymbol{X}}$ 的条件方程,而第 ④ 种还含有限制条件方程。它们的函数模型个数均是 $(r+u)$ 个,参数个数分别对应:$u=0$,$u<t$(独立),$u=t$(独立),$u>t$

（t 个独立，$s=u-t$ 个限制）。

如果引入参数个数 u 不限，参数相关性不限，假设参数间存在 s 个限制条件，则函数模型总数为$(r+u)$个，其中限制条件方程为 s 个，条件方程个数为 $r+u-s=c$ 个。由此组成新的函数模型

⑤
$$\left.\begin{aligned}\underset{c1}{\boldsymbol{F}}(\underset{n1}{\hat{\boldsymbol{L}}},\underset{u1}{\hat{\boldsymbol{X}}})&=\boldsymbol{0}\\ \boldsymbol{\Phi}_s(\underset{u1}{\hat{\boldsymbol{X}}})&=\boldsymbol{0}\end{aligned}\right\}\tag{8-3}$$

称为**概括平差的函数模型**，相应的平差方法称为**概括平差**，又称为**附有限制条件的条件平差**。

概括平差的函数模型包含参数个数任意、参数相关或独立的情形，当然也包括四种基本平差方法的情形。表 8-1 中列出了概括平差的基础方程和求解公式，在此不对该平差方法展开讨论。

二、四种基本平差方法的特性

(1)有不同形式和个数的函数模型，产生于引入参数的不同情形。平差模型需要在近似值附近线性化，以满足线性估计性质。

(2)有相同的随机模型：$\boldsymbol{D}=\sigma_0^2\boldsymbol{Q}=\sigma_0^2\boldsymbol{P}^{-1}$。平差时需要取定单位权方差 σ_0^2，根据观测条件，预先评估观测值的精度，通过平差过程再求估值 $\hat{\sigma}_0^2$，并评估各量的实际精度。

(3)采用相同的平差原则：$\boldsymbol{V}^{\mathrm{T}}\boldsymbol{PV}=\min$。平差原则结合函数模型，便形成一个求条件极值的问题。

(4)对于一个平差问题，采用不同的平差方法可以得到相同的平差结果（$\hat{\boldsymbol{L}}$、$\hat{\boldsymbol{X}}$、$\hat{\sigma}_0^2$、$\boldsymbol{Q}_{\hat{L}\hat{L}}$），因为平差方法不同只是说明函数模型形式不同，而平差依据的几何关系、平差原则、平差随机模型均相同。对于同一平差问题，条件平差与间接平差的系数矩阵的关系为 $\underset{rn}{\boldsymbol{A}}\underset{nt}{\boldsymbol{B}}=\underset{rt}{\boldsymbol{0}}$。

三、选择平差方法的依据

平差方法的选择需要考虑法方程个数、函数模型列立的便利性、已知条件的处理方式三个因素：

(1)一般的平差问题采用条件平差或间接平差，特殊情况下采用专门的平差方法，即附有限制条件的间接平差、附有参数的条件平差。

(2) 选择法方程个数较少的平差方法，便于求解。对于一个平差问题，当 r（条件平差的法方程个数）较小时，可考虑采用条件平差；当 t（间接平差的法方程个数）较小时，可考虑采用间接平差。

(3)间接平差的优势在于函数模型（误差方程）规律性强、可以套用公式、引入的未知数（如坐标平差值）在平差过程可直接求出、便于计算机求解。三角网平差问题常采用间接平差。

表 8-1 基础平差

<table>
<tr><th rowspan="2">平差方法</th><th rowspan="2">引入参数个数 u</th><th colspan="2">函数模型形式</th><th rowspan="2">函数模型个数 $r+u$</th><th rowspan="2">函数模型化简
$\hat{L}=L+V,\hat{X}=X^0+\hat{x}$</th></tr>
<tr><th>一般式</th><th>线性化(近似式)</th></tr>
<tr><td>① 条件平差</td><td>$u=0$</td><td>$\underset{r1}{F}(\underset{n1}{\hat{L}})=0$</td><td>$\underset{rn}{A}\underset{n1}{\hat{L}}+\underset{r1}{A_0}=0$
$A=\left(\frac{\partial F}{\partial \hat{L}}\right)_0$
$A_0=F(L)-AL$</td><td>r</td><td>$\underset{rn}{A}\underset{n1}{V}+\underset{r1}{W}=0$
$W=F(L)=AL+A_0$</td></tr>
<tr><td>② 附有参数的条件平差</td><td>$u<t$
独立</td><td>$\underset{c1}{F}(\underset{n1}{\hat{L}},\underset{u1}{\hat{X}})=0$</td><td>$\underset{cn}{A}\underset{n1}{\hat{L}}+\underset{cu}{B}\underset{u1}{\hat{X}}+\underset{c1}{A_0}=0$
$A=\left(\frac{\partial F}{\partial \hat{L}}\right)_0$
$B=\left(\frac{\partial F}{\partial \hat{X}}\right)_0$</td><td>$c=r+u$</td><td>$\underset{cn}{A}\underset{n1}{V}+\underset{cu}{B}\underset{u1}{\hat{x}}+\underset{c1}{W}=0$
$W=F(L,X^0)$
$=AL+BX^0+A_0$</td></tr>
<tr><td>③ 间接平差</td><td>$u=t$
独立</td><td>$\underset{n1}{\hat{L}}=F(\underset{t1}{\hat{X}})$</td><td>$\underset{n1}{\hat{L}}=\underset{nt}{B}\underset{t1}{\hat{X}}+\underset{n1}{d}$
$B=\left(\frac{\partial F}{\partial \hat{X}}\right)_0$
$d=F(X^0)-BX^0$</td><td>$n=r+t$</td><td>$\underset{n1}{V}=\underset{nt}{B}\underset{t1}{\hat{x}}-\underset{n1}{l}$
$l=L-F(X^0)$
$=L-(BX^0+d)$</td></tr>
<tr><td>④ 附有限制条件的间接平差</td><td>$u=t+s$
t 个独立,s 个限制条件</td><td>$\begin{cases}\underset{n1}{\hat{L}}=\underset{n1}{F}(\underset{u1}{\hat{X}})\\ \Phi_s(\underset{u1}{\hat{X}})=0\end{cases}$</td><td>$\begin{cases}\underset{n1}{\hat{L}}=BX+d\\ \underset{su}{C}\underset{u1}{\hat{X}}-C\underset{u1}{X^0}+\underset{s1}{W_x}=0\end{cases}$
$C=\left(\frac{\partial \Phi_s}{\partial \hat{X}}\right)_0$
$W_x=\Phi_s(X^0)$</td><td>$n+s$</td><td>$\begin{cases}\underset{n1}{V}=\underset{nu}{B}\underset{u1}{\hat{x}}-\underset{n1}{l}\\ \underset{su}{C}\underset{u1}{\hat{x}}+\underset{s1}{W_x}=0\end{cases}$
$l=L-F(X^0)$
$=L-(BX^0+d)$</td></tr>
<tr><td>⑤ 概括平差(附有限制条件的条件平差)</td><td>u 不限,其中 s 个函数相关</td><td>$\begin{cases}\underset{c1}{F}(\underset{n1}{\hat{L}},\underset{u1}{\hat{X}})=0\\ \Phi_s(\underset{u1}{\hat{X}})=0\end{cases}$</td><td>$\begin{cases}\underset{cn}{A}\underset{n1}{\hat{L}}+\underset{cu}{B}\underset{u1}{\hat{X}}+\underset{c1}{A_0}=0\\ \underset{su}{C}\hat{X}-CX^0+\underset{s1}{W_x}=0\end{cases}$
$W_x=\Phi_s(X^0)$</td><td>$c+s$
$s<u$
$c=r+u-s$</td><td>$\begin{cases}\underset{cn}{A}\underset{n1}{V}+\underset{cu}{B}\underset{u1}{\hat{x}}+\underset{c1}{W}=0\\ \underset{su}{C}\underset{u1}{\hat{x}}+\underset{s1}{W_x}=0\end{cases}$
$W=F(L,X^0)$
$=AL+BX^0+A_0$</td></tr>
</table>

注:(1) 方法⑤包含方法①、②、③、④;方法②包含方法①和③,均属独立参数平差;方法④的限制条件方程求出 s 个参数,

(2) 函数线性化:① $F(\hat{L},\hat{X})\approx F(L,X^0)+\left(\frac{\partial F}{\partial \hat{L}}\right)_{L,X^0}(\hat{L}-L)+\left(\frac{\partial F}{\partial \hat{X}}\right)_{L,X^0}(\hat{X}-X^0)$;② $\Phi(\hat{X})\approx\Phi(X^0)+$

方法公式汇总

条件极值函数 $\underset{11}{\Phi}(V,\hat{x}) = \min$	法方程	V、$\hat{x}$ 的解	主要协因数矩阵
$\Phi = V^{T}PV - 2\underset{1r}{K^{T}}(AV+W)$ $\frac{\partial(V^{T}PV)}{\partial V} = 2V^{T}P$ $\frac{\partial\Phi}{\partial V} = 0$	$\underset{rr}{N_{aa}}\underset{r1}{K} + \underset{r1}{W} = 0$ $N_{aa} = AQA^{T}$	$V = QA^{T}K$ $K = -N_{aa}^{-1}W$	$Q_{WW} = N_{aa}, Q_{KK} = N_{aa}^{-1}$ $Q_{VV} = QA^{T}N_{aa}^{-1}AQ$ $Q_{\hat{L}V} = 0$ $Q_{\hat{L}\hat{L}} = Q - Q_{VV}$
$\Phi = V^{T}PV - 2\underset{1c}{K^{T}}(AV + B\hat{x} + W)$ $\frac{\partial\Phi}{\partial V} = 0,\ \frac{\partial\Phi}{\partial\hat{x}} = 0$	$\underset{cc}{N_{aa}}\underset{c1}{K} + \underset{cu\,u1}{B\hat{x}} + \underset{c1}{W} = 0$ $\underset{uc}{B^{T}}\underset{c1}{K} = 0$ $N_{aa} = AQA^{T}$ $N_{bb} = B^{T}N_{aa}^{-1}B$	$\hat{x} = -N_{bb}^{-1}B^{T}N_{aa}^{-1}W$ $V = QA^{T}K$ $K = -N_{aa}^{-1}(B\hat{x} + W)$	$Q_{WW} = N_{aa}$ $Q_{\hat{X}\hat{X}} = N_{bb}^{-1}$ $Q_{KK} = N_{aa}^{-1} - N_{aa}^{-1}BQ_{\hat{X}\hat{X}}B^{T}N_{aa}^{-1}$ $Q_{VV} = QA^{T}Q_{KK}AQ$ $Q_{\hat{L}\hat{L}} = Q - Q_{VV}$
$\Phi = V^{T}PV$ $\frac{\partial\Phi}{\partial\hat{x}} = 0$	$\underset{tt}{N_{BB}}\underset{t1}{\hat{x}} - \underset{t1}{W} = 0$ $N_{BB} = B^{T}PB$ $W = B^{T}Pl$	$\hat{x} = N_{BB}^{-1}B^{T}Pl$ $V = B\hat{x} - l$	$Q_{\hat{X}\hat{X}} = N_{BB}^{-1}$ $Q_{VV} = Q - BN_{BB}^{-1}B^{T}$ $Q_{\hat{L}\hat{L}} = Q - Q_{VV} = BN_{BB}^{-1}B^{T}$
$\Phi = V^{T}PV + 2\underset{1s}{K_{s}^{T}}(C\hat{x} + W_{x})$ $\frac{\partial\Phi}{\partial V} = 0,\ \frac{\partial\Phi}{\partial\hat{x}} = 0$	$\underset{uu}{N_{BB}}\underset{u1}{\hat{x}} + \underset{us}{C^{T}}\underset{s1}{K_{s}} - \underset{u1}{W} = 0$ $\underset{su\,u1}{C\hat{x}} + \underset{s1}{W_{x}} = 0$ $N_{BB} = B^{T}PB$ $W = B^{T}Pl$ $\underset{ss}{N_{CC}} = CN_{BB}^{-1}C^{T}$	$\hat{x} = N_{BB}^{-1}(W - C^{T}K_{s})$ $V = B\hat{x} - l$ $K_{s} = N_{CC}^{-1}(CN_{BB}^{-1}W + W_{x})$	$Q_{WW} = N_{BB}$ $Q_{\hat{X}\hat{X}} = N_{BB}^{-1} - N_{BB}^{-1}C^{T}N_{CC}^{-1}CN_{BB}^{-1}$ $Q_{VV} = Q - BQ_{\hat{X}\hat{X}}B^{T}$ $Q_{\hat{L}\hat{L}} = Q - Q_{VV} = BQ_{\hat{X}\hat{X}}B^{T}$
$\Phi = V^{T}PV - 2\underset{1c}{K^{T}}(AV + B\hat{x} + W) -$ $\underset{1s}{K_{s}^{T}}(C\hat{x} + W_{x})$ $\frac{\partial\Phi}{\partial V} = 0,\ \frac{\partial\Phi}{\partial\hat{x}} = 0$	$\underset{cc}{N_{aa}}\underset{c1}{K} + \underset{cu\,u1}{B\hat{x}} + \underset{c1}{W} = 0$ $\underset{uc}{B^{T}}\underset{c1}{K} + \underset{us}{C^{T}}\underset{s1}{K_{s}} = 0$ $\underset{su\,u1}{C\hat{x}} + \underset{s1}{W_{x}} = 0$ $N_{aa} = AQA^{T}$ $\underset{uu}{N_{aa}} = B^{T}N_{aa}^{-1}B$	$\hat{x} = N_{bb}^{-1}(C^{T}K_{s} - W_{e})$ $V = -QA^{T}N_{aa}^{-1}(W + B\hat{x})$ $K_{s} = -N_{cc}^{-1}(W_{x} -$ $CN_{bb}^{-1}W_{e})$ $\underset{ss}{N_{cc}} = CN_{bb}^{-1}C^{T}$ $\underset{u1}{W_{e}} = B^{T}N_{aa}^{-1}W$	$Q_{WW} = N_{aa}$ $Q_{\hat{X}\hat{X}} = N_{bb}^{-1} - N_{bb}^{-1}C^{T}N_{cc}^{-1}CN_{bb}^{-1}$ $Q_{KK} = N_{aa}^{-1} - N_{aa}^{-1}BQ_{\hat{X}\hat{X}}B^{T}N_{aa}^{-1}$ $Q_{VV} = QA^{T}Q_{KK}AQ$ $Q_{\hat{L}\hat{L}} = Q - Q_{VV}$

代入条件方程后，可得方法③。

$\left(\frac{\partial\Phi}{\partial\hat{X}}\right)_{X^{0}}(\hat{X} - X^{0})$；③$F(L) \approx F(L^{0}) + \left(\frac{\partial F}{\partial L}\right)_{L^{0}}(L - L^{0})$，$L^{0}$ 是随机变量 L 的读数。

习 题

1. 什么是一般条件方程、限制条件方程，它们之间有何区别？

2. 最小二乘估计量 $\hat{\boldsymbol{L}}$ 和 $\hat{\boldsymbol{X}}$ 具有哪些良好的统计性质？

3. 在条件平差中，试证明估计量 $\hat{\boldsymbol{L}}$ 具有无偏性。

4. 在间接平差中，试证明估计量 $\hat{\boldsymbol{x}}=(\boldsymbol{B}^{\mathrm{T}}\boldsymbol{P}\boldsymbol{B})^{-1}\boldsymbol{B}^{\mathrm{T}}\boldsymbol{P}\boldsymbol{l}$ 具有方差最小性。

5. 概括平差的函数模型是什么，主要作用是什么？

6. 任何一种平差模型中应列的方程总数是否不变，都为 $r+u$？

7. 在测站 O 上观测 A、B、C、D 四个方向(如图 8-1 所示)，得等精度观测值为 $L_1=44°03'14.5''$，$L_2=43°14'20.0''$，$L_3=53°33'32.0''$，$L_4=87°17'31.5''$，$L_5=96°47'53.0''$，$L_6=140°51'06.5''$。若选参数 $\hat{\boldsymbol{X}}=\begin{bmatrix}\hat{X}_1 & \hat{X}_2 & \hat{X}_3\end{bmatrix}^{\mathrm{T}}=\begin{bmatrix}\hat{L}_2 & \hat{L}_3 & \hat{L}_5\end{bmatrix}^{\mathrm{T}}$，设参数近似值为 $X_1^0=L_2$，$X_2^0=L_3$，$X_3^0=L_5$。试按附有限制条件的条件平差法：① 列出条件方程和限制条件方程；② 列出法方程，解出参数的平差值；③ 求改正数向量及观测角的平差值。

8. 为什么在解决实际平差问题时较少采用附有限制条件的条件平差法，其最大特点是什么？

9. 概括平差的函数模型在什么情况下将转换成间接平差的函数模型？

10. 在如图 8-2 所示的水准网中，A 点为已知点，P_1、P_2、P_3 点为待定点，观测了 5 条路线的高差 $h_1\sim h_5$，相应的路线长度为 $S_1=S_2=S_3=S_4=3\ \mathrm{km}$，$S_5=5\ \mathrm{km}$。若求 P_2 点平差后高程的权，采用什么函数模型较好？

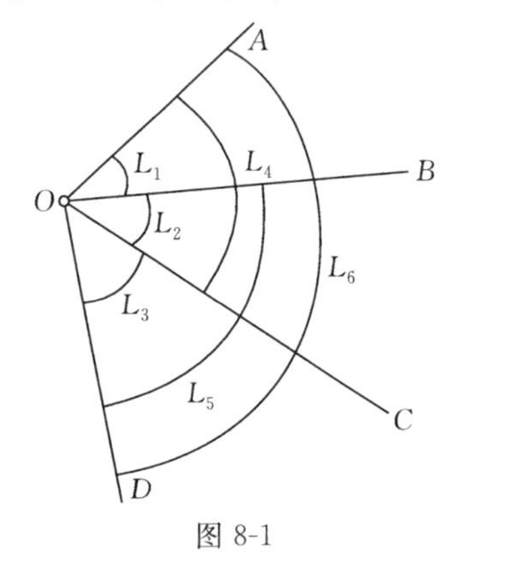

图 8-1

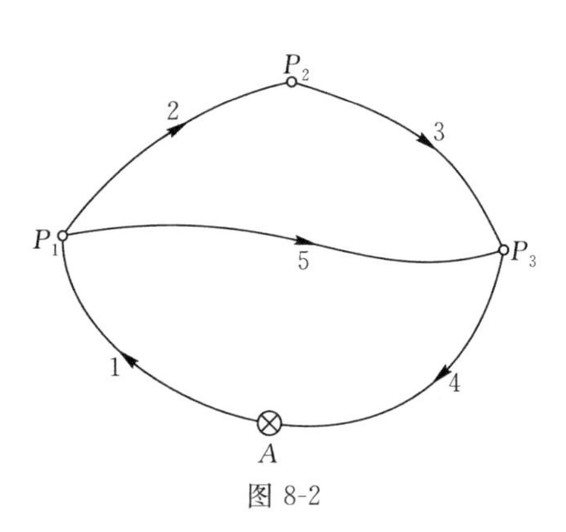

图 8-2

第九章　点位精度与误差椭圆

§9-1　点位方差

一、点位误差

如图 9-1 所示，由平差计算得到 P 点的坐标平差值为 $P(x, y)$，P 点的坐标真值为 $\tilde{P}(\tilde{x}, \tilde{y})$。计算点 P 与其真点 $\tilde{P}$ 的偏差，称为 P 点的**点位误差**，又称**点位真误差**，简称**真位差**，用 ΔP 表示。

点位误差 ΔP 可视为一个矢量，它在 x 方向、y 方向的误差分量为 Δx、Δy，即

$$\Delta x = \tilde{x} - x \tag{9-1}$$

$$\Delta y = \tilde{y} - y \tag{9-2}$$

$$\Delta P = \sqrt{\Delta x^2 + \Delta y^2} \qquad (\Delta P > 0) \tag{9-3}$$

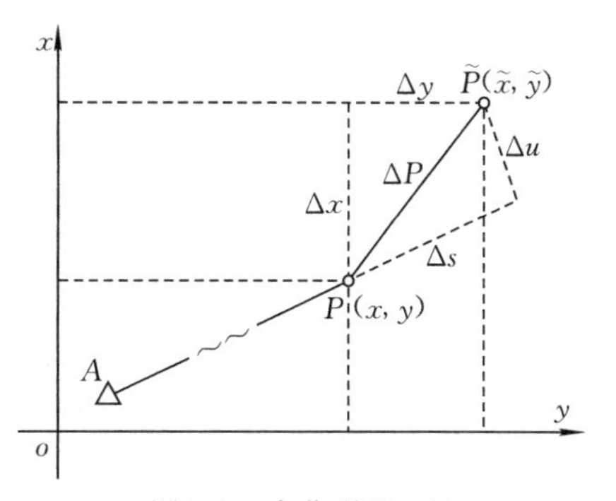

图 9-1　点位误差 ΔP

如果对坐标系进行旋转，得到 $x'oy'$ 坐标系统、P 点的坐标(x', y')及其点位误差$(\Delta x', \Delta y')$。由于坐标旋转前后 ΔP 的大小不发生改变，即 $\Delta P = \Delta P'$。在新坐标系统下，点位误差可表示为

$$\Delta P' = \Delta P = \sqrt{\Delta x'^2 + \Delta y'^2} \tag{9-4}$$

二、点位方差

定义：P 点的点位方差为 $\sigma_P^2 = E(\Delta P^2)$。前已证明平差参数为无偏估计，即

$$E(x) = \tilde{x},\ E(y) = \tilde{y}$$

$$\begin{aligned}\sigma_P^2 &= E(\Delta P^2) = E(\Delta x^2) + E(\Delta y^2) = E(\tilde{x} - x)^2 + E(\tilde{y} - y)^2 \\ &= E[E(x) - x]^2 + E[E(y) - y]^2 = \sigma_x^2 + \sigma_y^2\end{aligned} \tag{9-5}$$

式中，σ_P 称为点位中误差。同理，对于 $x'oy'$ 坐标系有

$$\sigma_P^2 = E(\Delta P^2) = E(\Delta x'^2) + E(\Delta y'^2) = \sigma_{x'}^2 + \sigma_{y'}^2 \tag{9-6}$$

由式(9-5)和式(9-6)可知，点位方差 σ_P^2 总是等于两个相互垂直的方向上的坐标方差的和，与坐标系的旋转和平移无关。

若将 ΔP 投影于 AP 方向 s 和其垂直方向 u 上，则得到 Δs 和 Δu（如图 9-1 所示），分别为 P 点纵向误差和横向误差，有 $\Delta_P^2 = \Delta s^2 + \Delta u^2$，仿照式(9-6)有 $\sigma_P^2 = \sigma_s^2 + \sigma_u^2$。通过纵、横向误差的合成来求定点位误差，这在测量工作中也是一种常用的评定点位精度的方法。

§9-2 点位方差分布

一、任意方向 φ 的点位方差

P 点误差分量 Δx、Δy 的方差与 P 点坐标 (x,y) 的方差相同，它们的方差分别为 σ_x^2、σ_y^2。由此可以得到点位方差 σ_P^2

$$\sigma_x^2=\sigma_0^2 Q_{xx} \tag{9-7}$$

$$\sigma_y^2=\sigma_0^2 Q_{yy} \tag{9-8}$$

$$\sigma_P^2=\sigma_x^2+\sigma_y^2=\sigma_0^2(Q_{xx}+Q_{yy}) \tag{9-9}$$

那么，P 点在方位角为 φ 方向的误差分量 $\Delta\varphi$ 的方差 σ_φ^2 如何确定？由图 9-2 可知

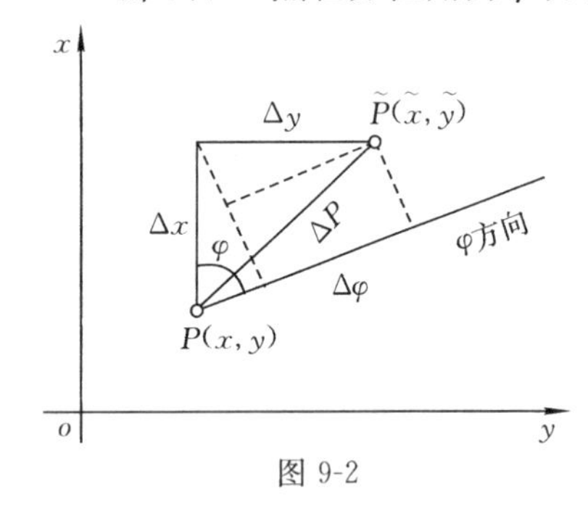

图 9-2

$$\Delta\varphi=\Delta x\cos\varphi+\Delta y\sin\varphi=[\cos\varphi \quad \sin\varphi]\begin{bmatrix}\Delta x\\ \Delta y\end{bmatrix}$$

根据协因数传播律，可得 $\Delta\varphi$ 的协因数为

$$Q_{\varphi\varphi}=[\cos\varphi \quad \sin\varphi]\begin{bmatrix}Q_{xx} & Q_{xy}\\ Q_{yx} & Q_{yy}\end{bmatrix}\begin{bmatrix}\cos\varphi\\ \sin\varphi\end{bmatrix} \qquad (注:Q_{yx}=Q_{xy})$$

$$=Q_{xx}\cos^2\varphi+Q_{yy}\sin^2\varphi+Q_{xy}\sin2\varphi$$

$$\sigma_\varphi^2=\sigma_0^2 Q_{\varphi\varphi}=\sigma_0^2(Q_{xx}\cos^2\varphi+Q_{yy}\sin^2\varphi+Q_{xy}\sin2\varphi) \tag{9-10}$$

为 $\Delta\varphi$ 的方差的计算公式，σ_φ^2 与 φ、Q_{xx}、Q_{yy} 和 Q_{xy} 有关，它是 P 点在 φ 方向上的点位方差，反映了点位精度在不同方向的分布情况。

二、点位方差的极值

在实际应用中，有时需要研究点位在指定方向上的方差，还要了解哪一个方向上的点位方差最大或最小。当 Q_{xx}、Q_{yy} 和 Q_{xy} 一定时，σ_φ^2 随着 φ 的变化而变化，为了求 σ_φ^2 取得极值的方位角 φ_0，令

$$\frac{\mathrm{d}Q_{\varphi\varphi}}{\mathrm{d}\varphi}=-2Q_{xx}\sin\varphi_0\cos\varphi_0+2Q_{yy}\sin\varphi_0\cos\varphi_0+2Q_{xy}\cos2\varphi_0=0$$

$$(Q_{yy}-Q_{xx})\sin2\varphi_0+2Q_{xy}\cos2\varphi_0=0$$

$$\tan2\varphi_0=\frac{2Q_{xy}}{Q_{xx}-Q_{yy}} \tag{9-11}$$

下面求 φ_0 的两个极值点：极大值 φ_E 与极小值 φ_F。由于 $\tan2\varphi_0=\tan(2\varphi_0+180^\circ)$，极值点至少有两个解：$\varphi_0$ 和 φ_0+90°，所以 φ_E 与 φ_F 相互垂直。又由于

$$\cos^2 2\varphi_0=\frac{1}{1+\tan^2 2\varphi_0}=\frac{1}{1+\dfrac{4Q_{xy}^2}{(Q_{xx}-Q_{yy})^2}}=\frac{(Q_{xx}-Q_{yy})^2}{(Q_{xx}-Q_{yy})^2+4Q_{xy}^2}$$

$$\sin2\varphi_0=\pm\sqrt{1-\cos^2 2\varphi_0}=\pm\frac{2Q_{xy}}{\sqrt{(Q_{xx}-Q_{yy})^2+4Q_{xy}^2}}$$

令

$$K=\sqrt{(Q_{xx}-Q_{yy})^2+4Q^2_{xy}} \qquad (K>0) \tag{9-12}$$

则 $\sin 2\varphi_0=\pm\dfrac{2Q_{xy}}{K}$，$\cos 2\varphi_0=\pm\dfrac{(Q_{xx}-Q_{yy})}{K}$（两者同取 + 或 −）。因为 $\cos^2\varphi_0=\dfrac{1}{2}(1+\cos 2\varphi_0)$，$\sin^2\varphi_0=\dfrac{1}{2}(1-\cos 2\varphi_0)$，所以

$$\begin{aligned}\sigma^2_{\varphi_0}&=\frac{\sigma_0^2}{2}[(Q_{xx}+Q_{yy})+(Q_{xx}-Q_{yy})\cos 2\varphi_0+Q_{xy}\sin 2\varphi_0]\\&=\frac{\sigma_0^2}{2}\left[(Q_{xx}+Q_{yy})+\frac{2Q_{xy}}{\tan 2\varphi_0}\cos 2\varphi_0+2Q_{xy}\sin 2\varphi_0\right]\\&=\frac{\sigma_0^2}{2}\left[(Q_{xx}+Q_{yy})+\frac{2Q_{xy}}{\sin 2\varphi_0}\right]\\&=\frac{\sigma_0^2}{2}[(Q_{xx}+Q_{yy})\pm 2Q_{xy}K/(2Q_{xy})]=\frac{\sigma_0^2}{2}(Q_{xx}+Q_{yy}\pm K)\end{aligned}$$

令 P 点在 φ_E 方向的方差有极大值 E^2，协因数为 Q_{EE}；在 φ_F 方向的方差有极小值 F^2，协因数为 Q_{FF}。则

$$E^2=\sigma^2_{\varphi_E}=\sigma_0^2 Q_{EE}=\frac{\sigma_0^2}{2}(Q_{xx}+Q_{yy}+K) \tag{9-13}$$

$$F^2=\sigma^2_{\varphi_F}=\sigma_0^2 Q_{FF}=\frac{\sigma_0^2}{2}(Q_{xx}+Q_{yy}-K) \tag{9-14}$$

$$Q_{EE}=\frac{1}{2}(Q_{xx}+Q_{yy}+K) \tag{9-15}$$

$$Q_{FF}=\frac{1}{2}(Q_{xx}+Q_{yy}-K) \tag{9-16}$$

对于 P 点的点位方差，有

$$\sigma_P^2=E^2+F^2 \tag{9-17}$$

以下讨论最大方差与最小方差方向误差的互协因数 Q_{EF}。由图 9-2 可知点位方差最大值方向 φ_E、最小值方向 φ_F 的点位误差为

$$\Delta E=\Delta x\cos\varphi_E+\Delta y\sin\varphi_E$$

$$\Delta F=\Delta x\cos\varphi_F+\Delta y\sin\varphi_F=-\Delta x\sin\varphi_E+\Delta y\cos\varphi_E$$

$$\begin{aligned}Q_{EF}&=[\cos\varphi_E\quad\sin\varphi_E]\begin{bmatrix}Q_{xx}&Q_{xy}\\Q_{yx}&Q_{yy}\end{bmatrix}\begin{bmatrix}-\sin\varphi_E\\\cos\varphi_E\end{bmatrix}\\&=-\frac{1}{2}(Q_{xx}-Q_{yy})\sin 2\varphi_E+Q_{xy}\cos 2\varphi_E\end{aligned}$$

又 $\tan 2\varphi_0=\tan 2\varphi_E=\dfrac{\sin 2\varphi_E}{\cos 2\varphi_E}=\dfrac{2Q_{xy}}{Q_{xx}-Q_{yy}}$，$(Q_{xx}-Q_{yy})\sin 2\varphi_E=2Q_{xy}\cos 2\varphi_E$，所以

$$Q_{EF}=-\frac{1}{2}\times 2Q_{xy}\cos 2\varphi_E+Q_{xy}\cos 2\varphi_E=0 \tag{9-18}$$

利用 Q_{EE} 和 Q_{FF} 为 $\begin{bmatrix}Q_{xx}&Q_{xy}\\Q_{yx}&Q_{yy}\end{bmatrix}$ 特征值的两个根，也可求 Q_{EE} 和 Q_{FF}

$$|\boldsymbol{Q}_{\hat{x}\hat{x}}-\lambda \boldsymbol{I}|=\begin{vmatrix} Q_{xx}-\lambda & Q_{xy} \\ Q_{xy} & Q_{yy}-\lambda \end{vmatrix}=0$$

$$(Q_{xx}-\lambda)(Q_{yy}-\lambda)-Q_{xy}^2=0$$

$$\lambda^2-(Q_{xx}+Q_{yy})\lambda-Q_{xy}^2+Q_{xx}Q_{yy}=0$$

$$\lambda=\frac{1}{2}(Q_{xx}+Q_{yy})\pm\frac{1}{2}\sqrt{(Q_{xx}+Q_{yy})^2-4(Q_{xx}Q_{yy}-Q_{xy}^2)}$$

$$=\frac{1}{2}\left[Q_{xx}+Q_{yy}\pm\sqrt{(Q_{xx}-Q_{yy})^2+4Q_{xy}^2}\right]$$

令

$$\lambda_1=Q_{EE}=\frac{1}{2}(Q_{xx}+Q_{yy}+K)$$

$$\lambda_2=Q_{FF}=\frac{1}{2}(Q_{xx}+Q_{yy}-K)$$

$$K=\sqrt{(Q_{xx}-Q_{yy})^2+4Q_{xy}^2}$$

则

$$E^2=\sigma_0^2 Q_{EE}=\frac{\sigma_0^2}{2}(Q_{xx}+Q_{yy}+K)$$

$$F^2=\sigma_0^2 Q_{FF}=\frac{\sigma_0^2}{2}(Q_{xx}+Q_{yy}-K)$$

且有 $\sigma_P^2=E^2+F^2$。又 φ_E、φ_F 是 $\boldsymbol{Q}_{\hat{x}\hat{x}}$ 的特征值($\lambda_1=Q_{EE}$ 和 $\lambda_2=Q_{FF}$)所对应的特征向量 $\boldsymbol{e}_1$、$\boldsymbol{e}_2$ 的方位角,对于 λ_1,设 $\boldsymbol{e}_1=[e_x \quad e_y]^{\mathrm{T}}$,作特征向量方程

$$(\boldsymbol{Q}_{\hat{x}\hat{x}}-\lambda_1\boldsymbol{I})\boldsymbol{e}_1=\boldsymbol{0}$$

$$\begin{bmatrix} Q_{xx}-Q_{EE} & Q_{xy} \\ Q_{xy} & Q_{yy}-Q_{EE} \end{bmatrix}\begin{bmatrix} e_x \\ e_y \end{bmatrix}=\boldsymbol{0}$$

$$(Q_{xx}-Q_{EE})e_x+Q_{xy}e_y=0$$

$$(Q_{yy}-Q_{EE})e_y+Q_{xy}e_x=0$$

$$\tan\varphi_E=\frac{e_y}{e_x}=\frac{Q_{EE}-Q_{xx}}{Q_{xy}}=\frac{Q_{xy}}{Q_{EE}-Q_{yy}}$$

对于 λ_2,同样有

$$\tan\varphi_F=\frac{e_y}{e_x}=\frac{Q_{FF}-Q_{xx}}{Q_{xy}}=\frac{Q_{xy}}{Q_{FF}-Q_{yy}}$$

$$\tan2\varphi_E=\frac{2\tan\varphi_E}{1-\tan^2\varphi_E}=\frac{\dfrac{2Q_{xy}}{Q_{xx}-Q_{yy}}}{1-\dfrac{Q_{xy}}{Q_{EE}-Q_{yy}}\dfrac{Q_{EE}-Q_{xx}}{Q_{xy}}}=\frac{2Q_{xy}}{Q_{xx}-Q_{yy}}$$

$$\tan2\varphi_F=\frac{2\tan\varphi_F}{1-\tan^2\varphi_F}=\frac{2Q_{xy}}{Q_{xx}-Q_{yy}}$$

合并上两式,则 $\tan2\varphi_0=\dfrac{2Q_{xy}}{Q_{xx}-Q_{yy}}$。$\varphi_0$ 有两个根:一个为 φ_E,另一个为 φ_F。

[**例 9-1**]已知某平面控制网中待定点 P 的协因数为

$$Q_{\hat{X}\hat{X}}=\begin{bmatrix}1.236 & -0.314\\ -0.314 & 1.192\end{bmatrix}$$

并求得 $\hat{\sigma}_0=1$。试求 E、F 和 φ_E 的值。

解：

$$K=\sqrt{(Q_{xx}-Q_{yy})^2+4Q_{xy}^2}=0.6295$$

$$Q_{EE}=\frac{1}{2}(Q_{xx}+Q_{yy}+K)=1.528,\ Q_{FF}=\frac{1}{2}(Q_{xx}+Q_{yy}-K)=0.899$$

$$\hat{E}=\hat{\sigma}_0\sqrt{Q_{EE}}=1.24,\ \hat{F}=\hat{\sigma}_0\sqrt{Q_{FF}}=0.95$$

$$\tan\varphi_E=\frac{Q_{EE}-Q_{xx}}{Q_{xy}}=-0.932,\ \varphi_E=137°01',\text{或}\ \varphi_E=317°01'$$

$$\tan\varphi_F=\frac{Q_{FF}-Q_{xx}}{Q_{xy}}=1.073,\ \varphi_F=47°01',\text{或}\ \varphi_F=227°01'$$

三、用极值 E、F 来表示 σ_φ^2

在以上公式中，φ 是以 x 轴为基准的方位角，如果以中误差最大值 E 为基准，方位角 φ 所指的方向便可以用 ψ 来表示，如图 9-3 所示，ψ 是 E 轴顺时针到指定方向的夹角

$$\psi=\varphi-\varphi_E \tag{9-19}$$

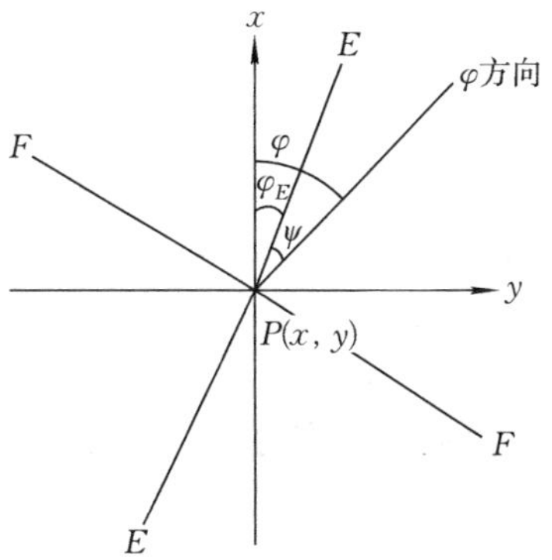

$$\begin{aligned}\sigma_\psi^2=\sigma_\varphi^2&=\sigma_x^2\cos(\varphi_E+\psi)+\sigma_y^2\sin(\varphi_E+\psi)+\sigma_{xy}\sin(2\varphi_E+2\psi)\\&=(\sigma_x^2\cos^2\varphi_E+\sigma_y^2\sin^2\varphi_E+\sigma_{xy}\sin2\varphi_E)\cos^2\psi+\\&\quad(\sigma_x^2\sin^2\varphi_E+\sigma_y^2\cos^2\varphi_E-\sigma_{xy}^2\sin2\varphi_E)\sin^2\psi-\\&\quad\frac{1}{2}[(\sigma_x^2-\sigma_y^2)\sin2\varphi_E-2\sigma_{xy}\cos2\varphi_E]\sin2\psi\\&=E^2\cos^2\psi+F^2\sin^2\psi\end{aligned} \tag{9-20}$$

此即以极大值方向为基准，用 E、F 表示任意方向 ψ 上的方差 σ_ψ^2。

图 9-3　参考方向

§9-3　误差曲线和误差椭圆

一、点位误差曲线与误差椭圆

误差曲线实质是中误差分布曲线，是描述点位中误差在不同方向的分布情况的曲线。按式(9-20)以不同的 ψ 和 σ_ψ 为极坐标的点的轨迹为一闭合曲线，此即点位误差曲线，如图9-3 所示，可知该图形关于 E 轴和 F 轴对称。根据图 9-3 可以找出坐标平差值在各个方向上的点位中误差。

点位误差曲线不是一种典型曲线，作图不方便，可由以 E、F 为长半径和短半径的椭圆近似表示。此椭圆称点位误差椭圆，φ_E、E、F 为误差椭圆的参数。

通过作图，在误差椭圆上可以求得任一方向的中误差。如图 9-3 所示，沿某方向 ψ 作椭圆的正交切线，切点为 P，垂足为 D。利用误差曲线与误差椭圆点关系可以证明，OD 为 ψ 方向的点位中误差

$$\sigma_{\psi}=OD \tag{9-21}$$

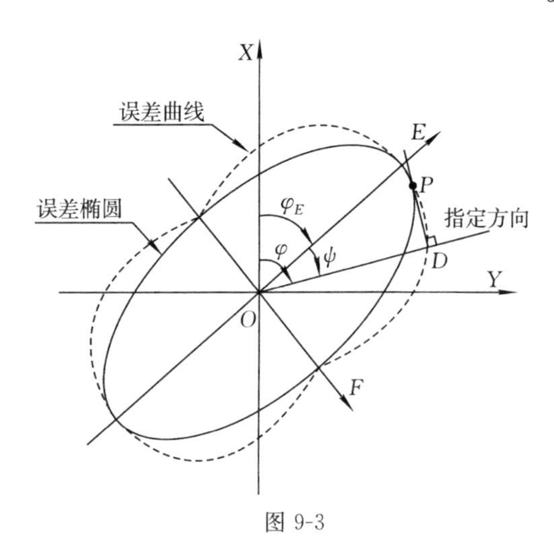

图 9-3

二、相对误差椭圆

单点的误差椭圆表征了该点中误差的分布状况。实际中,还需要知道两点间相对位置的精度。两点 i、j 间的相对位置可以用坐标差来表示

$$\left.\begin{aligned}\Delta x_{ij}&=x_j-x_i\\ \Delta y_{ij}&=y_j-y_i\end{aligned}\right\} \tag{9-22}$$

根据协因数传播律,上述坐标差的协因数为

$$\left.\begin{aligned}Q_{\Delta x\Delta x}&=Q_{x_jx_j}+Q_{x_ix_i}-2Q_{x_jx_i}\\ Q_{\Delta y\Delta y}&=Q_{y_jy_j}+Q_{y_iy_i}-2Q_{y_jy_i}\\ Q_{\Delta x\Delta y}&=Q_{x_jy_j}-Q_{x_jy_i}-Q_{x_iy_j}+Q_{x_iy_i}\end{aligned}\right\} \tag{9-23}$$

特别地,如果 i 或 j 为无误差已知点,如 i 点,则式(9-23)中 $Q_{\Delta x\Delta x}=Q_{x_jx_j}$,$Q_{\Delta y\Delta y}=Q_{y_jy_j}$,$Q_{\Delta x\Delta y}=Q_{x_jy_j}$。此时,坐标差协因数等于待定点坐标的协因数(与前面点位精度描述的基础相同),相对误差完全由一点的误差所决定。由此可见,点位误差曲线是待定点相对于已知点而言的。

由于两点坐标 (x_i,y_i) 和 (x_j,y_j) 均服从正态分布,而 Δx_{ij} 和 Δy_{ij} 是它们的线性函数,故也服从正态分布。参照单点误差椭圆的元素推求关系,可以求出两待定点的相对误差椭圆元素

$$\Delta\varphi=[\cos\varphi\quad\sin\varphi]\begin{bmatrix}\Delta x_{ij}\\ \Delta y_{ij}\end{bmatrix}$$

$$Q_{\varphi\varphi}=[\cos\varphi\quad\sin\varphi]\begin{bmatrix}Q_{\Delta x\Delta x}&Q_{\Delta x\Delta y}\\ Q_{\Delta y\Delta x}&Q_{\Delta y\Delta y}\end{bmatrix}\begin{bmatrix}\cos\varphi\\ \sin\varphi\end{bmatrix}$$

$$E_{ij}^2=\sigma_0^2Q_{EE}=\frac{\sigma_0^2}{2}(Q_{\Delta x\Delta x}+Q_{\Delta y\Delta y}+K) \tag{9-24}$$

$$F_{ij}^2=\sigma_0^2Q_{FF}=\frac{\sigma_0^2}{2}(Q_{\Delta x\Delta x}+Q_{\Delta y\Delta y}-K) \tag{9-25}$$

其中

$$K=\sqrt{(Q_{\Delta x\Delta x}-Q_{\Delta y\Delta y})^2+4Q_{\Delta x\Delta y}^2} \tag{9-26}$$

$$\tan\varphi_E=\frac{Q_{\Delta x\Delta y}}{Q_{EE}-Q_{\Delta y\Delta y}} \tag{9-27}$$

$$\tan\varphi_F=\frac{Q_{\Delta x\Delta y}}{Q_{FF}-Q_{\Delta y\Delta y}} \tag{9-28}$$

如果其中一点是已知点,则相对误差椭圆元素变为误差椭圆元素,两点相对误差椭圆变为单点误差椭圆。

[例 9-2]绘出[例 6-5]中 P_1、P_2 两点的误差椭圆和相对误差椭圆。

解：

（1）P_1 点误差椭圆元素为

$$Q_{E_1E_1}=\frac{1}{2}(Q_{x_1x_1}+Q_{y_1y_1}+\sqrt{(Q_{x_1x_1}-Q_{y_1y_1})^2+4Q_{x_1y_1}^2})=251.1292$$

$$Q_{F_1F_1}=\frac{1}{2}(Q_{x_1x_1}+Q_{y_1y_1}-\sqrt{(Q_{x_1x_1}-Q_{y_1y_1})^2+4Q_{x_1y_1}^2})=92.0193$$

$$\tan\varphi_{E_1}=\frac{Q_{E_1E_1}-Q_{xx}}{Q_{xy}}=1.0223$$

$$\tan\varphi_{F_1}=\frac{Q_{F_1F_1}-Q_{xx}}{Q_{xy}}=-0.9782$$

P_1 点误差椭圆长、短半径为

$$E_1=10.5\ \text{mm},\ F_1=6.4\ \text{mm}$$

误差椭圆主轴方向为

$$\varphi_{E_1}=45°38',\ \varphi_{F_1}=135°38'$$

同理可得 P_2 点误差椭圆元素为

$$Q_{E_2E_2}=237.5648,\ Q_{F_2F_2}=83.2727,\ \tan\varphi_{E_2}=-0.3131$$

P_2 点误差椭圆长、短半径为

$$E_2=10.21\ \text{mm},\ F_2=6.04\ \text{mm}$$

误差椭圆主轴方向为

$$\varphi_{E_2}=162°37',\ \varphi_{F_2}=72°37'$$

（2）P_1、P_2 两点相对误差椭圆元素为

$$E_{12}^2=\frac{1}{2}\sigma_0^2(Q_{\Delta x\Delta x}+Q_{\Delta y\Delta y}+\sqrt{(Q_{\Delta x\Delta x}-Q_{\Delta y\Delta y})^2+4Q_{\Delta x\Delta y}^2})=8.8934\times10^{-5}\ \text{m}^2$$

$$F_{12}^2=\frac{1}{2}\sigma_0^2(Q_{\Delta x\Delta x}+Q_{\Delta y\Delta y}-\sqrt{(Q_{\Delta x\Delta x}-Q_{\Delta y\Delta y})^2+4Q_{\Delta x\Delta y}^2})=9.2742\times10^{-6}\ \text{m}^2$$

$$\tan\varphi_{E_{12}}=\frac{Q_{E_1E_1}-Q_{\Delta x\Delta x}}{Q_{\Delta x\Delta y}}=\frac{Q_{\Delta x\Delta y}}{Q_{E_1E_1}-Q_{\Delta y\Delta y}}=-0.8186$$

因此，相对误差椭圆的长、短半径分别为

$$E_{12}=9.4\ \text{mm},\ F_{12}=3.1\ \text{mm}$$

相对误差椭圆主轴方向为

$$\varphi_{E_{12}}=140°42',\ \varphi_{F_{12}}=50°42'$$

（3）P_1、P_2 两点的误差椭圆和相对误差椭圆图形如图 9-4 所示。通常将相对误差椭圆绘于两点连线的中央，为了使用上的方便，可在图中加绘图示比例尺，以便可以在图中直接量取每个误差椭圆的长、短半径长度。

三、相对误差椭圆在控制测量中的应用

在控制测量中，待定点及待定点的相对点位误差均可以使用相对误差椭圆来表达。如图 9-5 所示的控制网，A、B 为已知点，P_1、P_2、P_3 为待测量点，并标出了所在的误差椭圆和相对误差椭圆。

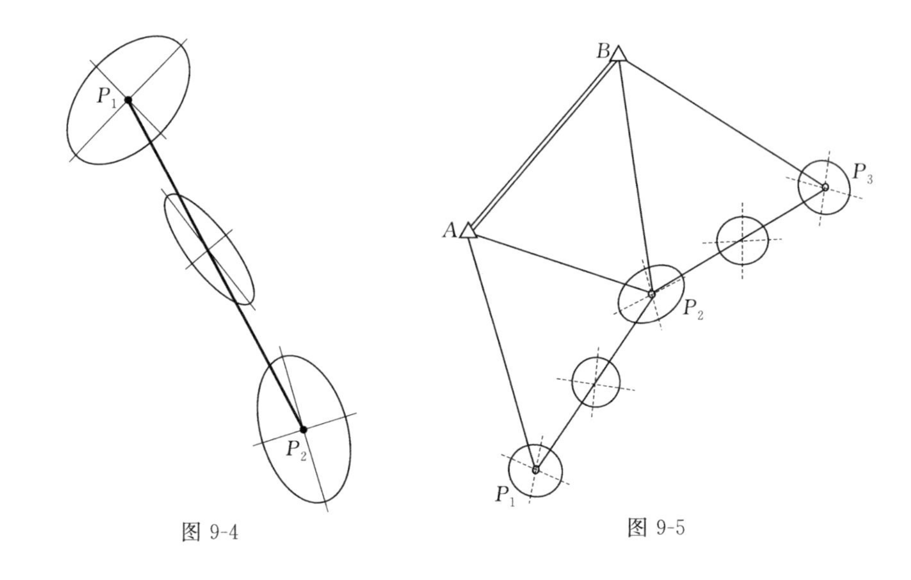

图 9-4　　图 9-5

习　题

1. 点位误差椭圆有何作用?

2. 何谓误差曲线? 试举例说明,在误差曲线图上可以求出哪些量的中误差。

3. 有了误差曲线为什么还要讨论误差椭圆,两者有什么关系?

4. 在某测边网中,设待定点 P_1 的坐标为未知参数,即 $\hat{\boldsymbol{X}}=[\hat{X}_1\quad \hat{Y}_1]^{\mathrm{T}}$,平差后得到 $\hat{\boldsymbol{X}}$ 的协因数矩阵为 $\boldsymbol{Q}_{\hat{X}\hat{X}}=\begin{bmatrix}1.75 & -0.25\\ -0.25 & 1.25\end{bmatrix}$,且单位权中误差 $\hat{\sigma}_0=\sqrt{2.0}$ cm。试:① 计算 P_1 点误差椭圆三要素 φ_E、E、F;② 计算 P_1 点在方位角为 25° 方向上的点位方差。

5. 设某平面控制网中已知点 A 与待定点 P 连线的坐标方位角为 $T_{PA}=75°$,边长为 $S_{PA}=648.12$ m,经平差后算得 P 点误差椭圆参数为 $\varphi_E=45°$,$E=6$ cm,$F=2$ cm,试求边长相对中误差 $\dfrac{\hat{\sigma}_{S_{PA}}}{S_{PA}}$。

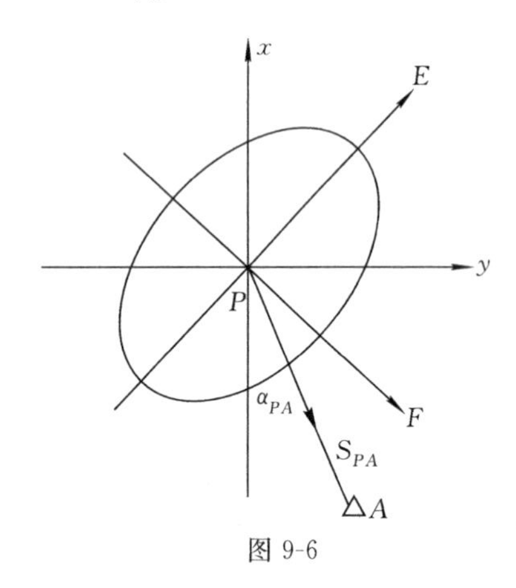

图 9-6

6. 已知某平面控制网经平差后得出待定点 P 的坐标平差值 $\hat{\boldsymbol{X}}=[\hat{X}_P\quad \hat{Y}_P]^{\mathrm{T}}$ 的协因数矩阵为 $\boldsymbol{Q}_{\hat{X}\hat{X}}=\begin{bmatrix}2 & 0\\ 0 & 1\end{bmatrix}$(单位为 $\mathrm{dm}^2/('')^2$),单位权中误差为 $\hat{\sigma}_0=1$ dm,试求该点的点位中误差。

7. 如何在 P 点的误差椭圆图上图解出 P 点在任意方向 ψ 上的点位位差 σ_ψ?

8. 设待定点 P 的点位误差椭圆如图 9-6 所示,试述根据此误差椭圆能否得到平差后 PA 边方位角 α_{PA} 的中误差 $\hat{\sigma}_{\alpha_{PA}}$,如能,如何得到?

9. 试阐述相对误差椭圆的定义。

10. 已知某测角网平差后两待定点坐标差的协因数矩阵为 $\begin{bmatrix} Q_{\Delta\hat{x}\Delta\hat{x}} & Q_{\Delta\hat{x}\Delta\hat{y}} \\ Q_{\Delta\hat{y}\Delta\hat{x}} & Q_{\Delta\hat{y}\Delta\hat{y}} \end{bmatrix} = \begin{bmatrix} 0.180 & 0.035 \\ 0.035 & 0.510 \end{bmatrix}$（单位为 $\mathrm{dm}^2/('')^2$），已求得 $\hat{\sigma}_0^2 = 4('')^2$。试：① 求两点间的相对误差椭圆参数 $\varphi_{E_{12}}$、E_{12}、F_{12}；② 若已知两点间边长为 $S_{12} = 7.78\ \mathrm{km}$，坐标方位角为 $\alpha_{12} = 112°30'$，求两点间边长的相对中误差。

第十章　平差系统的假设检验

§10-1　误差分布的假设检验

测量平差的基本假设是，观测值只含偶然误差，观测误差是服从正态分布的随机变量。如果这一假设不成立，或者说观测误差包含了系统误差或粗差，则平差结果就不具有最优无偏性，甚至是无效的结果。为此，首先需对误差分布的正态性进行检验。

一、偶然误差特性的检验

对误差进行检验，从而判断其是否符合偶然误差的特性，还是超出了这一界限。其基本思想是，针对所要检验的具体项目，找出一个适当的且其分布为已知的统计量，并在给定的显著水平 α 下，提出原假设 H_0，然后根据实际的观测结果来计算该统计量的数值是落在拒绝域内，还是落在接受域内。如果落在拒绝域内，则表明它与理论分布之间的差异是显著的，超出了随机波动所允许的界限，因而可以认为该观测列中有某种系统误差的存在。下面介绍四种检验方法。

1. 误差正负号个数的检验

设以 x_i 表示误差列中第 i 个误差的正负号：当 Δ_i 为正时，取 $x_i=1$；为负时，取 $x_i=0$。则

$$S_x=x_1+x_2+\cdots+x_n=\sum_{i=1}^{n}x_i \tag{10-1}$$

表示在 n 个误差中正误差出现的个数。在概率论中知道，S_x 是服从二项分布的变量，当 n 很大时，标准化后 S_x 变量将近似于 $N(0,1)$ 分布。

由偶然误差的第三特性可知，正负误差出现的概率应相等，即 $P(\Delta>0)=P(\Delta<0)=\dfrac{1}{2}$，或写成 $p=q=\dfrac{1}{2}$（若误差列中有恰好等于 0 的误差，则不把它包括在内）。

为了检验 p 是否为 $\dfrac{1}{2}$，做出假设

$$H_0:p=\frac{1}{2}\quad H_1:p\neq\frac{1}{2}$$

在 H_0 的假设下，统计量为

$$\frac{S_x-\dfrac{n}{2}}{\dfrac{1}{2}\sqrt{n}}\sim N(0,1) \tag{10-2}$$

因二项分布的期望为 np，方差为 npq，所以二项变量 S_x 的期望为 $\dfrac{1}{2}n$，方差为 $\dfrac{1}{2}\times\dfrac{1}{2}n$，中误差

为$\frac{1}{2}\sqrt{n}$，当 n 很大时，表达式(10-2) 成立。按 u 检验法，具有概率表达式

$$P\left(\left|\frac{S_x-\frac{n}{2}}{\frac{1}{2}\sqrt{n}}\right|<u_{\frac{\alpha}{2}}\right)=1-\alpha \tag{10-3}$$

若以 2 倍中误差作为极限误差，即令 $u_{\frac{\alpha}{2}}=2$ 时，相当于取置信度为 95.45%，则

$$P\left(\left|\frac{S_x-\frac{n}{2}}{\frac{1}{2}\sqrt{n}}\right|<2\right)=0.9545$$

或

$$P\left(\left|S_x-\frac{n}{2}\right|<\sqrt{n}\right)=0.9545 \tag{10-4}$$

若检验结果

$$\left|S_x-\frac{n}{2}\right|<\sqrt{n} \tag{10-5}$$

则表示表达式(10-2)中的统计量落入接受域内，说明 S_x 与$\frac{n}{2}$之间无显著差异；否则，就有理由怀疑 H_0 的正确性，因而不能认为正负误差出现的概率各为$\frac{1}{2}$，即误差列中可能存在着某种系统误差的影响。

若以 S'_x 表示负误差的个数，则有

$$S_x=n-S'_x$$

由于正负误差出现的概率相等，即 $p=q=\frac{1}{2}$，将其代入式(10-4)就可直接写出

$$P\left(\left|\frac{n}{2}-S'_x\right|<\sqrt{n}\right)=0.9545 \tag{10-6}$$

因此，也可以由式(10-7)来检验 H_0 是否成立

$$\left|\frac{n}{2}-S'_x\right|<\sqrt{n} \tag{10-7}$$

由式(10-5)和式(10-7)还可以得到

$$|S_x-S'_x|<2\sqrt{n} \tag{10-8}$$

这就是用正负误差个数之差来进行检验的公式。

2. *正负误差分配顺序的检验*

有时误差的正负号可能是受到某一因素的支配而产生系统性的变化，例如可能随着时间而改变，在某一时间段内误差大多为正，而在另一时间段内则大多为负，但是在这种情况下，正负误差的个数有可能基本相等。如果只用上述方法进行检验，就难以发现是否存在着上述系统性的变化，所以就应将误差按时间的先后顺序排列，从而检验其是否随时间而发生着系统性的变化。

根据偶然误差的特性可知，误差为正或为负应该是具有随机性的，而且前一个误差的正负号与后一个误差的正负号之间也不应具有什么明显的规律性，即误差正负号的交替变换也是

随机性的。换而言之:当前一个误差为正时,后一个误差可能为正,也可能为负;同样,当前一个误差为负时,后一个误差可能为正,也可能为负。

若将误差按某一因素的顺序排列,设以 v_i 表示第 i 个误差和第 $i+1$ 个误差的正负号的交替变换。当相邻两误差正负号相同时,取 $v_i=1$;正负号相反时,取 $v_i=0$。当有 n 个误差时,则有 $n-1$ 个交替变换(恰好等于 0 的误差不计算在内)。现组成统计量

$$S_v = v_1 + v_2 + \cdots + v_{n-1} = \sum_{i=1}^{n-1} v_i \tag{10-9}$$

则 S_v 是表示相邻两误差正负号相同时的个数。显然,S_v 仍是服从二项分布的变量,且由于正负号交替变换的随机性,v_i 取 1 与取 0 的概率应相等,即 $p=q=\frac{1}{2}$。仿照表达式(10-2)可以写出

$$\frac{S_v - \frac{(n-1)}{2}}{\frac{1}{2}\sqrt{n-1}} \sim N(0,1) \tag{10-10}$$

类似于式(10-8)的推导过程,可得

$$|S_v - S'_v| < 2\sqrt{n-1} \tag{10-11}$$

式中,S'_v 表示相邻两误差正负号相反时的个数,若检验结果不满足该式,则应否定 $p=q=\frac{1}{2}$ 的假设,即表明该误差列可能受到某种固定因素的影响而存在系统性的变化。

3. 误差数值和的检验

将一列误差求和

$$S_\Sigma = \Delta_1 + \Delta_2 + \cdots + \Delta_n = \sum_{i=1}^{n} \Delta_i \tag{10-12}$$

根据偶然误差的第三特性可知,上述 S_Σ 在理论上应为零。

因为 $\Delta_i \sim N(0,\sigma^2)$,故有

$$E(S_\Sigma) = E(\Delta_1) + E(\Delta_2) + \cdots + E(\Delta_n) = 0$$

$$D(S_\Sigma) = D(\Delta_1) + D(\Delta_2) + \cdots + D(\Delta_n) = \sigma^2 + \sigma^2 + \cdots + \sigma^2 = n\sigma^2$$

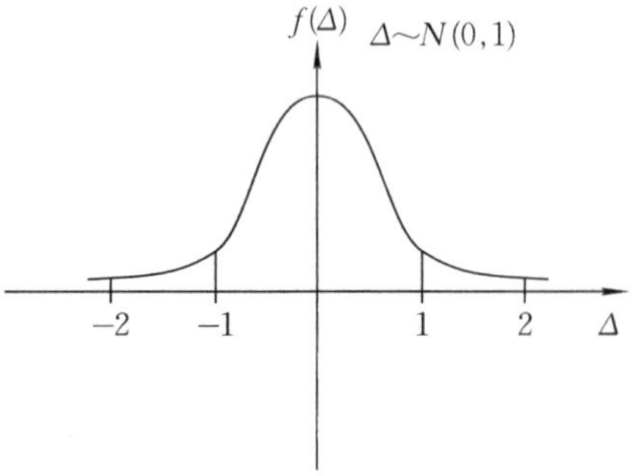

因此 S_Σ 是服从 $N(0,n\sigma^2)$ 的变量,即

$$\frac{S_\Sigma}{\sqrt{n}\sigma} \sim N(0,1) \tag{10-13}$$

它的标准化变量的概率密度分布如图 10-1 所示。

$P\{-1<\Delta<1\}=68.3\%$

$P\{-2<\Delta<2\}=95.45\%$

图 10-1 标准正态分布

为了检验误差的数值和是否为零,此处做出"H_0:误差的数值和的期望为零"的假设。若取 95.45% 的置信度,则有

$$P\left(\left|\frac{S_\Sigma}{\sqrt{n}\sigma}\right| < 2\right) = 0.9545$$

或

$$P(|S_{\Sigma}|<2\sqrt{n}\sigma)=0.9545 \tag{10-14}$$

在 H_0 为正确的条件下，检验结果应满足

$$|S_{\Sigma}|<2\sqrt{n}\sigma \tag{10-15}$$

否则，即应否定原假设 H_0。当 n 很大时，可用误差的估值 $\hat{\sigma}$ 代替 σ，即应满足

$$|S_{\Sigma}|<2\sqrt{n}\hat{\sigma} \tag{10-16}$$

此检验与用误差的平均值进行 μ 检验是一致的，亦即可用误差平均值的检验代替误差数值和的检验。

4. 个别误差值的检验

当观测误差服从正态分布，即

$$\Delta_i \sim N(0,\sigma^2) \tag{10-17}$$

标准化后，则有

$$\frac{\Delta_i}{\sigma} \sim N(0,1) \tag{10-18}$$

若取 95.45%的置信度，则可写出

$$P\left(\left|\frac{\Delta_i}{\sigma}\right|<2\right)=0.9545$$

或

$$P(|\Delta_i|<2\sigma)=0.9545 \tag{10-19}$$

根据偶然误差的第一特性可知，误差值超过某一界限的概率接近于零。由式(10-19)知，某一误差 Δ_i 的绝对值大于 2σ 的概率为 4.55%，这是小概率事件，因此可取 2σ 作为极限误差。当某一误差的绝对值超过这一界限时，就把该误差作为粗差处理，并把其对应的观测值舍弃不用。

顺便指出，有时也取 3σ 作为极限误差，相当于取置信度为 99.74%，即

$$P(|\Delta_i|<3\sigma)=0.9974 \tag{10-20}$$

[例 10-1]在某地区进行三角观测，一共有 30 个三角形，其闭合差（以角秒为单位）如下

+1.0	+1.4	+0.9	−1.1	+0.6	+1.1	+0.2	−0.3
−0.5	+0.8	−1.8	−0.7	−2.0	−1.2	+0.8	−0.3
+0.6	+0.8	−0.3	−0.9	−1.1	−0.4	−1.0	−0.5
+0.3	+0.5	+1.8	+0.6	−1.1	−1.3		

试对该闭合差进行偶然误差特性的检验。

解：按三角形闭合差算出

$$\hat{\sigma}_w=\sqrt{\frac{\sum_{i=1}^{30}w_i^2}{n}}=\sqrt{\frac{28.83}{30}}=0.98('')$$

设检验时均取置信度为 95.45%，即显著水平 $\alpha=4.55$。

(1)正负号个数的检验。正误差个数 $S_x=14$，负误差个数 $S'_x=16$，所以 $|S_x-S'_x|=2$，而 $2\sqrt{n}=2\sqrt{30}\approx 11$，所以 $|S_x-S'_x|<2\sqrt{n}$，即满足式(10-8)。

(2)正负误差分配顺序的检验。相邻两误差同号的个数 $S_v=18$，相邻两误差异号的个数

$S'_v=11$,所以 $|S_v-S'_v|=7$,而 $2\sqrt{n-1}=2\sqrt{29}=10.8\approx 11$,可见 $|S_v-S'_v|<2\sqrt{n-1}$,即满足式(10-11)。

(3)误差数值和的检验。因

$$|S_\Sigma|=\left|\sum_{i=1}^{30}w_i\right|=3.1$$

而 $2\sqrt{n}\hat{\sigma}_w=2\sqrt{30}\times 0.98=10.74$,可见 $|S_\Sigma|<2\sqrt{n}\hat{\sigma}_w$,即满足式(10-16)。

(4)最大误差值的检验。此处最大的一个闭合差为 $-2.0''$:如以 2 倍中误差作为极限误差 $2\hat{\sigma}_w=2\times 0.98=1.96''$,可见该闭合差超限极限误差;若以 3 倍中误差作为极限误差,$3\hat{\sigma}_w=3\times 0.98=2.94''$,则无超限闭合差。

二、偏度、峰度检验法

正态分布的重要特征是分布的对称性、分布形态的尖峭程度和两尾的长短。描述分布不对称性的特征值是偏度或称偏态系数,描述分布尖峭程度的特征值是峰度或峰态系数。偏度的定义是

$$v_1=\frac{\mu_3}{\sigma_3} \tag{10-21}$$

对于正态分布而言,峰度的定义是

$$v_2=\frac{\mu_4}{\sigma_4}-3 \tag{10-22}$$

其中,μ_3 和 μ_4 分别是三阶、四阶中心矩。k 阶中心矩的定义是

$$\mu_k=E(X-\mu)^k \tag{10-23}$$

即随机变量 X 减去其期望 $E(X)=\mu$ 的 k 次方的期望。当 $k=1,2$ 时

$$\mu_1=E(X-\mu)=E(X)-\mu=0 \tag{10-24}$$

$$\mu_2=E(X-\mu)^2=\sigma_X^2 \tag{10-25}$$

即二阶中心矩就是方差。

设 X 的 n 个子样为 $(x_1,x_2,\cdots,x_n)$,则 k 阶中心矩的估值为

$$\hat{\mu}_k=\frac{1}{n-1}\sum_{i=1}^{n}(x_i-\bar{x})^k \tag{10-26}$$

特别地,当 $k=2$ 时,$\hat{\mu}_2=\hat{\sigma}^2$。因此由子样 $(x_1,x_2,\cdots,x_n)$ 计算的偏度和峰度为

$$\left.\begin{aligned}\hat{v}_1&=\frac{\hat{\mu}_3}{\hat{\sigma}_3}\\ \hat{v}_2&=\frac{\hat{\mu}_4}{\hat{\sigma}_4}-3\end{aligned}\right\} \tag{10-27}$$

偏度和峰度(v_1 和 v_2)均有正负之分:v_1 为正值,分布称为正偏的,此时分布密度曲线向左靠,曲线最高纵坐标在期望坐标左面,分布密度曲线右端有一长尾巴;反之 v_1 为负值。$v_1=0$,分布对称。正态分布,$v_2=0$;若 v_2 为正值,其分布密度曲线较尖瘦而左右尾较长;反之,v_2 为负。

检验正态分布的 v_1 和 v_2 是否为零就是偏度和峰度检验法,是一种较灵敏的检验正态性

的方法。

当子样$(x_1,x_2,\cdots,x_n)$的容量$n\to\infty$时，子样偏度(由子样计算的偏度$\hat{v}_1$)和子样峰度($\hat{v}_2$)趋于正态分布。概率论与数理统计中已证明，当母体为正态，$n\to\infty$时，子样偏度和峰度的期望和方差分别为

$$\left.\begin{aligned} E(\hat{v}_1)&=0\\ \hat{\sigma}^2_{\hat{v}_1}&=\frac{6}{n}\end{aligned}\right\}\tag{10-28}$$

$$\left.\begin{aligned} E(\hat{v}_2)&=0\\ \hat{\sigma}^2_{\hat{v}_2}&=\frac{24}{n}\end{aligned}\right\}\tag{10-29}$$

于是可作统计量

$$u_1=\frac{\hat{v}_1-0}{\sqrt{\dfrac{6}{n}}}\sim N(0,1)\tag{10-30}$$

$$u_2=\frac{\hat{v}_2-0}{\sqrt{\dfrac{24}{n}}}\sim N(0,1)\tag{10-31}$$

采用u检验法检验

$$H_0:E(\hat{v}_1)=0\quad H_1:E(\hat{v}_1)\neq 0$$

$$H_0:E(\hat{v}_2)=0\quad H_1:E(\hat{v}_2)\neq 0$$

则拒绝域为$|u_1|>u_{\frac{\alpha}{2}}$，$|u_2|>u_{\frac{\alpha}{2}}$。

[例 10-2]由 800 个三角形闭合差按式(10-27)算得偏度和峰度为

$$\hat{v}_1=+0.128\,7,\ \hat{v}_2=-0.174\,0$$

$$\sigma_{\hat{v}_1}=\sqrt{\frac{6}{800}}=0.086\,6,\ \sigma_{\hat{v}_2}=\sqrt{\frac{24}{800}}=0.173\,3$$

试判断该组闭合差是否服从正态分布。

解：按式(10-30)和式(10-31)计算统计量得

$$u_1=1.49,\ u_2=-1.00$$

以$\alpha=0.05$查正态分布表，$u_{\frac{\alpha}{2}}=1.96$。故就偏度和峰度而言，以 0.05 的显著水平判断，这组闭合差服从正态分布可信。

三、误差分布的假设检验

前面讲到的一些检验都是在母体分布形式为已知的前提下进行讨论的，但是在许多实际问题中，对于母体分布的类型可能事先一无所知，或者仅需要判断一下是否服从正态分布就行了，这时就需要先根据子样来对母体分布的各种假设进行检验，从而判断对母体分布所做的原假设是否正确。本小节只介绍常用的χ^2检验法。

χ^2检验法可以根据子样来检验母体是否服从某种分布的原假设H_0，而这个原假设不限定是正态分布，也可以是其他类型的分布。例如，已知$x_1,x_2,\cdots,x_n$是取自母体分布函数为

$F(x)$ 的一个子样,现在要根据子样来检验下述原假设是否成立

$$H_0: F(x) = F_0(x)$$

其中,$F_0(x)$ 是我们事先假设的某一已知的分布函数。

为了检验子样是否来自分布函数为 $F(x)$ 的母体:先将子样观测值按一定的组距分组(分成区间),如分成 k 组,并统计子样值落入各组内的实际频数 v_i;另外,在用下述 χ^2 检验法检验假设 H_0 时,要求在假设 H_0 下,$F_0(x)$ 的形式及其参数都是已知的。譬如说,如果我们所假设的 $F_0(x)$ 是正态分布函数,那么其中的两个参数 μ 和 σ 应该是已知的,可是实际上参数值往往是未知的,因此要根据子样值来估计原假设中理论分布 $F_0(x)$ 的参数,从而确定该分布函数的具体形式,这样就可以在假设 H_0 下,计算出子样值落入上述各组中的概率 $p_1, p_2, \cdots, p_k$(即理论频率),以及由 p_i 与子样容量 n 的乘积算出的理论频数 $np_1, np_2, \cdots, np_k$。

由于子样总是带有随机性,因而落入各组中的实际频数 v_i 总是不会与理论频数 np_i 完全相等。一般说来,若 H_0 为真,则这种差异并不显著;若 H_0 为假,这种差异就显著。这样,就必须找出一个能够描述它们之间偏离程度的统计量,从而通过此统计量的大小来判断它们之间的差异是由子样随机性引起的,还是由 $F_0(x) \neq F(x)$ 所引起的。描述上述偏离程度的统计量为

$$\chi^2 = \sum_{i=1}^{k} \frac{(v_i - np_i)^2}{np_i} \tag{10-32}$$

从理论上已经证明,不论母体是属于什么分布,当子样容量 n 充分大($n \geqslant 50$)时,则上述统计量总是趋近于服从自由度为 $k-r-1$ 的 χ^2 分布,其中,k 为分组的组数,r 是在假设的某种理论分布中用实际子样值估计出的参数个数。

进行检验时,对于事先给定的显著水平 α,可由

$$P(\chi^2 > \chi^2_\alpha) = \alpha \tag{10-33}$$

定出临界值 χ^2_α,最后将按式(10-32)算出的 χ^2 与 χ^2_α 相比较,若 $\chi^2 < \chi^2_\alpha$,则接受 H_0,否则拒绝 H_0。

必须指出,式(10-32)中的统计量只有在 n 充分大($n \geqslant 50$)时才接近于 χ^2 分布,因此它是适用于大子样的一种检验方法。在实际应用时组的实际频数 v_i 也要足够大,一般要求每组中的子样个数不少于5个。在分组后,若某几组的子样个数少于5,可以将几组并成一组,使得合并后的子样个数大于5。

下面举例说明 χ^2 检验法的具体做法。

[例 10-3]某地震形变台站在2个固定点之间进行重复水准测量,测得100个高差观测值,试检验该列观测高差是否服从正态分布。

解:检验时先将观测数据分组(表10-1),当观测个数较多时,一般以分成10~15组为宜。本例分成10组。由于各观测高差的米位数均相同,故在表10-1中只列出观测高差分米以后的位数。每组数据所处的区间端点称为组限,上、下限之差称为组距。本例组距均为0.01 dm。

表 10-1

高差/dm	频数 v_i	频率 v_i/n	累计频率
6.880~6.890	1	0.01	0.01
6.890~6.900	4	0.04	0.05

续表

高差/dm	频数 v_i	频率 v_i/n	累计频率
6.900～6.910	7	0.07	0.12
6.910～6.920	22	0.22	0.34
6.920～6.930	23	0.23	0.57
6.930～6.940	25	0.25	0.82
6.940～6.950	10	0.10	0.92
6.950～6.960	6	0.06	0.98
6.960～6.970	1	0.01	0.99
6.970～6.980	1	0.01	1.00
求和	$n=100$	1.00	

注：观测高差等于组上限的数值算入该区间内。

先由表 10-1 中的数据来估计母体参数 μ 和 σ^2。利用每组的组中值(即上、下限的平均值)和频数求子样均值 $\bar{x}$(即 $\hat{\mu}$)，由于观测高差的尾数均在 6.900 左右，故为了计算方便起见，先取 $\bar{x}_0=6.900$，然后按下式求得

$$\hat{\mu}=\bar{x}=6.900+\frac{1}{100}[(1)(-15)+(4)(-5)+(7)(5)+(22)(15)+$$
$$(23)(25)+(25)(35)+(10)(45)+(6)(55)+(1)(65)+(1)(75)]0.001$$
$$=6.900+0.027=6.927$$

$$\hat{\sigma}^2=\frac{1}{n}\left(\sum_{i=1}^{10}v_i x_i^2-n\bar{x}^2\right)=\frac{1}{100}(4\,798.358\,7-4\,798.332\,9)=0.000\,258$$

$$\hat{\sigma}=\sqrt{0.000\,258}=0.016$$

因此，我们需要检验的原假设为

$$H_0:X\sim N(6.927,0.000\,258)$$

为了便于计算 np_i，可先作变换 $y=(x-6.927)/0.016$，使 x 转化为标准变量 y，由此算出表 10-1 中各组的组限。其中第一组下限应为 $-\infty$，末组上限应为 $+\infty$。同时根据正态分布表算得 p，其余计算结果列于表 10-2 中。

表 10-2

y 的组限	v_i	np_i	v_i-np_i	$(v_i-np_i)^2$	$\frac{(v_i-np_i)^2}{np_i}$
$-\infty$～-2.31	1	1.04			
-2.31～-1.69	4	3.51	-2.46	6.051 6	0.418 5
-1.69～-1.06	7	9.91			
-1.06～-0.44	22	18.54	3.46	11.971 6	0.645 7
-0.44～0.19	23	24.53	-1.53	2.340 9	0.095 4
0.19～0.81	25	21.57	3.43	11.764 9	0.545 4
0.81～1.44	10	13.41	-3.41	11.628 1	0.867 1
1.44～2.06	6	5.52			
2.06～2.69	1	1.61	0.51	0.260 1	0.034 7
2.69～$+\infty$	1	0.36			
求和	100				2.606 8

由于表 10-2 中的前三组和末三组的频数太小,故分别将三组并成一组。这样组数 $k=6$,$r=2$,自由度 $k-r-1=3$,若取显著水平 $\alpha=0.05$,则由 χ^2 分布表可查得

$$\chi^2_{0.05}(3)=7.815$$

大于按式(10-32)算得的统计量 $\chi^2=2.6068$,所以判断在 $\alpha=0.05$ 下接受 H_0,即认为该列观测高差服从正态分布。

§10-2 平差参数的假设检验

在有些平差问题中,需要了解所求的某个平差参数是否与一个已知的值相符,用不同的仪器和方案得到的两组观测数据,其平差后的同名参数结果是否一致,或者不同时间观测的同名平差参数有无变化等。对于这类问题,就要对平差参数的某种假设进行统计假设检验。设有间接平差问题,误差方程及其解为

$$\left.\begin{aligned}\underset{n1}{\boldsymbol{V}}&=\underset{nt}{\boldsymbol{B}}\underset{t1}{\hat{\boldsymbol{x}}}-\underset{n1}{\boldsymbol{l}}\\\underset{nn}{\boldsymbol{P}}&=\boldsymbol{Q}^{-1}\end{aligned}\right\}\tag{10-34}$$

$$\hat{\boldsymbol{x}}=(\boldsymbol{B}^{\mathrm{T}}\boldsymbol{PB})^{-1}\boldsymbol{B}^{\mathrm{T}}\boldsymbol{Pl}\tag{10-35}$$

$$\hat{\sigma}_0^2=\frac{\boldsymbol{V}^{\mathrm{T}}\boldsymbol{PV}}{f}=\frac{\boldsymbol{V}^{\mathrm{T}}\boldsymbol{PV}}{n-t}\tag{10-36}$$

$$\boldsymbol{D}_{\hat{x}\hat{x}}=\sigma_0^2\boldsymbol{Q}_{\hat{x}\hat{x}}=\sigma_0^2(\boldsymbol{B}^{\mathrm{T}}\boldsymbol{PB})^{-1}\tag{10-37}$$

一、平差参数 $\hat{x}_i$ 是否与已知值 w_i 相符的检验

原假设和备选假设为

$$H_0:E(\hat{x}_i)=w_i\quad H_1:E(\hat{x}_i)\neq w_i$$

检验采用 t 检验法,作统计量 t

$$t_{(f)}=\frac{\hat{x}_i-E(\hat{x}_i)}{\hat{\sigma}_{\hat{x}_i}}=\frac{\hat{x}_i-E(\hat{x}_i)}{\hat{\sigma}_0\sqrt{Q_{\hat{x}_i\hat{x}_i}}}\tag{10-38}$$

如果原假设 H_0 成立,则 $E(\hat{x}_i)=w_i$,式(10-38)为

$$t_{(f)}=\frac{\hat{x}_i-w_i}{\hat{\sigma}_0\sqrt{Q_{\hat{x}_i\hat{x}_i}}}\tag{10-39}$$

式中,$t_{(f)}$ 为服从 t 分布的统计量,其自由度 f 由式(10-36)的单位权方差估值的分母决定,$f=n-t$,即自由度 f 就是多余观测数。$\hat{\sigma}_0$ 由式(10-36)算得,$Q_{\hat{x}_i\hat{x}_i}$ 为平差参数 $\hat{x}_i$ 的协因数(权倒数),是协因数矩阵 $\boldsymbol{Q}_{\hat{x}\hat{x}}$ 中第 i 行上的对角线元素。

以显著水平 α 可得在原假设 H_0 成立下的概率表达式

$$P\left(\left|\frac{x_i-w_i}{\hat{\sigma}_0\sqrt{Q_{\hat{x}_i\hat{x}_i}}}\right|<t_{\frac{\alpha}{2}}\right)=1-\alpha\tag{10-40}$$

式中,分位值 $t_{\frac{\alpha}{2}}$ 可在 t 分布表中以 α 和 f 为引数查得。如果计算得 $|t_{(f)}|<t_{\frac{\alpha}{2}}$,则接受 H_0,即可认为该参数 $\hat{x}_i$ 与已知值 w_i 理论上是一致的;否则就认为两者有显著差别。

[例 10-4]在图 10-2 中,平差参数 $\hat{x}_1$ 和 $\hat{x}_2$ 为待定点 P_1 和 P_2 的高程(已取近似值 X_1^0 和

X_2^0）。通过间接平差求得

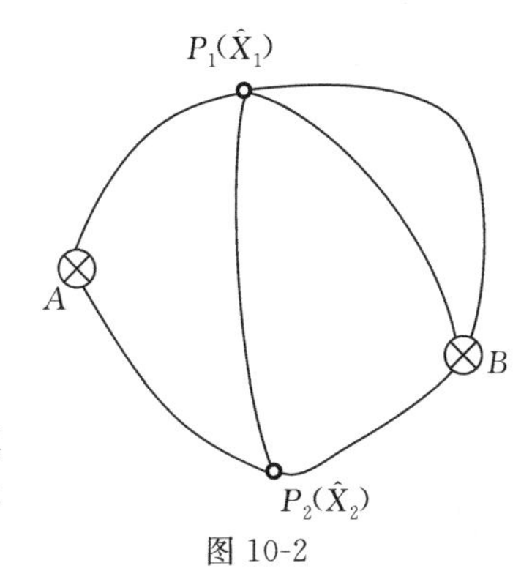

图 10-2

$$\hat{X}_1 = X_1^0 + \hat{x}_1 = 6.375 + (-0.0003) = 6.3747(\text{m})$$

$$\hat{X}_2 = X_2^0 + \hat{x}_2 = 7.025 + 0.0029 = 7.0279(\text{m})$$

$$\hat{\sigma}_0 = \sqrt{\frac{19.75}{4}} = 2.2(\text{mm})$$

$$Q_{\hat{x}\hat{x}} = \begin{bmatrix} 0.53 & 0.16 \\ 0.16 & 0.78 \end{bmatrix}$$

网中 P_2 点原来也是已知点，其高程 $\tilde{x}_2 = 7.045$ m，但对其高程的正确性存在疑问，故平差时将其作为待定点。试通过平差来检验其高程的正确性。

解：设

$$H_0: E(\hat{X}_2) = 7.045 \quad H_1: E(\hat{X}_2) \neq 7.045$$

由式(10-39)计算统计量得

$$t_{(f)} = \frac{7027.9 - 7045.0}{2.2\sqrt{0.78}} = -\frac{17.1}{1.9} = -9.0$$

以 $\alpha = 0.05, f = 4$ 查得 $t_{\frac{\alpha}{2}} = 2.78$，因 $|t_{(f)}| = 9 > t_{\frac{\alpha}{2}} = 2.78$，故拒绝 H_0，即接受 H_1，判断 P_2 点原高程不正确，不能作为起始数据进行待定点平差处理。

[例 10-5]设图 10-1 中的 P_1、P_2 为工程建筑上的两个点，其标高已知，$\tilde{X}_1 = 6.370$ m，$\tilde{X}_2 = 7.045$ m，若干年后对其进行监测，布设的水准网和平差结果见[例 10-4]。试问 P_1 点高程在这期间是否存在沉降？

解：对于 $H_0: E(\hat{X}_1) = 6.370 \quad H_1: E(\hat{X}_1) \neq 6.370$，算得

$$t_{(4)} = \frac{6374.7 - 6370.0}{2.2\sqrt{0.53}} = \frac{4.7}{1.6} = 2.9 > 2.78$$

以显著水平 $\alpha = 0.05$ 来判断 P_1 点高程已产生沉降：若取 $\alpha = 0.01$，则 $t_{\frac{\alpha}{2}(4)} = 4.6$，可视为 P_1 点并未沉降。

[例 10-6]为了考查经纬仪视距乘常数 C 在测量时随温度变化的影响，选择 10 段不同距离进行了试验。测得 10 组平均 C 值和平均气温 t，结果列于表 10-3 中。设 C 与 t 呈线性关系，试检验平差参数的显著性。

表 10-3　测量值

t/℃	11.9	11.5	14.5	15.2	15.9	16.3	14.6	12.9	15.8	14.1
C	96.84	96.84	97.14	97.03	97.05	97.13	97.04	96.96	96.95	96.98

解：设函数模型为

$$\hat{C}_i = \hat{b}_0 + \hat{b}_1 t_i \qquad (i = 1, 2, \cdots, 10)$$

其误差方程为

$$v_i = \hat{b}_0 + \hat{b}_1 t_i - C_i$$

解得

$$\hat{b}_0 = 96.31,\ \hat{b}_1 = 0.048$$

计算得到

$$\boldsymbol{Q}_{\hat{x}\hat{x}}=\begin{bmatrix}Q_{\hat{b}_0\hat{b}_0} & Q_{\hat{b}_0\hat{b}_1}\\ Q_{\hat{b}_0\hat{b}_1} & Q_{\hat{b}_1\hat{b}_1}\end{bmatrix}=\begin{bmatrix}8.16 & -0.56\\ -0.56 & 0.039\end{bmatrix}$$

$$\hat{\sigma}=\sqrt{\frac{\sum_{i=1}^{10}v_i^2}{n-2}}=\sqrt{\frac{0.0377}{8}}=0.068$$

现在检验

$$H_0:E(\hat{b}_1)=0\quad H_1:E(\hat{b}_1)\neq 0$$

作统计量

$$t_{(8)}=\frac{\hat{b}_1-0}{\hat{\sigma}\sqrt{Q_{\hat{b}_1\hat{b}_1}}}=\frac{0.048}{0.068\sqrt{0.039}}=3.58$$

令 $\alpha=0.05$,以 α 和自由度 $f=8$ 查 t 分布表,得 $t_{\frac{\alpha}{2}}=2.31$,因 $|t_8|>t_{\frac{\alpha}{2}}$,故拒绝 H_0,即 $E(\hat{b}_1)\neq 0$。说明参数显著,回归模型有效。回归方程为 $C=96.31+0.048t$。如果经检验接受 H_0,说明 $E(\hat{b}_0)=0$,视距常数 C 与温度 t 不存在函数关系,回归模型 $C=b_0+b_1t$ 无效。

二、两个独立平差系统的同名参数差异性的检验

设对控制网进行了不同时刻的两期观测,分别平差,获得同名点坐标 $\hat{x}$ 的两期平差结果为

$$\text{第 I 期}:\hat{X}_{\mathrm{I}}=X_{\mathrm{I}}^0+\hat{x}_{\mathrm{I}},\ Q_{\hat{x}_{\mathrm{I}}\hat{x}_{\mathrm{I}}},\ \hat{\sigma}_{0\mathrm{I}}=\frac{(\boldsymbol{V}^{\mathrm{T}}\boldsymbol{PV})_{\mathrm{I}}}{f_{\mathrm{I}}}$$

$$\text{第 II 期}:\hat{X}_{\mathrm{II}}=X_{\mathrm{II}}^0+\hat{x}_{\mathrm{II}},\ Q_{\hat{x}_{\mathrm{II}}\hat{x}_{\mathrm{II}}},\ \hat{\sigma}_{0\mathrm{II}}=\frac{(\boldsymbol{V}^{\mathrm{T}}\boldsymbol{PV})_{\mathrm{II}}}{f_{\mathrm{II}}}$$

试检验这个同名点坐标两期平差所得的平差值之间是否存在差异。

设

$$H_0:E(\hat{X}_{\mathrm{I}})-E(\hat{X}_{\mathrm{II}})=0\quad H_1:E(\hat{X}_{\mathrm{I}})-E(\hat{X}_{\mathrm{II}})\neq 0$$

仿照式(10-38),在 H_0 成立下,t 分布的统计量为

$$t_{(f)}=\frac{\hat{X}_{\mathrm{I}}-\hat{X}_{\mathrm{II}}}{\sqrt{\hat{\sigma}_{\hat{X}_{\mathrm{I}}}^2+\hat{\sigma}_{\hat{X}_{\mathrm{II}}}^2}}=\frac{\hat{X}_{\mathrm{I}}-\hat{X}_{\mathrm{II}}}{\sqrt{\hat{\sigma}_{0\mathrm{I}}^2Q_{\hat{x}_{\mathrm{I}}\hat{x}_{\mathrm{I}}}+\hat{\sigma}_{0\mathrm{II}}^2Q_{\hat{x}_{\mathrm{II}}\hat{x}_{\mathrm{II}}}}}\tag{10-41}$$

式中,t 变量自由度 $f=f_{\mathrm{I}}+f_{\mathrm{II}}$,$t$ 变量的分子为两期平差参数之差,分母为这个差数的中误差。检验的拒绝域为 $|t_{(f)}|>t_{\frac{\alpha}{2}}$。

[例 10-7]设[例 10-4]是由 t_1 年观测值计算的平差结果,又在 t_2 年对图 10-1 所示的水准网进行了复测,平差计算结果为

$$\hat{X}_1=6.3604\ \mathrm{m},\ \hat{X}_2=7.0264\ \mathrm{m}$$

$$\hat{\sigma}_0=\sqrt{\frac{\boldsymbol{V}^{\mathrm{T}}\boldsymbol{PV}}{4}}=2.0\ \mathrm{mm}$$

$$\boldsymbol{Q}_{\hat{x}\hat{x}}=\begin{bmatrix}0.53 & 0.16\\ 0.16 & 0.78\end{bmatrix}$$

解：由于观测数据与 t_1 年不同，平差求得的 $\boldsymbol{V}$、$\boldsymbol{V}^{\mathrm{T}}\boldsymbol{PV}$、$\hat{\sigma}_0$ 和 $\hat{x}_i$ 也与[例 10-4] 不同，但 $\boldsymbol{Q}_{\hat{x}\hat{x}}$ 两期结果相同，因为 $\boldsymbol{Q}_{\hat{x}\hat{x}}=(\boldsymbol{B}^{\mathrm{T}}\boldsymbol{PB})^{-1}$，误差方程系数矩阵 $\boldsymbol{B}$ 和权矩阵 $\boldsymbol{P}$ 因观测方案和网形完全相同而没有变化。$\boldsymbol{Q}_{\hat{x}\hat{x}}$ 是与观测数据无关的量。

检验 t_2 年与 t_1 年两期所得同名平差参数的差异性，设

$$H_0:E(\hat{X}_{i\mathrm{I}})-E(\hat{X}_{i\mathrm{II}})=0\quad H_1:E(\hat{X}_{i\mathrm{I}})-E(\hat{X}_{i\mathrm{II}})\neq 0\qquad (i=1,2)$$

按式(10-41)计算统计量

$$P_1:t_{(8)}=\frac{6\,374.7-6\,360.4}{\sqrt{2.84\times 0.53+4\times 0.53}}=\frac{14.3}{1.90}=7.5$$

$$P_2:t_{(8)}=\frac{7\,027.9-7\,026.4}{\sqrt{2.84\times 0.78+4\times 0.78}}=\frac{1.5}{2.31}=0.6$$

以 $\alpha=0.05$ 和自由度 $f=4+4=8$ 查 t 分布表，得 $t_{\frac{\alpha}{2}(8)}=2.31$。可知 P_1 点 $|t_{(8)}|=7.5>t_{\frac{\alpha}{2}}=2.31$，故拒绝 H_0；而 P_2 点的 $|t_{(8)}|<t_{\frac{\alpha}{2}(8)}$，故接受 H_0。以 $\alpha=0.05$ 判断 P_1 点在 $t_1\sim t_2$ 年间高程有差异，而没有理由怀疑 P_2 点高程在 $t_1\sim t_2$ 年间有变化。

三、平差参数的区间估计

平差参数的真值是不可知的，真值的估计有两种方法：点估计、区间估计。点估计就是对真值做出具体数值的估计，用平差值估计其真值就是点估计方法，因此前述的各种平差方法都是属于点估计法。区间估计就是在一定的置信概率（置信度）p 的条件下，给出参数真值的取值区间。简言之，就是给出确定真值的某一范围，而这个范围是与置信概率相联系的。

对于参数的平差值 $\hat{X}_i$，可按式(10-38) 作 t 分布变量

$$t_{(f)}=\frac{\hat{X}_i-\widetilde{X}_i}{\hat{\sigma}_0\sqrt{Q_{\hat{X}_i\hat{X}_i}}}\tag{10-42}$$

式中，真值 $\widetilde{X}_i$ 即数学期望 $E(\hat{X}_i)$。通过 t 分布将 $\hat{X}_i$ 与其真值 $\widetilde{X}_i$ 建立了关系。现给定置信概率 $p=1-\alpha$，α 就是假设检验的显著水平，对于 t 分布，下列概率表达式成立

$$P\left(-t_{\frac{\alpha}{2}}<\frac{\hat{X}_i-\widetilde{X}_i}{\hat{\sigma}_0\sqrt{Q_{\hat{X}_i\hat{X}_i}}}<t_{\frac{\alpha}{2}}\right)=p=1-\alpha\tag{10-43}$$

按不等式运算，可得

$$P(\hat{X}_i-t_{\frac{\alpha}{2}}\hat{\sigma}_0\sqrt{Q_{\hat{X}_i\hat{X}_i}}<\widetilde{X}_i<\hat{X}_i+t_{\frac{\alpha}{2}}\hat{\sigma}_0\sqrt{Q_{\hat{X}_i\hat{X}_i}})=p=1-\alpha\tag{10-44}$$

或

$$P(\hat{X}_i-t_{\frac{\alpha}{2}}\hat{\sigma}_{\hat{X}_i}<\widetilde{X}_i<\hat{X}_i+t_{\frac{\alpha}{2}}\hat{\sigma}_{\hat{X}_i})=p=1-\alpha\tag{10-45}$$

这就是参数真值 $\widetilde{X}_i$ 的区间估计式，区间 $(\hat{X}_i-t_{\frac{\alpha}{2}}\hat{\sigma}_{\hat{X}_i},\hat{X}_i+t_{\frac{\alpha}{2}}\hat{\sigma}_{\hat{X}_i})$ 称为置信区间，其置信概率为 $p=1-\alpha$。p 值大小不同，相应的区间长短也不同，亦即置信区间取决于其置信概率。其中，α 必须是小概率。由式(10-44)可看出参数的区间估计与点估计的区别和联系。

如果单位权方差 σ_0^2 已知，则可建立标准正态变量

$$u=\frac{\hat{X}_i-\widetilde{X}_i}{\sigma_0\sqrt{Q_{\hat{X}_i\hat{X}_i}}}=\frac{\hat{X}_i-\widetilde{X}_i}{\sigma_{\hat{X}_i}}\tag{10-46}$$

相应的概率表达式为

$$P\left(-u_{\frac{\alpha}{2}} < \frac{\hat{X}_i - \widetilde{X}_i}{\hat{\sigma}_{\hat{X}_i}} < u_{\frac{\alpha}{2}}\right) = p = 1 - \alpha \tag{10-47}$$

则有 $\widetilde{X}_i$ 的区间估计式为

$$P(\hat{X}_i - u_{\frac{\alpha}{2}}\hat{\sigma}_{\hat{X}_i} < \widetilde{X}_i < \hat{X}_i + u_{\frac{\alpha}{2}}\hat{\sigma}_{\hat{X}_i}) = p = 1 - \alpha \tag{10-48}$$

当 $p=0.954\ 5$ 时,$u_{\frac{\alpha}{2}}=2$,则 $\widetilde{X}_i$ 的置信区间为($\hat{X}_i - 2\sigma_{\hat{X}_i}$,$\hat{X}_i + 2\sigma_{\hat{X}_i}$)。

习 题

1. 对某三角形闭合差观测了 30 次,得到其闭合差 Δ_i(单位为角秒)依次为

−0.9	−2.0	+0.7	+2.2	−2.1	+1.5	+1.2	−1.4	−0.5	−1.3
+2.4	−1.5	+1.6	−1.7	+1.0	−1.2	−1.5	−1.6	−2.5	−2.0
+1.3	+2.0	−2.5	+1.9	+2.2	+1.1	−1.6	−1.8	+0.8	−1.2

试检验以上观测误差是否符合偶然误差特性。

2. 在室内实习场中设置一个角度,经精密测定,其角值为 $\mu_0=36°25'1.23''$,一学生在进行测角实习时,用经纬仪测角 6 个测回,其结果为 36°25′1.27″、36°25′1.23″、36°25′1.22″、36°25′1.24″、36°25′1.28″、36°25′1.22″。设测定值服从正态分布,试检验该学生测得的平均角度值 $\bar{x}$ 是否与已知值存在显著差异(取 $\alpha=0.05$)。

3. 为检定 20 m 钢尺长度,用钢尺在检定基线上测量 20 次,基线真长为 507.415 m,检定结果为(以 m 为单位)507.32、507.31、507.35、507.48、507.31、507.40、507.47、507.47、507.43、507.37、507.39、507.39、507.40、507.37、507.48、507.41、507.40、507.33、507.36、507.32。试检验这 20 次的测定误差是否符合偶然误差特性。

4. 随机地从一批产品中抽取 16 个,测得其长度(以 cm 为单位)为 2.15、2.12、2.13、2.13、2.15、2.13、2.10、2.14、2.11、2.12、2.15、2.10、2.12、2.11、2.10、2.11。设产品长度的分布是正态的,试求母体均值 $\mu=90\%$ 的置信区间:① 若已知 $\sigma=0.02$ cm;② 若 σ 为未知。

5. 对某角观测了 6 个测回,算得子样方差为 $\hat{\sigma}_0^2=1.5('')^2$,已知母体服从正态分布,试求母体方差置信概率为 98% 的置信区间。

第十一章　近代平差方法简介

§11-1　广义逆矩阵及其应用

对于线性方程组 $\boldsymbol{Ax}=\boldsymbol{b}$，当 $\boldsymbol{A}$ 是 n 阶方阵，且行列式 $|\boldsymbol{A}|\neq 0$ 时，则方程组存在唯一解，且可表示为 $\boldsymbol{x}=\boldsymbol{A}^{-1}\boldsymbol{b}$。但许多实际问题所遇到的矩阵 $\boldsymbol{A}$ 往往是奇异方阵或是任意的 $m\times n$ 矩阵（一般 $m\neq n$），显然不存在通常的逆矩阵 $\boldsymbol{A}^{-1}$，这便促使人们去想象能否推广逆矩阵的概念，引进某种具有普通逆矩阵类似性质的矩阵 $\boldsymbol{G}$，使方程组的解仍可以表示为 $\boldsymbol{x}=\boldsymbol{Gb}$ 的形式。

广义逆矩阵的概念首先由美国芝加哥的穆尔（Moore）教授于 1920 年提出，但其后的 30 年未引起人们的重视。直到 1955 年英国数学物理学家彭诺斯（Penrose）利用四个矩阵方程给出了广义逆矩阵新的简便实用的定义后，广义逆矩阵的理论研究才进入了一个新的时期，其应用得到了迅速发展，并已成为矩阵论的一个重要分支，在数理统计、最优化理论、控制理论、系统识别、数字图像处理等许多领域都具有重要应用。

广义逆矩阵是近代测量平差理论的重要基础，本节着重介绍几种常见的广义逆矩阵及其在解线性方程组中的应用，并以此为基础，进一步讨论秩亏自由网平差的方法。

一、矩阵的满秩分解

为讨论方便，将 $m\times n$ 矩阵集合统一记为 $\boldsymbol{C}_r^{mn}$，其中，下标 r 为矩阵的秩。对于给定的矩阵 $\underset{mn}{\boldsymbol{A}}\in\boldsymbol{C}_r^{mn}$，其秩为 $\mathrm{R}(\boldsymbol{A})=r\leqslant\min\{m,n\}$。当 $r=m$ 或 $r=n$ 时，称 $\underset{mn}{\boldsymbol{A}}$ 为行满秩或列满秩矩阵；当 $r=m=n$ 时，$\underset{nn}{\boldsymbol{A}}$ 为 n 阶满秩方阵；当 $r<\min\{m,n\}$ 时，$\underset{mn}{\boldsymbol{A}}$ 则为降秩矩阵。对任意 $m\times n$ 矩阵 $\underset{mn}{\boldsymbol{A}}$，有如下矩阵的满秩分解定理。

定理：设有矩阵 $\boldsymbol{A}\in\boldsymbol{C}_r^{mn}$，那么存在 $\boldsymbol{B}\in\boldsymbol{C}_r^{mr}$，$\boldsymbol{F}\in\boldsymbol{C}_r^{rn}$，使得

$$\underset{mn}{\boldsymbol{A}}=\underset{mr}{\boldsymbol{B}}\,\underset{rn}{\boldsymbol{F}}\tag{11-1}$$

式中，$\boldsymbol{B}$ 为列满秩矩阵，$\boldsymbol{F}$ 为行满秩矩阵。

事实上，对 $\boldsymbol{A}$ 做初等变换，则存在满秩方阵 $\boldsymbol{P}\in\boldsymbol{C}_m^{mm}$，$\boldsymbol{Q}\in\boldsymbol{C}_n^{nn}$，满足

$$\boldsymbol{PAQ}=\begin{bmatrix}\boldsymbol{I}_r & \boldsymbol{O}\\ \boldsymbol{O} & \boldsymbol{O}\end{bmatrix}\tag{11-2}$$

从而

$$\underset{mn}{\boldsymbol{A}}=\underset{mm}{\boldsymbol{P}}^{-1}\begin{bmatrix}\boldsymbol{I}_r & \boldsymbol{O}\\ \boldsymbol{O} & \boldsymbol{O}\end{bmatrix}\underset{nn}{\boldsymbol{Q}}^{-1}=\underset{mm}{\boldsymbol{P}}^{-1}\begin{bmatrix}\boldsymbol{I}_r\\ \underset{m-r\,r}{\boldsymbol{O}}\end{bmatrix}\begin{bmatrix}\boldsymbol{I}_r & \underset{r\,n-r}{\boldsymbol{O}}\end{bmatrix}\underset{nn}{\boldsymbol{Q}}^{-1}=\underset{mr}{\boldsymbol{B}}\,\underset{rn}{\boldsymbol{F}}$$

式中

$$\left.\begin{aligned}\underset{mr}{\boldsymbol{B}}&=\underset{mm}{\boldsymbol{P}}^{-1}\begin{bmatrix}\boldsymbol{I}_r\\ \underset{m-r\,r}{\boldsymbol{O}}\end{bmatrix}\in\boldsymbol{C}_r^{mr}\\ \underset{rn}{\boldsymbol{F}}&=\begin{bmatrix}\boldsymbol{I}_r & \underset{r\,n-r}{\boldsymbol{O}}\end{bmatrix}\underset{nn}{\boldsymbol{Q}}^{-1}\in\boldsymbol{C}_r^{rn}\end{aligned}\right\}\tag{11-3}$$

由于

$$\begin{bmatrix} \underset{mm}{\boldsymbol{P}} & \underset{mn}{\boldsymbol{O}} \\ \underset{nm}{\boldsymbol{O}} & \boldsymbol{I}_n \end{bmatrix} \begin{bmatrix} \underset{mn}{\boldsymbol{A}} & \boldsymbol{I}_m \\ \boldsymbol{I}_n & * \end{bmatrix} \begin{bmatrix} \underset{nn}{\boldsymbol{Q}} & \underset{nm}{\boldsymbol{O}} \\ \underset{mn}{\boldsymbol{O}} & \boldsymbol{I}_m \end{bmatrix} = \begin{bmatrix} \boldsymbol{PAQ} & \boldsymbol{P} \\ \boldsymbol{Q} & * \end{bmatrix} \tag{11-4}$$

故在实际变换计算时,对矩阵 $\begin{bmatrix} \boldsymbol{A} & \boldsymbol{I} \\ \boldsymbol{I} & * \end{bmatrix}$ 进行初等变换,$\boldsymbol{I}$ 的位置记录了对 $\boldsymbol{A}$ 进行变换的过程,由此求得 $\boldsymbol{P}$、$\boldsymbol{Q}$ 矩阵。需指出,矩阵的满秩分解形式并不唯一。

二、广义逆矩阵的基本概念与性质

定义:设 $\boldsymbol{A} \in \boldsymbol{C}^{mn}$,如果存在矩阵 $\boldsymbol{G} \in \boldsymbol{C}^{nm}$,满足以下 4 个条件中的全部或一部分:

(1) $\boldsymbol{AGA} = \boldsymbol{A}$;

(2) $\boldsymbol{GAG} = \boldsymbol{G}$;

(3) $\boldsymbol{GA}$ 为复共轭转置矩阵,$(\boldsymbol{GA})^{\mathrm{H}} = \boldsymbol{GA}$;

(4) $\boldsymbol{AG}$ 为复共轭转置矩阵,$(\boldsymbol{AG})^{\mathrm{H}} = \boldsymbol{AG}$。

则称矩阵 $\boldsymbol{G}$ 为 $\boldsymbol{A}$ 的 Moore-Penrose 广义逆矩阵。上面 4 个方程式叫作 Moore-Penrose 方程式(简记为 M-P 方程式)。M-P 方程式中的 H 是指复共轭转置矩阵。由于在此主要讨论的是实数矩阵,而对于实数矩阵,取转置 T 即可。因此,在实数矩阵的条件下,(3)、(4)中两式可表达成 $(\boldsymbol{GA})^{\mathrm{T}} = \boldsymbol{GA}$ 和 $(\boldsymbol{AG})^{\mathrm{T}} = \boldsymbol{AG}$。

按定义,满足第 i 个 M-P 方程式的广义逆矩阵 $\boldsymbol{G}$ 构成的集合记为 $\boldsymbol{A}\{i\}$,同时满足第 i 个和第 j 个 M-P 方程式的广义逆矩阵 $\boldsymbol{G}$ 构成的集合记为 $\boldsymbol{A}\{i,j\}$,以此类推。除了 $\boldsymbol{A}\{1,2,3,4\}$ 之外,其余各类广义逆矩阵对给定的 $\boldsymbol{A}$ 来说都不是唯一的。满足1个、2个、3个和 4 个 M-P 方程式的广义逆矩阵共有 15 类,即

$$C_4^1 + C_4^2 + C_4^3 + C_4^4 = 15$$

其中,应用较多的是以下 5 类:

(1) $\boldsymbol{A}\{1\}$ 中任意一个确定的广义逆记为 $\boldsymbol{A}^-$,$\boldsymbol{A}^- \in \boldsymbol{A}\{1\}$,称为减号逆;

(2) $\boldsymbol{A}\{1,2\}$ 中任意一个确定的广义逆记为 $\boldsymbol{A}_{\mathrm{r}}^-$,$\boldsymbol{A}_{\mathrm{r}}^- \in \boldsymbol{A}\{1,2\}$,称为自反减号逆;

(3) $\boldsymbol{A}\{1,3\}$ 中任意一个确定的广义逆记为 $\boldsymbol{A}_{\mathrm{m}}^-$,$\boldsymbol{A}_{\mathrm{m}}^- \in \boldsymbol{A}\{1,3\}$,称为最小范数广义逆;

(4) $\boldsymbol{A}\{1,4\}$ 中任意一个确定的广义逆记为 $\boldsymbol{A}_{\mathrm{l}}^-$,$\boldsymbol{A}_{\mathrm{l}}^- \in \boldsymbol{A}\{1,4\}$,称为最小二乘广义逆;

(5) $\boldsymbol{A}\{1,2,3,4\}$ 对给定的 $\boldsymbol{A}$,广义逆是唯一的,记为 $\boldsymbol{A}^+$,称为加号逆。

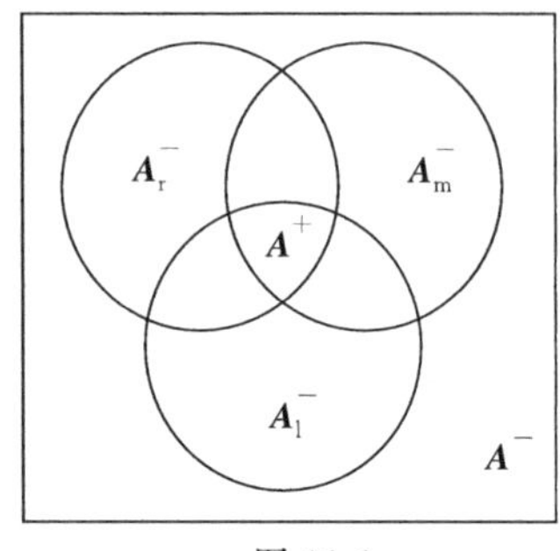

图 11-1

这 5 类广义逆矩阵的集合关系如图 11-1 所示。其中,$\boldsymbol{A}_{\mathrm{r}}^-$、$\boldsymbol{A}_{\mathrm{m}}^-$、$\boldsymbol{A}_{\mathrm{l}}^-$、$\boldsymbol{A}^+$ 均为 $\boldsymbol{A}^-$ 的子集。广义逆矩阵 $\boldsymbol{A}^-$ 具有以下性质:

(1) $(\boldsymbol{A}^-)^{\mathrm{T}} = (\boldsymbol{A}^{\mathrm{T}})^-$;

(2) $\boldsymbol{A}(\boldsymbol{A}^{\mathrm{T}}\boldsymbol{A})^- \boldsymbol{A}^{\mathrm{T}}\boldsymbol{A} = \boldsymbol{A}$,$\boldsymbol{A}\boldsymbol{A}^{\mathrm{T}}(\boldsymbol{A}\boldsymbol{A}^{\mathrm{T}})^- \boldsymbol{A} = \boldsymbol{A}$;

(3) $\mathrm{R}(\boldsymbol{A}) \leqslant \mathrm{R}(\boldsymbol{A}^-) \leqslant \min\{m,n\}$;

(4)若 $\boldsymbol{P}$ 是正定对称矩阵,则有

$$\boldsymbol{A}(\boldsymbol{A}^{\mathrm{T}}\boldsymbol{PA})^- \boldsymbol{A}^{\mathrm{T}}\boldsymbol{PA} = \boldsymbol{A}$$

$$\boldsymbol{A}^{\mathrm{T}}\boldsymbol{PA}(\boldsymbol{A}^{\mathrm{T}}\boldsymbol{PA})^- \boldsymbol{A}^{\mathrm{T}} = \boldsymbol{A}^{\mathrm{T}}$$

(5) $\boldsymbol{A}^- \boldsymbol{A}$ 为幂等矩阵。

三、广义逆矩阵的求解

1. 减号逆 $\boldsymbol{A}^{-}$ 的求解

$\boldsymbol{A}^{-}$ 具有如下形式的通解

$$\boldsymbol{A}\{1\}=\{\boldsymbol{G}+\boldsymbol{Y}(\boldsymbol{I}_m-\boldsymbol{AG})+(\boldsymbol{I}_n-\boldsymbol{GA})\boldsymbol{Z}\} \tag{11-5}$$

式中，$\boldsymbol{Y}$、$\boldsymbol{Z}$ 为 $n\times m$ 的任意矩阵。该式表明，只要求得 $\boldsymbol{A}\{1\}$ 的一个特解 $\boldsymbol{A}^{-}=\boldsymbol{G}$，则可求得 $\boldsymbol{A}\{1\}$ 的通解。减号逆 $\boldsymbol{A}^{-}$ 的求法很多，最简单的是初等变换法。

设 $\boldsymbol{A}$ 是 $m\times n$ 矩阵，$\mathrm{R}(\boldsymbol{A})=r\leqslant\min\{m,n\}$，非奇异矩阵 $\boldsymbol{P}\in\boldsymbol{C}^{mm}$，$\boldsymbol{Q}\in\boldsymbol{C}^{nn}$，使得

$$\underset{mm}{\boldsymbol{P}}\,\underset{mn}{\boldsymbol{A}}\,\underset{nn}{\boldsymbol{Q}}=\begin{bmatrix}\boldsymbol{I}_r & \boldsymbol{O}\\ \boldsymbol{O} & \boldsymbol{O}\end{bmatrix}_{mn} \tag{11-6}$$

则 $\boldsymbol{A}$ 的减号逆矩阵存在，且可表示为

$$\underset{nm}{\boldsymbol{A}^{-}}=\underset{nn}{\boldsymbol{Q}}\begin{bmatrix}\boldsymbol{I}_r & \boldsymbol{G}_{12}\\ \boldsymbol{G}_{21} & \boldsymbol{G}_{22}\end{bmatrix}_{nm}\underset{mm}{\boldsymbol{P}} \tag{11-7}$$

式中，$\boldsymbol{G}_{12}$、$\boldsymbol{G}_{21}$、$\boldsymbol{G}_{22}$ 分别是 $r\times(m-r)$、$(n-r)\times r$、$(n-r)\times(m-r)$ 的任意矩阵。参考式(11-4)，可对矩阵 $\begin{bmatrix}\boldsymbol{A} & \boldsymbol{I}\\ \boldsymbol{I} & *\end{bmatrix}$ 进行初等变换，$\boldsymbol{I}$ 的位置便记录了对 $\boldsymbol{A}$ 进行变换的过程，从而求得 $\boldsymbol{P}$、$\boldsymbol{Q}$ 矩阵。特别指出，当 $\boldsymbol{A}=\begin{bmatrix}\underset{rr}{\boldsymbol{A}_{11}} & \underset{r\,n-r}{\boldsymbol{A}_{12}}\\ \underset{m-r\,r}{\boldsymbol{A}_{21}} & \underset{m-r\,n-r}{\boldsymbol{A}_{22}}\end{bmatrix}$，且 $\boldsymbol{A}_{11}$ 为满秩方阵，$\mathrm{R}(\boldsymbol{A}_{11})=r$，则 $\boldsymbol{A}$ 的一个减号逆为

$$\underset{nm}{\boldsymbol{A}^{-}}=\begin{bmatrix}\underset{rr}{\boldsymbol{A}_{11}^{-1}} & \underset{r\,m-r}{\boldsymbol{O}}\\ \underset{n-r\,r}{\boldsymbol{O}} & \underset{n-r\,m-r}{\boldsymbol{O}}\end{bmatrix}$$

2. 自反号逆 $\boldsymbol{A}_{\mathrm{r}}^{-}$ 的求解

众所周知，对于普通的逆矩阵 $\boldsymbol{A}^{-1}$，有 $(\boldsymbol{A}^{-1})^{-1}=\boldsymbol{A}$，但这对于减号广义逆 $\boldsymbol{A}^{-}$ 一般不成立。例如，对于 $\boldsymbol{A}=\begin{bmatrix}1 & 0\\ 1 & 0\\ 1 & 0\end{bmatrix}$，可求得一个减逆为 $\boldsymbol{A}^{-}=\begin{bmatrix}1 & 0 & 0\\ 0 & 1 & 0\end{bmatrix}$，但 $\boldsymbol{A}^{-}\boldsymbol{A}\boldsymbol{A}^{-}=\begin{bmatrix}1 & 0 & 0\\ 1 & 0 & 0\end{bmatrix}\neq\boldsymbol{A}^{-}$，即 $(\boldsymbol{A}^{-})^{-}\neq\boldsymbol{A}$。为了使 $\boldsymbol{A}$ 与 $\boldsymbol{A}^{-}$ 能互为减号逆，不妨对减号逆加以自反性限制，不仅要求求出的广义逆 $\boldsymbol{G}$ 满足 M-P 方程式(1)，同时要满足 M-P 方程式(2)，即用 $\boldsymbol{GAG}=\boldsymbol{G}$ 条件约束求出的 $\boldsymbol{A}^{-}$。这样的广义逆称为 $\boldsymbol{A}$ 的一个自反减号广义逆，记为 $\boldsymbol{G}=\boldsymbol{A}_{\mathrm{r}}^{-}$。显然，自反减号逆 $\boldsymbol{A}_{\mathrm{r}}^{-}$ 满足自反性 $(\boldsymbol{A}_{\mathrm{r}}^{-})_{\mathrm{r}}^{-}=\boldsymbol{A}$。

为了给出自反减号逆的计算方法，先引出所谓矩阵右逆与左逆的概念。

定义：设 $\boldsymbol{A}$ 为一个 $m\times n$ 矩阵，若有一个 $n\times m$ 矩阵 $\boldsymbol{G}$ 存在，使得

$$\underset{mn}{\boldsymbol{A}}\,\underset{nm}{\boldsymbol{G}}=\boldsymbol{I}_m\qquad(\text{或}\ \underset{nm}{\boldsymbol{G}}\,\underset{mn}{\boldsymbol{A}}=\boldsymbol{I}_n) \tag{11-8}$$

则称 $\boldsymbol{G}$ 为 $\boldsymbol{A}$ 的右逆或左逆，记为 $\underset{nm}{\boldsymbol{G}}=\boldsymbol{A}_{\mathrm{R}}^{-1}$，或 $\underset{nm}{\boldsymbol{G}}=\boldsymbol{A}_{\mathrm{L}}^{-1}$，即有

$$\underset{mn}{\boldsymbol{A}}\underset{nm}{\boldsymbol{A}_{\mathrm{R}}^{-1}}=\boldsymbol{I}_m\qquad(\text{或}\ \underset{nm}{\boldsymbol{A}_{\mathrm{L}}^{-1}}\underset{mn}{\boldsymbol{A}}=\boldsymbol{I}_n) \tag{11-9}$$

在一般情况下 $\underset{nm}{\boldsymbol{A}_{\mathrm{R}}^{-1}}\neq\underset{mn}{\boldsymbol{A}_{\mathrm{L}}^{-1}}$，若 $\underset{nm}{\boldsymbol{A}_{\mathrm{R}}^{-1}}=\underset{mn}{\boldsymbol{A}_{\mathrm{L}}^{-1}}$，则 $\boldsymbol{A}^{-1}$ 存在，且 $\boldsymbol{A}^{-1}=\boldsymbol{A}_{\mathrm{R}}^{-1}=\boldsymbol{A}_{\mathrm{L}}^{-1}$。

不加证明,给出如下两个定理。

定理:设 $\boldsymbol{A}$ 为一个 $m \times n$ 矩阵:

(1)若 $\boldsymbol{A} \in \boldsymbol{R}^{mn}$ 为行满秩矩阵,即 $\mathrm{R}(\boldsymbol{A}) = m$,则

$$\boldsymbol{A}_{\mathrm{R}}^{-1} = \boldsymbol{G}\boldsymbol{A}^{\mathrm{T}}(\boldsymbol{A}\boldsymbol{G}\boldsymbol{A}^{\mathrm{T}})^{-1} \tag{11-10}$$

式中,$\boldsymbol{G}$ 为使 $\mathrm{R}(\boldsymbol{A}\boldsymbol{G}\boldsymbol{A}^{\mathrm{T}}) = \mathrm{R}(\boldsymbol{A})$ 的任意 n 阶矩阵,特别地,取 $\boldsymbol{G} = \boldsymbol{I}_n$,有

$$\boldsymbol{A}_{\mathrm{R}}^{-1} = \boldsymbol{A}^{\mathrm{T}}(\boldsymbol{A}\boldsymbol{A}^{\mathrm{T}})^{-1} \tag{11-11}$$

(2)若 $\boldsymbol{A} \in \boldsymbol{R}^{mn}$ 为列满秩矩阵,即 $\mathrm{R}(\boldsymbol{A}) = n$,则

$$\boldsymbol{A}_{\mathrm{L}}^{-1} = (\boldsymbol{A}^{\mathrm{T}}\boldsymbol{G}\boldsymbol{A})^{-1}\boldsymbol{A}^{\mathrm{T}}\boldsymbol{G} \tag{11-12}$$

式中,$\boldsymbol{G}$ 为使 $\mathrm{R}(\boldsymbol{A}^{\mathrm{T}}\boldsymbol{G}\boldsymbol{A}) = \mathrm{R}(\boldsymbol{A})$ 的任意 m 阶矩阵,特别地,取 $\boldsymbol{G} = \boldsymbol{I}_m$,有

$$\boldsymbol{A}_{\mathrm{L}}^{-1} = (\boldsymbol{A}^{\mathrm{T}}\boldsymbol{A})^{-1}\boldsymbol{A}^{\mathrm{T}} \tag{11-13}$$

定理:设 $\boldsymbol{A}$ 为一个 $m \times n$ 矩阵:

(1)若 $\boldsymbol{A} \in \boldsymbol{R}^{mn}$ 为行满秩矩阵,即 $\mathrm{R}(\boldsymbol{A}) = m$,则

$$\boldsymbol{A}_{\mathrm{r}}^{-} = \boldsymbol{A}_{\mathrm{R}}^{-1} = \underset{nn}{\boldsymbol{G}}\underset{nm}{\boldsymbol{A}^{\mathrm{T}}}(\underset{mn}{\boldsymbol{A}}\underset{nn}{\boldsymbol{G}}\underset{nm}{\boldsymbol{A}^{\mathrm{T}}})^{-1} \tag{11-14}$$

式中,$\boldsymbol{G}$ 为使 $\mathrm{R}(\boldsymbol{A}\boldsymbol{G}\boldsymbol{A}^{\mathrm{T}}) = \mathrm{R}(\boldsymbol{A})$ 的任意 n 阶矩阵;

(2)若 $\boldsymbol{A} \in \boldsymbol{R}^{mn}$ 为列满秩矩阵,即 $\mathrm{R}(\boldsymbol{A}) = n$,则

$$\boldsymbol{A}_{\mathrm{r}}^{-} = \boldsymbol{A}_{\mathrm{L}}^{-1} = (\underset{nm}{\boldsymbol{A}^{\mathrm{T}}}\underset{mm}{\boldsymbol{G}}\underset{mn}{\boldsymbol{A}})^{-1}\underset{nm}{\boldsymbol{A}^{\mathrm{T}}}\underset{mm}{\boldsymbol{G}} \tag{11-15}$$

式中,$\boldsymbol{G}$ 为使 $\mathrm{R}(\boldsymbol{A}^{\mathrm{T}}\boldsymbol{G}\boldsymbol{A}) = \mathrm{R}(\boldsymbol{A})$ 的任意 m 阶矩阵;

(3)若 $\mathrm{R}(\boldsymbol{A}) = r \leqslant \min\{m, n\}$,且存在满秩分解 $\underset{mn}{\boldsymbol{A}} = \underset{mr}{\boldsymbol{B}}\underset{rn}{\boldsymbol{F}}$,则

$$\underset{nm}{\boldsymbol{A}_{\mathrm{r}}^{-}} = \underset{nr}{\boldsymbol{F}_{\mathrm{R}}^{-1}}\underset{rm}{\boldsymbol{B}_{\mathrm{L}}^{-1}} \tag{11-16}$$

式中

$$\left.\begin{aligned} \underset{nr}{\boldsymbol{F}_{\mathrm{R}}^{-1}} &= \underset{nn}{\boldsymbol{G}_F}\underset{nr}{\boldsymbol{F}^{\mathrm{T}}}(\underset{rn}{\boldsymbol{F}}\underset{nn}{\boldsymbol{G}_F}\underset{nr}{\boldsymbol{F}^{\mathrm{T}}})^{-1} \\ \underset{rm}{\boldsymbol{B}_{\mathrm{L}}^{-1}} &= (\underset{rm}{\boldsymbol{B}^{\mathrm{T}}}\underset{mm}{\boldsymbol{G}_B}\underset{mr}{\boldsymbol{B}})^{-1}\underset{rm}{\boldsymbol{B}^{\mathrm{T}}}\underset{mm}{\boldsymbol{G}_B} \end{aligned}\right\} \tag{11-17}$$

定理给出了一个 $\boldsymbol{A}_{\mathrm{r}}^{-}$ 的计算方法。

3. 最小范数广义逆 $\boldsymbol{A}_{\mathrm{m}}^{-}$ 的求解

显然,最小范数广义逆 $\boldsymbol{A}_{\mathrm{m}}^{-}$ 是一种特殊的减号逆 $\boldsymbol{A}^{-}$,不仅要求求出的广义逆 $\boldsymbol{G}$ 满足 M-P 方程式(1),同时要满足 M-P 方程式(3),即用 $(\boldsymbol{G}\boldsymbol{A})^{\mathrm{T}} = \boldsymbol{G}\boldsymbol{A}$ 条件约束求出的 $\boldsymbol{A}^{-}$。这样的广义逆称为最小范数广义逆,记为 $\boldsymbol{G} = \boldsymbol{A}_{\mathrm{m}}^{-}$。

对于任意一个 $m \times n$ 矩阵 $\boldsymbol{A}$,最小范数广义逆 $\boldsymbol{A}_{\mathrm{m}}^{-}$ 总存在,不唯一。设 $\boldsymbol{A}_{\mathrm{m}}^{-}$ 是 $\boldsymbol{A}$ 的一个最小范数广义逆,则 $\boldsymbol{A}$ 的最小范数广义逆的通式可表示为

$$\underset{nm}{\boldsymbol{G}} = \underset{nm}{\boldsymbol{A}_{\mathrm{m}}^{-}} + \underset{nm}{\boldsymbol{W}}(\boldsymbol{I}_m - \underset{mn}{\boldsymbol{A}}\underset{nm}{\boldsymbol{A}_{\mathrm{m}}^{-}}) \tag{11-18}$$

式中,$\boldsymbol{W}$ 是任意 $n \times m$ 矩阵。其中,$\boldsymbol{A}_{\mathrm{m}}^{-}$ 可按以下方法得出

$$\boldsymbol{A}_{\mathrm{m}}^{-} = \begin{cases} \boldsymbol{A}_{\mathrm{R}}^{-1} = \boldsymbol{A}^{\mathrm{T}}(\boldsymbol{A}\boldsymbol{A}^{\mathrm{T}})^{-1}, & \boldsymbol{A} \text{ 为行满秩矩阵} \\ \boldsymbol{A}_{\mathrm{L}}^{-1} = (\boldsymbol{A}^{\mathrm{T}}\boldsymbol{A})^{-1}\boldsymbol{A}^{\mathrm{T}}, & \boldsymbol{A} \text{ 为列满秩矩阵} \\ \boldsymbol{F}_{\mathrm{R}}^{-1}\boldsymbol{B}_{\mathrm{L}}^{-1}, & \boldsymbol{A} \text{ 为降秩矩阵,进行满秩分解,} \underset{mn}{\boldsymbol{A}} = \underset{mr}{\boldsymbol{B}}\underset{rn}{\boldsymbol{F}} \\ \boldsymbol{P}\boldsymbol{A}^{\mathrm{T}}(\boldsymbol{A}\boldsymbol{P}\boldsymbol{A}^{\mathrm{T}})^{-}, & \boldsymbol{P} \text{ 为正定对称矩阵} \end{cases} \tag{11-19}$$

4. 最小二乘广义逆 A_l^- 的求解

最小二乘广义逆 A_l^- 是一种特殊的减号逆 A^-，不仅要求求出的广义逆 G 满足 M-P 方程式(1)，同时要满足 M-P 方程式(4)，即用 $(AG)^T = AG$ 条件约束求出的 A^-。这样的广义逆称为最小二乘广义逆，记为 $G = A_l^-$。

对于任意一个 $m \times n$ 矩阵 A，最小二乘广义逆 A_l^- 总存在，不唯一。设 A_l^- 是 A 的一个最小二乘广义逆，则 A 的最小二乘广义逆的通式可表示为

$$\underset{nm}{G} = \underset{nm}{A_l^-} + (I_n - \underset{nm}{A_l^-}\underset{mn}{A})\underset{nm}{V} \tag{11-20}$$

式中，V 是任意 $n \times m$ 矩阵。其中，A_l^- 可按以下方法得出

$$A_l^- = \begin{cases} A_R^{-1} = A^T(AA^T)^{-1}, & A \text{ 为行满秩矩阵} \\ A_L^{-1} = (A^TA)^{-1}A^T, & A \text{ 为列满秩矩阵} \\ F_R^{-1}B_L^{-1}, & A \text{ 为降秩矩阵，进行满秩分解，} \underset{mn}{A} = \underset{mr}{B}\underset{rn}{F} \\ (A^TPA)^- A^TP, & P \text{ 为正定对称矩阵} \end{cases} \tag{11-21}$$

5. 加号逆 A^+ 的求解

显然，加号逆同时也是减号逆、自反减号逆、最小范数广义逆、最小二乘广义逆。设 A 为一个 $m \times n$ 矩阵，可按以下方法求得 A^+

$$A^+ = \begin{cases} A_R^{-1} = A^T(AA^T)^{-1}, & A \text{ 为行满秩矩阵} \\ A_L^{-1} = (A^TA)^{-1}A^T, & A \text{ 为列满秩矩阵} \\ F_R^{-1}B_L^{-1}, & A \text{ 为降秩矩阵，进行满秩分解，} \underset{mn}{A} = \underset{mr}{B}\underset{rn}{F} \\ PA^T(APA^T)^- A(A^TQA)^- A^TQ, & P\text{、}Q \text{ 为正定对称矩阵} \\ A_m^- A A_l^- \end{cases} \tag{11-22}$$

证明 A^+ 的唯一性：设 G_1、G_2 是两个加号逆，于是

$$\begin{aligned} AG_1 &= (AG_2A)G_1 = AG_2AG_1 = (AG_2)^T(AG_1)^T \\ &= (AG_1AG_2)^T = (AG_2)^T = AG_2 \end{aligned}$$

同理 $G_1A = G_2A$，所以

$$G_1 = G_1AG_1 = G_1AG_2 = G_2AG_2 = G_2$$

故加号逆是唯一的。

四、广义逆矩阵在线性方程组中的应用

1. 概述

考虑非齐次线性方程组

$$Ax = b \tag{11-23}$$

式中，$A \in C^{mn}$，$b \in C^m$，而 $x \in C^n$ 为未知向量。若 $R(A \vdots b) = R(A)$，则方程组(11-23)有解，此时称方程组是相容的；否则，若 $R(A \vdots b) \neq R(A)$，则方程组(11-23)无解，此时称方程组是不相容的或矛盾的。

关于方程组求解问题，常见的有以下几种情况：

(1)若系数矩阵 $A \in C^{mn}$，且可逆，则方程组(11-23) 对任意的 b 是相容的，且有唯一的解

$$x = A^{-1}b \tag{11-24}$$

(2)若 $R(\boldsymbol{A} \vdots \boldsymbol{b}) = R(\boldsymbol{A})$，但当 $\boldsymbol{A}$ 是奇异方阵或长方矩阵，即方程组(11-23)相容时，求出其通解。

(3)如果方程组相容，其解可能有无穷多个。求出具有最小范数的解，即 $\min\limits_{\boldsymbol{Ax}=\boldsymbol{b}} \|\boldsymbol{x}\|$，其中，$\|\cdot\|$ 为欧氏范数。满足该条件的解是唯一的，称为最小范数解。

(4)如果方程组(11-23)不相容，则不存在通常意义下的解，但在许多实际问题中需要求出极值问题的解 $\boldsymbol{x}$，即

$$\min_{x \in C^n} \|\boldsymbol{Ax} - \boldsymbol{b}\|$$

其中，$\|\cdot\|$为欧氏范数。称这个极值问题为求矛盾方程组的最小二乘问题，相应的 $\boldsymbol{x}$ 称为矛盾方程组的最小二乘解。

(5)一般说来，矛盾方程组的最小二乘解也不是唯一的，但在最小二乘解的集合中具有最小范数的解，即 $\min\limits_{\min\|\boldsymbol{Ax}-\boldsymbol{b}\|} \|\boldsymbol{x}\|$，满足该条件的解是唯一的，称为最小范数的最小二乘解。

广义逆矩阵与线性方程组的求解有着极为密切的关系，利用广义逆矩阵可以求出上述诸多问题的解。

2. 相容方程组的通解

对于一个 $m \times n$ 的相容线性方程组(11-23)，不论系数矩阵 $\boldsymbol{A}$ 是方阵还是长方矩阵，是满秩的还是降秩的，都有一个标准的求解方法，并且能把它的解表达成非常简洁的形式。

如果线性方程组(11-23)是相容的，$\boldsymbol{A}^-$ 是 $\boldsymbol{A}$ 的任意一个减号逆，则线性方程组(11-23)的一个特解可表示成

$$\boldsymbol{x} = \boldsymbol{A}^- \boldsymbol{b} \tag{11-25}$$

而通解可表示成

$$\boldsymbol{x} = \boldsymbol{A}^- \boldsymbol{b} + (\boldsymbol{I} - \boldsymbol{A}^- \boldsymbol{A})\boldsymbol{z} \tag{11-26}$$

式中，$\boldsymbol{z}$ 是与 $\boldsymbol{x}$ 同维的任意向量。

特别地，当 $\boldsymbol{b} = \boldsymbol{0}$ 时，方程组(11-23)为齐次线性方程组，即

$$\boldsymbol{Ax} = \boldsymbol{0} \tag{11-27}$$

通解为

$$\boldsymbol{x} = (\boldsymbol{I} - \boldsymbol{A}^- \boldsymbol{A})\boldsymbol{z} \tag{11-28}$$

3. 相容方程组的最小范数解

在相容线性方程组 $\boldsymbol{Ax} = \boldsymbol{b}$ 的一切解中，具有最小范数解

$$\boldsymbol{x} = \boldsymbol{A}_{\mathrm{m}}^- \boldsymbol{b} \tag{11-29}$$

式中，$\boldsymbol{A}_{\mathrm{m}}^-$ 是 $\boldsymbol{A}$ 的最小范数广义逆。

事实上，因为 $\boldsymbol{A}_{\mathrm{m}}^-$ 是 $\boldsymbol{A}$ 的一个减号逆，所以可设 $\boldsymbol{Ax} = \boldsymbol{b}$ 的通解为

$$\boldsymbol{x} = \boldsymbol{A}_{\mathrm{m}}^- \boldsymbol{b} + (\boldsymbol{I} - \boldsymbol{A}_{\mathrm{m}}^- \boldsymbol{A})\boldsymbol{z} \tag{11-30}$$

由于

$$\begin{aligned}
\|\boldsymbol{x}\|^2 &= \|\boldsymbol{A}_{\mathrm{m}}^- \boldsymbol{b} + (\boldsymbol{I} - \boldsymbol{A}_{\mathrm{m}}^- \boldsymbol{A})\boldsymbol{z}\|^2 \\
&= [\boldsymbol{A}_{\mathrm{m}}^- \boldsymbol{b} + (\boldsymbol{I} - \boldsymbol{A}_{\mathrm{m}}^- \boldsymbol{A})\boldsymbol{z}]^{\mathrm{T}} [\boldsymbol{A}_{\mathrm{m}}^- \boldsymbol{b} + (\boldsymbol{I} - \boldsymbol{A}_{\mathrm{m}}^- \boldsymbol{A})\boldsymbol{z}] \\
&= (\boldsymbol{A}_{\mathrm{m}}^- \boldsymbol{b})^{\mathrm{T}} \boldsymbol{A}_{\mathrm{m}}^- \boldsymbol{b} + (\boldsymbol{A}_{\mathrm{m}}^- \boldsymbol{b})^{\mathrm{T}} (\boldsymbol{I} - \boldsymbol{A}_{\mathrm{m}}^- \boldsymbol{A})\boldsymbol{z} + \boldsymbol{z}^{\mathrm{T}} (\boldsymbol{I} - \boldsymbol{A}_{\mathrm{m}}^- \boldsymbol{A})^{\mathrm{T}} \boldsymbol{A}_{\mathrm{m}}^- \boldsymbol{b} + \\
&\quad \boldsymbol{z}^{\mathrm{T}} (\boldsymbol{I} - \boldsymbol{A}_{\mathrm{m}}^- \boldsymbol{A})^{\mathrm{T}} (\boldsymbol{I} - \boldsymbol{A}_{\mathrm{m}}^- \boldsymbol{A})\boldsymbol{z}
\end{aligned} \tag{11-31}$$

式中

$$(\boldsymbol{A}_{\mathrm{m}}^- \boldsymbol{b})^{\mathrm{T}} (\boldsymbol{I} - \boldsymbol{A}_{\mathrm{m}}^- \boldsymbol{A})\boldsymbol{z} = (\boldsymbol{A}_{\mathrm{m}}^- \boldsymbol{Ax})^{\mathrm{T}} (\boldsymbol{I} - \boldsymbol{A}_{\mathrm{m}}^- \boldsymbol{A})\boldsymbol{z} = \boldsymbol{x}^{\mathrm{T}} (\boldsymbol{A}_{\mathrm{m}}^- \boldsymbol{A})^{\mathrm{T}} (\boldsymbol{I} - \boldsymbol{A}_{\mathrm{m}}^- \boldsymbol{A})\boldsymbol{z}$$

$$=\boldsymbol{x}^{\mathrm{T}}(\boldsymbol{A}_{\mathrm{m}}^{-}\boldsymbol{A})(\boldsymbol{I}-\boldsymbol{A}_{\mathrm{m}}^{-}\boldsymbol{A})\boldsymbol{z}=\boldsymbol{x}^{\mathrm{T}}(\boldsymbol{A}_{\mathrm{m}}^{-}\boldsymbol{A}-\boldsymbol{A}_{\mathrm{m}}^{-}\boldsymbol{A})\boldsymbol{z}=\boldsymbol{0}$$

同理，$\boldsymbol{z}^{\mathrm{T}}(\boldsymbol{I}-\boldsymbol{A}_{\mathrm{m}}^{-}\boldsymbol{A})^{\mathrm{T}}\boldsymbol{A}_{\mathrm{m}}^{-}\boldsymbol{b}=\boldsymbol{0}$，所以

$$\begin{aligned}\|\boldsymbol{x}\|^2&=\|\boldsymbol{A}_{\mathrm{m}}^{-}\boldsymbol{b}+(\boldsymbol{I}-\boldsymbol{A}_{\mathrm{m}}^{-}\boldsymbol{A})\boldsymbol{z}\|^2=(\boldsymbol{A}_{\mathrm{m}}^{-}\boldsymbol{b})^{\mathrm{T}}\boldsymbol{A}_{\mathrm{m}}^{-}\boldsymbol{b}+\boldsymbol{z}^{\mathrm{T}}(\boldsymbol{I}-\boldsymbol{A}_{\mathrm{m}}^{-}\boldsymbol{A})^{\mathrm{T}}(\boldsymbol{I}-\boldsymbol{A}_{\mathrm{m}}^{-}\boldsymbol{A})\boldsymbol{z}\\&=\|\boldsymbol{A}_{\mathrm{m}}^{-}\boldsymbol{b}\|^2+\|(\boldsymbol{I}-\boldsymbol{A}_{\mathrm{m}}^{-}\boldsymbol{A})\boldsymbol{z}\|^2\geqslant\|\boldsymbol{A}_{\mathrm{m}}^{-}\boldsymbol{b}\|^2\end{aligned}\tag{11-32}$$

故 $\boldsymbol{x}=\boldsymbol{A}_{\mathrm{m}}^{-}\boldsymbol{b}$ 是最小范数解。

4. *矛盾方程组的最小二乘解*

不相容方程组 $\boldsymbol{A}\boldsymbol{x}=\boldsymbol{b}$ 有最小二乘解

$$\boldsymbol{x}=\boldsymbol{A}_{\mathrm{l}}^{-}\boldsymbol{b}\tag{11-33}$$

式中，$\boldsymbol{A}_{\mathrm{l}}^{-}$ 是 $\boldsymbol{A}$ 的最小二乘广义逆。

事实上，设 $\boldsymbol{A}_{\mathrm{l}}^{-}$ 是 $\boldsymbol{A}$ 的一个最小二乘广义逆，$\hat{\boldsymbol{x}}=\boldsymbol{A}_{\mathrm{l}}^{-}\boldsymbol{b}$，于是对任意的 $\boldsymbol{x}$ 恒有

$$\begin{aligned}\|\boldsymbol{A}\boldsymbol{x}-\boldsymbol{b}\|^2&=\|\boldsymbol{A}\boldsymbol{x}-\boldsymbol{A}\hat{\boldsymbol{x}}+\boldsymbol{A}\hat{\boldsymbol{x}}-\boldsymbol{b}\|^2=\|\boldsymbol{A}\boldsymbol{A}_{\mathrm{l}}^{-}\boldsymbol{A}\boldsymbol{x}-\boldsymbol{A}\boldsymbol{A}_{\mathrm{l}}^{-}\boldsymbol{b}+\boldsymbol{A}\boldsymbol{A}_{\mathrm{l}}^{-}\boldsymbol{b}-\boldsymbol{b}\|^2\\&=[\boldsymbol{A}\boldsymbol{A}_{\mathrm{l}}^{-}(\boldsymbol{A}\boldsymbol{x}-\boldsymbol{b})+(\boldsymbol{A}\boldsymbol{A}_{\mathrm{l}}^{-}-\boldsymbol{I})\boldsymbol{b}]^{\mathrm{T}}[\boldsymbol{A}\boldsymbol{A}_{\mathrm{l}}^{-}(\boldsymbol{A}\boldsymbol{x}-\boldsymbol{b})+(\boldsymbol{A}\boldsymbol{A}_{\mathrm{l}}^{-}-\boldsymbol{I})\boldsymbol{b}]\\&=\|\boldsymbol{A}\boldsymbol{A}_{\mathrm{l}}^{-}(\boldsymbol{A}\boldsymbol{x}-\boldsymbol{b})\|^2+\|(\boldsymbol{A}\boldsymbol{A}_{\mathrm{l}}^{-}-\boldsymbol{I})\boldsymbol{b}\|^2+\\&\quad(\boldsymbol{A}\boldsymbol{x}-\boldsymbol{b})^{\mathrm{T}}(\boldsymbol{A}\boldsymbol{A}_{\mathrm{l}}^{-})^{\mathrm{T}}(\boldsymbol{A}\boldsymbol{A}_{\mathrm{l}}^{-}-\boldsymbol{I})\boldsymbol{b}+\boldsymbol{b}^{\mathrm{T}}(\boldsymbol{A}\boldsymbol{A}_{\mathrm{l}}^{-}-\boldsymbol{I})^{\mathrm{T}}\boldsymbol{A}\boldsymbol{A}_{\mathrm{l}}^{-}(\boldsymbol{A}\boldsymbol{x}-\boldsymbol{b})\end{aligned}$$

式中

$$(\boldsymbol{A}\boldsymbol{A}_{\mathrm{l}}^{-})^{\mathrm{T}}(\boldsymbol{A}\boldsymbol{A}_{\mathrm{l}}^{-}-\boldsymbol{I})=\boldsymbol{A}\boldsymbol{A}_{\mathrm{l}}^{-}(\boldsymbol{A}\boldsymbol{A}_{\mathrm{l}}^{-}-\boldsymbol{I})=\boldsymbol{A}\boldsymbol{A}_{\mathrm{l}}^{-}\boldsymbol{A}\boldsymbol{A}_{\mathrm{l}}^{-}-\boldsymbol{A}\boldsymbol{A}_{\mathrm{l}}^{-}=\boldsymbol{A}\boldsymbol{A}_{\mathrm{l}}^{-}-\boldsymbol{A}\boldsymbol{A}_{\mathrm{l}}^{-}=\boldsymbol{0}$$

同理，$(\boldsymbol{A}\boldsymbol{A}_{\mathrm{l}}^{-}-\boldsymbol{I})^{\mathrm{T}}\boldsymbol{A}\boldsymbol{A}_{\mathrm{l}}^{-}=\boldsymbol{0}$，所以

$$\begin{aligned}\|\boldsymbol{A}\boldsymbol{x}-\boldsymbol{b}\|^2&=\|\boldsymbol{A}\boldsymbol{A}_{\mathrm{l}}^{-}(\boldsymbol{A}\boldsymbol{x}-\boldsymbol{b})\|^2+\|(\boldsymbol{A}\boldsymbol{A}_{\mathrm{l}}^{-}-\boldsymbol{I})\boldsymbol{b}\|^2\\&=\|\boldsymbol{A}\boldsymbol{A}_{\mathrm{l}}^{-}\boldsymbol{A}\boldsymbol{x}-\boldsymbol{A}\boldsymbol{A}_{\mathrm{l}}^{-}\boldsymbol{b}\|^2+\|\boldsymbol{A}\boldsymbol{A}_{\mathrm{l}}^{-}\boldsymbol{b}-\boldsymbol{b}\|^2\\&=\|\boldsymbol{A}\boldsymbol{x}-\boldsymbol{A}\hat{\boldsymbol{x}}\|^2+\|\boldsymbol{A}\hat{\boldsymbol{x}}-\boldsymbol{b}\|^2\geqslant\|\boldsymbol{A}\hat{\boldsymbol{x}}-\boldsymbol{b}\|^2\end{aligned}$$

从而，$\boldsymbol{x}=\boldsymbol{A}_{\mathrm{l}}^{-}\boldsymbol{b}$ 是不相容方程组 $\boldsymbol{A}\boldsymbol{x}=\boldsymbol{b}$ 的最小二乘解。

必须注意，矛盾方程组(不相容方程组)的最小二乘解导致的误差平方和(即在最小二乘意义下)是唯一的，但是最小二乘解可以不唯一。

不相容方程组 $\boldsymbol{A}\boldsymbol{x}=\boldsymbol{b}$ 的最小二乘解可表示为

$$\hat{\boldsymbol{x}}=\boldsymbol{A}_{\mathrm{l}}^{-}\boldsymbol{b}+(\boldsymbol{I}-\boldsymbol{A}_{\mathrm{l}}^{-}\boldsymbol{A})\boldsymbol{z}\tag{11-34}$$

式中，$\boldsymbol{z}$ 是任意列向量。

先证式(11-34)中的 $\hat{\boldsymbol{x}}$ 确为最小二乘解。因为 $\boldsymbol{A}_{\mathrm{l}}^{-}\boldsymbol{b}$ 是 $\boldsymbol{A}\boldsymbol{x}=\boldsymbol{b}$ 的最小二乘解，所以 $\|\boldsymbol{A}(\boldsymbol{A}_{\mathrm{l}}^{-}\boldsymbol{b})-\boldsymbol{b}\|^2$ 取最小值，而

$$\boldsymbol{A}\hat{\boldsymbol{x}}=\boldsymbol{A}\boldsymbol{A}_{\mathrm{l}}^{-}\boldsymbol{b}+\boldsymbol{A}(\boldsymbol{I}-\boldsymbol{A}_{\mathrm{l}}^{-}\boldsymbol{A})\boldsymbol{z}=\boldsymbol{A}\boldsymbol{A}_{\mathrm{l}}^{-}\boldsymbol{b}+(\boldsymbol{A}-\boldsymbol{A}\boldsymbol{A}_{\mathrm{l}}^{-}\boldsymbol{A})\boldsymbol{z}=\boldsymbol{A}\boldsymbol{A}_{\mathrm{l}}^{-}\boldsymbol{b}$$

所以 $\|\boldsymbol{A}\hat{\boldsymbol{x}}-\boldsymbol{b}\|^2=\|\boldsymbol{A}(\boldsymbol{A}_{\mathrm{l}}^{-}\boldsymbol{b})-\boldsymbol{b}\|^2$ 也取最小值，即 $\hat{\boldsymbol{x}}$ 为最小二乘解。

再证 $\boldsymbol{A}\boldsymbol{x}=\boldsymbol{b}$ 的任意一个最小二乘解 $\tilde{\boldsymbol{x}}$ 必可表示成式(11-34)的形式

$$\begin{aligned}\|\boldsymbol{A}\tilde{\boldsymbol{x}}-\boldsymbol{b}\|^2&=\|\boldsymbol{A}\tilde{\boldsymbol{x}}-\boldsymbol{A}\boldsymbol{A}_{\mathrm{l}}^{-}\boldsymbol{b}+\boldsymbol{A}\boldsymbol{A}_{\mathrm{l}}^{-}\boldsymbol{b}-\boldsymbol{b}\|^2=\|\boldsymbol{A}\boldsymbol{A}_{\mathrm{l}}^{-}\boldsymbol{A}\tilde{\boldsymbol{x}}-\boldsymbol{A}\boldsymbol{A}_{\mathrm{l}}^{-}\boldsymbol{b}+\boldsymbol{A}\boldsymbol{A}_{\mathrm{l}}^{-}\boldsymbol{b}-\boldsymbol{b}\|^2\\&=\|\boldsymbol{A}\boldsymbol{A}_{\mathrm{l}}^{-}(\boldsymbol{A}\tilde{\boldsymbol{x}}-\boldsymbol{b})+(\boldsymbol{A}\boldsymbol{A}_{\mathrm{l}}^{-}-\boldsymbol{I})\boldsymbol{b}\|^2\\&=[\boldsymbol{A}\boldsymbol{A}_{\mathrm{l}}^{-}(\boldsymbol{A}\tilde{\boldsymbol{x}}-\boldsymbol{b})+(\boldsymbol{A}\boldsymbol{A}_{\mathrm{l}}^{-}-\boldsymbol{I})\boldsymbol{b}]^{\mathrm{T}}[\boldsymbol{A}\boldsymbol{A}_{\mathrm{l}}^{-}(\boldsymbol{A}\tilde{\boldsymbol{x}}-\boldsymbol{b})+(\boldsymbol{A}\boldsymbol{A}_{\mathrm{l}}^{-}-\boldsymbol{I})\boldsymbol{b}]\\&=\|\boldsymbol{A}\boldsymbol{A}_{\mathrm{l}}^{-}(\boldsymbol{A}\tilde{\boldsymbol{x}}-\boldsymbol{b})\|^2+\|(\boldsymbol{A}\boldsymbol{A}_{\mathrm{l}}^{-}-\boldsymbol{I})\boldsymbol{b}\|^2+\\&\quad(\boldsymbol{A}\tilde{\boldsymbol{x}}-\boldsymbol{b})^{\mathrm{T}}(\boldsymbol{A}\boldsymbol{A}_{\mathrm{l}}^{-})^{\mathrm{T}}(\boldsymbol{A}\boldsymbol{A}_{\mathrm{l}}^{-}-\boldsymbol{I})\boldsymbol{b}+\boldsymbol{b}^{\mathrm{T}}(\boldsymbol{A}\boldsymbol{A}_{\mathrm{l}}^{-}-\boldsymbol{I})^{\mathrm{T}}\boldsymbol{A}\boldsymbol{A}_{\mathrm{l}}^{-}(\boldsymbol{A}\tilde{\boldsymbol{x}}-\boldsymbol{b})\end{aligned}$$

式中

$$(\boldsymbol{A}\tilde{\boldsymbol{x}}-\boldsymbol{b})^{\mathrm{T}}(\boldsymbol{A}\boldsymbol{A}_l^-)^{\mathrm{T}}(\boldsymbol{A}\boldsymbol{A}_l^- - \boldsymbol{I})\boldsymbol{b} = (\boldsymbol{A}\tilde{\boldsymbol{x}}-\boldsymbol{b})^{\mathrm{T}}(\boldsymbol{A}\boldsymbol{A}_l^-)(\boldsymbol{A}\boldsymbol{A}_l^- - \boldsymbol{I})\boldsymbol{b}$$
$$= (\boldsymbol{A}\tilde{\boldsymbol{x}}-\boldsymbol{b})^{\mathrm{T}}(\boldsymbol{A}\boldsymbol{A}_l^-\boldsymbol{A}\boldsymbol{A}_l^- - \boldsymbol{A}\boldsymbol{A}_l^-)\boldsymbol{b} = (\boldsymbol{A}\tilde{\boldsymbol{x}}-\boldsymbol{b})^{\mathrm{T}}(\boldsymbol{A}\boldsymbol{A}_l^- - \boldsymbol{A}\boldsymbol{A}_l^-)\boldsymbol{b} = \boldsymbol{0}$$

同理，$\boldsymbol{b}^{\mathrm{T}}(\boldsymbol{A}\boldsymbol{A}_l^- - \boldsymbol{I})^{\mathrm{T}}\boldsymbol{A}\boldsymbol{A}_l^-(\boldsymbol{A}\tilde{\boldsymbol{x}}-\boldsymbol{b})=\boldsymbol{0}$，所以

$$\|\boldsymbol{A}\tilde{\boldsymbol{x}}-\boldsymbol{b}\|^2 = \|\boldsymbol{A}\boldsymbol{A}_l^-(\boldsymbol{A}\tilde{\boldsymbol{x}}-\boldsymbol{b})\|^2 + \|(\boldsymbol{A}\boldsymbol{A}_l^- - \boldsymbol{I})\boldsymbol{b}\|^2 = \|\boldsymbol{A}\boldsymbol{A}_l^-\boldsymbol{A}\tilde{\boldsymbol{x}} - \boldsymbol{A}\boldsymbol{A}_l^-\boldsymbol{b}\|^2 + \|(\boldsymbol{A}\boldsymbol{A}_l^- - \boldsymbol{I})\boldsymbol{b}\|^2$$
$$= \|\boldsymbol{A}\tilde{\boldsymbol{x}} - \boldsymbol{A}(\boldsymbol{A}_l^-\boldsymbol{b})\|^2 + \|\boldsymbol{A}(\boldsymbol{A}_l^-\boldsymbol{b})-\boldsymbol{b}\|^2$$

从而有

$$\|\boldsymbol{A}\tilde{\boldsymbol{x}} - \boldsymbol{A}(\boldsymbol{A}_l^-\boldsymbol{b})\|^2 = \boldsymbol{0}$$

即

$$\boldsymbol{A}(\tilde{\boldsymbol{x}} - \boldsymbol{A}_l^-\boldsymbol{b}) = \boldsymbol{0}$$

这说明 $\tilde{\boldsymbol{x}} - \boldsymbol{A}_l^-\boldsymbol{b}$ 为齐次线性方程组 $\boldsymbol{A}\boldsymbol{x}=\boldsymbol{0}$ 的一个解，所以

$$\tilde{\boldsymbol{x}} - \boldsymbol{A}_l^-\boldsymbol{b} = (\boldsymbol{I} - \boldsymbol{A}_l^-\boldsymbol{A})\boldsymbol{z} \qquad (\text{即 } \tilde{\boldsymbol{x}} = \boldsymbol{A}_l^-\boldsymbol{b} + (\boldsymbol{I} - \boldsymbol{A}_l^-\boldsymbol{A})\boldsymbol{z})$$

式中，$\boldsymbol{z}$ 是任意列向量。

不相容方程组的最小二乘解不是唯一的，而由前一小节知道最小二乘广义逆也不唯一，并且最小二乘广义逆的通式(11-20)与最小二乘解的通式(11-34)形式上有类似之处($\underset{n1}{\boldsymbol{z}} = \underset{nm}{\boldsymbol{V}}\underset{m1}{\boldsymbol{b}}$)。

5. 线性方程组的最佳逼近解

由于加号逆既是减号逆又是最小范数广义逆、最小二乘广义逆，故对于方程组 $\boldsymbol{A}\boldsymbol{x}=\boldsymbol{b}$，不论其是否有解，均可用加号逆 $\boldsymbol{A}^+$ 来讨论(设 z 是任意 n 维向量)：

(1)当 $\boldsymbol{A}\boldsymbol{x}=\boldsymbol{b}$ 相容时，$\boldsymbol{x}=\boldsymbol{A}^+\boldsymbol{b}+(\boldsymbol{I}-\boldsymbol{A}^+\boldsymbol{A})\boldsymbol{z}$ 是通解，$\boldsymbol{x}=\boldsymbol{A}^+\boldsymbol{b}$ 是最小范数解。

(2)当 $\boldsymbol{A}\boldsymbol{x}=\boldsymbol{b}$ 不相容时，$\boldsymbol{x}=\boldsymbol{A}^+\boldsymbol{b}+(\boldsymbol{I}-\boldsymbol{A}^+\boldsymbol{A})\boldsymbol{z}$ 是最小二乘通解，$\boldsymbol{x}=\boldsymbol{A}^+\boldsymbol{b}$ 是其中一个最小二乘解。

在下面的定理中将要证明，对于矛盾方程组 $\boldsymbol{A}\boldsymbol{x}=\boldsymbol{b}$(即不相容)，$\boldsymbol{x}=\boldsymbol{A}^+\boldsymbol{b}$ 不但是最小二乘解，而且是具有最小范数的最小二乘解(也称为最佳逼近解)。

定理：矛盾方程组 $\boldsymbol{A}\boldsymbol{x}=\boldsymbol{b}$ 的最小范数的最小二乘解(即最佳逼近解)为 $\boldsymbol{x}=\boldsymbol{A}^+\boldsymbol{b}$。

证明：由式(11-34)可知，不相容方程组 $\boldsymbol{A}\boldsymbol{x}=\boldsymbol{b}$ 的最小二乘解可表示为

$$\hat{\boldsymbol{x}} = \boldsymbol{A}^+\boldsymbol{b}+(\boldsymbol{I}-\boldsymbol{A}^+\boldsymbol{A})\boldsymbol{z}$$

所以只要证明对任意列向量 $\boldsymbol{z}$ 恒有 $\|\boldsymbol{A}^+\boldsymbol{b}\|^2 \leqslant \|\boldsymbol{A}^+\boldsymbol{b}+(\boldsymbol{I}-\boldsymbol{A}^+\boldsymbol{A})\boldsymbol{z}\|^2$ 即可。事实上

$$\begin{aligned}
\|\boldsymbol{A}^+\boldsymbol{b}+(\boldsymbol{I}-\boldsymbol{A}^+\boldsymbol{A})\boldsymbol{z}\|^2 &= [\boldsymbol{A}^+\boldsymbol{b}+(\boldsymbol{I}-\boldsymbol{A}^+\boldsymbol{A})\boldsymbol{z}]^{\mathrm{T}}[\boldsymbol{A}^+\boldsymbol{b}+(\boldsymbol{I}-\boldsymbol{A}^+\boldsymbol{A})\boldsymbol{z}] \\
&= (\boldsymbol{A}^+\boldsymbol{b})^{\mathrm{T}}(\boldsymbol{A}^+\boldsymbol{b}) + [(\boldsymbol{I}-\boldsymbol{A}^+\boldsymbol{A})\boldsymbol{z}]^{\mathrm{T}}(\boldsymbol{A}^+\boldsymbol{b}) + (\boldsymbol{A}^+\boldsymbol{b})^{\mathrm{T}}(\boldsymbol{I}-\boldsymbol{A}^+\boldsymbol{A})\boldsymbol{z} + \\
&\quad [(\boldsymbol{I}-\boldsymbol{A}^+\boldsymbol{A})\boldsymbol{z}]^{\mathrm{T}}(\boldsymbol{I}-\boldsymbol{A}^+\boldsymbol{A})\boldsymbol{z} \\
&= \|\boldsymbol{A}^+\boldsymbol{b}\|^2 + \|(\boldsymbol{I}-\boldsymbol{A}^+\boldsymbol{A})\boldsymbol{z}\|^2 + \boldsymbol{z}^{\mathrm{T}}[\boldsymbol{I}-(\boldsymbol{A}^+\boldsymbol{A})^{\mathrm{T}}](\boldsymbol{A}^+\boldsymbol{b}) + \\
&\quad [(\boldsymbol{A}^+\boldsymbol{b})^{\mathrm{T}} - (\boldsymbol{A}^+\boldsymbol{b})^{\mathrm{T}}(\boldsymbol{A}^+\boldsymbol{A})^{\mathrm{T}}]\boldsymbol{z} \\
&= \|\boldsymbol{A}^+\boldsymbol{b}\|^2 + \|(\boldsymbol{I}-\boldsymbol{A}^+\boldsymbol{A})\boldsymbol{z}\|^2 + \boldsymbol{z}^{\mathrm{T}}(\boldsymbol{A}^+\boldsymbol{b} - \boldsymbol{A}^+\boldsymbol{A}\boldsymbol{A}^+\boldsymbol{b}) + \\
&\quad [(\boldsymbol{A}^+\boldsymbol{b})^{\mathrm{T}} - (\boldsymbol{A}^+\boldsymbol{A}\boldsymbol{A}^+\boldsymbol{b})^{\mathrm{T}}]\boldsymbol{z} \\
&= \|\boldsymbol{A}^+\boldsymbol{b}\|^2 + \|(\boldsymbol{I}-\boldsymbol{A}^+\boldsymbol{A})\boldsymbol{z}\|^2 + \boldsymbol{z}^{\mathrm{T}}(\boldsymbol{A}^+\boldsymbol{b} - \boldsymbol{A}^+\boldsymbol{b}) + \\
&\quad [(\boldsymbol{A}^+\boldsymbol{b})^{\mathrm{T}} - (\boldsymbol{A}^+\boldsymbol{b})^{\mathrm{T}}]\boldsymbol{z} \\
&= \|\boldsymbol{A}^+\boldsymbol{b}\|^2 + \|(\boldsymbol{I}-\boldsymbol{A}^+\boldsymbol{A})\boldsymbol{z}\|^2 \leqslant \|\boldsymbol{A}^+\boldsymbol{b}\|^2
\end{aligned}$$

§11-2　秩亏自由网平差

一、基本概念

在传统控制网间接平差方法中，选择未知参数的个数通常为必要观测个数 t，能够得到参数的唯一最小二乘解。当控制网中没有必要起算数据，或起算数据不足时，设选择未知参数的个数为 u，且 $u=t+d$，其中，t 为必要观测的个数，d 为起算数据的个数。所列出的误差方程式为

$$\underset{n1}{\boldsymbol{V}}=\underset{nu}{\boldsymbol{B}}\underset{u1}{\hat{\boldsymbol{x}}}-\underset{n1}{\boldsymbol{l}} \tag{11-35}$$

此时，$R(\boldsymbol{B})=t<u$，$\boldsymbol{B}$ 为降秩矩阵。由此组成法方程式为

$$\left.\begin{aligned}\underset{uu}{\boldsymbol{N}}\underset{u1}{\hat{\boldsymbol{x}}}-\underset{u1}{\boldsymbol{W}}=\boldsymbol{0}\\ \underset{u1}{\boldsymbol{W}}=\underset{un}{\boldsymbol{B}^{\mathrm{T}}}\underset{nn}{\boldsymbol{P}}\underset{n1}{\boldsymbol{l}}\end{aligned}\right\} \tag{11-36}$$

$R(\boldsymbol{N})=t<u$，$\boldsymbol{N}$ 亦为降秩矩阵，秩亏数为 $d=u-t$。

对于控制网平差而言，当起算数据不足时，称为自由网平差。由前一节的线性方程求解理论可知，对其进行平差计算时，除了要遵循 $\boldsymbol{V}^{\mathrm{T}}\boldsymbol{PV}=\min$ 的最小二乘原则之外，必须要增加新的约束条件。根据增加约束条件的不同，可分为传统自由网平差和秩亏自由网平差。

传统自由网平差是指根据控制网的结构，预先合理假定必要的 d 个起算数据，然后依据 $\boldsymbol{V}^{\mathrm{T}}\boldsymbol{PV}=\min$ 的最小二乘原则进行平差计算，其步骤与传统的间接平差一致。这样，其平差结果 $\hat{\boldsymbol{x}}$ 和 $\boldsymbol{Q}_{\hat{x}\hat{x}}$ 会随 d 个假定起算数据的位置不同而变化。

秩亏自由网平差则是在 $\boldsymbol{V}^{\mathrm{T}}\boldsymbol{PV}=\min$ 的最小二乘原则下，附加 $\hat{\boldsymbol{x}}^{\mathrm{T}}\hat{\boldsymbol{x}}=\min$ 的最小范数条件，求得未知参数 $\hat{\boldsymbol{x}}$ 的最佳估值。

二、秩亏自由网平差

对于误差方程式(11-35)，在 $\boldsymbol{V}^{\mathrm{T}}\boldsymbol{PV}=\min$ 的最小二乘原则下导出的法方程式为式(11-36)。由于法方程组是相容方程组，有无穷多组解，为求得唯一解，附加 $\hat{\boldsymbol{x}}^{\mathrm{T}}\hat{\boldsymbol{x}}=\min$ 的最小范数条件，由此求得的最佳未知参数记为 $\hat{\boldsymbol{x}}$。由广义逆矩阵和线性方程理论可知

$$\hat{\boldsymbol{x}}=\boldsymbol{N}_{\mathrm{m}}^{-}\boldsymbol{W} \tag{11-37}$$

式中，$\boldsymbol{N}_{\mathrm{m}}^{-}$ 为 $\boldsymbol{N}$ 的最小范数广义逆，顾及 $\boldsymbol{N}$ 的对称性，由式(11-19)，其计算公式为

$$\boldsymbol{N}_{\mathrm{m}}^{-}=\boldsymbol{N}^{\mathrm{T}}(\boldsymbol{N}\boldsymbol{N}^{\mathrm{T}})^{-}=\boldsymbol{N}(\boldsymbol{N}\boldsymbol{N})^{-} \tag{11-38}$$

由最小范数广义逆的定义和性质

$$\boldsymbol{N}\boldsymbol{N}_{\mathrm{m}}^{-}\boldsymbol{N}=\boldsymbol{N},\ (\boldsymbol{N}_{\mathrm{m}}^{-}\boldsymbol{N})^{\mathrm{T}}=\boldsymbol{N}_{\mathrm{m}}^{-}\boldsymbol{N}$$

根据协因数传播律，结合式(11-22)，$\hat{\boldsymbol{x}}$ 的协因数矩阵为

$$\begin{aligned}\boldsymbol{Q}_{\hat{x}\hat{x}}&=\boldsymbol{N}(\boldsymbol{N}\boldsymbol{N})^{-}\boldsymbol{Q}_{WW}(\boldsymbol{N}\boldsymbol{N})^{-}\boldsymbol{N}=\boldsymbol{N}(\boldsymbol{N}\boldsymbol{N})^{-}\boldsymbol{N}(\boldsymbol{N}\boldsymbol{N})^{-}\boldsymbol{N}\\&=\boldsymbol{N}_{\mathrm{m}}^{-}\boldsymbol{N}\boldsymbol{N}_{l}^{-}=\boldsymbol{N}^{+}\end{aligned} \tag{11-39}$$

$\boldsymbol{N}_{\mathrm{m}}^{-}$ 为法方程系数矩阵 $\boldsymbol{N}$ 的一个最小范数广义逆，它只满足 M-P 方程式(1)和(3)，因而不唯一。由式(11-18)可得出 $\boldsymbol{N}$ 的最小范数广义逆的通式为

$$\underset{uu}{\boldsymbol{G}}=\underset{uu}{\boldsymbol{N}_{\mathrm{m}}^{-}}+\underset{uu}{\boldsymbol{Z}}(\boldsymbol{I}_u-\underset{uu}{\boldsymbol{N}}\underset{uu}{\boldsymbol{N}_{\mathrm{m}}^{-}})$$

式中,$\boldsymbol{Z}$ 是 u 阶任意方阵,但参数的最小范数解是唯一的。事实上,设 $\hat{\boldsymbol{x}}'$ 为对应任意一个最小范数广义逆 $\boldsymbol{G}$ 的参数解,将该式代入式(11-37),有

$$\begin{aligned}\hat{\boldsymbol{x}}' &= \boldsymbol{G}\boldsymbol{W} = [\boldsymbol{N}_{\mathrm{m}}^{-} + \boldsymbol{Z}(\boldsymbol{I}_u - \boldsymbol{N}\boldsymbol{N}_{\mathrm{m}}^{-})]\boldsymbol{W} = \boldsymbol{N}_{\mathrm{m}}^{-}\boldsymbol{W} + \boldsymbol{Z}(\boldsymbol{W} - \boldsymbol{N}\boldsymbol{N}_{\mathrm{m}}^{-}\boldsymbol{W}) \\ &= \boldsymbol{N}_{\mathrm{m}}^{-}\boldsymbol{W} + \boldsymbol{Z}(\boldsymbol{W} - \boldsymbol{N}\hat{\boldsymbol{x}}) = \boldsymbol{N}_{\mathrm{m}}^{-}\boldsymbol{W} = \hat{\boldsymbol{x}}\end{aligned} \tag{11-40}$$

由此可知,秩亏自由网平差参数估值是唯一的。实际上,由于 $\boldsymbol{N}^{+}$ 的唯一性,且 $\boldsymbol{N}^{+} \in \boldsymbol{G}$,顾及式(11-39),因此参数解亦可表达为

$$\hat{\boldsymbol{x}} = \boldsymbol{N}^{+}\boldsymbol{W} = \boldsymbol{Q}_{\hat{x}\hat{x}}\boldsymbol{W} \tag{11-41}$$

它也是参数的最小范数解。

1. 直接解法

由式(11-37)～式(11-39)可知,求 $\hat{\boldsymbol{x}}$ 的关键在于求解广义逆矩阵$(\boldsymbol{N}\boldsymbol{N})^{-}$ 或 $\boldsymbol{N}^{+}$。以计算$(\boldsymbol{N}\boldsymbol{N})^{-}$ 为例讨论 $\hat{\boldsymbol{x}}$ 的具体解法,为此将 $\hat{\boldsymbol{x}}$ 进行分组

$$\hat{\boldsymbol{x}} = \begin{bmatrix} \underset{t1}{\hat{\boldsymbol{x}}_{\mathrm{I}}} \\ \underset{d1}{\hat{\boldsymbol{x}}_{\mathrm{II}}} \end{bmatrix}, \quad \boldsymbol{V} = \begin{bmatrix} \underset{nt}{\boldsymbol{B}_t} & \underset{nd}{\boldsymbol{B}_d} \end{bmatrix} \begin{bmatrix} \underset{t1}{\hat{\boldsymbol{x}}_{\mathrm{I}}} \\ \underset{d1}{\hat{\boldsymbol{x}}_{\mathrm{II}}} \end{bmatrix} - \boldsymbol{l} = \boldsymbol{B}_t\hat{\boldsymbol{x}}_{\mathrm{I}} + \boldsymbol{B}_d\hat{\boldsymbol{x}}_{\mathrm{II}} - \boldsymbol{l}$$

由此将式(11-36)改写成如下分块矩阵的形式

$$\left.\begin{aligned} &\begin{bmatrix} \underset{tt}{\boldsymbol{N}_{11}} & \underset{td}{\boldsymbol{N}_{12}} \\ \underset{dt}{\boldsymbol{N}_{21}} & \underset{dd}{\boldsymbol{N}_{22}} \end{bmatrix} \begin{bmatrix} \underset{t1}{\hat{\boldsymbol{x}}_{\mathrm{I}}} \\ \underset{d1}{\hat{\boldsymbol{x}}_{\mathrm{II}}} \end{bmatrix} - \begin{bmatrix} \underset{t1}{\boldsymbol{W}_t} \\ \underset{d1}{\boldsymbol{W}_d} \end{bmatrix} = \begin{bmatrix} \underset{t1}{\boldsymbol{O}} \\ \underset{d1}{\boldsymbol{O}} \end{bmatrix} \\ &\begin{bmatrix} \underset{t1}{\boldsymbol{W}_t} \\ \underset{d1}{\boldsymbol{W}_d} \end{bmatrix} = \begin{bmatrix} \underset{tn}{\boldsymbol{B}_t^{\mathrm{T}}}\underset{nn}{\boldsymbol{P}}\underset{n1}{\boldsymbol{l}} \\ \underset{dn}{\boldsymbol{B}_d^{\mathrm{T}}}\underset{nn}{\boldsymbol{P}}\underset{n1}{\boldsymbol{l}} \end{bmatrix} \end{aligned}\right\} \tag{11-42}$$

令 $\boldsymbol{N}_1 = [\boldsymbol{N}_{11} \quad \boldsymbol{N}_{12}]$,$\boldsymbol{N}_2 = [\boldsymbol{N}_{21} \quad \boldsymbol{N}_{22}]$,则 $\mathrm{R}(\underset{tt}{\boldsymbol{N}_1}) = \mathrm{R}(\underset{tu}{\boldsymbol{N}_{11}}) = t$,于是

$$\boldsymbol{N}\boldsymbol{N}^{\mathrm{T}} = \begin{bmatrix} \boldsymbol{N}_1 \\ \boldsymbol{N}_2 \end{bmatrix} \begin{bmatrix} \boldsymbol{N}_1^{\mathrm{T}} & \boldsymbol{N}_2^{\mathrm{T}} \end{bmatrix} = \begin{bmatrix} \boldsymbol{N}_1\boldsymbol{N}_1^{\mathrm{T}} & \boldsymbol{N}_1\boldsymbol{N}_2^{\mathrm{T}} \\ \boldsymbol{N}_2\boldsymbol{N}_1^{\mathrm{T}} & \boldsymbol{N}_2\boldsymbol{N}_2^{\mathrm{T}} \end{bmatrix} \tag{11-43}$$

式中,$\boldsymbol{N}_1\boldsymbol{N}_1^{\mathrm{T}}$ 为满秩方阵,$\mathrm{R}(\boldsymbol{N}_1\boldsymbol{N}_1^{\mathrm{T}}) = \mathrm{R}(\boldsymbol{N}_1) = t$。由前一节中 $\boldsymbol{A}^{-}$ 的计算方法知,$(\boldsymbol{N}\boldsymbol{N}^{\mathrm{T}})^{-}$ 的其中一个 $\boldsymbol{G}$ 逆为

$$(\boldsymbol{N}\boldsymbol{N}^{\mathrm{T}})^{-} = \begin{bmatrix} (\boldsymbol{N}_1\boldsymbol{N}_1^{\mathrm{T}})^{-1} & \boldsymbol{O} \\ \boldsymbol{O} & \boldsymbol{O} \end{bmatrix} = \begin{bmatrix} \boldsymbol{Q}_1 & \boldsymbol{O} \\ \boldsymbol{O} & \boldsymbol{O} \end{bmatrix}$$

于是

$$\begin{aligned}\hat{\boldsymbol{x}} &= \boldsymbol{N}^{\mathrm{T}}(\boldsymbol{N}\boldsymbol{N}^{\mathrm{T}})^{-}\boldsymbol{W} = \begin{bmatrix} \boldsymbol{N}_1^{\mathrm{T}} & \boldsymbol{N}_2^{\mathrm{T}} \end{bmatrix} \begin{bmatrix} \boldsymbol{Q}_1 & \boldsymbol{O} \\ \boldsymbol{O} & \boldsymbol{O} \end{bmatrix} \begin{bmatrix} \boldsymbol{W}_t \\ \boldsymbol{W}_d \end{bmatrix} \\ &= \begin{bmatrix} \boldsymbol{N}_1^{\mathrm{T}} & \boldsymbol{N}_2^{\mathrm{T}} \end{bmatrix} \begin{bmatrix} \boldsymbol{Q}_1\boldsymbol{W}_t \\ \boldsymbol{O} \end{bmatrix} = \boldsymbol{N}_1^{\mathrm{T}}\boldsymbol{Q}_1\boldsymbol{W}_t\end{aligned} \tag{11-44}$$

上述解法是按广义逆矩阵理论的求解过程。若根据传统方法推导上述过程,则需附加最小范数条件 $\hat{\boldsymbol{x}}^{\mathrm{T}}\hat{\boldsymbol{x}} = \min$,为此,将法方程式(11-36)改写成

$$\left.\begin{aligned} \boldsymbol{N}_1\hat{\boldsymbol{x}} - \boldsymbol{W}_t = \boldsymbol{0} \\ \boldsymbol{N}_2\hat{\boldsymbol{x}} - \boldsymbol{W}_d = \boldsymbol{0} \end{aligned}\right\} \tag{11-45}$$

由于 $\mathrm{R}(\boldsymbol{N})=\mathrm{R}\left(\begin{bmatrix}\boldsymbol{N}_1\\ \boldsymbol{N}_2\end{bmatrix}\right)=\mathrm{R}(\boldsymbol{N}_1)=t$，故式(11-45)中第二式是第一式的线性组合，故只需要满足第一式即可。为此，设待定系数矩阵 $\underset{t1}{\boldsymbol{K}_t}$ 组成条件极值函数 $\boldsymbol{\Phi}$，并令 $\boldsymbol{\Phi}$ 对 $\hat{\boldsymbol{x}}$ 的导数为零

$$\boldsymbol{\Phi}=\hat{\boldsymbol{x}}^{\mathrm{T}}\hat{\boldsymbol{x}}-2\boldsymbol{K}_t^{\mathrm{T}}(\boldsymbol{N}_1\hat{\boldsymbol{x}}-\boldsymbol{W}_t)=\min$$

$$\frac{\partial\boldsymbol{\Phi}}{\partial\hat{\boldsymbol{x}}}=2\hat{\boldsymbol{x}}^{\mathrm{T}}-2\boldsymbol{K}_t^{\mathrm{T}}\boldsymbol{N}_1=\boldsymbol{0}$$

于是求得

$$\hat{\boldsymbol{x}}=\boldsymbol{N}_1^{\mathrm{T}}\boldsymbol{K}_t \tag{11-46}$$

代入式(11-45)中第一式，有

$$\begin{aligned}\boldsymbol{N}_1\hat{\boldsymbol{x}}-\boldsymbol{W}_t=\boldsymbol{N}_1\boldsymbol{N}_1^{\mathrm{T}}\boldsymbol{K}_t-\boldsymbol{W}_t=\boldsymbol{0}\\ \boldsymbol{K}_t=(\boldsymbol{N}_1\boldsymbol{N}_1^{\mathrm{T}})^{-1}\boldsymbol{W}_t=\boldsymbol{Q}_1\boldsymbol{W}_t\end{aligned} \tag{11-47}$$

代入式(11-46)，得

$$\hat{\boldsymbol{x}}=\boldsymbol{N}_1^{\mathrm{T}}\boldsymbol{Q}_1\boldsymbol{W}_t$$

可见，结果与式(11-44)完全一致。平差后的单位权方差为

$$\hat{\sigma}_0^2=\frac{\boldsymbol{V}^{\mathrm{T}}\boldsymbol{P}\boldsymbol{V}}{n-t}=\frac{\boldsymbol{V}^{\mathrm{T}}\boldsymbol{P}\boldsymbol{V}}{n-u+d} \tag{11-48}$$

为求 $\hat{\boldsymbol{x}}$ 的协因数矩阵，由式(11-44)按协因数传播定律求得

$$\boldsymbol{Q}_{\hat{x}\hat{x}}=\boldsymbol{N}_1\boldsymbol{Q}_1\boldsymbol{Q}_{W_tW_t}(\boldsymbol{N}_1\boldsymbol{Q}_1)^{\mathrm{T}}=\boldsymbol{N}_1\boldsymbol{Q}_1\boldsymbol{Q}_{W_tW_t}\boldsymbol{Q}_1\boldsymbol{N}_1^{\mathrm{T}}$$

由式(11-42)得

$$\boldsymbol{Q}_{W_tW_t}=\boldsymbol{B}_t^{\mathrm{T}}\boldsymbol{P}\boldsymbol{Q}\boldsymbol{P}\boldsymbol{B}_t=\boldsymbol{B}_t^{\mathrm{T}}\boldsymbol{P}\boldsymbol{B}_t=\boldsymbol{N}_{11}$$

故有

$$\boldsymbol{Q}_{\hat{x}\hat{x}}=\boldsymbol{N}_1\boldsymbol{Q}_1\boldsymbol{N}_{11}\boldsymbol{Q}_1\boldsymbol{N}_1^{\mathrm{T}} \tag{11-49}$$

[例 11-1] 如图 11-2 所示的水准网，4 个水准点均为待定点。观测值及各段路线长度如表 11-1 所示，试按秩亏自由网平差求各待定水准点高程及协因数矩阵。

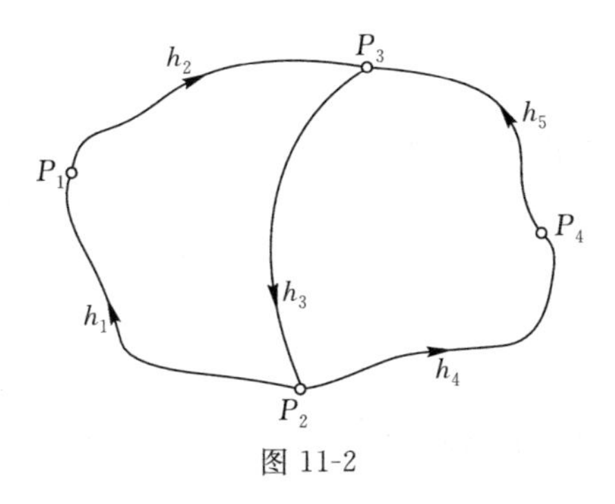

图 11-2

表 11-1

序号	h/m	S/km
1	−12.345	4.16
2	−3.478	3.45
3	15.817	5.15
4	−8.015	2.92
5	−7.812	4.37

解：选择 4 个水准点的高程为未知参数。必要观测数 $t=3$，设各水准点的近似高程为 $X_1^0=100.000$ m，$X_2^0=112.342$ m，$X_3^0=96.522$ m，$X_4^0=104.335$ m。误差方程为

$$\begin{bmatrix} v_1 \\ v_2 \\ v_3 \\ v_4 \\ v_5 \end{bmatrix} = \begin{bmatrix} 1 & -1 & 0 & 0 \\ -1 & 0 & 1 & 0 \\ 0 & 1 & -1 & 0 \\ 0 & -1 & 0 & 1 \\ 0 & 0 & 1 & -1 \end{bmatrix} \begin{bmatrix} \hat{x}_1 \\ \hat{x}_2 \\ \hat{x}_3 \\ \hat{x}_4 \end{bmatrix} - \begin{bmatrix} -3 \\ 0 \\ -3 \\ -8 \\ 1 \end{bmatrix}$$

取 $C=10$ km 定权，则各段水准路线的权为 $p_i=10/S_i$，观测值向量的权矩阵为

$$\boldsymbol{P}_{LL} = \begin{bmatrix} 2.403\,85 & 0 & 0 & 0 & 0 \\ 0 & 2.898\,55 & 0 & 0 & 0 \\ 0 & 0 & 1.941\,75 & 0 & 0 \\ 0 & 0 & 0 & 3.424\,66 & 0 \\ 0 & 0 & 0 & 0 & 2.288\,33 \end{bmatrix}$$

可组成如下法方程

$$\begin{bmatrix} 5.302\,40 & -2.403\,85 & -2.898\,55 & 0 \\ -2.403\,85 & 7.770\,25 & -1.941\,75 & -3.424\,66 \\ -2.898\,55 & -1.941\,75 & 7.128\,63 & -2.288\,33 \\ 0 & -3.424\,66 & -2.288\,33 & 5.712\,99 \end{bmatrix} \begin{bmatrix} \hat{x}_1 \\ \hat{x}_2 \\ \hat{x}_3 \\ \hat{x}_4 \end{bmatrix} = \begin{bmatrix} -7.211\,54 \\ 28.783\,56 \\ 8.113\,57 \\ -29.685\,59 \end{bmatrix}$$

于是

$$\boldsymbol{N}_1 = \begin{bmatrix} 5.302\,40 & -2.403\,85 & -2.898\,55 & 0 \\ -2.403\,85 & 7.770\,25 & -1.941\,75 & -3.424\,66 \\ -2.898\,55 & -1.941\,75 & 7.128\,63 & -2.288\,33 \end{bmatrix}, \boldsymbol{W}_t = \begin{bmatrix} -7.211\,54 \\ 28.783\,56 \\ 8.113\,57 \end{bmatrix}$$

$$\boldsymbol{Q}_1 = (\boldsymbol{N}_1 \boldsymbol{N}_1^{\mathrm{T}})^{-1} = \begin{bmatrix} 0.068\,34 & 0.028\,03 & 0.037\,22 \\ 0.028\,03 & 0.024\,20 & 0.017\,89 \\ 0.037\,22 & 0.017\,89 & 0.035\,47 \end{bmatrix}$$

参数的最小范数解为

$$\hat{\boldsymbol{x}} = \boldsymbol{N}_1^{\mathrm{T}} \boldsymbol{Q}_1 \boldsymbol{W}_t = \begin{bmatrix} 0.18 \\ 2.45 \\ 0.78 \\ -3.41 \end{bmatrix} \text{（单位为 mm）}$$

各水准点的高程为

$$\boldsymbol{X} = \boldsymbol{X}^0 + \hat{\boldsymbol{x}} = \begin{bmatrix} 100.000\,18 \\ 112.344\,45 \\ 96.522\,78 \\ 104.331\,59 \end{bmatrix} \text{（单位为 m）}$$

高差观测值改正数及平差值为

$$\boldsymbol{V}=\begin{bmatrix}v_1\\v_2\\v_3\\v_4\\v_5\end{bmatrix}=\begin{bmatrix}0.73\\0.60\\4.67\\2.14\\3.20\end{bmatrix}\text{(单位为 mm)},\ \hat{\boldsymbol{h}}=\boldsymbol{h}+\boldsymbol{V}=\begin{bmatrix}-12.344\,27\\-3.477\,40\\15.821\,67\\-8.012\,86\\-7.808\,80\end{bmatrix}\text{(单位为 m)}$$

参数平差值的协因数矩阵为

$$\boldsymbol{Q}_{\hat{x}\hat{x}}=\boldsymbol{N}_1\boldsymbol{Q}_1\boldsymbol{N}_{11}\boldsymbol{Q}_1\boldsymbol{N}_1^{\mathrm{T}}=\begin{bmatrix}0.117\,80 & -0.030\,72 & -0.017\,78 & -0.069\,30\\-0.030\,72 & 0.073\,94 & -0.031\,26 & -0.011\,96\\-0.017\,78 & -0.031\,26 & 0.079\,64 & -0.030\,60\\-0.069\,30 & -0.011\,96 & -0.030\,60 & 0.111\,85\end{bmatrix}$$

单位权方差和单位权中误差为

$$\hat{\sigma}_0^2=\frac{\boldsymbol{V}^{\mathrm{T}}\boldsymbol{P}\boldsymbol{V}}{n-t}=\frac{83.641\,5}{5-3}=41.820\,7,\ \hat{\sigma}_0=6.47\text{ mm}$$

2. 附加条件解法

附加条件法的基本思想是：由于网中起算数据不足，平差时多选了 d 个未知参数，为了获得唯一解，应在原平差函数模型中附加 $d=u-t$ 个未知参数间的约束条件方程。而这些限制条件方程等价于最小范数条件 $\hat{\boldsymbol{x}}^{\mathrm{T}}\hat{\boldsymbol{x}}=\min$，从而可使秩亏自由网平差问题化为附有限制条件的间接平差问题。设附加条件为

$$\underset{du}{\boldsymbol{S}^{\mathrm{T}}}\underset{u1}{\hat{\boldsymbol{x}}}=\boldsymbol{0}\tag{11-50}$$

式中，$\boldsymbol{S}$ 矩阵应是行满秩矩阵，且附加条件方程与法方程线性无关，即

$$\underset{uu}{\boldsymbol{N}}\underset{ud}{\boldsymbol{S}}=\underset{un}{\boldsymbol{B}^{\mathrm{T}}}\underset{nn}{\boldsymbol{P}}\underset{nu}{\boldsymbol{B}}\underset{ud}{\boldsymbol{S}}=\boldsymbol{0}\tag{11-51}$$

或附加条件方程系数矩阵与误差方程系数矩阵线性无关，即

$$\underset{nu}{\boldsymbol{B}}\underset{ud}{\boldsymbol{S}}=\boldsymbol{0}\tag{11-52}$$

式(11-35)与式(11-50)共同组成附有限制条件的间接平差函数模型

$$\left.\begin{aligned}\underset{n1}{\boldsymbol{V}}&=\underset{nu}{\boldsymbol{B}}\underset{u1}{\hat{\boldsymbol{x}}}-\underset{n1}{\boldsymbol{l}}\\ \underset{du}{\boldsymbol{S}^{\mathrm{T}}}\underset{u1}{\hat{\boldsymbol{x}}}&=\boldsymbol{0}\end{aligned}\right\}\tag{11-53}$$

所不同的是此处的系数矩阵 $\boldsymbol{B}$ 不是列满秩矩阵，而是列秩亏矩阵，秩亏数为 d。

由式(11-53) 取待定系数列向量为 $\boldsymbol{K}_d$，按求条件极值的方法组成下列法方程

$$\begin{bmatrix}\boldsymbol{N} & \boldsymbol{S}\\ \boldsymbol{S}^{\mathrm{T}} & \boldsymbol{O}\end{bmatrix}\begin{bmatrix}\hat{\boldsymbol{x}}\\ \boldsymbol{K}_d\end{bmatrix}=\begin{bmatrix}\boldsymbol{W}\\ \boldsymbol{O}\end{bmatrix}\tag{11-54}$$

此方程组共 $u+d$ 个方程，解 $u+d$ 的未知数 $\hat{\boldsymbol{x}}$ 和 $\boldsymbol{K}_d$，有唯一解

$$\begin{bmatrix}\hat{\boldsymbol{x}}\\ \boldsymbol{K}_d\end{bmatrix}=\begin{bmatrix}\boldsymbol{N} & \boldsymbol{S}\\ \boldsymbol{S}^{\mathrm{T}} & \boldsymbol{O}\end{bmatrix}^{-1}\begin{bmatrix}\boldsymbol{W}\\ \boldsymbol{O}\end{bmatrix}\tag{11-55}$$

设

$$\begin{bmatrix}\boldsymbol{N} & \boldsymbol{S}\\ \boldsymbol{S}^{\mathrm{T}} & \boldsymbol{O}\end{bmatrix}^{-1}=\begin{bmatrix}\boldsymbol{Q}_{11} & \boldsymbol{Q}_{12}\\ \boldsymbol{Q}_{21} & \boldsymbol{Q}_{22}\end{bmatrix}\tag{11-56}$$

则参数和联系数向量解分别为

$$\hat{\boldsymbol{x}}=\boldsymbol{Q}_{11}\boldsymbol{W} \tag{11-57}$$

$$\boldsymbol{K}_d=\boldsymbol{Q}_{21}\boldsymbol{W} \tag{11-58}$$

对式(11-54)中第一式左乘 $\boldsymbol{S}^{\mathrm{T}}$ 得

$$\boldsymbol{S}^{\mathrm{T}}\boldsymbol{N}\hat{\boldsymbol{x}}+\boldsymbol{S}^{\mathrm{T}}\boldsymbol{S}\boldsymbol{K}_d-\boldsymbol{S}^{\mathrm{T}}\boldsymbol{W}=\boldsymbol{0}$$

即

$$(\boldsymbol{BS})^{\mathrm{T}}\boldsymbol{PB}\hat{\boldsymbol{x}}+\boldsymbol{S}^{\mathrm{T}}\boldsymbol{S}\boldsymbol{K}_d-(\boldsymbol{BS})^{\mathrm{T}}\boldsymbol{Pl}=\boldsymbol{0}$$

顾及式(11-52)得

$$\boldsymbol{S}^{\mathrm{T}}\boldsymbol{S}\boldsymbol{K}_d=\boldsymbol{0}$$

由于 $\boldsymbol{S}^{\mathrm{T}}\boldsymbol{S}$ 为 d 阶满秩方阵,故有

$$\boldsymbol{K}_d=\boldsymbol{0} \tag{11-59}$$

将式(11-50)左乘 $\boldsymbol{S}$,与式(11-54)的第一式相加,并顾及式(11-59)得

$$(\boldsymbol{N}+\boldsymbol{S}\boldsymbol{S}^{\mathrm{T}})\hat{\boldsymbol{x}}-\boldsymbol{W}=\boldsymbol{0}$$

此时,虽然 $\mathrm{R}(\boldsymbol{N})=t<u$,但经过附加条件改造,$\mathrm{R}(\boldsymbol{N}+\boldsymbol{S}\boldsymbol{S}^{\mathrm{T}})=u$,即 $\boldsymbol{N}+\boldsymbol{S}\boldsymbol{S}^{\mathrm{T}}$ 为满秩对称方阵,于是 $\hat{\boldsymbol{x}}$ 的解为

$$\hat{\boldsymbol{x}}=(\boldsymbol{N}+\boldsymbol{S}\boldsymbol{S}^{\mathrm{T}})^{-1}\boldsymbol{W} \tag{11-60}$$

由于在式(11-40)中已经证明了 $\hat{\boldsymbol{x}}$ 的最小范数解具有唯一性,那么式(11-60)是否与式(11-37)等价,只需要证明 $(\boldsymbol{N}+\boldsymbol{S}\boldsymbol{S}^{\mathrm{T}})^{-1}$ 是 $\boldsymbol{N}$ 的最小范数 $\boldsymbol{G}$ 逆集合中的一个,即证明 $(\boldsymbol{N}+\boldsymbol{S}\boldsymbol{S}^{\mathrm{T}})^{-1}$ 满足按 M-P 方程式(1)和(3),也就是 $(\boldsymbol{N}+\boldsymbol{S}\boldsymbol{S}^{\mathrm{T}})^{-1}\in\boldsymbol{N}\{1,3\}$ 即可。故需要证明

$$\left.\begin{aligned}&\boldsymbol{N}(\boldsymbol{N}+\boldsymbol{S}\boldsymbol{S}^{\mathrm{T}})^{-1}\boldsymbol{N}=\boldsymbol{N}\\&[(\boldsymbol{N}+\boldsymbol{S}\boldsymbol{S}^{\mathrm{T}})^{-1}\boldsymbol{N}]^{\mathrm{T}}=(\boldsymbol{N}+\boldsymbol{S}\boldsymbol{S}^{\mathrm{T}})^{-1}\boldsymbol{N}\end{aligned}\right\} \tag{11-61}$$

为此,首先有

$$(\boldsymbol{N}+\boldsymbol{S}\boldsymbol{S}^{\mathrm{T}})^{-1}(\boldsymbol{N}+\boldsymbol{S}\boldsymbol{S}^{\mathrm{T}})=(\boldsymbol{N}+\boldsymbol{S}\boldsymbol{S}^{\mathrm{T}})^{-1}(\boldsymbol{N}+\boldsymbol{S}\boldsymbol{S}^{\mathrm{T}})=\boldsymbol{I}_u$$

左乘 $\boldsymbol{S}$ 得

$$(\boldsymbol{N}+\boldsymbol{S}\boldsymbol{S}^{\mathrm{T}})^{-1}(\boldsymbol{NS}+\boldsymbol{S}\boldsymbol{S}^{\mathrm{T}}\boldsymbol{S})=\boldsymbol{S}$$

顾及式(11-51)得

$$(\boldsymbol{N}+\boldsymbol{S}\boldsymbol{S}^{\mathrm{T}})^{-1}\boldsymbol{S}\boldsymbol{S}^{\mathrm{T}}\boldsymbol{S}=\boldsymbol{S}$$

由于 $\boldsymbol{S}^{\mathrm{T}}\boldsymbol{S}$ 为 d 阶满秩方阵,故有

$$(\boldsymbol{N}+\boldsymbol{S}\boldsymbol{S}^{\mathrm{T}})^{-1}\boldsymbol{S}=\boldsymbol{S}(\boldsymbol{S}^{\mathrm{T}}\boldsymbol{S})^{-1} \tag{11-62}$$

转置有

$$\boldsymbol{S}^{\mathrm{T}}(\boldsymbol{N}+\boldsymbol{S}\boldsymbol{S}^{\mathrm{T}})^{-1}=(\boldsymbol{S}^{\mathrm{T}}\boldsymbol{S})^{-1}\boldsymbol{S}^{\mathrm{T}} \tag{11-63}$$

再证明式(11-61)

$$\begin{aligned}\boldsymbol{N}(\boldsymbol{N}+\boldsymbol{S}\boldsymbol{S}^{\mathrm{T}})^{-1}\boldsymbol{N}&=\boldsymbol{N}(\boldsymbol{N}+\boldsymbol{S}\boldsymbol{S}^{\mathrm{T}})^{-1}(\boldsymbol{N}+\boldsymbol{S}\boldsymbol{S}^{\mathrm{T}}-\boldsymbol{S}\boldsymbol{S}^{\mathrm{T}})=\boldsymbol{N}[\boldsymbol{I}_u-(\boldsymbol{N}+\boldsymbol{S}\boldsymbol{S}^{\mathrm{T}})^{-1}\boldsymbol{S}\boldsymbol{S}^{\mathrm{T}}]\\&=\boldsymbol{N}[\boldsymbol{I}_u-(\boldsymbol{N}+\boldsymbol{S}\boldsymbol{S}^{\mathrm{T}})^{-1}\boldsymbol{S}\boldsymbol{S}^{\mathrm{T}}]=\boldsymbol{N}[\boldsymbol{I}_u-\boldsymbol{S}(\boldsymbol{S}^{\mathrm{T}}\boldsymbol{S})^{-1}\boldsymbol{S}^{\mathrm{T}}]\\&=\boldsymbol{N}-\boldsymbol{NS}(\boldsymbol{S}^{\mathrm{T}}\boldsymbol{S})^{-1}\boldsymbol{S}^{\mathrm{T}}=\boldsymbol{N}\end{aligned}$$

$$\begin{aligned}[(\boldsymbol{N}+\boldsymbol{S}\boldsymbol{S}^{\mathrm{T}})^{-1}\boldsymbol{N}]^{\mathrm{T}}&=\boldsymbol{N}^{\mathrm{T}}[\boldsymbol{N}^{\mathrm{T}}+(\boldsymbol{S}\boldsymbol{S}^{\mathrm{T}})^{\mathrm{T}}]^{-1}=\boldsymbol{N}(\boldsymbol{N}+\boldsymbol{S}\boldsymbol{S}^{\mathrm{T}})^{-1}\\&=(\boldsymbol{N}+\boldsymbol{S}\boldsymbol{S}^{\mathrm{T}}-\boldsymbol{S}\boldsymbol{S}^{\mathrm{T}})(\boldsymbol{N}+\boldsymbol{S}\boldsymbol{S}^{\mathrm{T}})^{-1}=\boldsymbol{I}_u-\boldsymbol{S}\boldsymbol{S}^{\mathrm{T}}(\boldsymbol{N}+\boldsymbol{S}\boldsymbol{S}^{\mathrm{T}})^{-1}\\&=\boldsymbol{I}_u-\boldsymbol{S}(\boldsymbol{S}^{\mathrm{T}}\boldsymbol{S})^{-1}\boldsymbol{S}^{\mathrm{T}}=\boldsymbol{I}_u-(\boldsymbol{N}+\boldsymbol{S}\boldsymbol{S}^{\mathrm{T}})^{-1}(\boldsymbol{N}+\boldsymbol{S}\boldsymbol{S}^{\mathrm{T}}-\boldsymbol{N})\\&=(\boldsymbol{N}+\boldsymbol{S}\boldsymbol{S}^{\mathrm{T}})^{-1}\boldsymbol{N}\end{aligned}$$

至于参数平差值 $\hat{\boldsymbol{x}}$ 的协因数矩阵，由式(11-60)按协因数传播定理顾及上式得

$$\boldsymbol{Q}_{\hat{x}\hat{x}}=(\boldsymbol{N}+\boldsymbol{SS}^{\mathrm{T}})^{-1}\boldsymbol{N}(\boldsymbol{N}+\boldsymbol{SS}^{\mathrm{T}})^{-1}=(\boldsymbol{N}+\boldsymbol{SS}^{\mathrm{T}})^{-1}-\boldsymbol{S}(\boldsymbol{S}^{\mathrm{T}}\boldsymbol{S})^{-1}(\boldsymbol{S}^{\mathrm{T}}\boldsymbol{S})^{-1}\boldsymbol{S}^{\mathrm{T}} \tag{11-64}$$

单位权中误差的估值为

$$\hat{\sigma}_0=\sqrt{\frac{\boldsymbol{V}^{\mathrm{T}}\boldsymbol{PV}}{r}}=\sqrt{\frac{\boldsymbol{V}^{\mathrm{T}}\boldsymbol{PV}}{n-t}} \tag{11-65}$$

现在剩下的问题是如何确定附加矩阵 $\boldsymbol{S}$。由线性代数的理论可知，法方程系数矩阵 $\boldsymbol{N}$ 与它的特征值 λ_i 及相应的特征向量 $\boldsymbol{z}_i$ 之间的关系为

$$(\boldsymbol{N}-\lambda_i\boldsymbol{I}_u)\boldsymbol{z}_i=\boldsymbol{0}\qquad(i=1,2,\cdots,u) \tag{11-66}$$

在秩亏自由网平差中，由于法方程系数矩阵 $\boldsymbol{N}$ 为秩亏方阵，其秩亏数 $d=u-t$，所以在矩阵 $\boldsymbol{N}$ 中的 u 个特征值 $\lambda_1,\lambda_2,\cdots,\lambda_u$ 中，必有 d 个零特征值。当 $\lambda_i=0$ 时

$$\boldsymbol{Nz}_i=\boldsymbol{0} \tag{11-67}$$

前面已经讲过，附加矩阵 $\boldsymbol{S}$ 应满足的条件是式(11-51)，与式(11-67)相比较可知，附加矩阵 $\boldsymbol{S}$ 实际上就是由矩阵 $\boldsymbol{N}$ 的零特征值所对应的特征向量构成。需指出，由于特征向量是不唯一的，因此附加矩阵 $\boldsymbol{S}$ 也是不唯一的，但 $\boldsymbol{S}$ 中的各个元素之间的相对关系却是不变的，这就意味着可通过标准化来使 $\boldsymbol{S}$ 变成唯一的。标准化的要求是 $\boldsymbol{S}^{\mathrm{T}}\boldsymbol{S}=\boldsymbol{I}_d$。下面以水准网和测角网为例，具体说明附加矩阵 $\boldsymbol{S}$ 的求法。

[例 11-2]对于如图 11-3 所示的水准网，如果无已知水准点，且选择 3 个未知高程水准点的高程作为平差参数，则可以列出如下的误差方程

$$\begin{bmatrix}v_1\\v_2\\v_3\end{bmatrix}=\begin{bmatrix}1&-1&0\\0&1&-1\\-1&0&1\end{bmatrix}\begin{bmatrix}\hat{x}_1\\\hat{x}_2\\\hat{x}_3\end{bmatrix}-\begin{bmatrix}l_1\\l_2\\l_3\end{bmatrix}$$

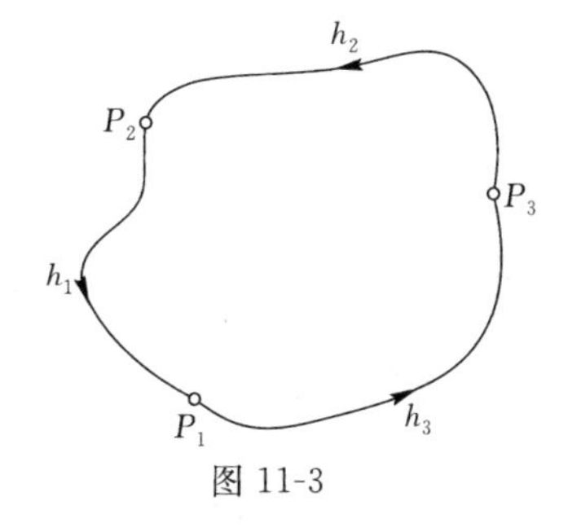

图 11-3

试求附加条件。

解：假设各段水准路线相等，观测值为独立等精度观测值，则法方程的系数矩阵 $\boldsymbol{N}$ 为

$$\boldsymbol{N}=\boldsymbol{B}^{\mathrm{T}}\boldsymbol{B}=\begin{bmatrix}2&-1&-1\\-1&2&-1\\-1&-1&2\end{bmatrix}$$

易知法方程系数矩阵 $\boldsymbol{N}$ 的秩为 $\mathrm{R}(\boldsymbol{N})=2,u=3,t=2,d=1$。$\boldsymbol{N}$ 矩阵的特征多项式为

$$f(\lambda)=\begin{vmatrix}2-\lambda&-1&-1\\-1&2-\lambda&-1\\-1&-1&2-\lambda\end{vmatrix}=-\lambda^3+6\lambda^2-9\lambda=-\lambda(\lambda-3)^2$$

令 $f(\lambda)=0$，解得 $\lambda_1=\lambda_2=3$，$\lambda_3=0$。为求零特征值所对应的特征向量 S，组成如下齐次方程

$$\boldsymbol{NS}=\boldsymbol{0}$$

式中，$\boldsymbol{S}^{\mathrm{T}}=[s_1\quad s_2\quad s_3]$，故有以下齐次方程组

$$\begin{cases}2s_1-s_2-s_3=0\\-s_1+2s_2-s_3=0\\-s_1-s_2+2s_3=0\end{cases}$$

解方程组可得通解为 $s_1=s_2=s_3=C$，不妨取 $C=1$，则 $\boldsymbol{S}^{\mathrm{T}}=[1\quad 1\quad 1]$。$\boldsymbol{S}$ 中 1 的个数就是水

准网中待定点的个数。代入式(11-53),其附加条件为 $\hat{x}_1+\hat{x}_2+\hat{x}_3=0$。

[例 11-3]试由赫尔默特(Helmert)相似变换公式导出平面三角网按角度进行秩亏自由网平差时的附加矩阵 $\boldsymbol{S}$。

解:赫尔默特相似变换公式为

$$X_i=X^0+X'_i\gamma\cos\alpha-Y'_i\gamma\sin\alpha$$
$$Y_i=Y^0+X'_i\gamma\sin\alpha+Y'_i\gamma\cos\alpha$$

其中,X'_i、Y'_i 为 i 点在原坐标系统中的坐标值,X_i、Y_i 为 i 点在新坐标系中的坐标值,X^0、Y^0 为原坐标原点在新坐标系中的坐标值,γ、α 分别为长度比例尺因子和旋转角参数。由于观测和换算误差的影响,已知点新、旧坐标不可能完全满足上述变换公式,设第 i 点的新、旧坐标之差为

$$x_i=X_i-X'_i=X^0+X'_i\gamma\cos\alpha-Y'_i\gamma\sin\alpha-X'_i$$
$$y_i=Y_i-Y'_i=Y^0+X'_i\gamma\sin\alpha+Y'_i\gamma\cos\alpha-Y'_i$$

即

$$x_i=X_i-X'_i=X^0+X'_i(\gamma\cos\alpha-1)-Y'_i\gamma\sin\alpha_i$$
$$y_i=Y_i-Y'_i=Y^0+X'_i\gamma\sin\alpha+Y'_i(\gamma\cos\alpha-1)$$

令 $\gamma\cos\alpha-1=\mu$, $\gamma\sin\alpha=\delta$

$$x_i=X_i-X'_i=X^0+X'_i\mu-Y'_i\delta$$
$$y_i=Y_i-Y'_i=Y^0+X'_i\delta+Y'_i\mu$$

其中,$i=1,2,\cdots,m$,m 为测角网中点的总数。在 $\sum\limits_{i=1}^{m}(x_i^2+y_i^2)=\min$ 条件下的相似变换称为赫尔默特相似变换。在此条件下,4 个未知量 X^0、Y^0、μ、δ 组成自由极值函数为

$$\Phi=\sum_{i=1}^{m}(x_i^2+y_i^2)=\sum_{i=1}^{m}[(X^0-Y'_i\delta+X'_i\mu)^2+(Y^0+X'_i\delta+Y'_i\mu)^2]=\min$$

对 4 个未知量 X^0、Y^0、μ、δ 分别求偏导,并令其等于 0,即得

$$\sum_{i=1}^{m}x_i=0,\ \sum_{i=1}^{m}y_i=0,\ \sum_{i=1}^{m}(-Y'_ix_i+X'_iy_i)=0,\ \sum_{i=1}^{m}(X'_ix_i+Y'_iy_i)=0$$

取未知参数 $\hat{\boldsymbol{x}}$ 为

$$\hat{\boldsymbol{x}}^{\mathrm{T}}=[x_1\quad y_1\quad x_2\quad y_2\quad \cdots\quad x_m\quad y_m]$$

则将上述 4 个条件写成矩阵形式,并用条件方程 $\underset{4u}{\boldsymbol{S}^{\mathrm{T}}}\underset{u1}{\hat{\boldsymbol{x}}}=\boldsymbol{0}$ 表示,则附加矩阵 $\boldsymbol{S}^{\mathrm{T}}$ 应为

$$\underset{4u}{\boldsymbol{S}^{\mathrm{T}}}=\begin{bmatrix}1&0&1&0&\cdots&1&0\\0&1&0&1&\cdots&0&1\\-Y'_1&X'_1&-Y'_2&X'_2&\cdots&-Y'_m&X'_m\\X'_1&Y'_1&X'_2&Y'_2&\cdots&X'_m&Y'_m\end{bmatrix}$$

略去证明过程,类似于上述过程,将各类型控制网的附加矩阵 $\boldsymbol{S}$ 汇总如下:

(1)对于水准网,秩亏数 $d=1$,附加矩阵为

$$\underset{1u}{\boldsymbol{S}^{\mathrm{T}}}=[1\quad 1\quad \cdots\quad 1] \tag{11-68}$$

标准化形式应满足 $\boldsymbol{S}^{\mathrm{T}}\boldsymbol{S}=\boldsymbol{I}_d=1$

$$\boldsymbol{S}^{\mathrm{T}}=\frac{1}{\sqrt{u}}[1 \quad 1 \quad \cdots \quad 1] \tag{11-69}$$

(2)对于测边网和边角网，$d=3$，$u=2m$，m 为三角网中全部待定点数，未经标准化的附加矩阵为

$$\underset{3\,2m}{\boldsymbol{S}^{\mathrm{T}}}=\begin{bmatrix} 1 & 0 & 1 & 0 & \cdots & 1 & 0 \\ 0 & 1 & 0 & 1 & \cdots & 0 & 1 \\ -Y'_1 & X'_1 & -Y'_2 & X'_2 & \cdots & -Y'_m & X'_m \end{bmatrix} \tag{11-70}$$

式中，X'_i、Y'_i 为第 i 点的近似坐标。或采用如下的标准化形式

$$\underset{3\,2m}{\boldsymbol{S}^{\mathrm{T}}}=\begin{bmatrix} \frac{1}{\sqrt{m}} & 0 & \frac{1}{\sqrt{m}} & 0 & \cdots & \frac{1}{\sqrt{m}} & 0 \\ 0 & \frac{1}{\sqrt{m}} & 0 & \frac{1}{\sqrt{m}} & \cdots & 0 & \frac{1}{\sqrt{m}} \\ -\frac{Y_1^0}{R} & \frac{X_1^0}{R} & -\frac{Y_2^0}{R} & \frac{X_2^0}{R} & \cdots & -\frac{Y_m^0}{R} & \frac{X_m^0}{R} \end{bmatrix} \tag{11-71}$$

X_i^0、Y_i^0 是 i 点以网的重心坐标为原点的近似坐标，网的重心坐标为

$$\overline{X}'=\frac{1}{m}\sum_{i=1}^{m}X'_i,\ \overline{Y}'=\frac{1}{m}\sum_{i=1}^{m}Y'_i$$

$$X_i^0=X'_i-\overline{X}'=X'_i-\frac{1}{m}\sum_{i=1}^{m}X'_i$$

$$Y_i^0=Y'_i-\overline{Y}'=Y'_i-\frac{1}{m}\sum_{i=1}^{m}Y'_i$$

其中，$i=1,2,\cdots,m$，$\sum_{i=1}^{m}X_i^0=0$，$\sum_{i=1}^{m}Y_i^0=0$

$$R^2=\sum_{i=1}^{m}R_i^2=\sum_{i=1}^{m}[(X_i^0)^2+(Y_i^0)^2] \tag{11-72}$$

此时，$\boldsymbol{S}$ 满足 $\boldsymbol{BS}=\boldsymbol{0}$，$\boldsymbol{S}^{\mathrm{T}}\boldsymbol{S}=\boldsymbol{I}_u$。

(3)对于测角网，$d=4$，未经标准化的附加矩阵为

$$\underset{4\,2m}{\boldsymbol{S}^{\mathrm{T}}}=\begin{bmatrix} 1 & 0 & 1 & 0 & \cdots & 1 & 0 \\ 0 & 1 & 0 & 1 & \cdots & 0 & 1 \\ -Y'_1 & X'_1 & -Y'_2 & X'_2 & \cdots & -Y'_m & X'_m \\ X'_1 & Y'_1 & X'_2 & Y'_2 & \cdots & X'_m & Y'_m \end{bmatrix} \tag{11-73}$$

或采用标准化形式

$$\underset{4\,2m}{\boldsymbol{S}^{\mathrm{T}}}=\begin{bmatrix} \frac{1}{\sqrt{m}} & 0 & \frac{1}{\sqrt{m}} & 0 & \cdots & \frac{1}{\sqrt{m}} & 0 \\ 0 & \frac{1}{\sqrt{m}} & 0 & \frac{1}{\sqrt{m}} & \cdots & 0 & \frac{1}{\sqrt{m}} \\ -\frac{Y_1^0}{R} & \frac{X_1^0}{R} & -\frac{Y_2^0}{R} & \frac{X_2^0}{R} & \cdots & -\frac{Y_m^0}{R} & \frac{X_m^0}{R} \\ \frac{X_1^0}{R} & \frac{Y_1^0}{R} & \frac{X_2^0}{R} & \frac{Y_2^0}{R} & \cdots & \frac{X_m^0}{R} & \frac{Y_m^0}{R} \end{bmatrix} \tag{11-74}$$

此时，$\boldsymbol{S}$ 满足 $\boldsymbol{BS}=\boldsymbol{0}, \boldsymbol{S}^{\mathrm{T}}\boldsymbol{S}=\boldsymbol{I}_{u}$。有关符号与测边网相同。

[例 11-4]同[例 11-1]，试按附加条件法求 $\hat{\boldsymbol{x}}$ 及协因数矩阵 $\boldsymbol{Q}_{\hat{x}\hat{x}}$。

解：由[例 11-1]组成如下法方程

$$\begin{bmatrix} 5.30240 & -2.40385 & -2.89855 & 0 \\ -2.40385 & 7.77025 & -1.94175 & -3.42466 \\ -2.89855 & -1.94175 & 7.12863 & -2.28833 \\ 0 & -3.42466 & -2.28833 & 5.71299 \end{bmatrix} \begin{bmatrix} \hat{x}_1 \\ \hat{x}_2 \\ \hat{x}_3 \\ \hat{x}_4 \end{bmatrix} = \begin{bmatrix} -7.21154 \\ 28.78356 \\ 8.11357 \\ -29.68559 \end{bmatrix}$$

由式(11-69)取标准化附加条件矩阵为

$$\boldsymbol{S}^{\mathrm{T}}=\frac{1}{\sqrt{4}}[1 \quad 1 \quad 1 \quad 1]=\frac{1}{2}[1 \quad 1 \quad 1 \quad 1]$$

$$\boldsymbol{SS}^{\mathrm{T}}=\frac{1}{4}\begin{bmatrix} 1 & 1 & 1 & 1 \\ 1 & 1 & 1 & 1 \\ 1 & 1 & 1 & 1 \\ 1 & 1 & 1 & 1 \end{bmatrix}$$

于是

$$\boldsymbol{N}+\boldsymbol{SS}^{\mathrm{T}}=\begin{bmatrix} 5.55240 & -2.15385 & -2.64855 & 0.25000 \\ -2.15385 & 8.02025 & -1.69175 & -3.17466 \\ -2.64855 & -1.69175 & 7.12863 & -2.03833 \\ 0.25000 & -3.17466 & -2.03833 & 5.96299 \end{bmatrix}, \boldsymbol{W}=\begin{bmatrix} -7.21154 \\ 28.78356 \\ 8.11357 \\ -29.68559 \end{bmatrix}$$

$$(\boldsymbol{N}+\boldsymbol{SS}^{\mathrm{T}})^{-1}=\begin{bmatrix} 0.36780 & 0.21928 & 0.23222 & 0.18070 \\ 0.21928 & 0.32394 & 0.21874 & 0.23804 \\ 0.23222 & 0.21874 & 0.32964 & 0.21940 \\ 0.18070 & 0.23804 & 0.21940 & 0.36185 \end{bmatrix}$$

参数的最小范数解为

$$\hat{\boldsymbol{x}}=(\boldsymbol{N}+\boldsymbol{SS}^{\mathrm{T}})^{-1}\boldsymbol{W}=\begin{bmatrix} 0.18 \\ 2.45 \\ 0.78 \\ -3.41 \end{bmatrix} \text{(单位为 mm)}$$

参数平差值的协因数矩阵为

$$\boldsymbol{Q}_{\hat{x}\hat{x}}=(\boldsymbol{N}+\boldsymbol{SS}^{\mathrm{T}})^{-1}\boldsymbol{N}(\boldsymbol{N}+\boldsymbol{SS}^{\mathrm{T}})^{-1}=\begin{bmatrix} 0.11780 & -0.03072 & -0.01778 & -0.06930 \\ -0.03072 & 0.07394 & -0.03126 & -0.01196 \\ -0.01778 & -0.03126 & 0.07964 & -0.03060 \\ -0.06930 & -0.01196 & -0.03060 & 0.11185 \end{bmatrix}$$

§11-3 验后方差分量估计

进行测量平差时，首先要建立平差的数学模型，包含平差函数模型和随机模型两个部分，如高斯-马尔科夫模型为

$$\boldsymbol{L}=\boldsymbol{B}\widetilde{\boldsymbol{X}}+\boldsymbol{\Delta} \tag{11-75}$$

$$E(\boldsymbol{\Delta})=\boldsymbol{0} \tag{11-76}$$

$$\boldsymbol{D}_{LL}=\boldsymbol{D}_{\Delta\Delta}=\sigma_0^2\boldsymbol{Q}=\sigma_0^2\boldsymbol{P}^{-1} \qquad (\text{或 } \boldsymbol{P}=\sigma_0^2\boldsymbol{D}_{\Delta\Delta}^{-1}) \tag{11-77}$$

式中，σ_0^2 为单位权方差，$\boldsymbol{Q}$、$\boldsymbol{P}$ 为观测向量或误差向量的协因数矩阵和权矩阵，$\boldsymbol{D}$ 为观测向量（或误差向量）的协方差矩阵。式(11-75)为函数模型，式(11-76)和式(11-77)为随机模型。

依据最小二乘原理进行平差时，需首先确定随机模型（$\boldsymbol{P}$ 矩阵或 $\boldsymbol{Q}$ 矩阵），然后依据几何或物理关系建立函数模型进行平差计算。前面的章节中都是在认为随机模型已知（$\boldsymbol{P}$ 或 $\boldsymbol{Q}$ 已知）的情况下，研究各种平差的函数模型。事实上，确定随机模型（权矩阵 $\boldsymbol{P}$）是个很复杂的问题，随着观测精度越来越高、平差对象的多类化，权矩阵 $\boldsymbol{P}$ 的确定问题已成为近代平差中重要的研究内容之一。平差前，定权的基本公式定义为

$$p_i=\frac{\sigma_0^2}{\sigma_i^2} \tag{11-78}$$

式中，单位权方差 σ_0^2 在平差前可任意选定，因此，确定权矩阵 $\boldsymbol{P}$ 的关键在于如何得到正确的方差 σ_i^2。其他定权方法均依此式导出。

通常，观测若为等精度时，可认为 σ_i^2 彼此相等，并令其等于 σ_0^2，则可取 $\boldsymbol{P}=\boldsymbol{I}_n$。观测为不等精度时，可依观测的等级（如测回数）定权，或依据仪器的出厂指标来定观测值的权。在大规模的平差网中，则可利用某些观测值外业观测质量初步评价指标（如三角形闭合差）来定权。而在边角网平差时，对测边和测角分别平差，估算各自的方差，然后依权的定义来定权。对不同的观测，或不同等级的观测（如边角网、卫星网与地面网、摄影测量与大地测量、高等级网与低等级网的数据联合处理），虽也可按上述方法定权，但在许多情况下是不够精确的。为了提高定权精度，20 世纪 70 年代开始出现用验后的方法估计各类观测的方差，然后定权，称为平差随机模型的验后估计法，或验后方差分量估计法。

在集成不同类型或不同精度观测值整体平差时，常需考虑各类观测值权的初始值是否取得恰当，或者说各类观测值的权比是否恰当。当取值不恰当时，要解决如何利用预平差信息来改善各类观测值权的初始值（或权比值），然后再做平差计算。具有代表性的就是赫尔默特方差分量估计法。

赫尔默特方差分量估计是根据各次预平差得到的改正数向量 $\boldsymbol{V}$ 来估计方差分量，修正平差所用的权值，然后再以修正后的权值重新平差，逐渐趋近到权比合理为止，从而得到正确的参数估值。设平差的函数模型为式(11-75)，随机模型为式(11-76)和式(11-77)。若观测向量 $\boldsymbol{L}$ 是由两类观测值（如边角网）或两种不同精度观测值组成的，则依两类观测或两种精度观测将观测量 $\boldsymbol{L}$ 分成两部分，有

$$\boldsymbol{L}=\begin{bmatrix}\boldsymbol{L}_1\\ \boldsymbol{L}_2\end{bmatrix} \tag{11-79}$$

相应的改正数向量、函数模型的系数矩阵和观测权分块矩阵为

$$\left.\begin{aligned}\boldsymbol{V}&=\begin{bmatrix}\boldsymbol{V}_1\\ \boldsymbol{V}_2\end{bmatrix}\\ \boldsymbol{B}&=\begin{bmatrix}\boldsymbol{B}_1\\ \boldsymbol{B}_2\end{bmatrix}\\ \boldsymbol{P}&=\begin{bmatrix}\boldsymbol{P}_1 & \boldsymbol{O}\\ \boldsymbol{O} & \boldsymbol{P}_2\end{bmatrix}\end{aligned}\right\} \tag{11-80}$$

误差方程式为

$$\begin{bmatrix}\boldsymbol{V}_1\\ \boldsymbol{V}_2\end{bmatrix}=\begin{bmatrix}\boldsymbol{B}_1\\ \boldsymbol{B}_2\end{bmatrix}\hat{\boldsymbol{x}}-\begin{bmatrix}\boldsymbol{l}_1\\ \boldsymbol{l}_2\end{bmatrix} \tag{11-81}$$

依最小二乘原理求解时,法方程式为

$$\left.\begin{aligned}\boldsymbol{N}\hat{\boldsymbol{x}}&=\boldsymbol{W}\\ \hat{\boldsymbol{x}}&=\boldsymbol{N}^{-1}\boldsymbol{W}\end{aligned}\right\} \tag{11-82}$$

$$\boldsymbol{N}=\boldsymbol{B}_1^{\mathrm{T}}\boldsymbol{P}_1\boldsymbol{B}_1+\boldsymbol{B}_2^{\mathrm{T}}\boldsymbol{P}_2\boldsymbol{B}_2=\boldsymbol{N}_1+\boldsymbol{N}_2 \tag{11-83}$$

$$\boldsymbol{W}=\boldsymbol{B}_1^{\mathrm{T}}\boldsymbol{P}_1\boldsymbol{l}_1+\boldsymbol{B}_2^{\mathrm{T}}\boldsymbol{P}_2\boldsymbol{l}_2 \tag{11-84}$$

$$\left.\begin{aligned}\boldsymbol{D}_{L_1L_1}&=\boldsymbol{D}_{\Delta_1\Delta_1}=\sigma_0^2\boldsymbol{P}_1^{-1}\\ \boldsymbol{D}_{L_2L_2}&=\boldsymbol{D}_{\Delta_2\Delta_2}=\sigma_0^2\boldsymbol{P}_2^{-1}\end{aligned}\right\} \tag{11-85}$$

方差分量估计就是利用各次平差中各类观测值的改正数(或称为残差)组成平方和 $\boldsymbol{V}_1^{\mathrm{T}}\boldsymbol{P}_1\boldsymbol{V}_1$、$\boldsymbol{V}_2^{\mathrm{T}}\boldsymbol{P}_2\boldsymbol{V}_2$ 来估计 σ_{01}^2 和 σ_{02}^2,为此,必须建立改正数平方和与 σ_{01}^2 和 σ_{02}^2 之间的关系。

由多元统计分析理论可知,对于数学期望为 $\boldsymbol{\eta}$、方差为 $\boldsymbol{\Sigma}$ 的随机向量 $\boldsymbol{Y}$,其二次型 $\boldsymbol{Y}^{\mathrm{T}}\boldsymbol{A}\boldsymbol{Y}$ ($\boldsymbol{A}$ 为任意一对称可逆矩阵)的数学期望为

$$E(\boldsymbol{Y}^{\mathrm{T}}\boldsymbol{A}\boldsymbol{Y})=\mathrm{tr}(\boldsymbol{A}\boldsymbol{\Sigma})+\boldsymbol{\eta}^{\mathrm{T}}\boldsymbol{A}\boldsymbol{\eta} \tag{11-86}$$

对于式(11-81)的第一组误差方程式,$\boldsymbol{V}_1=\boldsymbol{B}_1\hat{\boldsymbol{x}}-\boldsymbol{l}_1$,显然有改正数的数学期望为零,即 $E(\boldsymbol{V}_1)=\boldsymbol{0}$,改写如下

$$\begin{aligned}\boldsymbol{V}_1&=\boldsymbol{B}_1\boldsymbol{N}^{-1}\boldsymbol{W}-\boldsymbol{l}_1=\boldsymbol{B}_1\boldsymbol{N}^{-1}(\boldsymbol{B}_1^{\mathrm{T}}\boldsymbol{P}_1\boldsymbol{l}_1+\boldsymbol{B}_2^{\mathrm{T}}\boldsymbol{P}_2\boldsymbol{l}_2)-\boldsymbol{l}_1\\ &=(\boldsymbol{B}_1\boldsymbol{N}^{-1}\boldsymbol{B}_1^{\mathrm{T}}\boldsymbol{P}_1-\boldsymbol{I})\boldsymbol{l}_1+\boldsymbol{B}_1\boldsymbol{N}^{-1}\boldsymbol{B}_2^{\mathrm{T}}\boldsymbol{P}_2\boldsymbol{l}_2\end{aligned}$$

按协方差传播定理

$$\boldsymbol{D}_{V_1V_1}=(\boldsymbol{B}_1\boldsymbol{N}^{-1}\boldsymbol{B}_1^{\mathrm{T}}\boldsymbol{P}_1-\boldsymbol{I})\boldsymbol{D}_{\Delta_1\Delta_1}(\boldsymbol{B}_1\boldsymbol{N}^{-1}\boldsymbol{B}_1^{\mathrm{T}}\boldsymbol{P}_1-\boldsymbol{I})^{\mathrm{T}}+\boldsymbol{B}_1\boldsymbol{N}^{-1}\boldsymbol{B}_2^{\mathrm{T}}\boldsymbol{P}_2\boldsymbol{D}_{\Delta_2\Delta_2}(\boldsymbol{B}_1\boldsymbol{N}^{-1}\boldsymbol{B}_2^{\mathrm{T}}\boldsymbol{P}_2)^{\mathrm{T}}$$

顾及式(11-85)

$$\begin{aligned}\boldsymbol{D}_{V_1V_1}&=\sigma_{01}^2(\boldsymbol{B}_1\boldsymbol{N}^{-1}\boldsymbol{B}_1^{\mathrm{T}}\boldsymbol{P}_1-\boldsymbol{I})\boldsymbol{P}_1^{-1}(\boldsymbol{B}_1\boldsymbol{N}^{-1}\boldsymbol{B}_1^{\mathrm{T}}\boldsymbol{P}_1-\boldsymbol{I})^{\mathrm{T}}+\sigma_{02}^2\boldsymbol{B}_1\boldsymbol{N}^{-1}\boldsymbol{B}_2^{\mathrm{T}}\boldsymbol{P}_2\boldsymbol{P}_2^{-1}(\boldsymbol{B}_1\boldsymbol{N}^{-1}\boldsymbol{B}_2^{\mathrm{T}}\boldsymbol{P}_2)^{\mathrm{T}}\\ &=\sigma_{01}^2(\boldsymbol{B}_1\boldsymbol{N}^{-1}\boldsymbol{N}_1\boldsymbol{N}^{-1}\boldsymbol{B}_1^{\mathrm{T}}-2\boldsymbol{B}_1\boldsymbol{N}^{-1}\boldsymbol{B}_1^{\mathrm{T}}+\boldsymbol{P}_1^{-1})+\sigma_{02}^2\boldsymbol{B}_1\boldsymbol{N}^{-1}\boldsymbol{N}_2\boldsymbol{N}^{-1}\boldsymbol{B}_1^{\mathrm{T}}\end{aligned}$$

根据二次型的数学期望公式(11-86),第一组误差方程式的改正数向量 $\boldsymbol{V}_1$ 的二次型 $\boldsymbol{V}_1^{\mathrm{T}}\boldsymbol{P}_1\boldsymbol{V}_1$ 的数学期望为

$$E(\boldsymbol{V}_1^{\mathrm{T}}\boldsymbol{P}_1\boldsymbol{V}_1)=\mathrm{tr}(\boldsymbol{P}_1\boldsymbol{D}_{V_1V_1})=\sigma_{01}^2[\mathrm{tr}(\boldsymbol{N}_1\boldsymbol{N}^{-1}\boldsymbol{N}_1\boldsymbol{N}^{-1})-2\mathrm{tr}(\boldsymbol{N}_1\boldsymbol{N}^{-1})+n_1]+\sigma_{02}^2\mathrm{tr}(\boldsymbol{N}_1\boldsymbol{N}^{-1}\boldsymbol{N}_2\boldsymbol{N}^{-1})$$

同理

$$E(\boldsymbol{V}_2^{\mathrm{T}}\boldsymbol{P}_2\boldsymbol{V}_2)=\mathrm{tr}(\boldsymbol{P}_2\boldsymbol{D}_{V_2V_2})=\sigma_{01}^2\mathrm{tr}(\boldsymbol{N}_2\boldsymbol{N}^{-1}\boldsymbol{N}_1\boldsymbol{N}^{-1})+\sigma_{02}^2[n_2-2\mathrm{tr}(\boldsymbol{N}_2\boldsymbol{N}^{-1})+\mathrm{tr}(\boldsymbol{N}_2\boldsymbol{N}^{-1}\boldsymbol{N}_2\boldsymbol{N}^{-1})]$$

去掉上两式中的数学期望计算符号 E,并且将单位权方差换成估值

$$\left.\begin{aligned}\boldsymbol{V}_1^{\mathrm{T}}\boldsymbol{P}_1\boldsymbol{V}_1&=\hat{\sigma}_{01}^2[\mathrm{tr}(\boldsymbol{N}_1\boldsymbol{N}^{-1}\boldsymbol{N}_1\boldsymbol{N}^{-1})-2\mathrm{tr}(\boldsymbol{N}_1\boldsymbol{N}^{-1})+n_1]+\hat{\sigma}_{02}^2\mathrm{tr}(\boldsymbol{N}_1\boldsymbol{N}^{-1}\boldsymbol{N}_2\boldsymbol{N}^{-1})\\\boldsymbol{V}_2^{\mathrm{T}}\boldsymbol{P}_2\boldsymbol{V}_2&=\hat{\sigma}_{01}^2\mathrm{tr}(\boldsymbol{N}_2\boldsymbol{N}^{-1}\boldsymbol{N}_1\boldsymbol{N}^{-1})+\hat{\sigma}_{02}^2[n_2-2\mathrm{tr}(\boldsymbol{N}_2\boldsymbol{N}^{-1})+\mathrm{tr}(\boldsymbol{N}_2\boldsymbol{N}^{-1}\boldsymbol{N}_2\boldsymbol{N}^{-1})]\end{aligned}\right\}\tag{11-87}$$

式中，$\boldsymbol{V}_1^{\mathrm{T}}\boldsymbol{P}_1\boldsymbol{V}_1$ 和 $\boldsymbol{V}_2^{\mathrm{T}}\boldsymbol{P}_2\boldsymbol{V}_2$ 可根据平差结果求得，再联立该式求解可得 $\hat{\sigma}_{01}^2$、$\hat{\sigma}_{02}^2$。于是可得改正后的权矩阵

$$\left.\begin{aligned}\hat{\boldsymbol{P}}_1&=\frac{\boldsymbol{C}}{\hat{\sigma}_{01}^2}\boldsymbol{P}_1\\\hat{\boldsymbol{P}}_2&=\frac{\boldsymbol{C}}{\hat{\sigma}_{02}^2}\boldsymbol{P}_2\end{aligned}\right\}\tag{11-88}$$

式中，$\hat{\boldsymbol{P}}_1$、$\hat{\boldsymbol{P}}_2$ 为预平差后修正的权矩阵，称为验后权矩阵，$\boldsymbol{P}_1$、$\boldsymbol{P}_2$ 则称为验前权矩阵，$\boldsymbol{C}$ 为单位权对应的系数。计算出 $\hat{\sigma}_{01}^2$、$\hat{\sigma}_{02}^2$ 后，可进行如下假设检验

$$H_0:\hat{\sigma}_{01}^2=\hat{\sigma}_{02}^2\tag{11-89}$$

若 H_0 成立，则说明平差前所定的权比正确；若 H_0 不成立，则以 $\hat{\boldsymbol{P}}_1$、$\hat{\boldsymbol{P}}_2$ 作为下一次平差的验前权，重新进行平差计算，直到式(11-89)成立为止。

以上就是赫尔默特方差分量估计方法。对于 m 类观测量或 m 个精度等级观测量的方差分量估计，可用相同的思路推导出其相应的公式。

从上面的方差分量估计严密公式可以看出，对于一个大型的控制网来说，进行方差分量估计的计算工作量是很大的，这主要表现在式(11-87)中的矩阵相乘和求逆运算上。为此，需寻找近似快速的简化公式，既能简化计算，又能满足实际工作的需要。

为了推导方差分量估计简化公式，在式(11-87)中，令

$$\hat{\sigma}_{01}^2=\hat{\sigma}_{02}^2=\hat{\sigma}_{0i}^2\neq\hat{\sigma}_0^2\tag{11-90}$$

顾及矩阵迹的性质，则有

$$\begin{aligned}\boldsymbol{V}_i^{\mathrm{T}}\boldsymbol{P}_i\boldsymbol{V}_i&=\hat{\sigma}_{0i}^2\{n_i-2\mathrm{tr}(\boldsymbol{N}_i\boldsymbol{N}^{-1})+\mathrm{tr}[\boldsymbol{N}^{-1}\boldsymbol{N}_i\boldsymbol{N}^{-1}(\boldsymbol{N}_1+\boldsymbol{N}_2)]\}\\&=\hat{\sigma}_{0i}^2[n_i-\mathrm{tr}(\boldsymbol{N}_i\boldsymbol{N}^{-1})]\end{aligned}\tag{11-91}$$

对两类观测而言

$$\hat{\sigma}_{0i}^2=\frac{\boldsymbol{V}_i^{\mathrm{T}}\boldsymbol{P}_i\boldsymbol{V}_i}{n_i-\mathrm{tr}(\boldsymbol{N}_i\boldsymbol{N}^{-1})}\qquad(i=1,2)\tag{11-92}$$

式(11-92)为赫尔默特方差分量简化公式。迭代开始时，式(11-87)并不成立，所以估值有偏；但迭代若干次后，式(11-91)将满足，因此最后得到的仍是无偏估值。

另外，若略去式(11-92)中分母的求迹部分，则对两类观测而言

$$\hat{\sigma}_{0i}^2=\frac{\boldsymbol{V}_i^{\mathrm{T}}\boldsymbol{P}_i\boldsymbol{V}_i}{n_i}\qquad(i=1,2)\tag{11-93}$$

为赫尔默特所提出的更为近似的公式。

§11-4　最小二乘配置与滤波

一、最小二乘配置函数模型

传统的最小二乘平差实际上是将平差模型中的全部待估参数作为非随机参数，或不考虑

参数的随机性质,按照最小二乘原理求定其最佳估值。然而在一些实际问题中,需要求定最佳估值的参数是具有先验统计性质的随机参数,且在估计这些参数时必须考虑这些统计性质。这类附有随机参数的平差问题就是下面介绍的滤波、推估和配置。

最小二乘配置的一般函数模型为

$$\underset{n1}{\boldsymbol{L}}=\underset{nt}{\boldsymbol{B}}\underset{t1}{\widetilde{\boldsymbol{X}}}+\underset{nm}{\boldsymbol{A}}\underset{m1}{\boldsymbol{Y}}-\underset{n1}{\boldsymbol{\Delta}} \tag{11-94}$$

式中,$\boldsymbol{L}$ 是观测值向量,$\widetilde{\boldsymbol{X}}$ 是非随机参数,$\boldsymbol{Y}$ 为随机参数,$\boldsymbol{\Delta}$ 是观测误差。$\boldsymbol{Y}$ 分为两部分:测站点信号 $\boldsymbol{S}$ 和未测点信号 $\boldsymbol{S}'$, 即

$$\underset{m1}{\boldsymbol{Y}}=\begin{bmatrix}\underset{m_1 1}{\boldsymbol{S}}\\ \underset{m_2 1}{\boldsymbol{S}'}\end{bmatrix} \tag{11-95}$$

系数矩阵 $\underset{nm}{\boldsymbol{A}}=\begin{bmatrix}\underset{nm_1}{\boldsymbol{A}_1} & \underset{nm_2}{\boldsymbol{O}}\end{bmatrix}$。已测点信号 $\boldsymbol{S}$ 组成观测值的一部分,而未测点信号 $\boldsymbol{S}'$ 与观测值没有函数关系。信号 $\boldsymbol{Y}$ 与误差 $\boldsymbol{\Delta}$ 都是随机量,而信号是有用部分,误差是无用部分。

最小二乘配置需要利用观测值对参数 $\widetilde{\boldsymbol{X}}$ 和信号 $\boldsymbol{Y}$ 的最或是值进行估计。$\boldsymbol{S}$ 信号也称滤波信号,求 $\boldsymbol{S}$ 的最优估值也称为滤波。$\boldsymbol{S}'$ 信号也称为推估信号,求 $\boldsymbol{S}'$ 的最优估值的过程也称为推估。推估分为两部分,一部分为内插或平滑,另一部分为外推或预报。如前所述,观测值的系统部分往往是用拟合函数来表示,因此最小二乘配置也称为最小二乘拟合推估。

二、最小二乘配置随机模型

最小二乘配置函数模型中观测值、信号和误差的统计特性如下:

(1)观测值、信号和误差的期望为

$$E(\boldsymbol{\Delta})=\boldsymbol{0} \tag{11-96}$$

$$E(\boldsymbol{S})=E(\boldsymbol{S}')=\boldsymbol{0} \tag{11-97}$$

或 $E(\boldsymbol{S})$、$E(\boldsymbol{S}')$ 为已知量,即

$$E(\boldsymbol{Y})=\begin{bmatrix}E(\boldsymbol{S})\\ E(\boldsymbol{S}')\end{bmatrix}=\begin{bmatrix}\boldsymbol{\mu}_S\\ \boldsymbol{\mu}_{S'}\end{bmatrix} \tag{11-98}$$

$$E(\boldsymbol{L})=\boldsymbol{B}\widetilde{\boldsymbol{X}}+\boldsymbol{A}E(\boldsymbol{Y}) \tag{11-99}$$

(2)信号与观测误差不相关,信号之间统计相关,即

$$\boldsymbol{D}_{\Delta S}=\boldsymbol{0},\ \boldsymbol{D}_{\Delta S'}=\boldsymbol{0},\ \boldsymbol{D}_{\Delta Y}=\boldsymbol{0},\ \boldsymbol{D}_{SS'}\neq\boldsymbol{0} \tag{11-100}$$

(3)观测误差及信号的方差已知。设单位权中误差为 $\sigma_0^2=1$, 误差及信号的方差为

$$D(\boldsymbol{\Delta})=\boldsymbol{Q}_{\Delta\Delta}=\boldsymbol{P}_{\Delta\Delta}^{-1} \tag{11-101}$$

$$D(\boldsymbol{Y})=\boldsymbol{Q}_{YY}=\boldsymbol{P}_{YY}^{-1}=\begin{bmatrix}\boldsymbol{D}_{SS} & \boldsymbol{D}_{SS'}\\ \boldsymbol{D}_{S'S} & \boldsymbol{D}_{S'S'}\end{bmatrix} \tag{11-102}$$

$$\begin{aligned}D(\boldsymbol{L})&=\begin{bmatrix}\boldsymbol{A} & -\boldsymbol{I}\end{bmatrix}\begin{bmatrix}\boldsymbol{D}_{YY} & \boldsymbol{D}_{Y\Delta}\\ \boldsymbol{D}_{\Delta Y} & \boldsymbol{D}_{\Delta\Delta}\end{bmatrix}\begin{bmatrix}\boldsymbol{A}^{\mathrm{T}}\\ -\boldsymbol{I}^{\mathrm{T}}\end{bmatrix}=\boldsymbol{A}\boldsymbol{D}_{YY}\boldsymbol{A}^{\mathrm{T}}+\boldsymbol{D}_{\Delta\Delta}\\ &=\begin{bmatrix}\boldsymbol{A}_1 & \boldsymbol{O}\end{bmatrix}\begin{bmatrix}\boldsymbol{D}_{SS} & \boldsymbol{D}_{SS'}\\ \boldsymbol{D}_{S'S} & \boldsymbol{D}_{S'S'}\end{bmatrix}\begin{bmatrix}\boldsymbol{A}_1^{\mathrm{T}}\\ \boldsymbol{O}\end{bmatrix}+\boldsymbol{D}_{\Delta\Delta}=\boldsymbol{A}_1\boldsymbol{D}_{SS}\boldsymbol{A}_1^{\mathrm{T}}+\boldsymbol{D}_{\Delta\Delta}\end{aligned} \tag{11-103}$$

由于观测值包含信号和误差两个随机量,因此其方差由这两部分随机量的方差构成。

三、最小二乘配置的估值

由最小二乘配置函数模型式(11-94)可以得到如下的误差方程

$$\underset{n1}{\boldsymbol{V}}=\underset{nt\,t1}{\boldsymbol{B}\hat{\boldsymbol{X}}}+\underset{nm\,m1}{\boldsymbol{A}\hat{\boldsymbol{Y}}}-\underset{n1}{\boldsymbol{L}} \tag{11-104}$$

式中

$$\hat{\boldsymbol{Y}}=\begin{bmatrix}\hat{\boldsymbol{S}}\\ \hat{\boldsymbol{S}}'\end{bmatrix} \tag{11-105}$$

根据最小二乘原理有

$$\boldsymbol{V}^{\mathrm{T}}\boldsymbol{P}_{\Delta\Delta}\boldsymbol{V}+\boldsymbol{V}_Y^{\mathrm{T}}\boldsymbol{P}_{YY}\boldsymbol{V}_Y=\min \tag{11-106}$$

式中，$\boldsymbol{V}$ 是观测值 $\boldsymbol{L}$ 的改正数，$\boldsymbol{V}_Y$ 是 $\boldsymbol{Y}$ 的先验期望 $E(\boldsymbol{Y})$ 的改正数，且

$$\boldsymbol{V}_Y=\begin{bmatrix}\boldsymbol{V}_S\\ \boldsymbol{V}_{S'}\end{bmatrix}$$

为了导出参数 $\tilde{\boldsymbol{X}}$ 和 $\boldsymbol{Y}$ 的估计公式，不妨将 $E(\boldsymbol{Y})$ 看成是方差为 $D(\boldsymbol{Y})$、权为 $\boldsymbol{P}_{YY}$ 的对 $\boldsymbol{Y}$（非随机参数）的虚拟观测值，故令

$$\boldsymbol{L}_Y=\begin{bmatrix}\boldsymbol{L}_S\\ \boldsymbol{L}_{S'}\end{bmatrix}=E(\boldsymbol{Y})=\begin{bmatrix}E(\boldsymbol{S})\\ E(\boldsymbol{S}')\end{bmatrix}$$

并令与 $\boldsymbol{L}_Y$ 相对应的观测误差为

$$\boldsymbol{\Delta}_Y=\begin{bmatrix}\boldsymbol{\Delta}_S\\ \boldsymbol{\Delta}_{S'}\end{bmatrix}$$

则虚拟观测方程可写为

$$\boldsymbol{L}_Y=\boldsymbol{Y}-\boldsymbol{\Delta}_Y=\begin{bmatrix}\boldsymbol{S}\\ \boldsymbol{S}'\end{bmatrix}-\begin{bmatrix}\boldsymbol{\Delta}_S\\ \boldsymbol{\Delta}_{S'}\end{bmatrix}$$

与 $\boldsymbol{L}_Y$ 相应的误差方程为

$$\boldsymbol{V}_Y=\hat{\boldsymbol{Y}}-\boldsymbol{L}_Y \tag{11-107}$$

式(11-104)与式(11-107)共同组成最小二乘配置参数估计的误差方程

$$\begin{bmatrix}\boldsymbol{V}\\ \boldsymbol{V}_Y\end{bmatrix}=\begin{bmatrix}\boldsymbol{B} & \boldsymbol{A}\\ \boldsymbol{O} & \boldsymbol{I}_m\end{bmatrix}\begin{bmatrix}\hat{\boldsymbol{X}}\\ \hat{\boldsymbol{Y}}\end{bmatrix}-\begin{bmatrix}\boldsymbol{L}\\ \boldsymbol{L}_Y\end{bmatrix}$$

令 $\boldsymbol{U}=\begin{bmatrix}\boldsymbol{V}\\ \boldsymbol{V}_Y\end{bmatrix}$，$\hat{\boldsymbol{Z}}=\begin{bmatrix}\hat{\boldsymbol{X}}\\ \hat{\boldsymbol{Y}}\end{bmatrix}$，顾及 $\boldsymbol{D}_{\Delta Y}=\boldsymbol{0}$，令 $\boldsymbol{P}=\begin{bmatrix}\boldsymbol{P}_{\Delta\Delta} & \boldsymbol{O}\\ \boldsymbol{O} & \boldsymbol{P}_{YY}\end{bmatrix}$，式(11-106)即可改写成

$$\boldsymbol{U}^{\mathrm{T}}\boldsymbol{P}\boldsymbol{U}=\begin{bmatrix}\boldsymbol{V}^{\mathrm{T}} & \boldsymbol{V}_Y^{\mathrm{T}}\end{bmatrix}\begin{bmatrix}\boldsymbol{P}_{\Delta\Delta} & \boldsymbol{O}\\ \boldsymbol{O} & \boldsymbol{P}_{YY}\end{bmatrix}\begin{bmatrix}\boldsymbol{V}\\ \boldsymbol{V}_Y\end{bmatrix}=\boldsymbol{V}^{\mathrm{T}}\boldsymbol{P}_{\Delta\Delta}\boldsymbol{V}+\boldsymbol{V}_Y^{\mathrm{T}}\boldsymbol{P}_{YY}\boldsymbol{V}_Y=\min$$

根据最小二乘原理，求导如下

$$\frac{\partial}{\partial\hat{\boldsymbol{Z}}}(\boldsymbol{U}^{\mathrm{T}}\boldsymbol{P}\boldsymbol{U})=2\boldsymbol{U}^{\mathrm{T}}\boldsymbol{P}\frac{\partial\boldsymbol{U}}{\partial\hat{\boldsymbol{Z}}}=2\boldsymbol{U}^{\mathrm{T}}\boldsymbol{P}\begin{bmatrix}\boldsymbol{B} & \boldsymbol{A}\\ \boldsymbol{O} & \boldsymbol{I}_m\end{bmatrix}=\boldsymbol{0}$$

整理后，改写成

$$\begin{bmatrix}\boldsymbol{B} & \boldsymbol{A}\\ \boldsymbol{O} & \boldsymbol{I}_m\end{bmatrix}^{\mathrm{T}}\begin{bmatrix}\boldsymbol{P}_{\Delta\Delta} & \boldsymbol{O}\\ \boldsymbol{O} & \boldsymbol{P}_{YY}\end{bmatrix}\begin{bmatrix}\boldsymbol{V}\\ \boldsymbol{V}_Y\end{bmatrix}=\begin{bmatrix}\boldsymbol{B}^{\mathrm{T}} & \boldsymbol{O}^{\mathrm{T}}\\ \boldsymbol{A}^{\mathrm{T}} & \boldsymbol{I}_m\end{bmatrix}\begin{bmatrix}\boldsymbol{P}_{\Delta\Delta} & \boldsymbol{O}\\ \boldsymbol{O} & \boldsymbol{P}_{YY}\end{bmatrix}\left(\begin{bmatrix}\boldsymbol{B} & \boldsymbol{A}\\ \boldsymbol{O} & \boldsymbol{I}_m\end{bmatrix}\begin{bmatrix}\hat{\boldsymbol{X}}\\ \hat{\boldsymbol{Y}}\end{bmatrix}-\begin{bmatrix}\boldsymbol{L}\\ \boldsymbol{L}_Y\end{bmatrix}\right)=\begin{bmatrix}\boldsymbol{0}\\ \boldsymbol{0}\end{bmatrix}$$

于是可得法方程

$$\begin{bmatrix} \boldsymbol{B}^{\mathrm{T}}\boldsymbol{P}_{\Delta\Delta}\boldsymbol{B} & \boldsymbol{B}^{\mathrm{T}}\boldsymbol{P}_{\Delta\Delta}\boldsymbol{A} \\ \boldsymbol{A}^{\mathrm{T}}\boldsymbol{P}_{\Delta\Delta}\boldsymbol{B} & \boldsymbol{A}^{\mathrm{T}}\boldsymbol{P}_{\Delta\Delta}\boldsymbol{A}+\boldsymbol{P}_{YY} \end{bmatrix} \begin{bmatrix} \hat{\boldsymbol{X}} \\ \hat{\boldsymbol{Y}} \end{bmatrix} = \begin{bmatrix} \boldsymbol{B}^{\mathrm{T}}\boldsymbol{P}_{\Delta\Delta}\boldsymbol{L} \\ \boldsymbol{A}^{\mathrm{T}}\boldsymbol{P}_{\Delta\Delta}\boldsymbol{L}+\boldsymbol{P}_{YY}\boldsymbol{L}_Y \end{bmatrix} \tag{11-108}$$

此时已将配置问题转化为一般间接平差问题了。上述法方程的解为

$$\begin{bmatrix} \hat{\boldsymbol{X}} \\ \hat{\boldsymbol{Y}} \end{bmatrix} = \begin{bmatrix} \boldsymbol{B}^{\mathrm{T}}\boldsymbol{P}_{\Delta\Delta}\boldsymbol{B} & \boldsymbol{B}^{\mathrm{T}}\boldsymbol{P}_{\Delta\Delta}\boldsymbol{A} \\ \boldsymbol{A}^{\mathrm{T}}\boldsymbol{P}_{\Delta\Delta}\boldsymbol{B} & \boldsymbol{A}^{\mathrm{T}}\boldsymbol{P}_{\Delta\Delta}\boldsymbol{A}+\boldsymbol{P}_{YY} \end{bmatrix}^{-1} \begin{bmatrix} \boldsymbol{B}^{\mathrm{T}}\boldsymbol{P}_{\Delta\Delta}\boldsymbol{L} \\ \boldsymbol{A}^{\mathrm{T}}\boldsymbol{P}_{\Delta\Delta}\boldsymbol{L}+\boldsymbol{P}_{YY}\boldsymbol{L}_Y \end{bmatrix} \tag{11-109}$$

由此可求得平差参数 $\tilde{\boldsymbol{X}}$ 和信号向量 $\boldsymbol{Y}$ 的平差值。

令式(11-109)的逆矩阵为

$$\begin{bmatrix} \boldsymbol{B}^{\mathrm{T}}\boldsymbol{P}_{\Delta\Delta}\boldsymbol{B} & \boldsymbol{B}^{\mathrm{T}}\boldsymbol{P}_{\Delta\Delta}\boldsymbol{A} \\ \boldsymbol{A}^{\mathrm{T}}\boldsymbol{P}_{\Delta\Delta}\boldsymbol{B} & \boldsymbol{A}^{\mathrm{T}}\boldsymbol{P}_{\Delta\Delta}\boldsymbol{A}+\boldsymbol{P}_{YY} \end{bmatrix}^{-1} = \begin{bmatrix} \boldsymbol{Q}_{\hat{X}\hat{X}} & \boldsymbol{Q}_{\hat{X}\hat{Y}} \\ \boldsymbol{Q}_{\hat{Y}\hat{X}} & \boldsymbol{Q}_{\hat{Y}\hat{Y}} \end{bmatrix}$$

也可以对两类参数分别进行解算。

单位权方差的估值为

$$\hat{\sigma}_0^2 = \frac{\boldsymbol{V}^{\mathrm{T}}\boldsymbol{P}_{\Delta\Delta}\boldsymbol{V}+\boldsymbol{V}_Y^{\mathrm{T}}\boldsymbol{P}_{YY}\boldsymbol{V}_Y}{n-t} \tag{11-110}$$

四、滤波与推估

如果最小二乘拟合推估函数模型中不包含系统参数部分,即观测值只由随机信号和随机误差部分构成,则称为滤波与推估函数模型,其形式为

$$\underset{n1}{\boldsymbol{L}} = \underset{nm}{\boldsymbol{A}}\ \underset{m1}{\boldsymbol{Y}} + \underset{n1}{\boldsymbol{\Delta}} \tag{11-111}$$

模型中各符号的含义与最小二乘拟合推估中的相应符号相同。由前面得到的随机信号的估值公式,可以直接获得滤波与推估问题中随机信号的估值

$$\hat{\boldsymbol{Y}} = \boldsymbol{L}_Y + \boldsymbol{D}_{YY}\boldsymbol{A}^{\mathrm{T}}(\boldsymbol{D}_{\Delta\Delta}+\boldsymbol{A}\boldsymbol{D}_{YY}\boldsymbol{A}^{\mathrm{T}})^{-1}(\boldsymbol{L}-\boldsymbol{A}\boldsymbol{L}_Y) \tag{11-112}$$

$$\hat{\boldsymbol{S}} = \boldsymbol{\mu}_S + \boldsymbol{D}_{SS}\boldsymbol{A}_1^{\mathrm{T}}(\boldsymbol{D}_{\Delta\Delta}+\boldsymbol{A}_1\boldsymbol{D}_{SS}\boldsymbol{A}_1^{\mathrm{T}})^{-1}(\boldsymbol{L}-\boldsymbol{A}_1\boldsymbol{\mu}_S) \tag{11-113}$$

$$\hat{\boldsymbol{S}}' = \boldsymbol{\mu}_{S'} + \boldsymbol{D}_{S'S}\boldsymbol{A}_1^{\mathrm{T}}(\boldsymbol{D}_{\Delta\Delta}+\boldsymbol{A}_1\boldsymbol{D}_{SS}\boldsymbol{A}_1^{\mathrm{T}})^{-1}(\boldsymbol{L}-\boldsymbol{A}_1\boldsymbol{\mu}_S) \tag{11-114}$$

式中,$\boldsymbol{S}$ 为已测点信号,$\boldsymbol{S}'$ 为未测点信号。未知点信号与观测值无确定关系,可通过与已测点信号的协方差,对其进行推估。

§11-5 粗差探测与稳健估计

在大地测量或工程测量中,以往都是利用网的几何条件对粗差进行检验,如发现某些几何条件超限,就用返工重测的方法排除粗差。对于简单的控制网,用这种方法来排除粗差是比较容易的;然而对于高精度、图形结构复杂的控制网,建立几何条件本身就非常困难,所以用几何条件来发现、排除粗差就会非常困难。另外,随着测量数据的自动采集、传送,加工过程中可能会产生不规则的粗差,且在平差前无法发现。因此,研究粗差理论,使之从观测值中剔除和在平差系统中削弱,是非常重要的。在摄影测量中粗差问题研究更为突出。

一、粗差模型

一般定义观测误差为

$$\Delta = \Delta_n + \Delta_g + \Delta_s \tag{11-115}$$

式中，Δ_n 为偶然误差，Δ_g 为粗差，Δ_s 为系统误差。当观测值含有粗差，并认为观测中不含或已消除了系统误差时，即

$$\Delta_n \neq 0,\ \Delta_g \neq 0,\ \Delta_s = 0$$

粗差如果未被发现，势必会影响平差结果的正确性。为了考虑粗差对测量成果的影响程度，提出一个考察粗差影响质量大小的指标，即可靠性指标。在控制网优化设计中可靠性已作为必要的指标。对于观测值中粗差的处理，近年来发展了两种基本方法，即探测法和稳健估计法。

探测法是将粗差纳入平差的函数模型，如

$$L_i \sim N[E(L), \sigma^2]$$

$$L_j \sim N[E(L) + \Delta_g, \sigma^2]$$

其中，L_i 为不含粗差的观测值，L_j 为含有粗差的观测值，两者有相同的观测精度（相同的方差）、不同的数学期望。探测法就是在平差前探测和定位粗差，然后剔除含粗差的观测值，得到一组净化的观测值再进行最小二乘平差，得到最佳平差结果。

稳健估计法是将粗差纳入平差的随机模型，如

$$L_i \sim N[E(L), \sigma^2]$$

$$L_j \sim N[E(L), a^2\sigma^2],\ a^2 \sim 1$$

这里认为 L_i、L_j 有相同的数学期望，但两者的精度不同。稳健估计的基本思想是以迭代的方法对粗差进行定位，并对含粗差的观测值赋以较小的权值参与平差，逐渐使平差结果不受或少受粗差的影响。

二、粗差探测

1. 多余观测分量

粗差的发现和定位是与测量中的多余观测密切相关的。在如图 11-4(a)所示的前方交会中，若其交会角为 90°，则交会的精度必然很高，但若在观测中出现了粗差，却无法发现，或者说可靠性等于 0。在图 11-4 (b)中，增加了 1 个三角形，当某观测出现粗差时，由交会三角形可以发现粗差，但无法判断是哪一个三角形中含有粗差，即该方案可以发现粗差，但不能对粗差进行定位。在图 11-4 (c)中，由于又增加了 1 个三角形，因此，它不仅能发现粗差，而且通常还能明确指出粗差在哪个三角形上，即可以发现和定位粗差。可见多余观测是探测粗差和定位粗差的关键，在无多余观测的情况下，平差改正数 **V**（残差）为 **0**，无法发现粗差。

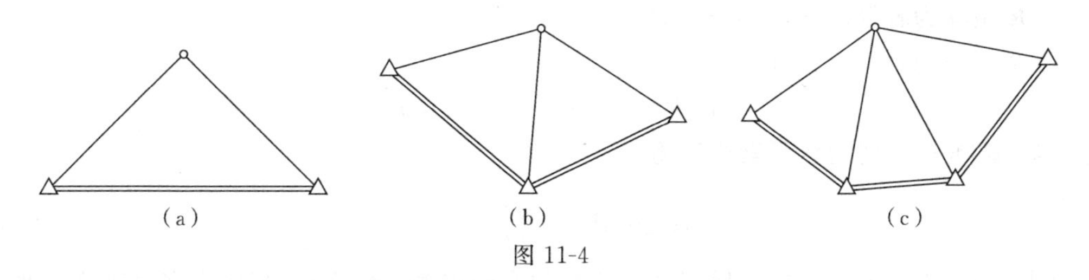

图 11-4

平差改正数 **V** 也称为残差，残差的重要应用之一是根据它的绝对值大小来探测观测值中可能含有的粗差。设已知平差模型为

$$\boldsymbol{L}+\boldsymbol{\Delta}=\boldsymbol{B}\tilde{\boldsymbol{x}}+\boldsymbol{F}(\boldsymbol{X}^0) \tag{11-116}$$

$$\boldsymbol{\Delta}=\boldsymbol{B}\tilde{\boldsymbol{x}}-[\boldsymbol{L}-\boldsymbol{F}(\boldsymbol{X}^0)]=\boldsymbol{B}\tilde{\boldsymbol{x}}-\boldsymbol{l} \tag{11-117}$$

$$\boldsymbol{L}+\boldsymbol{V}=\boldsymbol{B}\hat{\boldsymbol{x}}+\boldsymbol{F}(\boldsymbol{X}^0) \tag{11-118}$$

$$\boldsymbol{V}=\boldsymbol{B}\hat{\boldsymbol{x}}-[\boldsymbol{L}-\boldsymbol{F}(\boldsymbol{X}^0)]=\boldsymbol{B}\hat{\boldsymbol{x}}-\boldsymbol{l} \tag{11-119}$$

$$\boldsymbol{D}_{LL}=\boldsymbol{D}_{\Delta\Delta}=\sigma_0^2\boldsymbol{Q}=\sigma_0^2\boldsymbol{P}^{-1} \tag{11-120}$$

由间接平差可知式(11-119)的最小二乘平差结果为

$$\left.\begin{aligned}&\hat{\boldsymbol{x}}=\boldsymbol{N}_{BB}^{-1}\boldsymbol{B}^{\mathrm{T}}\boldsymbol{P}\boldsymbol{l}=(\boldsymbol{B}^{\mathrm{T}}\boldsymbol{P}\boldsymbol{B})^{-1}\boldsymbol{B}^{\mathrm{T}}\boldsymbol{P}\boldsymbol{l}\\&\boldsymbol{Q}_{\hat{X}\hat{X}}=\boldsymbol{N}_{BB}^{-1}=(\boldsymbol{B}^{\mathrm{T}}\boldsymbol{P}\boldsymbol{B})^{-1}\\&\boldsymbol{Q}_{VV}=\boldsymbol{Q}-\boldsymbol{B}\boldsymbol{Q}_{\hat{X}\hat{X}}\boldsymbol{B}^{\mathrm{T}}\end{aligned}\right\} \tag{11-121}$$

则残差为

$$\begin{aligned}\boldsymbol{V}&=\boldsymbol{B}(\hat{\boldsymbol{x}}-\tilde{\boldsymbol{x}})+(\boldsymbol{B}\tilde{\boldsymbol{x}}-\boldsymbol{l})=\boldsymbol{B}(\boldsymbol{N}_{BB}^{-1}\boldsymbol{B}^{\mathrm{T}}\boldsymbol{P}\boldsymbol{l}-\boldsymbol{N}_{BB}^{-1}\boldsymbol{B}^{\mathrm{T}}\boldsymbol{P}\boldsymbol{B}\tilde{\boldsymbol{x}})+\boldsymbol{\Delta}\\&=\boldsymbol{B}\boldsymbol{N}_{BB}^{-1}\boldsymbol{B}^{\mathrm{T}}\boldsymbol{P}(\boldsymbol{l}-\boldsymbol{B}\tilde{\boldsymbol{x}})+\boldsymbol{\Delta}=\boldsymbol{\Delta}-\boldsymbol{B}\boldsymbol{N}_{BB}^{-1}\boldsymbol{B}^{\mathrm{T}}\boldsymbol{P}\boldsymbol{\Delta}\\&=(\boldsymbol{I}_n-\boldsymbol{B}\boldsymbol{N}_{BB}^{-1}\boldsymbol{B}^{\mathrm{T}}\boldsymbol{P})\boldsymbol{\Delta}=\boldsymbol{R}\boldsymbol{\Delta}\end{aligned} \tag{11-122}$$

式中，$\boldsymbol{R}=\boldsymbol{I}_n-\boldsymbol{B}\boldsymbol{N}_{BB}^{-1}\boldsymbol{B}^{\mathrm{T}}\boldsymbol{P}$，顾及式(11-121)，则

$$\boldsymbol{R}=\boldsymbol{Q}\boldsymbol{P}-\boldsymbol{B}\boldsymbol{N}_{BB}^{-1}\boldsymbol{B}^{\mathrm{T}}\boldsymbol{P}=(\boldsymbol{Q}-\boldsymbol{B}\boldsymbol{N}_{BB}^{-1}\boldsymbol{B}^{\mathrm{T}})\boldsymbol{P}=\boldsymbol{Q}_{VV}\boldsymbol{P} \tag{11-123}$$

由此可见，$\boldsymbol{R}$ 值取决于系数矩阵 $\boldsymbol{B}$ 和权矩阵 $\boldsymbol{P}$，与观测值无关。在给定观测值权的情况下，$\boldsymbol{R}$ 反映了网形结构。$\boldsymbol{R}$ 与式(11-122)是研究粗差探测和可靠性理论的一个重要关系式。令

$$\underset{nn}{\boldsymbol{R}}=\begin{bmatrix}r_{11}&r_{12}&\cdots&r_{1n}\\r_{21}&r_{22}&\cdots&r_{2n}\\\vdots&\vdots&&\vdots\\r_{n1}&r_{n2}&\cdots&r_{nn}\end{bmatrix} \tag{11-124}$$

则式(11-122)的显式为

$$\left.\begin{aligned}v_1&=r_{11}\Delta_1+r_{12}\Delta_2+\cdots+r_{1n}\Delta_n\\v_2&=r_{21}\Delta_1+r_{22}\Delta_2+\cdots+r_{2n}\Delta_n\\&\vdots\\v_n&=r_{n1}\Delta_1+r_{n2}\Delta_2+\cdots+r_{nn}\Delta_n\end{aligned}\right\} \tag{11-125}$$

由于 $|\boldsymbol{R}|=0$，所以由式(11-125) 的 n 个改正数 v_i 不能解出 n 个 Δ_i，即 $\boldsymbol{R}$ 矩阵为降秩矩阵。下面为 $\boldsymbol{R}$ 矩阵的一些性质：

(1) $\boldsymbol{R}$ 矩阵为幂等矩阵，即 $\boldsymbol{R}\boldsymbol{R}=\boldsymbol{R}$。

(2) $\boldsymbol{R}$ 矩阵的秩等于其迹，即

$$\mathrm{R}(\boldsymbol{R})=\mathrm{tr}(\boldsymbol{R})=n-t=r$$

由此可知，矩阵 $\boldsymbol{R}$ 的对角线元素之和为

$$\mathrm{tr}(\boldsymbol{Q}_{VV}\boldsymbol{P})=\sum_{i=1}^{n}r_{ii}=r \tag{11-126}$$

由式(11-126)可将 r 理解为属于观测值 $\boldsymbol{L}$ 的多余观测分量之和，即网中多余观测总数 r。多余观测分量有一个重要性质，即

$$0\leqslant r_{ii}\leqslant 1 \tag{11-127}$$

(1)当 $r_{ii}=0$ 时,表明 L_i 属必要观测,粗差在残差中毫无反映,表示它没有抵抗粗差的能力。

(2)当 $r_{ii}=1$ 时,表示该观测值 L_i 完全多余,此时粗差在残差中得到全部反映,表示该观测抵抗粗差能力最强。

(3)一般 $0\leqslant r_{ii}\leqslant 1$ 时,粗差在相应残差中只能部分反映。

2. 粗差探测基本方法

对式(11-122)两边取数学期望得

$$E(\boldsymbol{V})=\boldsymbol{R}E(\boldsymbol{\Delta}) \tag{11-128}$$

可见,当 $\boldsymbol{\Delta}$ 仅是偶然误差,不含粗差时,$E(\boldsymbol{\Delta})=\boldsymbol{0}$,故 $E(\boldsymbol{V})=\boldsymbol{0}$。$\boldsymbol{V}$ 是 $\boldsymbol{\Delta}$ 的线性函数,$\boldsymbol{V}$ 与 $\boldsymbol{\Delta}$ 的概率分布相同,因此当 $\boldsymbol{\Delta}$ 是偶然误差时,$\boldsymbol{V}$ 为正态随机向量,其期望为零,方差 $D(\boldsymbol{V})=\sigma_0^2\boldsymbol{Q}_{VV}$。

粗差探测的原假设是 $H_0:E(v_i)=0$,即观测值 L_i 不存在粗差,考虑 $v_i\sim N(0,\sigma_0^2Q_{v_iv_i})$,于是可作标准正态分布统计量

$$u=\frac{v_i}{\sigma_0\sqrt{Q_{v_iv_i}}}=\frac{v_i}{\sigma_{v_i}} \tag{11-129}$$

进行 u 检验,如果 $|u|>u_{\alpha/2}$,则否定 H_0,亦即 $E(v_i)\neq 0$,L_i 可能存在粗差。

利用粗差探测法一次只能发现一个粗差,当要再次发现另一个粗差时,就要先剔除所发现的粗差,重新平差计算统计量。逐次不断进行,直至不再发现粗差。

数据探测法的优点是计算方便、实用,已普遍用于平差计算中。但由于每次只考虑一个粗差,并未顾及各改正数之间的相关性,检验可靠性受到一定的限制。

三、稳健估计

当观测值中含有粗差(或系统误差)时,由于最小二乘平差对粗差的反应很敏感,使最小二乘估值受到严重的影响,造成残差分配错误。我们已经介绍了对粗差的探测与定位方法,能在正式进行最小二乘平差前剔除含有粗差的观测值,然后再进行最小二乘平差,获得最佳估值。下面介绍的稳健估计是从平差的估计方法上考虑,构造一种估计方法,使其对粗差有一定的抵抗能力。稳健估计可定义为当基础分布函数发生变化时,能保持估值不变的一种估计方法。稳健估计的方法很多,其中较为实用的只有胡伯尔(Huber)提出的 M 估计法。这种方法在形式上与极大似然估计(MLE)具有相似之处,因而命名为 M 估计。M 估计法可分为选权迭代法和范数最小法两类。由极大似然法推导出最小二乘估计的准则为

$$\boldsymbol{V}^{\mathrm{T}}\boldsymbol{P}\boldsymbol{V}=\min$$

M 估计所取的估计函数一般形式是

$$\sum_{i=1}^{n}\rho(v_i)=\min \tag{11-130}$$

式中,$\rho(v_i)$ 表示残差的某种函数,残差为

$$v_i=\boldsymbol{B}_i\hat{\boldsymbol{x}}-l_i \tag{11-131}$$

其中,$\boldsymbol{B}_i$ 表示第 i 个误差方程式的系数行向量。

可见,M 估计不是指一个确定的估计,而是一类估计,它与选择 ρ 的形式有关。但无论 ρ 的函数形式如何,M 估计都可以化为一个变权的最小二乘估计。

当 $\rho(v_i)$ 处处可导,顾及式(11-131),则式(11-130)的极值问题可写为

$$\sum_{i=1}^{n}\rho'(v_i)\frac{\partial v_i}{\partial \boldsymbol{x}}=\sum_{i=1}^{n}\rho'(v_i)\boldsymbol{B}_i=0 \tag{11-132}$$

$$\sum_{i=1}^{n}\rho'(v_i)b_{ij}=0 \qquad (j=1,2,\cdots,t) \tag{11-133}$$

式中,b_{ij} 为 $\boldsymbol{B}_i$ 中第 j 个元素,令

$$P(v_i)=\frac{\rho'(v_i)}{v_i} \tag{11-134}$$

代入得

$$\sum_{i=1}^{n}b_{ij}P(v_i)v_i=0 \qquad (j=1,2,\cdots,t) \tag{11-135}$$

式(11-135)即为最小二乘平差时的法方程式,此法方程相当于下式的解

$$\mathbf{V}^{\mathrm{T}}P(\mathbf{V})\mathbf{V}=\min \tag{11-136}$$

因而证明了 M 估计与最小二乘估计形式相同,不同之处在于 M 估计中的权 $P(\mathbf{V})$ 是残差的函数,平差前 $\mathbf{V}$ 未知,无法预先算出 $P(\mathbf{V})$,故需迭代求解,因而这种平差方法也称为选权迭代平差法。由于 M 估计与最小二乘估计形式上相同,所以最小二乘估计的算法在 M 估计中都可借鉴使用。常用的选权迭代法有如下几种。

1. 最小和法

估计函数为

$$\sum_{i=1}^{n}\rho(v_i)=\sum_{i=1}^{n}|v_i|=\min \tag{11-137}$$

于是

$$\frac{\partial}{\partial \boldsymbol{x}}\sum_{i=1}^{n}|v_i|=\frac{\partial}{\partial \boldsymbol{x}}\sum_{i=1}^{n}\sqrt{v_i^2}=0 \tag{11-138}$$

式中,$v_i=\boldsymbol{B}_i\hat{\boldsymbol{x}}-l_i$

$$\sum_{i=1}^{n}(v_i^2)^{-\frac{1}{2}}v_i\frac{\partial v_i}{\partial \boldsymbol{x}}=0 \tag{11-139}$$

顾及 $\dfrac{\partial v_i}{\partial \boldsymbol{x}}=\boldsymbol{B}_i$ 得

$$\sum_{i=1}^{n}\frac{v_i}{|v_i|}\boldsymbol{B}_i=0 \qquad \left(或\sum_{i=1}^{n}\boldsymbol{B}_i^{\mathrm{T}}\frac{1}{|v_i|}v_i=0\right) \tag{11-140}$$

令

$$P(\mathbf{V})=\begin{bmatrix}\frac{1}{|v_1|} & & \\ & \ddots & \\ & & \frac{1}{|v_n|}\end{bmatrix} \tag{11-141}$$

式(11-140)可写成 $\boldsymbol{B}^{\mathrm{T}}P(\mathbf{V})\mathbf{V}=\mathbf{0}$,将误差方程式代入

$$\boldsymbol{B}^{\mathrm{T}}P(\mathbf{V})(\boldsymbol{B}\hat{\boldsymbol{x}}-\boldsymbol{l})=\boldsymbol{B}^{\mathrm{T}}P(\mathbf{V})\boldsymbol{B}\hat{\boldsymbol{x}}-\boldsymbol{B}^{\mathrm{T}}P(\mathbf{V})\boldsymbol{l}=\mathbf{0}$$

$$\boldsymbol{B}^{\mathrm{T}}P(\mathbf{V})\boldsymbol{B}\hat{\boldsymbol{x}}=\boldsymbol{B}^{\mathrm{T}}P(\mathbf{V})\boldsymbol{l} \tag{11-142}$$

此即最小二乘平差的法方程式。$P(\mathbf{V})$ 相当于最小二乘平差中的权矩阵,但其值由式(11-141)确定,因是 $P(\mathbf{V})$ 的函数,故需迭代计算而得。

定权时，为了避免 $v_i=0$ 出现的无解问题，可以改为 $P(v_i)=\frac{1}{|v_i|+C}$，式中，C 相对于 v_i 是很小的量。所以，最小和法的估计函数和权函数为

$$\left.\begin{aligned}\rho(v_i)&=|v_i|\\P(v_i)&=\frac{1}{|v_i|+C}\end{aligned}\right\}\tag{11-143}$$

在实际工作中，其计算步骤为：

(1)定初始权 $P(\boldsymbol{V})=\boldsymbol{I}_n$；

(2)按最小二乘平差，$\boldsymbol{V}=\boldsymbol{B}\hat{\boldsymbol{x}}-\boldsymbol{l}$，$\boldsymbol{B}^{\mathrm{T}}P(\boldsymbol{V})\boldsymbol{B}\hat{\boldsymbol{x}}=\boldsymbol{B}^{\mathrm{T}}P(\boldsymbol{V})\boldsymbol{l}$；

(3)按式(11-143)定权，重复步骤(2)，求 $\hat{\boldsymbol{x}}$ 和 $\boldsymbol{V}$；

(4)迭代步骤(3)、步骤(2)，直至 $P_i(\boldsymbol{V})=P_{i+1}(\boldsymbol{V})$。

可以证明，在对对称分布中心的估计中，如对一个量的系列观测值平差中，最小和法估计量便是样本中位数。这是一种较好的稳健估计方法。

2. 最小范数法

估计函数

$$\rho(v_i)=|v_i|^q\qquad(1\leqslant q<2)\tag{11-144}$$

式中，q 的有利范围为 1.0～1.5，或为 1.2～1.5。当 $q=1$ 时，就是最小和法。

权函数式为

$$\rho'(v)=\operatorname{sign}(v)q|v|^{q-1}$$

$$P(v)=\frac{1}{|v|^{(2-q)}+C}\qquad(0<C\ll1)\tag{11-145}$$

3. 胡伯尔法

估计函数为

$$\rho(v)=\begin{cases}v^2,\ 当|v|\leqslant2\sigma\\4\sigma|v|-4\sigma^2,\ 当|v|>2\sigma\end{cases}\tag{11-146}$$

权函数式为

$$P(v)=\begin{cases}1,\ 当|v|\leqslant2\sigma\\\dfrac{C}{|v|},\ 当|v|>2\sigma\end{cases}\tag{11-147}$$

4. 丹麦(Krarup)法

估计函数为

$$\rho(v)=P(v)v^2\tag{11-148}$$

权函数式为

$$P(v)=\begin{cases}1,\ 当|v|\leqslant2\sigma\\a\exp(-Cv^2),\ 当|v|>2\sigma\end{cases}\tag{11-149}$$

式中，a、C 由经验数据得出。

[例 11-5]如图 11-5 所示的水准网，A、B 为已知点，共有 11 个水准路线观测值，各观测值列于表 11-2 之中，并假设各观测值为等精度独立观测值。试按选权迭代法对水准网进行平差，并找出含有粗差的观测值。

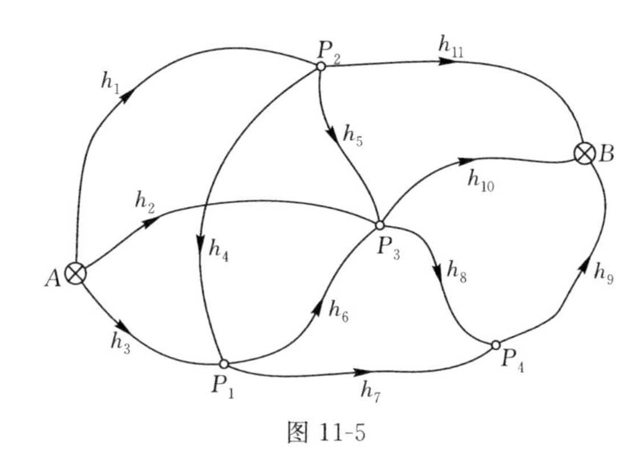

图 11-5

表 11-2

已知数据		$H_A=103.317$ $H_B=123.488$	
序号	h_i	序号	h_i
1	13.782	7	30.289
2	28.694	8	13.333
3	11.720	9	−21.829
4	−2.052	10	−8.494
5	14.920	11	6.413
6	16.928		

解:首先采用最小二乘原理对该水准网进行平差计算。选择待定点的高程作为未知参数列出相应的误差方程。参数近似值的计算公式如下

$$X_1^0=H_A+h_3=115.037\ \text{m}$$

$$X_2^0=H_A+h_1=117.099\ \text{m}$$

$$X_3^0=H_A+h_2=132.011\ \text{m}$$

$$X_4^0=X_1^0+h_7=145.326\ \text{m}$$

采用最小和法进行平差计算,即参数的解算要在满足下列条件下进行

$$\sum_{i=1}^{11}|v_i|=\min$$

计算过程中,为了避免出现一些观测值的权过大的情形,应对其进行限制,如取

$$p_i=\begin{cases}1,\ |v_i|\leqslant Q\\ \dfrac{Q}{|v_i|},\ |v_i|>Q\end{cases}$$

当前后两次权值或改正数相同时,迭代计算过程结束,计算过程精确到 0.1 mm。当迭代至第 11 次时,前后两次观测值的改正数相同,迭代计算过程结束。计算结果列于表 11-3 中。其中,v_0 表示利用最小二乘法所得观测值残差的计算结果,v_i 及 p_i 表示第 i 次迭代所得残差及权值。从表 11-3 中可以看出,第 8 个观测值的权较小,且其残差较大,因而含有粗差的可能性较大,应予以删除。

表 11-3

序号	v_0	v_1	p_1	v_5	p_5	v_9	p_9	v_{10}	p_{10}
1	−5.9	−4.6	1.000	−4.4	1.000	−4.4	1.000	−4.4	1.000
2	−14.4	−14.0	0.870	−13.6	0.898	−13.3	0.915	−13.3	0.917
3	2.9	3.1	1.000	2.8	1.000	2.8	1.000	2.8	1.000
4	−1.2	−2.4	1.000	−2.8	1.000	−2.7	1.000	−2.7	1.000
5	−16.5	−17.4	0.700	−17.1	0.712	−16.9	0.722	−16.8	0.724
6	−1.3	−1.1	1.000	−0.4	1.000	−0.1	1.000	−0.1	1.000
7	2.9	1.8	1.000	−0.4	1.000	0.2	1.000	0.2	1.000
8	−17.7	−19.2	0.636	−21.3	0.573	−21.7	0.563	−21.7	0.562
9	−14.8	−13.8	0.881	−12.1	1.000	−12.0	1.000	−12.0	1.000
10	−14.5	−15.0	0.813	−15.4	0.790	−15.7	0.778	−15.7	0.776
11	11.9	10.6	1.000	10.4	1.000	10.4	1.000	10.4	1.000

习　题

1. 设已知 $P_1 \sim P_4$ 观测点的重力异常观测值 $\boldsymbol{L}$ 和它们的坐标 x_i、y_i(列于表 11-4 中),观测误差(噪声)的方差为 $\boldsymbol{D}_{\Delta\Delta}=(0.04)^2\boldsymbol{I}$,信号的方差 $\boldsymbol{D}_{XX}$、$\boldsymbol{D}_{X'X'}$ 和协方差 $\boldsymbol{D}_{XX'}$ 按希尔沃年公式 $D(s)=\dfrac{D(0)}{1+\dfrac{s^2}{d^2}}$,取 $D(0)=0.01\ \text{mGal}$,$d=100\ \text{m}$ 计算,试求 $P_1 \sim P_4$ 观测点和 P'_1、P'_2 未测点的重力异常估值。其中,$x_0=\dfrac{1}{4}\sum\limits_{i=1}^{4}x_i=460$,$y_0=\dfrac{1}{4}\sum\limits_{i=1}^{4}y_i=300$。

表 11-4

点号	L_i/mGal	x_i/m	y_i/m
P_1	−0.55	+640	+480
P_2	−0.23	+440	+400
P_3	+0.58	+140	+140
P_4	−1.80	+620	+180
P'_1		+500	+300
P'_2		+460	+300

2. 设已知

$$\boldsymbol{L}=\begin{bmatrix}1\\1\\-3\end{bmatrix},\ \boldsymbol{\mu}_X=\begin{bmatrix}0\\0\end{bmatrix},\ \boldsymbol{D}_{XX}=\begin{bmatrix}3&0\\0&2\end{bmatrix},\ \boldsymbol{D}_{\Delta\Delta}=\begin{bmatrix}2&0&0\\0&2&0\\0&0&2\end{bmatrix},\ \boldsymbol{D}_{X\Delta}=\begin{bmatrix}-1&1&0\\0&0&0\end{bmatrix}$$

观测方程为

$$\begin{bmatrix}L_1\\L_2\\L_3\end{bmatrix}=\begin{bmatrix}-1&-1\\-1&0\\0&1\end{bmatrix}\begin{bmatrix}x_1\\x_2\end{bmatrix}+\begin{bmatrix}0\\1\\-1\end{bmatrix}y+\begin{bmatrix}\Delta_1\\\Delta_2\\\Delta_3\end{bmatrix}$$

试求信号 x_1、x_2 和倾向参数 y 的估值及其误差方差。

3. 已知某水准网中,观测值为 h_1、h_2、h_3,其协因数矩阵 $\boldsymbol{Q}=\boldsymbol{I}$,两待定点高程平差值为未

知参数,其误差方程为

$$\boldsymbol{V}=\begin{bmatrix}-1 & 1\\ -1 & 1\\ -1 & 1\end{bmatrix}\begin{bmatrix}\hat{x}_1\\ \hat{x}_2\end{bmatrix}-\begin{bmatrix}2\\ -1\\ 1\end{bmatrix}$$

试按秩亏自由网法求法方程解 $\hat{\boldsymbol{X}}$ 及其协因数矩阵 $\boldsymbol{Q}_{\hat{X}\hat{X}}$。

4. 如图 11-6 所示的水准网中,各水准线路长度大致相等,观测高差和近似高程分别为 $h_1=12.344$ m,$h_2=3.478$ m,$h_3=-15.817$ m,$H_1^0=0$ m,$H_2^0=3.487$ m,$H_3^0=-12.345$ m。试:① 对该网进行秩亏网平差;② 设点 1 为沉降点,点 2、点 3 为拟稳点,对该自由网进行拟稳平差。

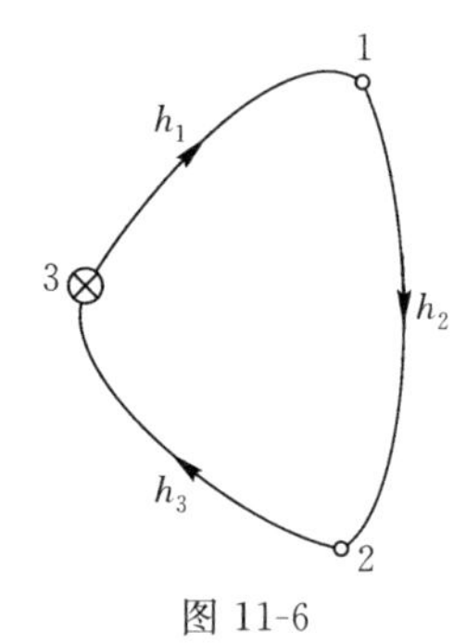

图 11-6

第十二章　平差方法应用

§12-1　GPS控制网坐标间接平差

在静态GPS控制测量中，在任意两个观测站上进行GPS观测，可得到两点之间的基线向量观测值，即WGS-84坐标系(采用广播星历表处理基线)或国际地球参考框架坐标系(采用国际GNSS服务精密星历处理基线)下的三维坐标差 $(\Delta X, \Delta Y, \Delta Z)$ 及其协方差矩阵。为了提高定位结果的精度和可靠性，通常需要将不同时段观测的基线向量联结成网，采用间接平差模型进行整体平差。

一、函数模型

设GPS网中各待定点的空间直角坐标平差值为参数，参数的纯量形式记为

$$\begin{bmatrix}\hat{X}_i\\ \hat{Y}_i\\ \hat{Z}_i\end{bmatrix}=\begin{bmatrix}X_i^0\\ Y_i^0\\ Z_i^0\end{bmatrix}+\begin{bmatrix}\hat{x}_i\\ \hat{y}_i\\ \hat{z}_i\end{bmatrix} \tag{12-1}$$

设GPS基线向量(如图12-1所示)的观测值为 $[\Delta X_{ij}\quad \Delta Y_{ij}\quad \Delta Z_{ij}]$，则基线向量观测值的平差值为

$$\begin{bmatrix}\Delta\hat{X}_{ij}\\ \Delta\hat{Y}_{ij}\\ \Delta\hat{Z}_{ij}\end{bmatrix}=\begin{bmatrix}\hat{X}_j\\ \hat{Y}_j\\ \hat{Z}_j\end{bmatrix}-\begin{bmatrix}\hat{X}_i\\ \hat{Y}_i\\ \hat{Z}_i\end{bmatrix}=\begin{bmatrix}X_j^0+\hat{x}_j\\ Y_j^0+\hat{y}_j\\ Z_j^0+\hat{z}_j\end{bmatrix}-\begin{bmatrix}X_i^0+\hat{x}_i\\ Y_i^0+\hat{y}_i\\ Z_i^0+\hat{z}_i\end{bmatrix}=\begin{bmatrix}\Delta X_{ij}+v_{X_{ij}}\\ \Delta Y_{ij}+v_{Y_{ij}}\\ \Delta Z_{ij}+v_{Z_{ij}}\end{bmatrix} \tag{12-2}$$

基线向量的误差方程式为

$$\begin{bmatrix}v_{X_{ij}}\\ v_{Y_{ij}}\\ v_{Z_{ij}}\end{bmatrix}=\begin{bmatrix}\hat{x}_j\\ \hat{y}_j\\ \hat{z}_j\end{bmatrix}-\begin{bmatrix}\hat{x}_i\\ \hat{y}_i\\ \hat{z}_i\end{bmatrix}+\begin{bmatrix}X_j^0-X_i^0-\Delta X_{ij}\\ Y_j^0-Y_i^0-\Delta Y_{ij}\\ Z_j^0-Z_i^0-\Delta Z_{ij}\end{bmatrix}$$

$$=\begin{bmatrix}\hat{x}_j\\ \hat{y}_j\\ \hat{z}_j\end{bmatrix}-\begin{bmatrix}\hat{x}_i\\ \hat{y}_i\\ \hat{z}_i\end{bmatrix}-\begin{bmatrix}\Delta X_{ij}-\Delta X_{ij}^0\\ \Delta Y_{ij}-\Delta Y_{ij}^0\\ \Delta Z_{ij}-\Delta Z_{ij}^0\end{bmatrix} \tag{12-3}$$

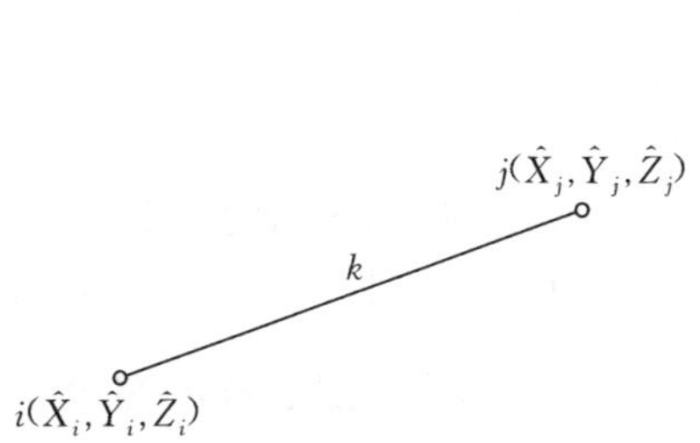

$j(\hat{X}_j,\hat{Y}_j,\hat{Z}_j)$　k　$i(\hat{X}_i,\hat{Y}_i,\hat{Z}_i)$

图12-1

则编号为 k 的基线向量的误差方程为

$$\underset{31}{\boldsymbol{V}_k}=\underset{31}{\hat{\boldsymbol{x}}_{k(j)}}-\underset{31}{\hat{\boldsymbol{x}}_{k(i)}}-\underset{31}{\boldsymbol{l}_k} \tag{12-4}$$

当网中有 p 个待定点、q 条基线向量时，观测值总数 $n=3q$，参数总数为 $t=3p$，则GPS网的误差方程式为

$$\underset{3q\,1}{\boldsymbol{V}}=\underset{3q\,3p}{\boldsymbol{B}}\;\underset{3p\,1}{\hat{\boldsymbol{x}}}-\underset{3q\,1}{\boldsymbol{l}} \tag{12-5}$$

二、随机模型

随机模型的一般形式为

$$\boldsymbol{D}=\sigma_0^2\boldsymbol{Q}=\sigma_0^2\boldsymbol{P}^{-1} \tag{12-6}$$

现以 2 台 GPS 接收机测得的结果为例，说明 GPS 平差的随机模型的组成。用 2 台 GPS 接收机进行测量，在 1 个时段内只能得到 1 条观测基线向量 $[\Delta X_{ij} \quad \Delta Y_{ij} \quad \Delta Z_{ij}]$，其中 3 个观测坐标分量是相关的，观测基线向量的协方差直接由基线解算软件给出，其形式为

$$\underset{33}{\boldsymbol{D}_k}=\begin{bmatrix} \sigma^2_{\Delta X_{ij}} & \sigma_{\Delta X_{ij}\Delta Y_{ij}} & \sigma_{\Delta X_{ij}\Delta Z_{ij}} \\ \sigma_{\Delta X_{ij}\Delta Y_{ij}} & \sigma^2_{\Delta Y_{ij}} & \sigma_{\Delta Y_{ij}\Delta Z_{ij}} \\ \sigma_{\Delta X_{ij}\Delta Z_{ij}} & \sigma_{\Delta Y_{ij}\Delta Z_{ij}} & \sigma^2_{\Delta Z_{ij}} \end{bmatrix} \tag{12-7}$$

对于采用单基线解求得的基线分量，不同的观测基线向量之间是相互独立的，因此对于由多条单基线解组成的 GPS 网而言，式(12-6)中的 $\boldsymbol{D}$ 是块对角矩阵，即

$$\underset{3n\,3n}{\boldsymbol{D}}=\begin{bmatrix} \underset{33}{\boldsymbol{D}_1} & & & \\ & \underset{33}{\boldsymbol{D}_2} & & \\ & & \ddots & \\ & & & \underset{33}{\boldsymbol{D}_n} \end{bmatrix} \tag{12-8}$$

式中，$\boldsymbol{D}$ 的下脚标$(1,2,3,\cdots,n)$ 为各观测基线向量的编号，相应的组成形式为式(12-7)。

由式(12-6)可得观测值权矩阵为

$$\boldsymbol{P}=\boldsymbol{Q}^{-1}=\left(\frac{1}{\sigma_0^2}\boldsymbol{D}\right)^{-1}=\sigma_0^2\boldsymbol{D}^{-1} \tag{12-9}$$

式中，σ_0^2 的先验值可以任意设定，最简单的方法是设为 1，亦可考虑权矩阵中各元素数值的均衡，适当选取。

根据进行网平差时所采用观测量和已知条件的类型和数量，可将网平差分为无约束平差和约束平差。无约束平差中，除了引入一个提供控制网位置基准信息的起算点外，不再引入其他的外部起算数据，因而 GPS 网的尺度和方位不会变化。而约束平差中，由于存在多余的起算数据，会使 GPS 网的尺度和方位因多余的起算数据的约束而发生变化，常用于实现 GPS 网成果由 WGS-84 坐标系(或国际地球参考框架坐标系)向地方区域坐标系的转换。

三、GPS 三维网无约束平差算例

[**例 12-1**]图 12-2 为一实测 GPS 控制网。使用 2 台 GPS 接收机观测，测得 5 条独立基线向量，$n=15$。网中，G01 为已知点，其余 G02、G03、G04 点为待定点，参数个数 $t=9$。已知点和观测数据分别列于表 12-1 和表 12-2 中。

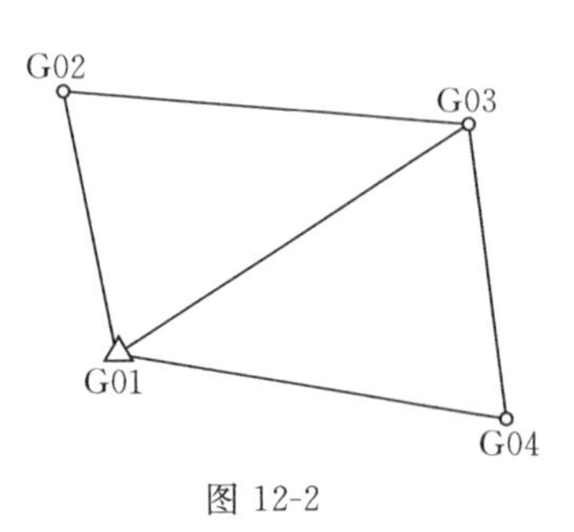

图 12-2

表 12-1 已知点数据

	X/m	Y/m	Z/m
G01	193 572.404 6	4 608 120.870 3	4 391 900.728 2

表 12-2　观测基线向量数据

编号	起点	终点	ΔX/m	ΔY/m	ΔZ/m	基线协方差矩阵
1	G01	G02	−1 318.566	−1 109.231	1 657.720	$\begin{bmatrix} 2.32099\times10^{-7} & -5.097008\times10^{-7} & -4.371401\times10^{-7} \\ -5.097008\times10^{-7} & 1.339931\times10^{-6} & 1.109356\times10^{-6} \\ -4.371401\times10^{-7} & 1.109356\times10^{-6} & 1.008592\times10^{-6} \end{bmatrix}$
2	G02	G03	−370.457	433.218	−1 959.923	$\begin{bmatrix} 1.044890\times10^{-6} & -2.396533\times10^{-6} & -2.319683\times10^{-6} \\ -2.396533\times10^{-6} & 6.341291\times10^{-6} & 5.902876\times10^{-6} \\ -2.319683\times10^{-6} & 5.902876\times10^{-6} & 6.035577\times10^{-6} \end{bmatrix}$
3	G03	G01	1 689.013	676.030	302.218	$\begin{bmatrix} 5.850064\times10^{-7} & -1.329620\times10^{-6} & -1.252374\times10^{-6} \\ -1.329620\times10^{-6} & 3.362548\times10^{-6} & 3.069820\times10^{-6} \\ -1.252374\times10^{-6} & 3.069820\times10^{-6} & 3.019233\times10^{-6} \end{bmatrix}$
4	G01	G04	−1 505.531	108.347	−1 251.387	$\begin{bmatrix} 1.205319\times10^{-6} & -2.636702\times10^{-6} & -2.174106\times10^{-6} \\ -2.636702\times10^{-6} & 6.858585\times10^{-6} & 5.480745\times10^{-6} \\ -2.174106\times10^{-6} & 5.480745\times10^{-6} & 4.820125\times10^{-6} \end{bmatrix}$
5	G04	G03	−183.497	−784.353	949.195	$\begin{bmatrix} 9.662657\times10^{-6} & -2.175476\times10^{-5} & -1.971468\times10^{-5} \\ -2.175476\times10^{-5} & 5.194777\times10^{-5} & 4.633565\times10^{-5} \\ -1.971468\times10^{-5} & 4.633565\times10^{-5} & 4.324110\times10^{-5} \end{bmatrix}$

解：

(1)参数近似值概算。取 G02、G03、G04 点的三维坐标平差值为参数，则参数向量为

$$\underset{91}{\hat{\boldsymbol{X}}}=\begin{bmatrix}\hat{X}_2 & \hat{Y}_2 & \hat{Z}_2 & \hat{X}_3 & \hat{Y}_3 & \hat{Z}_3 & \hat{X}_4 & \hat{Y}_4 & \hat{Z}_4\end{bmatrix}^{\mathrm{T}}$$

计算各待定点坐标近似值见表 12-3。

表 12-3　待定点坐标近似值概算

	X^0/m	Y^0/m	Z^0/m
G02	192 253.838 6	4 607 011.639 3	4 393 558.448 2
G03	191 883.391 6	4 607 444.840 3	4 391 598.510 2
G04	192 066.873 6	4 608 229.217 3	4 390 649.341 2

(2)误差方程式列立

$$\underset{15\,1}{\boldsymbol{V}}=\underset{15\,9\,9\,1}{\boldsymbol{B}\hat{\boldsymbol{x}}}-\underset{15\,1}{\boldsymbol{l}}$$

$$\begin{bmatrix} v_1 \\ v_2 \\ v_3 \\ v_4 \\ v_5 \\ v_6 \\ v_7 \\ v_8 \\ v_9 \\ v_{10} \\ v_{11} \\ v_{12} \\ v_{13} \\ v_{14} \\ v_{15} \end{bmatrix}=\begin{bmatrix} 1 & 0 & 0 & 0 & 0 & 0 & 0 & 0 & 0 \\ 0 & 1 & 0 & 0 & 0 & 0 & 0 & 0 & 0 \\ 0 & 0 & 1 & 0 & 0 & 0 & 0 & 0 & 0 \\ -1 & 0 & 0 & 1 & 0 & 0 & 0 & 0 & 0 \\ 0 & -1 & 0 & 0 & 1 & 0 & 0 & 0 & 0 \\ 0 & 0 & -1 & 0 & 0 & 1 & 0 & 0 & 0 \\ 0 & 0 & 0 & -1 & 0 & 0 & 0 & 0 & 0 \\ 0 & 0 & 0 & 0 & -1 & 0 & 0 & 0 & 0 \\ 0 & 0 & 0 & 0 & 0 & -1 & 0 & 0 & 0 \\ 0 & 0 & 0 & 0 & 0 & 0 & 1 & 0 & 0 \\ 0 & 0 & 0 & 0 & 0 & 0 & 0 & 1 & 0 \\ 0 & 0 & 0 & 0 & 0 & 0 & 0 & 0 & 1 \\ 0 & 0 & 0 & 1 & 0 & 0 & -1 & 0 & 0 \\ 0 & 0 & 0 & 0 & 1 & 0 & 0 & -1 & 0 \\ 0 & 0 & 0 & 0 & 0 & 1 & 0 & 0 & -1 \end{bmatrix}\begin{bmatrix} \hat{x}_2 \\ \hat{y}_2 \\ \hat{z}_2 \\ \hat{x}_3 \\ \hat{y}_3 \\ \hat{z}_3 \\ \hat{x}_4 \\ \hat{y}_4 \\ \hat{z}_4 \end{bmatrix}-\begin{bmatrix} 0 \\ 0 \\ 0 \\ -0.010 \\ 0.017 \\ 0.015 \\ 0 \\ 0 \\ 0 \\ 0 \\ 0 \\ 0 \\ -0.015 \\ 0.024 \\ 0.026 \end{bmatrix}$$

(3)权矩阵确定。为计算方便计,令先验单位权标准差 $\sigma_0 = 0.002$,其权矩阵为

$$\underset{15\,15}{\boldsymbol{P}} = \sigma_0^2 \underset{15\,15}{\boldsymbol{D}^{-1}}$$

$$\boldsymbol{P} = \begin{bmatrix}
12.151 & 27.056 & 18.849 & 0 & 0 & 0 & 0 & 0 & 0 & 0 & 0 & 0 & 0 & 0 & 0 \\
27.056 & 39.932 & -32.195 & 0 & 0 & 0 & 0 & 0 & 0 & 0 & 0 & 0 & 0 & 0 & 0 \\
18.849 & -32.195 & 47.546 & 0 & 0 & 0 & 0 & 0 & 0 & 0 & 0 & 0 & 0 & 0 & 0 \\
0 & 0 & 0 & 32.106 & 7.224 & 5.274 & 0 & 0 & 0 & 0 & 0 & 0 & 0 & 0 & 0 \\
0 & 0 & 0 & 7.224 & 8.665 & -5.698 & 0 & 0 & 0 & 0 & 0 & 0 & 0 & 0 & 0 \\
0 & 0 & 0 & 5.274 & -5.698 & 8.263 & 0 & 0 & 0 & 0 & 0 & 0 & 0 & 0 & 0 \\
0 & 0 & 0 & 0 & 0 & 0 & 73.512 & 20.641 & 9.230 & 0 & 0 & 0 & 0 & 0 & 0 \\
0 & 0 & 0 & 0 & 0 & 0 & 20.641 & 17.857 & -9.317 & 0 & 0 & 0 & 0 & 0 & 0 \\
0 & 0 & 0 & 0 & 0 & 0 & 9.230 & -9.317 & 14.203 & 0 & 0 & 0 & 0 & 0 & 0 \\
0 & 0 & 0 & 0 & 0 & 0 & 0 & 0 & 0 & 22.045 & 5.791 & 3.359 & 0 & 0 & 0 \\
0 & 0 & 0 & 0 & 0 & 0 & 0 & 0 & 0 & 5.791 & 7.904 & -6.375 & 0 & 0 & 0 \\
0 & 0 & 0 & 0 & 0 & 0 & 0 & 0 & 0 & 3.359 & -6.375 & 9.594 & 0 & 0 & 0 \\
0 & 0 & 0 & 0 & 0 & 0 & 0 & 0 & 0 & 0 & 0 & 0 & 7.971 & 2.184 & 1.294 \\
0 & 0 & 0 & 0 & 0 & 0 & 0 & 0 & 0 & 0 & 0 & 0 & 2.184 & 2.341 & -1.512 \\
0 & 0 & 0 & 0 & 0 & 0 & 0 & 0 & 0 & 0 & 0 & 0 & 1.294 & -1.512 & 2.303
\end{bmatrix}$$

(4)法方程组成

$$\boldsymbol{B}^{\mathrm{T}}\boldsymbol{P}\boldsymbol{B}\hat{\boldsymbol{x}} = \boldsymbol{B}^{\mathrm{T}}\boldsymbol{P}\boldsymbol{l}$$

$$\begin{bmatrix}
144.25698 & 34.28037 & 24.12291 & -32.10617 & -7.22428 & -5.27408 & 0 & 0 & 0 \\
34.28037 & 48.59712 & -37.89292 & -7.22428 & -8.66535 & 5.69828 & 0 & 0 & 0 \\
24.12291 & -37.89292 & 55.80912 & -5.27408 & 5.69828 & -8.26275 & 0 & 0 & 0 \\
-32.10617 & -7.22428 & -5.27408 & 113.58905 & 30.04989 & 15.79797 & -7.97080 & -2.18422 & -1.29354 \\
-7.22428 & -8.66535 & 5.69828 & 30.04989 & 28.86306 & -16.52712 & -2.18422 & -2.34062 & 1.51228 \\
-5.27408 & 5.69828 & -8.26275 & 15.79797 & -16.52712 & 24.76837 & -1.29354 & 1.51228 & -2.30277 \\
0 & 0 & 0 & -7.97080 & -2.18422 & -1.29354 & 30.01573 & 7.97530 & 4.65209 \\
0 & 0 & 0 & -2.18422 & -2.34062 & 1.51228 & 7.97530 & 10.24475 & -7.88766 \\
0 & 0 & 0 & -1.29354 & 1.51228 & -2.30277 & 4.65209 & -7.88766 & 11.89665
\end{bmatrix}
\begin{bmatrix} \hat{x}_2 \\ \hat{y}_2 \\ \hat{z}_2 \\ \hat{x}_3 \\ \hat{y}_3 \\ \hat{z}_3 \\ \hat{x}_4 \\ \hat{y}_4 \\ \hat{z}_4 \end{bmatrix}
=
\begin{bmatrix} 0.11914 \\ 0.01041 \\ 0.02567 \\ -0.15265 \\ -0.02631 \\ -0.02150 \\ 0.03351 \\ 0.01591 \\ -0.00417 \end{bmatrix}$$

(5)法方程系数矩阵求逆

$$\boldsymbol{N}_{BB}^{-1} = \begin{bmatrix}
0.04988 & -0.11024 & -0.09566 & 0.01772 & -0.03932 & -0.03339 & 0.00216 & -0.00461 & -0.00344 \\
-0.11024 & 0.28998 & 0.24282 & -0.03883 & 0.09873 & 0.08131 & -0.00454 & 0.01305 & 0.00939 \\
-0.09566 & 0.24282 & 0.22362 & -0.03304 & 0.08160 & 0.07387 & -0.00331 & 0.00925 & 0.00776 \\
0.01772 & -0.03883 & -0.03304 & 0.09651 & -0.21924 & -0.20617 & 0.00971 & -0.02195 & -0.01989 \\
-0.03932 & 0.09873 & 0.08160 & -0.21924 & 0.55868 & 0.50880 & -0.02100 & 0.06385 & 0.05417 \\
-0.03339 & 0.08131 & 0.07387 & -0.20617 & 0.50880 & 0.51108 & -0.01589 & 0.04721 & 0.04935 \\
0.00216 & -0.00454 & -0.00331 & 0.00971 & -0.02100 & -0.01589 & 0.26407 & -0.58212 & -0.48857 \\
-0.00461 & 0.01305 & 0.00925 & -0.02195 & 0.06385 & 0.04721 & -0.58212 & 1.48698 & 1.21216 \\
-0.00344 & 0.00939 & 0.00776 & -0.01989 & 0.05417 & 0.04935 & -0.48857 & 1.21216 & 1.07929
\end{bmatrix}$$

(6)法方程求解及其精度评定

$$\begin{bmatrix}\hat{x}_2\\\hat{y}_2\\\hat{z}_2\\\hat{x}_3\\\hat{y}_3\\\hat{z}_3\\\hat{x}_4\\\hat{y}_4\\\hat{z}_4\end{bmatrix}=(\boldsymbol{B}^{\mathrm{T}}\boldsymbol{PB})^{-1}\boldsymbol{B}^{\mathrm{T}}\boldsymbol{Pl}=\begin{bmatrix}0.0014\\-0.0023\\-0.0018\\-0.0036\\0.0064\\0.0059\\0.0012\\-0.0004\\-0.0012\end{bmatrix}\text{(单位为 m)}$$

单位权中误差为

$$\hat{\sigma}_0=\sqrt{\frac{\boldsymbol{V}^{\mathrm{T}}\boldsymbol{PV}}{n-t}}=\sqrt{\frac{0.000\,467}{15-9}}=0.009\ \mathrm{m}$$

坐标中误差见表 12-4。

表 12-4

	$\hat{\sigma}_X$ /m	$\hat{\sigma}_Y$ /m	$\hat{\sigma}_Z$ /m
G02	0.002 0	0.004 8	0.004 2
G03	0.002 7	0.006 6	0.006 3
G04	0.004 5	0.010 8	0.009 2

(7)评差结果见表 12-5 和表 12-6。

表 12-5

	$\hat{X}$/m	$\hat{Y}$/m	$\hat{Z}$/m
G02	192 253.840 0	4 607 011.637 0	4 393 558.446 4
G03	191 883.388 0	4 607 444.846 7	4 391 598.516 1
G04	192 066.874 8	4 608 229.216 9	4 390 649.340 0

表 12-6

起点	终点	ΔX/m	$v_{\Delta X}$/m	$\Delta\hat{X}$/m	ΔY/m	$v_{\Delta Y}$/m	$\Delta\hat{Y}$/m	ΔZ/m	$v_{\Delta Z}$/m	$\Delta\hat{Z}$/m
G01	G02	−1 318.566	0.001 4	−1 318.564 6	−1 109.231	−0.002 3	−1 109.233 3	1 657.720	−0.001 8	1 657.718 2
G02	G03	−370.457	0.005 0	−370.452 0	433.218	−0.008 4	433.209 6	−1 959.923	−0.007 3	−1 959.930 3
G03	G01	1 689.013	0.003 6	1 689.016 6	676.030	−0.006 4	676.023 6	302.218	−0.005 9	302.212 1
G01	G04	−1 505.531	0.001 2	−1 505.529 8	108.347	−0.000 4	108.346 6	−1 251.387	−0.001 2	−1 251.388 2
G04	G03	−183.497	0.010 2	−183.486 8	−784.353	−0.017 2	−784.370 2	949.195	−0.019 0	949.176 0

§12-2 空间后方交会求解影像方位元素

在航空摄影测量中,如果确定了每幅影像的 9 个内外方位元素,就能确定被摄物体与航摄影像之间的解析关系,为制图奠定基础。利用影像范围内一定数量的控制点的空间坐标和影像坐标,根据共线条件方程,采用间接平差求解该影像方位元素的方法,称为单幅影像的空间后方交会法。

一、影像的内外方位元素

内方位元素指确定摄影机镜头中心(简称摄影中心)相对于影像位置的关系参数,包括3个:像主点(即主光轴在影像面上的垂足)在影像框标坐标系(简称框标)中的坐标 x_0 和 y_0,以及镜头到影像平面的垂距 f(也称主距),如图12-3所示。

外方位元素指确定拍摄瞬间摄影光束的空间位置和姿态的参数,包括3个线性参数和3个角元素:3个线性参数指摄影中心 S 相对于物方空间坐标系的位置坐标 X_S、Y_S、Z_S;3个角元素分别为3个绕物方空间坐标轴的旋转角 φ、ω 和 κ,即以 Y 为主轴旋转 φ 角,绕 X 轴旋转 ω 角,绕 Z 轴旋转 κ 角,如图12-4所示。

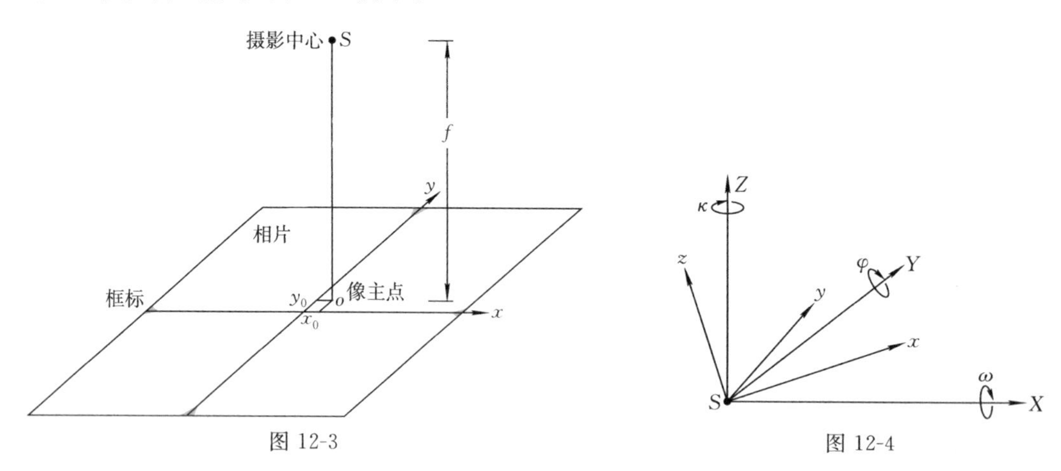

图 12-3　　图 12-4

由物方空间坐标系到影像框标坐标系的旋转矩阵为

$$\boldsymbol{R}=\boldsymbol{R}_\varphi\boldsymbol{R}_\omega\boldsymbol{R}_\kappa=\begin{bmatrix}\cos\varphi & 0 & -\sin\varphi\\ 0 & 1 & 0\\ \sin\varphi & 0 & \cos\varphi\end{bmatrix}\begin{bmatrix}1 & 0 & 0\\ 0 & \cos\omega & -\sin\omega\\ 0 & \sin\omega & \cos\omega\end{bmatrix}\begin{bmatrix}\cos\kappa & -\sin\kappa & 0\\ \sin\kappa & \cos\kappa & 0\\ 0 & 0 & 1\end{bmatrix}$$

$$=\begin{bmatrix}\cos\varphi\cos\kappa-\sin\varphi\sin\omega\sin\kappa & -\cos\varphi\sin\kappa-\sin\varphi\sin\omega\cos\kappa & -\sin\varphi\cos\omega\\ \cos\omega\sin\kappa & \cos\omega\cos\kappa & -\sin\omega\\ \sin\varphi\cos\kappa+\cos\varphi\sin\omega\sin\kappa & -\sin\varphi\sin\kappa+\cos\varphi\sin\omega\cos\kappa & \cos\varphi\cos\omega\end{bmatrix} \tag{12-10}$$

令 $\boldsymbol{R}=\begin{bmatrix}a_1 & a_2 & a_3\\ b_1 & b_2 & b_3\\ c_1 & c_2 & c_3\end{bmatrix}$,于是

$$\left.\begin{aligned}a_1&=\cos\varphi\cos\kappa-\sin\varphi\sin\omega\sin\kappa\\ a_2&=-\cos\varphi\sin\kappa-\sin\varphi\sin\omega\cos\kappa\\ a_3&=-\sin\varphi\cos\omega\\ b_1&=\cos\omega\sin\kappa\\ b_2&=\cos\omega\cos\kappa\\ b_3&=-\sin\omega\\ c_1&=\sin\varphi\cos\kappa+\cos\varphi\sin\omega\sin\kappa\\ c_2&=-\sin\varphi\sin\kappa+\cos\varphi\sin\omega\cos\kappa\\ c_3&=\cos\varphi\cos\omega\end{aligned}\right\} \tag{12-11}$$

二、共线方程

如图 12-5 所示，设有地面点 A，其在物方空间坐标系中的坐标为(X_A, Y_A, Z_A)，A 点在像面的投影点为 a，其在物方空间坐标系中的坐标为(X_a, Y_a, Z_a)，在影像框标中的坐标为(x, y, f)。

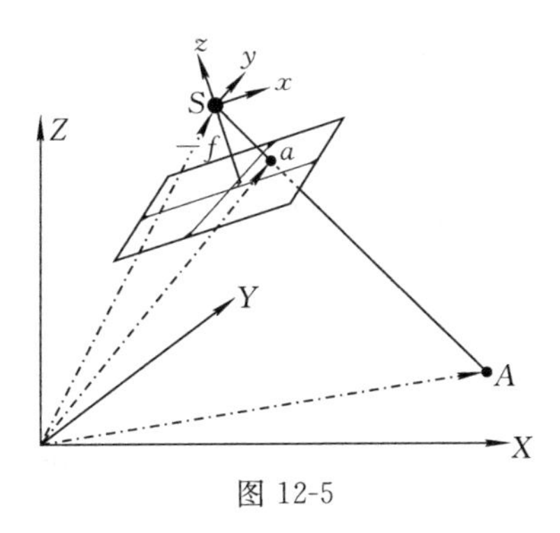

图 12-5

由于 S、a、A 3 点共线，故有

$$\overrightarrow{SA} = \lambda \overrightarrow{Sa} \tag{12-12}$$

即

$$\begin{bmatrix} X_A - X_S \\ Y_A - Y_S \\ Z_A - Z_S \end{bmatrix} = \lambda \begin{bmatrix} X_a - X_S \\ Y_a - Y_S \\ Z_a - Z_S \end{bmatrix} \quad \left(\text{或} \begin{bmatrix} X_a - X_S \\ Y_a - Y_S \\ Z_a - Z_S \end{bmatrix} = \frac{1}{\lambda} \begin{bmatrix} X_A - X_S \\ Y_A - Y_S \\ Z_A - Z_S \end{bmatrix} \right) \tag{12-13}$$

以摄影中心 S 为原点，通过坐标系旋转变换，即可将 a 点的影像框标坐标转换为物方空间坐标，即

$$\begin{bmatrix} X_a - X_S \\ Y_a - Y_S \\ Z_a - Z_S \end{bmatrix} = \boldsymbol{R} \begin{bmatrix} x - x_0 \\ y - y_0 \\ -f \end{bmatrix} \tag{12-14}$$

考虑旋转矩阵 $\boldsymbol{R}$ 的正交性，故有 $\boldsymbol{R}^{-1} = \boldsymbol{R}^{\mathrm{T}}$，于是

$$\begin{bmatrix} x - x_0 \\ y - y_0 \\ -f \end{bmatrix} = \boldsymbol{R}^{-1} \begin{bmatrix} X_a - X_S \\ Y_a - Y_S \\ Z_a - Z_S \end{bmatrix} = \frac{1}{\lambda} \boldsymbol{R}^{\mathrm{T}} \begin{bmatrix} X_A - X_S \\ Y_A - Y_S \\ Z_A - Z_S \end{bmatrix} = \frac{1}{\lambda} \begin{bmatrix} a_1 & b_1 & c_1 \\ a_2 & b_2 & c_2 \\ a_3 & b_3 & c_3 \end{bmatrix} \begin{bmatrix} X_A - X_S \\ Y_A - Y_S \\ Z_A - Z_S \end{bmatrix} \tag{12-15}$$

即称为共线方程，展开并略去下标 A，可得

$$\frac{1}{\lambda} = \frac{-f}{a_3(X - X_S) + b_3(Y - Y_S) + c_3(Z - Z_S)} \tag{12-16}$$

$$\left. \begin{aligned} x - x_0 &= -f \frac{a_1(X - X_S) + b_1(Y - Y_S) + c_1(Z - Z_S)}{a_3(X - X_S) + b_3(Y - Y_S) + c_3(Z - Z_S)} \\ y - y_0 &= -f \frac{a_2(X - X_S) + b_2(Y - Y_S) + c_2(Z - Z_S)}{a_3(X - X_S) + b_3(Y - Y_S) + c_3(Z - Z_S)} \end{aligned} \right\} \tag{12-17}$$

通过影像范围内的一组控制点（至少 4 个）的坐标(X_i, Y_i, Z_i)，以及量测出的影像框标坐

标(x_i, y_i)，即可利用上述方程求出该像片全部 9 个内外方位元素(X_S、Y_S、Z_S、φ、ω、κ、f、x_0、y_0)的最小二乘解。

三、共线方程线性化

设内外方位元素的参数向量为

$$\underset{91}{\boldsymbol{u}} = [X_S \quad Y_S \quad Z_S \quad \varphi \quad \omega \quad \kappa \quad f \quad x_0 \quad y_0]^{\mathrm{T}}$$

可将式(12-17)改写成

$$\left.\begin{aligned} x &= -f\frac{a_1(X-X_S)+b_1(Y-Y_S)+c_1(Z-Z_S)}{a_3(X-X_S)+b_3(Y-Y_S)+c_3(Z-Z_S)} + x_0 = F_x(\underset{91}{\boldsymbol{u}}) \\ y &= -f\frac{a_2(X-X_S)+b_2(Y-Y_S)+c_2(Z-Z_S)}{a_3(X-X_S)+b_3(Y-Y_S)+c_3(Z-Z_S)} + y_0 = F_y(\underset{91}{\boldsymbol{u}}) \end{aligned}\right\} \tag{12-18}$$

针对给定的控制点 i，令$\underset{21}{\boldsymbol{L}_i} = \begin{bmatrix} x \\ y \end{bmatrix}$，$\underset{21}{\boldsymbol{V}_i} = \begin{bmatrix} v_x \\ v_y \end{bmatrix}$，$\underset{21}{\boldsymbol{F}_i}(\underset{91}{\boldsymbol{u}}) = \begin{bmatrix} F_x(\boldsymbol{u}) \\ F_y(\boldsymbol{u}) \end{bmatrix}$，则由式(12-18)可得到以下平差值方程

$$\underset{21}{\hat{\boldsymbol{L}}_i} = \underset{21}{\boldsymbol{F}_i}(\underset{91}{\hat{\boldsymbol{u}}}) \tag{12-19}$$

对该式线性化，即按泰勒级数展开并取至一次项得

$$\underset{21}{\boldsymbol{L}_i} + \underset{21}{\boldsymbol{V}_i} = \underset{21}{\boldsymbol{F}_i}(\underset{91}{\boldsymbol{u}} + \underset{91}{\Delta\boldsymbol{u}}) = \underset{21}{\boldsymbol{F}_i}(\underset{91}{\boldsymbol{u}}) + \underset{29}{\frac{\partial \boldsymbol{F}_i}{\partial \boldsymbol{u}}}\underset{91}{\Delta\boldsymbol{u}}$$

式中

$$\underset{29}{\frac{\partial \boldsymbol{F}_i}{\partial \boldsymbol{u}}} = \begin{bmatrix} \frac{\partial F_x}{\partial X_S} & \frac{\partial F_x}{\partial Y_S} & \frac{\partial F_x}{\partial Z_S} & \frac{\partial F_x}{\partial \varphi} & \frac{\partial F_x}{\partial \omega} & \frac{\partial F_x}{\partial \kappa} & \frac{\partial F_x}{\partial f} & \frac{\partial F_x}{\partial x_0} & \frac{\partial F_x}{\partial y_0} \\ \frac{\partial F_y}{\partial X_S} & \frac{\partial F_y}{\partial Y_S} & \frac{\partial F_y}{\partial Z_S} & \frac{\partial F_y}{\partial \varphi} & \frac{\partial F_y}{\partial \omega} & \frac{\partial F_y}{\partial \kappa} & \frac{\partial F_y}{\partial f} & \frac{\partial F_y}{\partial x_0} & \frac{\partial F_y}{\partial y_0} \end{bmatrix}$$

$$\underset{91}{\Delta\boldsymbol{u}} = [\delta X_S \quad \delta Y_S \quad \delta Z_S \quad \delta\varphi \quad \delta\omega \quad \delta\kappa \quad \delta f \quad \delta x_0 \quad \delta y_0]^{\mathrm{T}}$$

整理后可得

$$\underset{21}{\boldsymbol{V}_i} = \underset{29}{\frac{\partial \boldsymbol{F}_i}{\partial \boldsymbol{u}}}\underset{91}{\Delta\boldsymbol{u}} + \underset{21}{\boldsymbol{F}_i}(\underset{91}{\boldsymbol{u}}) - \underset{21}{\boldsymbol{L}_i} = \underset{29}{\frac{\partial \boldsymbol{F}_i}{\partial \boldsymbol{u}}}\underset{91}{\Delta\boldsymbol{u}} - [\underset{21}{\boldsymbol{L}_i} - \underset{21}{\boldsymbol{F}_i}(\underset{91}{\boldsymbol{u}})] \tag{12-20}$$

令

$$\underset{29}{\frac{\partial \boldsymbol{F}_i}{\partial \boldsymbol{u}}} = \underset{29}{\boldsymbol{B}_i} = \begin{bmatrix} b_{11} & b_{12} & b_{13} & b_{14} & b_{15} & b_{16} & b_{17} & b_{18} & b_{19} \\ b_{21} & b_{22} & b_{23} & b_{24} & b_{25} & b_{26} & b_{27} & b_{28} & b_{29} \end{bmatrix}$$

$$\underset{21}{\boldsymbol{l}_i} = \underset{21}{\boldsymbol{L}_i} - \underset{21}{\boldsymbol{F}_i}(\underset{91}{\boldsymbol{u}}) = \begin{bmatrix} \boldsymbol{l}_x \\ \boldsymbol{l}_y \end{bmatrix}_i = \begin{bmatrix} \boldsymbol{x} - F_x(\boldsymbol{u}) \\ \boldsymbol{y} - F_y(\boldsymbol{u}) \end{bmatrix}_i$$

得到 i 点的误差方程式

$$\underset{21}{\boldsymbol{V}_i} = \underset{29}{\boldsymbol{B}_i}\underset{91}{\Delta\boldsymbol{u}} - \underset{21}{\boldsymbol{l}_i} \tag{12-21}$$

为求得该式系数矩阵 $\boldsymbol{B}_i$ 中各偏导数，得到误差方程的纯量形式，在式(12-18)中引入以下符号

$$\bar{X} = a_1(X - X_S) + b_1(Y - Y_S) + c_1(Z - Z_S)$$
$$\bar{Y} = a_2(X - X_S) + b_2(Y - Y_S) + c_2(Z - Z_S)$$
$$\bar{Z} = a_3(X - X_S) + b_3(Y - Y_S) + c_3(Z - Z_S)$$

或

$$\begin{bmatrix} \bar{X} \\ \bar{Y} \\ \bar{Z} \end{bmatrix} = \begin{bmatrix} a_1 & b_1 & c_1 \\ a_2 & b_2 & c_2 \\ a_3 & b_3 & c_3 \end{bmatrix} \begin{bmatrix} X_A - X_S \\ Y_A - Y_S \\ Z_A - Z_S \end{bmatrix} = \boldsymbol{R}^{\mathrm{T}} \begin{bmatrix} X_A - X_S \\ Y_A - Y_S \\ Z_A - Z_S \end{bmatrix} \tag{12-22}$$

则式(12-18)可写成如下形式

$$\left.\begin{aligned} x &= -f\frac{\bar{X}}{\bar{Z}} + x_0 = F_x(\underset{91}{\boldsymbol{u}}) \\ y &= -f\frac{\bar{Y}}{\bar{Z}} + y_0 = F_y(\underset{91}{\boldsymbol{u}}) \end{aligned}\right\} \tag{12-23}$$

经推导，可得误差方程式(12-21)系数矩阵 $\boldsymbol{B}_i$ 中各偏导数系数如下

$$b_{11} = \frac{\partial F_x}{\partial X_S} = \frac{1}{\bar{Z}}[a_1 f + a_3(x - x_0)],\ b_{12} = \frac{\partial F_x}{\partial Y_S} = \frac{1}{\bar{Z}}[b_1 f + b_3(x - x_0)]$$

$$b_{13} = \frac{\partial F_x}{\partial Z_S} = \frac{1}{\bar{Z}}[c_1 f + c_3(x - x_0)]$$

$$b_{21} = \frac{\partial F_y}{\partial X_S} = \frac{1}{\bar{Z}}[a_2 f + a_3(y - y_0)],\ b_{22} = \frac{\partial F_y}{\partial Y_S} = \frac{1}{\bar{Z}}[b_2 f + b_3(y - y_0)]$$

$$b_{23} = \frac{\partial F_y}{\partial Z_S} = \frac{1}{\bar{Z}}[c_2 f + c_3(y - y_0)]$$

$$b_{14} = \frac{\partial F_x}{\partial \varphi} = (y - y_0)\sin\omega - f\cos\kappa\cos\omega - \frac{(x - x_0)}{f}[(x - x_0)\cos\kappa - (y - y_0)\sin\kappa]\cos\omega$$

$$b_{15} = \frac{\partial F_x}{\partial \omega} = -f\sin\kappa - \frac{(x - x_0)}{f}[(x - x_0)\sin\kappa + (y - y_0)\cos\kappa],\ b_{16} = \frac{\partial F_x}{\partial \kappa} = (y - y_0)$$

$$b_{24} = \frac{\partial F_y}{\partial \varphi} = -(x - x_0)\sin\omega + f\sin\kappa\cos\omega - \frac{(y - y_0)}{f}[(x - x_0)\cos\kappa - (y - y_0)\sin\kappa]\cos\omega$$

$$b_{25} = \frac{\partial F_y}{\partial \omega} = -f\cos\kappa - \frac{(y - y_0)}{f}[(x - x_0)\sin\kappa + (y - y_0)\cos\kappa],\ b_{26} = \frac{\partial F_y}{\partial \kappa} = -(x - x_0)$$

$$b_{17} = \frac{\partial F_x}{\partial f} = \frac{1}{f}(x - x_0),\ b_{18} = \frac{\partial F_x}{\partial x_0} = 1,\ b_{19} = \frac{\partial F_x}{\partial y_0} = 0$$

$$b_{27} = \frac{\partial F_y}{\partial f} = \frac{1}{f}(y - y_0),\ b_{28} = \frac{\partial F_y}{\partial x_0} = 0,\ b_{29} = \frac{\partial F_y}{\partial y_0} = 1$$

当内方位元素已知，有

$$\delta f = 0,\ \delta x_0 = 0,\ \delta y_0 = 0$$

式(12-21)则变为

$$\begin{bmatrix} v_x \\ v_y \end{bmatrix}_i = \begin{bmatrix} \frac{\partial F_x}{\partial X_S} & \frac{\partial F_x}{\partial Y_S} & \frac{\partial F_x}{\partial Z_S} & \frac{\partial F_x}{\partial \varphi} & \frac{\partial F_x}{\partial \omega} & \frac{\partial F_x}{\partial \kappa} \\ \frac{\partial F_y}{\partial X_S} & \frac{\partial F_y}{\partial Y_S} & \frac{\partial F_y}{\partial Z_S} & \frac{\partial F_y}{\partial \varphi} & \frac{\partial F_y}{\partial \omega} & \frac{\partial F_y}{\partial \kappa} \end{bmatrix}_i \begin{bmatrix} \delta X_S \\ \delta Y_S \\ \delta Z_S \\ \delta\varphi \\ \delta\omega \\ \delta\kappa \end{bmatrix} - \begin{bmatrix} x - \left(-f\dfrac{\overline{X}}{\overline{Z}} + x_0\right) \\ y - \left(-f\dfrac{\overline{Y}}{\overline{Z}} + y_0\right) \end{bmatrix}_i \tag{12-24}$$

四、参数求解

如需同时求出所有 9 个内外方位元素，则必要观测数为 $t=9$，此时，一幅航摄像片中应至少提供5个控制点。当内方位元素为已知，仅需求解6个外方位元素，则必要观测数为$t=6$，此时，一幅航摄像片中应至少提供 4 个控制点。

设一幅航摄像片提供了 n 个控制点，则可按式(12-24) 列出 $2n$ 个误差方程式，其形式为

$$\underset{2n\,1}{\boldsymbol{V}} = \underset{2n\,6}{\boldsymbol{B}}\,\underset{6\,1}{\Delta\boldsymbol{u}} - \underset{2n\,1}{\boldsymbol{l}} \tag{12-25}$$

按最小二乘间接平差原理，列出法方程式为

$$\underset{6\,2n}{\boldsymbol{B}^{\mathrm{T}}}\,\underset{2n\,2n}{\boldsymbol{P}}\,\underset{2n\,6}{\boldsymbol{B}}\,\underset{6\,1}{\Delta\boldsymbol{u}} = \underset{6\,2n}{\boldsymbol{B}^{\mathrm{T}}}\,\underset{2n\,2n}{\boldsymbol{P}}\,\underset{2n\,1}{\boldsymbol{l}} \tag{12-26}$$

式中，$\boldsymbol{P}$ 为观测值权矩阵。一般认为控制点之像点坐标量测值是等精度独立观测值，故可取 $\boldsymbol{P}$ 为单位矩阵，由此可解得

$$\Delta\boldsymbol{u} = (\boldsymbol{B}^{\mathrm{T}}\boldsymbol{B})^{-1}\boldsymbol{B}^{\mathrm{T}}\boldsymbol{l} \tag{12-27}$$

由于一般未知参数的初值比较粗略，故解算过程通常采用迭代计算方式进行。每次迭代时，均用参数的近似值加上一次的改正数作为新的近似值。重复计算过程，直到改正数小于预定的限差为止，即

$$\begin{bmatrix} \hat{X}_S \\ \hat{Y}_S \\ \hat{Z}_S \\ \hat{\varphi} \\ \hat{\omega} \\ \hat{\kappa} \end{bmatrix} = \begin{bmatrix} X_S^0 \\ Y_S^0 \\ Z_S^0 \\ \varphi^0 \\ \omega^0 \\ \kappa^0 \end{bmatrix} + \begin{bmatrix} \delta X_S^1 \\ \delta Y_S^1 \\ \delta Z_S^1 \\ \delta\varphi^1 \\ \delta\omega^1 \\ \delta\kappa^1 \end{bmatrix} + \begin{bmatrix} \delta X_S^2 \\ \delta Y_S^2 \\ \delta Z_S^2 \\ \delta\varphi^2 \\ \delta\omega^2 \\ \delta\kappa^2 \end{bmatrix} + \begin{bmatrix} \delta X_S^3 \\ \delta Y_S^3 \\ \delta Z_S^3 \\ \delta\varphi^3 \\ \delta\omega^3 \\ \delta\kappa^3 \end{bmatrix} + \cdots \tag{12-28}$$

五、参数求解算例

[例 12-2]已知 4 对点的影像坐标和地面坐标见表 12-7。已知像片内方位元素为 $f_K = 153.24$ mm，$x_0 = y_0 = 0$，试计算近似垂直摄影情况下空间后方交会的解。

表 12-7

	影像坐标		地面坐标		
	x/mm	y/mm	X/m	Y/m	Z/m
1	−86.15	−68.99	36 589.41	25 273.32	2 195.17
2	−53.40	82.21	37 631.08	31 324.51	728.69
3	−14.78	−76.63	39 100.97	24 934.98	2 386.50
4	10.46	64.43	40 426.54	30 319.81	757.31

解:(1)确定外方位元素初值。

通过计算地面控制点间的距离与影像上相应像点间距离的比值,估计影像比例尺 $1/\mu$,见表 12-8。

表 12-8

点距编号	像点坐标差/m		像点距	控制点坐标差/m			物点距	比例分母 μ
	δx	δy		ΔX	ΔY	ΔZ		
1-2	0.032 75	0.151 20	0.154 71	1 041.67	6 051.19	−1 466.48	6 312.887	40 805
1-3	0.071 37	−0.007 64	0.071 78	2 511.56	−338.34	191.33	2 541.459	35 407
1-4	0.096 61	0.133 42	0.164 73	3 837.13	5 046.49	−1 437.86	6 500.621	39 463
2-3	0.038 62	−0.158 84	0.163 47	1 469.89	−6 389.53	1 657.81	6 762.766	41 370
2-4	0.063 86	−0.017 78	0.066 29	2 795.46	−1 004.70	28.62	2 970.663	44 813
3-4	0.025 24	0.141 06	0.143 30	1 325.57	5 384.83	−1 629.19	5 779.947	40 334
平均值								40 365

通过以下公式确定外方位元素初值

$$X_S^0 = \frac{1}{n}\sum_{i=1}^{n} X_{ti} = 38\,437.000(\text{m})$$

$$Y_S^0 = \frac{1}{n}\sum_{i=1}^{n} Y_{ti} = 27\,963.155(\text{m})$$

$$Z_S^0 = H = \mu f = 40\,365 \times 0.153\,24 = 6\,185.533(\text{m})$$

考虑近似垂直摄影条件,取 $\varphi^0 = \omega^0 = \kappa^0 = 0$ rad(弧度)。

(2)组成误差方程式。

计算旋转矩阵

$$\boldsymbol{R} = \begin{bmatrix} \cos\varphi\cos\kappa - \sin\varphi\sin\omega\sin\kappa & -\cos\varphi\sin\kappa - \sin\varphi\sin\omega\cos\kappa & -\sin\varphi\cos\omega \\ \cos\omega\sin\kappa & \cos\omega\cos\kappa & -\sin\omega \\ \sin\varphi\cos\kappa + \cos\varphi\sin\omega\sin\kappa & -\sin\varphi\sin\kappa + \cos\varphi\sin\omega\cos\kappa & \cos\varphi\cos\omega \end{bmatrix} = \begin{bmatrix} 1 & 0 & 0 \\ 0 & 1 & 0 \\ 0 & 0 & 1 \end{bmatrix}$$

计算控制点与摄影中心坐标差 $[X_t - X_S \quad Y_t - Y_S \quad Z_t - Z_S]^{\mathrm{T}}$,见表 12-9。

表 12-9

点号	1	2	3	4
$X_t - X_S$	−1 847.59	−805.92	663.97	1 989.54
$Y_t - Y_S$	−2 689.84	3 361.36	−3 028.18	2 356.66
$Z_t - Z_S$	−3 990.36	−5 456.84	−3 799.03	−5 428.22

计算各控制点旋转坐标 $[\bar{X} \quad \bar{Y} \quad \bar{Z}]^{\mathrm{T}}$。计算公式为 $\begin{bmatrix} \bar{X} \\ \bar{Y} \\ \bar{Z} \end{bmatrix} = \boldsymbol{R}^{-1} \begin{bmatrix} X_t - X_S \\ Y_t - Y_S \\ Z_t - Z_S \end{bmatrix}$,见表 12-10。

表 12-10

点号	1	2	3	4
$\bar{X}$	−1 847.590 00	−805.920 00	663.970 00	1 989.540 00
$\bar{Y}$	−2 689.835 00	3 361.355 00	−3 028.175 00	2 356.655 00
$\bar{Z}$	−3 990.362 60	−5 456.842 60	−3 799.032 60	−5 428.222 60

计算误差方程式系数矩阵及常数项。误差方程式为

$$\underset{2n1}{\boldsymbol{V}} = \underset{2n6}{\boldsymbol{B}} \underset{61}{\Delta \boldsymbol{u}} - \underset{2n1}{\boldsymbol{l}}$$

式中,改正数向量为 $\underset{81}{\boldsymbol{V}} = [v_{x1} \quad v_{y1} \quad v_{x2} \quad v_{y2} \quad v_{x3} \quad v_{y3} \quad v_{x4} \quad v_{y4}]^{\mathrm{T}}$,参数向量为 $\Delta \boldsymbol{u} = [\delta X_S \quad \delta Y_S \quad \delta Z_S \quad \delta\varphi \quad \delta\omega \quad \delta\kappa]^{\mathrm{T}}$。误差方程式系数矩阵 $\boldsymbol{B}$ 中各元素 b_{ij} 按上述3小节中公式计算,则

$$\underset{86}{\boldsymbol{B}} = \begin{bmatrix} -3.840\,25\times10^{-5} & 0 & 2.158\,95\times10^{-5} & -0.201\,672\,67 & -0.038\,785\,49 & -0.068\,99 \\ 0 & -3.840\,25\times10^{-5} & 1.728\,92\times10^{-5} & -0.038\,785\,49 & -0.184\,299\,91 & 0.086\,15 \\ -2.808\,22\times10^{-5} & 0 & 9.785\,88\times10^{-6} & -0.171\,848\,46 & 0.028\,647\,96 & 0.082\,21 \\ 0 & -2.808\,22\times10^{-5} & -1.506\,55\times10^{-5} & 0.028\,647\,96 & -0.197\,343\,92 & 0.053\,40 \\ -4.033\,66\times10^{-5} & 0 & 3.890\,46\times10^{-6} & -0.154\,665\,53 & -0.007\,390\,96 & -0.076\,63 \\ 0 & -4.033\,66\times10^{-5} & 2.017\,09\times10^{-5} & -0.007\,390\,96 & -0.191\,560\,00 & 0.014\,78 \\ -2.823\,02\times10^{-5} & 0 & -1.926\,97\times10^{-6} & -0.153\,953\,99 & -0.004\,397\,92 & 0.064\,43 \\ 0 & -2.823\,02\times10^{-5} & -1.186\,94\times10^{-5} & -0.004\,397\,92 & -0.180\,329\,70 & -0.010\,46 \end{bmatrix}$$

常数向量为

$$\underset{81}{\boldsymbol{l}} = \underset{81}{\boldsymbol{L}} - \underset{81}{\boldsymbol{F}}(\underset{61}{\boldsymbol{u}}) = [x_1 - F_{x_1} \quad y_1 - F_{y_1} \quad x_2 - F_{x_2} \quad y_2 - F_{y_2} \quad x_3 - F_{x_3} \quad y_3 - F_{y_3} \quad x_4 - F_{x_4} \quad y_4 - F_{y_4})]^{\mathrm{T}}$$

式中,观测值向量为 $\boldsymbol{L} = [x_1 \quad y_1 \quad x_2 \quad y_2 \quad x_3 \quad y_3 \quad x_4 \quad y_4]^{\mathrm{T}}$。各控制点像点坐标函数值 F_{x_i}、F_{y_i} 按下式计算(表 12-11)

$$F_{x_i} = -f\frac{\overline{X}_i}{\overline{Z}_i} + x_0,\ F_{y_i} = -f\frac{\overline{Y}_i}{\overline{Z}_i} + y_0$$

表 12-11

点号	1	2	3	4
F_x	−0.070 952 121	−0.022 631 985	0.026 782 282	0.056 165 182
F_y	−0.103 296 456	0.094 394 154	−0.122 146 237	0.066 528 925

于是,常数向量计算结果为

$$\underset{81}{\boldsymbol{l}} = \underset{81}{\boldsymbol{L}} - \underset{81}{\boldsymbol{F}}(\underset{61}{\boldsymbol{u}}) = \begin{bmatrix} x_1 - F_{x_1} \\ y_1 - F_{y_1} \\ x_2 - F_{x_2} \\ y_2 - F_{y_2} \\ x_3 - F_{x_3} \\ y_3 - F_{y_3} \\ x_4 - F_{x_4} \\ y_4 - F_{y_4} \end{bmatrix} = \begin{bmatrix} -0.0151\,978\,79 \\ 0.034\,306\,456 \\ -0.030\,768\,015 \\ -0.012\,184\,154 \\ -0.041\,562\,282 \\ 0.045\,516\,237 \\ -0.045\,705\,182 \\ -0.002\,098\,925 \end{bmatrix}$$

(3)组成法方程式并求解。将各像点坐标观测值视为等精度独立观测值,取权矩阵 $\boldsymbol{P}$ 为单位矩阵,组成法方程系数矩阵

$$\underset{68}{\boldsymbol{B}}^{\mathrm{T}}\underset{86}{\boldsymbol{B}}=$$

$$\begin{bmatrix} 4.687\,35\times10^{-9} & 0 & -1.206\,43\times10^{-9} & 2.315\,55\times10^{-5} & 1.107\,24\times10^{-6} & 1.612\,87\times10^{-6} \\ 0 & 4.687\,35\times10^{-9} & -7.194\,24\times10^{-10} & 1.107\,24\times10^{-6} & 2.543\,71\times10^{-5} & -5.108\,85\times10^{-6} \\ -1.206\,43\times10^{-9} & -7.194\,24\times10^{-10} & 1.654\,35\times10^{-9} & -7.539\,81\times10^{-6} & -2.514\,13\times10^{-6} & -7.940\,93\times10^{-23} \\ 2.315\,55\times10^{-5} & 1.107\,24\times10^{-6} & -7.539\,81\times10^{-6} & 0.120\,2260\,04 & 0.008\,422\,62 & -0.000\,156\,305 \\ 1.107\,24\times10^{-6} & 2.543\,71\times10^{-5} & -2.514\,13\times10^{-6} & 0.008\,422\,62 & 0.144\,524\,098 & -0.022\,046\,639 \\ 1.612\,87\times10^{-6} & -5.108\,85\times10^{-6} & -7.940\,93\times10^{-23} & -0.000\,156\,305 & -0.022\,046\,639 & 0.032\,142\,729 \end{bmatrix}$$

系数矩阵求逆得

$$(\underset{68}{\boldsymbol{B}}^{\mathrm{T}}\underset{86}{\boldsymbol{B}})^{-1}=$$

$$\begin{bmatrix} 12\,301\,623\,402 & -2\,359\,518\,116 & -3\,376\,263\,498 & -2\,580\,638.002 & 289\,731.985\,7 & -806\,127.488\,1 \\ -2\,359\,518\,116 & 14\,426\,481\,491 & 4\,454\,173\,901 & 767\,812.841\,2 & -2\,367\,639.289 & 791\,155.229\,9 \\ -3\,376\,263\,498 & 4\,454\,173\,901 & 2\,832\,629\,320 & 836\,166.830\,5 & -695\,899.528 & 404\,124.114 \\ -2\,580\,638.002 & 767\,812.841\,2 & 836\,166.830\,5 & 558.351\,108\,7 & -105.630\,073 & 181.794\,426\,8 \\ 289\,731.985\,7 & -2\,367\,639.289 & -695\,899.528 & -105.630\,073 & 397.339\,387 & -118.836\,593\,1 \\ -806\,127.488\,1 & 791\,155.229\,9 & 404\,124.114 & 181.794\,426\,8 & -118.836\,593\,1 & 116.684\,068\,1 \end{bmatrix}$$

法方程常数矩阵为

$$\underset{68}{\boldsymbol{B}}^{\mathrm{T}}\underset{81}{\boldsymbol{l}}=\begin{bmatrix} 4.414\,42\times10^{-6} \\ -2.752\,01\times10^{-6} \\ 1.016\,88\times10^{-6} \\ 0.019\,810\,358 \\ -0.012\,042\,591 \\ 0.001\,758\,748 \end{bmatrix}$$

解法方程的第一次参数改正数得

$$\underset{61}{\Delta\boldsymbol{u}}=(\underset{68}{\boldsymbol{B}}^{\mathrm{T}}\underset{81}{\boldsymbol{B}})^{-1}\underset{68}{\boldsymbol{B}}^{\mathrm{T}}\underset{81}{\boldsymbol{l}}=\begin{bmatrix} \delta X_S \\ \delta Y_S \\ \delta Z_S \\ \delta\varphi \\ \delta\omega \\ \delta\kappa \end{bmatrix}=\begin{bmatrix} 1\,334.430\,74 \\ -473.825\,54 \\ 1\,374.198\,55 \\ -0.001\,842\,449 \\ 0.000\,560\,713 \\ -0.087\,178\,355 \end{bmatrix}$$

计算第一次修正后的参数值得

$$\underset{61}{\boldsymbol{u}^1}=\underset{61}{\boldsymbol{u}^0}+\underset{61}{\Delta\boldsymbol{u}}=\begin{bmatrix} X_S^0 \\ Y_S^0 \\ Z_S^0 \\ \varphi^0 \\ \omega^0 \\ \kappa^0 \end{bmatrix}+\begin{bmatrix} \delta X_S \\ \delta Y_S \\ \delta Z_S \\ \delta\varphi \\ \delta\omega \\ \delta\kappa \end{bmatrix}=\begin{bmatrix} 38\,437.000\,0 \\ 27\,963.155\,0 \\ 6\,185.532\,6 \\ 0 \\ 0 \\ 0 \end{bmatrix}+\begin{bmatrix} 1\,334.430\,74 \\ -473.825\,54 \\ 1\,374.198\,55 \\ -0.001\,842\,449 \\ 0.000\,560\,713 \\ -0.087\,178\,355 \end{bmatrix}=\begin{bmatrix} 39\,771.430\,74 \\ 27\,489.329\,46 \\ 7\,559.731\,15 \\ -0.001\,842\,45 \\ 0.000\,560\,71 \\ -0.087\,178\,36 \end{bmatrix}$$

(4)迭代计算，求解最终参数值。将上述 $\boldsymbol{u}^1$ 作为新的参数初值，重复以上(2)、(3)两步骤，进行第 2,3,…,k 次修正，依次得到 $\boldsymbol{u}^2,\boldsymbol{u}^3,\cdots,\boldsymbol{u}^k$，直到 $\min\{|\delta\varphi|,|\delta\omega|,|\delta\kappa|\}<0.1'$，即

2.91×10^{-5} rad,结束迭代计算,得到最终外方位元素参数值

$$\underset{61}{\boldsymbol{u}}=\underset{61}{\boldsymbol{u}^{k}}=\underset{61}{\boldsymbol{u}^{0}}+\underset{61}{\Delta\boldsymbol{u}^{1}}+\underset{61}{\Delta\boldsymbol{u}^{2}}+\underset{61}{\Delta\boldsymbol{u}^{3}}+\cdots+\underset{61}{\Delta\boldsymbol{u}^{k}}$$

迭代计算结果见表 12-12。

表 12-12

	0	δ1	δ2	δ3	δ4	Σ
X_S	38 437.000 0	1 334.430 7	23.781 3	0.240 3	0.000 0	39 795.452 3
Y_S	27 963.155 0	−473.825 5	−12.992 2	0.125 1	−0.000 1	27 476.462 2
Z_S	6 185.532 6	1 374.198 6	11.802 6	1.152 2	0.000 0	7 572.685 9
φ	0.000 0	−0.001 8	−0.002 1	-2.922×10^{-5}	5.388×10^{-9}	−0.003 987
ω	0.000 0	0.000 6	0.001 6	-1.873×10^{-5}	1.857×10^{-8}	0.002 114
κ	0.000 0	−0.087 2	0.019 7	-5.486×10^{-5}	8.686×10^{-9}	−0.067 578

最终旋转矩阵为

$$\boldsymbol{R}=\begin{bmatrix}0.997\,708\,98 & 0.067\,534\,42 & 0.003\,986\,91\\ -0.067\,526\,40 & 0.997\,715\,25 & -0.002\,113\,90\\ -0.004\,120\,56 & 0.001\,839\,84 & 0.999\,989\,82\end{bmatrix}$$

最终参数协因数 $\boldsymbol{Q}_{uu}$ 矩阵为

$$\underset{66}{\boldsymbol{Q}_{uu}}=(\boldsymbol{B}^{\mathrm{T}}\boldsymbol{B})^{-1}=$$

$$\begin{bmatrix}23\,269\,927\,326 & -3\,675\,242\,193 & -5\,998\,601\,306 & -3\,698\,242.794 & 432\,670.811\,2 & -827\,532.521\,1\\ -3\,675\,242\,193 & 29\,626\,555\,841 & 7\,471\,959\,963 & 1\,001\,225.939 & -3\,797\,435.641 & 1\,127\,729.313\\ -5\,998\,601\,306 & 7\,471\,959\,963 & 4\,521\,302\,915 & 1\,119\,015.975 & -940\,987.912\,5 & 446\,941.789\,1\\ -3\,698\,242.794 & 1\,001\,225.939 & 1\,119\,015.975 & 605.456\,339\,6 & -122.497\,285 & 146.311\,771\,5\\ 432\,670.811\,2 & -3\,797\,435.641 & -940\,987.912\,5 & -122.497\,285 & 494.689\,606\,8 & -138.005\,726\,6\\ -827\,532.521\,1 & 1\,127\,729.313 & 446\,941.789\,1 & 146.311\,771\,5 & -138.005\,726\,6 & 98.474\,146\,51\end{bmatrix}$$

观测值改正数为

$$\underset{81}{\mathbf{V}}=\underset{86}{\boldsymbol{B}}\underset{61}{\Delta\boldsymbol{u}}-\underset{81}{\boldsymbol{l}}=-\underset{81}{\boldsymbol{l}}=\begin{bmatrix}v_{x_1}\\ v_{y_1}\\ v_{x_2}\\ v_{y_2}\\ v_{x_3}\\ v_{y_3}\\ v_{x_4}\\ v_{y_4}\end{bmatrix}=\begin{bmatrix}0.001\,30\\ -0.003\,35\\ 0.006\,53\\ 0.002\,67\\ -0.001\,40\\ 0.000\,47\\ -0.006\,29\\ 0.000\,97\end{bmatrix}\text{(单位为 mm)}$$

(5)精度评定。单位权标准差(中误差)为

$$\hat{\sigma}_0=\sqrt{\frac{\mathbf{V}^{\mathrm{T}}\mathbf{V}}{2n-6}}=7.259\,42\times10^{-6}$$

各参数中误差计算公式为

$$\hat{\boldsymbol{\sigma}}_i=\hat{\sigma}_0\sqrt{\boldsymbol{Q}_{ii}}$$

计算结果见表 12-13。

表 12-13

	参数值	Q	σ
X_S	39 795.452 3 m	23 269 927 326	1.107 4 m
Y_S	27 476.462 2 m	29 626 555 841	1.249 5 m
Z_S	7 572.685 9 m	4 521 302 915	0.488 1 m
φ	−0.003 987 rad	605.456 339 6	36.8″
ω	0.002 114 rad	494.689 606 8	33.3″
κ	−0.067 578 rad	98.474 146 51	14.9″

§12-3　回归分析与参数假设检验

回归分析是大坝变形监测以及其他相关众多工程变形监测中资料分析的重要手段。本节主要运用间接平差方法以及可靠性理论，讨论多元线性回归分析以及逐步线性回归分析中数学模型参数的计算方法，并对模型及参数的显著性进行假设检验，以优化回归模型，增强其可靠性。

一、多元线性回归

1. 回归模型

根据观测资料，在大坝性态分析时，大坝任一点的位移与水压、温度及时效三大主要因素的诸多因子有关。按回归模型，通常可将观测量 y 的数学期望表达成如下的形式

$$E(y)=a_0+\sum_{i=1}^{4}a_iH^i+\sum_{j=1}^{m}b_jT_j+c_1\theta+c_2\ln\theta \tag{12-29}$$

式中，H^i 为坝前水位高度，T_j 为相关点位的温度，θ 为时效，一般取 $\theta=t_k/100$，t_k 为观测时间距初始时间的天数，a_i、b_i、c_i 为模型参数，是待定的未知量。

此外，根据环境影响的不同特征，考虑温度的周期变化，亦有将观测量 y 表达为如下回归形式的情形

$$E(y)=a_0+\sum_{i=1}^{4}a_iH^i+b_1\sin GT+b_2\cos GT+b_3\sin^2GT+b_4\sin GT\cos GT+c_1\theta+c_2\ln\theta \tag{12-30}$$

式中，$G=\dfrac{2\pi}{360}$，为周期系数，θ 为时效，与式(12-29)中的含义相同，取 $\theta=t_k/100$，a_i、b_i、c_i 为模型参数，是待定的未知量。

不论是式(12-29)还是式(12-30)，表达式的各项因子中，除模型参数外，其余量值均可通过观测资料的累积获得。通常选取回归因子并不一定是线性的，可采用变量替换的方式处理，故可将观测量 y 的回归模型抽象为

$$E(y)=a_0+a_1x_1+a_2x_2+\cdots+a_kx_k \tag{12-31}$$

式中，$a_0,a_1,a_2,\cdots,a_k$ 为模型参数，$x_1,x_2,\cdots,x_k$ 为作用因子。

2. 模型参数的解算

为求得回归模型式(12-31)中的参数，当观测资料累积到一定程度时，可用间接平差模型

求得模型参数的最小二乘解。此时将回归模型式(12-31)改写为如下的平差值方程

$$\hat{y}=\hat{a}_0+\hat{a}_1x_1+\hat{a}_2x_2+\cdots+\hat{a}_kx_k \tag{12-32}$$

此时,设共有 n 期观测资料,必要观测数为 $t=k+1$,令

$$\underset{n1}{\boldsymbol{Y}}=\begin{bmatrix}y_1\\y_2\\\vdots\\y_n\end{bmatrix},\underset{n1}{\boldsymbol{V}}=\begin{bmatrix}v_1\\v_2\\\vdots\\v_n\end{bmatrix},\underset{k+1\,1}{\hat{\boldsymbol{u}}}=\begin{bmatrix}\hat{a}_0\\\hat{a}_1\\\hat{a}_2\\\vdots\\\hat{a}_k\end{bmatrix},\underset{n\,k+1}{\boldsymbol{B}}=\begin{bmatrix}1&x_{11}&x_{12}&\cdots&x_{1k}\\1&x_{21}&x_{22}&\cdots&x_{2k}\\\vdots&\vdots&\vdots&&\vdots\\1&x_{n1}&x_{n2}&\cdots&x_{nk}\end{bmatrix}$$

可列出如下的误差方程式

$$\left.\begin{aligned}\underset{n1}{\boldsymbol{Y}}+\underset{n1}{\boldsymbol{V}}&=\underset{n\,k+1}{\boldsymbol{B}}\underset{k+1\,1}{\hat{\boldsymbol{u}}}\\\underset{n1}{\boldsymbol{V}}&=\underset{n\,k+1}{\boldsymbol{B}}\underset{k+1\,1}{\hat{\boldsymbol{u}}}-\underset{n1}{\boldsymbol{Y}}\end{aligned}\right\} \tag{12-33}$$

即

$$\begin{bmatrix}v_1\\v_2\\\vdots\\v_n\end{bmatrix}=\begin{bmatrix}1&x_{11}&x_{12}&\cdots&x_{1k}\\1&x_{21}&x_{22}&\cdots&x_{2k}\\\vdots&\vdots&\vdots&&\vdots\\1&x_{n1}&x_{n2}&\cdots&x_{nk}\end{bmatrix}\begin{bmatrix}\hat{a}_0\\\hat{a}_1\\\hat{a}_2\\\vdots\\\hat{a}_k\end{bmatrix}-\begin{bmatrix}y_1\\y_2\\\vdots\\y_n\end{bmatrix} \tag{12-34}$$

回归模型各期观测值相对独立,可视为等精度独立观测值,因此观测值随机模型的权矩阵 $\boldsymbol{P}_{LL}$ 为单位矩阵。按间接平差方法,组成法方程并求解

$$\hat{\boldsymbol{u}}=(\boldsymbol{B}^{\mathrm{T}}\boldsymbol{B})^{-1}\boldsymbol{B}^{\mathrm{T}}\boldsymbol{Y} \tag{12-35}$$

3. 精度评定

单位权方差为

$$\hat{\sigma}_0^2=\frac{\boldsymbol{V}^{\mathrm{T}}\boldsymbol{P}\boldsymbol{V}}{r}=\frac{\boldsymbol{V}^{\mathrm{T}}\boldsymbol{V}}{n-(k+1)} \tag{12-36}$$

中误差(标准差估值)为

$$\hat{\sigma}_0=\sqrt{\frac{\boldsymbol{V}^{\mathrm{T}}\boldsymbol{V}}{n-(k+1)}}=\sqrt{\frac{[vv]}{n-(k+1)}} \tag{12-37}$$

参数协因数矩阵为

$$\underset{k+1\,k+1}{\boldsymbol{Q}_{\hat{u}\hat{u}}}=(\boldsymbol{B}^{\mathrm{T}}\boldsymbol{B})^{-1} \tag{12-38}$$

各参数方差及中误差为

$$\left.\begin{aligned}\hat{\boldsymbol{\sigma}}_{\hat{a}i}^2&=\hat{\sigma}_0^2\boldsymbol{Q}_{ii}\\\hat{\boldsymbol{\sigma}}_{\hat{a}i}&=\hat{\sigma}_0\sqrt{\boldsymbol{Q}_{ii}}\end{aligned}\right\} \tag{12-39}$$

二、回归模型检验

如上讨论,有了 n 组实测数据 $(x_{i1},x_{i2},\cdots,x_{ik},y_i)$,总能按最小二乘估计求得一个回归方

程。只有当 y 与诸因子($X_1,X_2,\cdots,X_k$) 之间存在线性统计相关性时,回归方程才变得有意义,否则建立回归方程毫无价值。

为了系统讨论进行回归效果显著性检验的方法,需要对误差方程式进行中心化处理,然后进行方差分析。

1. 误差方程的中心化

对回归方程式(12-32)做如下代换,进行中心化处理。记

$$\bar{x}_j=\frac{1}{n}\sum_{i=1}^{n}x_{ij} \tag{12-40}$$

$$x'_{ij}=x_{ij}-\frac{1}{n}\sum_{i=1}^{n}x_{ij}=x_{ij}-\bar{x}_j \tag{12-41}$$

故有

$$[x'_j]=[x_j]-n\bar{x}_j=0 \tag{12-42}$$

令

$$\hat{a}'_0=\hat{a}_0+\hat{a}_1\bar{x}_1+\hat{a}_2\bar{x}_2+\cdots+\hat{a}_n\bar{x}_n \tag{12-43}$$

则式(12-32)可改写成中心化后的观测方程形式

$$\hat{y}=\hat{a}'_0+\hat{a}_1x'_1+\hat{a}_2x'_2+\cdots+\hat{a}_kx'_k \tag{12-44}$$

即

$$\begin{bmatrix}\hat{y}_1\\\hat{y}_2\\\vdots\\\hat{y}_n\end{bmatrix}=\begin{bmatrix}y_1\\y_2\\\vdots\\y_n\end{bmatrix}+\begin{bmatrix}v_1\\v_2\\\vdots\\v_n\end{bmatrix}=\begin{bmatrix}1&x'_{11}&x'_{12}&\cdots&x'_{1k}\\1&x'_{21}&x'_{22}&\cdots&x'_{2k}\\\vdots&\vdots&\vdots&&\vdots\\1&x'_{n1}&x'_{n2}&\cdots&x'_{nk}\end{bmatrix}\begin{bmatrix}\hat{a}'_0\\\hat{a}_1\\\hat{a}_2\\\vdots\\\hat{a}_k\end{bmatrix} \tag{12-45}$$

令

$$\underset{n1}{\boldsymbol{I}}=\begin{bmatrix}1\\1\\\vdots\\1\end{bmatrix},\ \underset{nk}{\boldsymbol{X}'}=\begin{bmatrix}x'_{11}&x'_{12}&\cdots&x'_{1k}\\x'_{21}&x'_{22}&\cdots&x'_{2k}\\\vdots&\vdots&&\vdots\\x'_{n1}&x'_{n2}&\cdots&x'_{nk}\end{bmatrix},\ \underset{k1}{\hat{\boldsymbol{\alpha}}}=\begin{bmatrix}\hat{a}_1\\\hat{a}_2\\\vdots\\\hat{a}_k\end{bmatrix} \tag{12-46}$$

有

$$\left.\begin{aligned}&\underset{1n}{\boldsymbol{I}^{\mathrm{T}}}\underset{n1}{\boldsymbol{I}}=n\\&\underset{1n}{\boldsymbol{I}^{\mathrm{T}}}\underset{n1}{\boldsymbol{Y}}=[y]\\&\underset{1n}{\boldsymbol{I}^{\mathrm{T}}}\underset{nk}{\boldsymbol{X}'}=[[x'_1]\quad[x'_2]\quad\cdots\quad[x'_k]]=[0\quad0\quad\cdots\quad0]=\underset{1k}{\boldsymbol{0}}\end{aligned}\right\} \tag{12-47}$$

则式(12-45)有如下的分块矩阵形式

$$\left.\begin{aligned}\underset{n1}{\hat{\boldsymbol{Y}}}&=\underset{n1}{\boldsymbol{Y}}+\underset{n1}{\boldsymbol{V}}=\begin{bmatrix}\underset{n1}{\boldsymbol{I}} & \underset{nk}{\boldsymbol{X}'}\end{bmatrix}\begin{bmatrix}\hat{a}'_0\\ \underset{k1}{\hat{\boldsymbol{\alpha}}}\end{bmatrix}\\ \underset{n1}{\boldsymbol{V}}&=\begin{bmatrix}\underset{n1}{\boldsymbol{I}} & \underset{nk}{\boldsymbol{X}'}\end{bmatrix}\begin{bmatrix}\hat{a}'_0\\ \underset{k1}{\hat{\boldsymbol{\alpha}}}\end{bmatrix}-\underset{n1}{\boldsymbol{Y}}\end{aligned}\right\} \tag{12-48}$$

与式(12-44)完全等价。按间接平差方法,可得到法方程为

$$\begin{bmatrix}\underset{n1}{\boldsymbol{I}} & \underset{nk}{\boldsymbol{X}'}\end{bmatrix}^{\mathrm{T}}\begin{bmatrix}\underset{n1}{\boldsymbol{I}} & \underset{nk}{\boldsymbol{X}'}\end{bmatrix}\begin{bmatrix}\hat{a}'_0\\ \underset{k1}{\hat{\boldsymbol{\alpha}}}\end{bmatrix}=\begin{bmatrix}\underset{n1}{\boldsymbol{I}} & \underset{nk}{\boldsymbol{X}'}\end{bmatrix}^{\mathrm{T}}\underset{n1}{\boldsymbol{Y}} \tag{12-49}$$

$$\begin{bmatrix}\underset{11}{\boldsymbol{I}^{\mathrm{T}}\boldsymbol{I}} & \underset{1k}{\boldsymbol{I}^{\mathrm{T}}\boldsymbol{X}'}\\ \underset{k1}{\boldsymbol{X}'^{\mathrm{T}}\boldsymbol{I}} & \underset{kk}{\boldsymbol{X}'^{\mathrm{T}}\boldsymbol{X}'}\end{bmatrix}\begin{bmatrix}\hat{a}'_0\\ \underset{k1}{\hat{\boldsymbol{\alpha}}}\end{bmatrix}=\begin{bmatrix}\underset{11}{\boldsymbol{I}^{\mathrm{T}}\boldsymbol{Y}}\\ \underset{k1}{\boldsymbol{X}'^{\mathrm{T}}\boldsymbol{Y}}\end{bmatrix} \tag{12-50}$$

顾及式(12-47),有

$$\begin{bmatrix}n & \boldsymbol{O}\\ \boldsymbol{O} & \boldsymbol{X}'^{\mathrm{T}}\boldsymbol{X}'\end{bmatrix}\begin{bmatrix}\hat{a}'_0\\ \hat{\boldsymbol{\alpha}}\end{bmatrix}=\begin{bmatrix}[y]\\ \boldsymbol{X}'^{\mathrm{T}}\boldsymbol{Y}\end{bmatrix} \tag{12-51}$$

解得

$$\begin{aligned}\begin{bmatrix}\hat{a}'_0\\ \hat{\boldsymbol{\alpha}}\end{bmatrix}&=\begin{bmatrix}n & \boldsymbol{O}\\ \boldsymbol{O} & \boldsymbol{X}'^{\mathrm{T}}\boldsymbol{X}'\end{bmatrix}^{-1}\begin{bmatrix}[y]\\ \boldsymbol{X}'^{\mathrm{T}}\boldsymbol{Y}\end{bmatrix}=\begin{bmatrix}\frac{1}{n} & \boldsymbol{O}\\ \boldsymbol{O} & (\boldsymbol{X}'^{\mathrm{T}}\boldsymbol{X}')^{-1}\end{bmatrix}\begin{bmatrix}[y]\\ \boldsymbol{X}'^{\mathrm{T}}\boldsymbol{Y}\end{bmatrix}\\ &=\begin{bmatrix}\frac{1}{n}[y]\\ (\boldsymbol{X}'^{\mathrm{T}}\boldsymbol{X}')^{-1}\boldsymbol{X}'^{\mathrm{T}}\boldsymbol{Y}\end{bmatrix}=\begin{bmatrix}\bar{y}\\ (\boldsymbol{X}'^{\mathrm{T}}\boldsymbol{X}')^{-1}\boldsymbol{X}'^{\mathrm{T}}\boldsymbol{Y}\end{bmatrix}\end{aligned} \tag{12-52}$$

即有

$$\hat{a}'_0=\frac{1}{n}[y]=\bar{y} \tag{12-53}$$

$$\left.\begin{aligned}\hat{\boldsymbol{\alpha}}&=(\boldsymbol{X}'^{\mathrm{T}}\boldsymbol{X}')^{-1}\boldsymbol{X}'^{\mathrm{T}}\boldsymbol{Y}\\ (\boldsymbol{X}'^{\mathrm{T}}\boldsymbol{X}')\hat{\boldsymbol{\alpha}}&=\boldsymbol{X}'^{\mathrm{T}}\boldsymbol{Y}\end{aligned}\right\} \tag{12-54}$$

于是,由式(12-48)可得平差值方程和误差方程分别为

$$\underset{n1}{\hat{\boldsymbol{Y}}}=\underset{n1}{\boldsymbol{Y}}+\underset{n1}{\boldsymbol{V}}=\begin{bmatrix}\underset{n1}{\boldsymbol{I}} & \underset{nk}{\boldsymbol{X}'}\end{bmatrix}\begin{bmatrix}\bar{y}\\ \underset{k1}{\hat{\boldsymbol{\alpha}}}\end{bmatrix}=\bar{y}\underset{n1}{\boldsymbol{I}}+\underset{nk}{\boldsymbol{X}'}\underset{k1}{\hat{\boldsymbol{\alpha}}} \tag{12-55}$$

$$\underset{n1}{\boldsymbol{V}}=\begin{bmatrix}\underset{n1}{\boldsymbol{I}} & \underset{nk}{\boldsymbol{X}'}\end{bmatrix}\begin{bmatrix}\bar{y}\\ \underset{k1}{\hat{\boldsymbol{\alpha}}}\end{bmatrix}-\underset{n1}{\boldsymbol{Y}}=\underset{nk}{\boldsymbol{X}'}\underset{k1}{\hat{\boldsymbol{\alpha}}}-(\underset{n1}{\boldsymbol{Y}}-\bar{y}\underset{n1}{\boldsymbol{I}}) \tag{12-56}$$

其中

$$\underset{n1}{\boldsymbol{Y}}-\bar{y}\underset{n1}{\boldsymbol{I}}=\begin{bmatrix}y_1\\y_2\\\vdots\\y_n\end{bmatrix}-\begin{bmatrix}\bar{y}\\\bar{y}\\\vdots\\\bar{y}\end{bmatrix}=\begin{bmatrix}y_1-\bar{y}\\y_2-\bar{y}\\\vdots\\y_n-\bar{y}\end{bmatrix}=\begin{bmatrix}y'_1\\y'_2\\\vdots\\y'_n\end{bmatrix}=\underset{n1}{\boldsymbol{Y}'} \tag{12-57}$$

故经过中心化后的误差方程式为

$$\underset{n1}{\boldsymbol{V}}=\underset{nk}{\boldsymbol{X}'}\underset{k1}{\hat{\boldsymbol{\alpha}}}-\underset{n1}{\boldsymbol{Y}'} \tag{12-58}$$

可得

$$\begin{aligned}\boldsymbol{X}'^{\mathrm{T}}\boldsymbol{V}&=\boldsymbol{X}'^{\mathrm{T}}\boldsymbol{X}'\hat{\boldsymbol{\alpha}}-\boldsymbol{X}'^{\mathrm{T}}\boldsymbol{Y}'=\boldsymbol{X}'^{\mathrm{T}}\boldsymbol{X}'\hat{\boldsymbol{\alpha}}-\boldsymbol{X}'^{\mathrm{T}}(\boldsymbol{Y}-\bar{y}\boldsymbol{I})\\&=\boldsymbol{X}'^{\mathrm{T}}\boldsymbol{X}'\hat{\boldsymbol{\alpha}}-\boldsymbol{X}'^{\mathrm{T}}\boldsymbol{Y}+\bar{y}\boldsymbol{X}'^{\mathrm{T}}\boldsymbol{I}=\boldsymbol{0}\end{aligned} \tag{12-59}$$

2. 回归显著性分析

运用方差分析方法，令

$$\left.\begin{aligned}S&=\sum_{i=1}^{n}(y_i-\bar{y})^2\\S_1&=\sum_{i=1}^{n}(\hat{y}_i-\bar{y})^2\\S_2&=\sum_{i=1}^{n}(\hat{y}_i-y_i)^2\\\bar{y}&=\frac{1}{n}\sum_{i=1}^{n}y_i\end{aligned}\right\} \tag{12-60}$$

首先，将方差总和 S 进行如下分解

$$\begin{aligned}S&=\sum_{i=1}^{n}(y_i-\bar{y})^2=\sum_{i=1}^{n}(y_i-\hat{y}_i+\hat{y}_i-\bar{y})^2=\sum_{i=1}^{n}[(\hat{y}_i-\bar{y})-(\hat{y}_i-y_i)]^2\\&=\sum_{i=1}^{n}(\hat{y}_i-\bar{y})^2+\sum_{i=1}^{n}(\hat{y}_i-y_i)^2-\sum_{i=1}^{n}2(\hat{y}_i-\bar{y})(\hat{y}_i-y_i)\\&=S_1+S_2-2\sum_{i=1}^{n}v(\hat{y}_i-\bar{y})\end{aligned} \tag{12-61}$$

顾及式(12-48)、式(12-59)和式(12-61)

$$\sum_{i=1}^{n}v_i(\hat{y}_i-\bar{y})=(\hat{\boldsymbol{Y}}-\bar{y}\boldsymbol{I})^{\mathrm{T}}\boldsymbol{V}=(\boldsymbol{X}'\hat{\boldsymbol{\alpha}})^{\mathrm{T}}\boldsymbol{V}=\hat{\boldsymbol{\alpha}}^{\mathrm{T}}\boldsymbol{X}'^{\mathrm{T}}\boldsymbol{V}=0 \tag{12-62}$$

于是有

$$S=S_1+S_2 \tag{12-63}$$

式中，S_1 称为回归平方和，S_2 称为残差平方和。

对于给定的 n 个实测数据，总方差和 S 是不变的。由式(12-47) 可得

$$S_2=\sum_{i=1}^{n}(\hat{y}_i-y_i)^2=[vv]=\boldsymbol{V}^{\mathrm{T}}\boldsymbol{V}=\hat{\sigma}_0^2(n-k-1) \tag{12-64}$$

由此，S_2 主要反映除 $x_1,x_2,\cdots,x_k$ 以外各种随机因素的影响，如观测误差、回归模型误差等项的作用。而由式(12-55)可得

$$S_1=\sum_{i=1}^{n}(\hat{y}_i-\bar{y})^2$$

$$= (\hat{\boldsymbol{Y}} - \bar{y}\boldsymbol{I})^{\mathrm{T}}(\hat{\boldsymbol{Y}} - \bar{y}\boldsymbol{I}) = (\boldsymbol{X}'\hat{\boldsymbol{\alpha}})^{\mathrm{T}}\boldsymbol{X}'\hat{\boldsymbol{\alpha}} = \hat{\boldsymbol{\alpha}}^{\mathrm{T}}(\boldsymbol{X}'^{\mathrm{T}}\boldsymbol{X}')\hat{\boldsymbol{\alpha}}$$
$$= \hat{\boldsymbol{\alpha}}^{\mathrm{T}}(\boldsymbol{X}'^{\mathrm{T}}\boldsymbol{Y}) = [x'_1 y]\hat{a}_1 + [x'_2 y]\hat{a}_2 + \cdots + [x'_k y]\hat{a}_k \tag{12-65}$$

可见,S_1 的大小由回归系数($\hat{a}_1,\hat{a}_2,\cdots,\hat{a}_k$) 决定,反映回归方程变形量与各变形因子间相互作用效果的好坏。

显然,回归效果的好坏取决于 S_1 与 S_2 之比的大小:比值越大,说明总方差和 S 主要是由回归贡献的,回归效果越明显;反之,若 S_2 占主要,则回归效果不显著。为进行显著性检验,做如下假设

$$H_0: \hat{a}_1 = \hat{a}_2 = \cdots = \hat{a}_k = 0$$

可以证明

$$\left.\begin{aligned} \frac{S_1}{\sigma^2} &= \frac{1}{\sigma^2}\sum_{i=1}^{n}(\hat{y}_i - \bar{y})^2 \sim \chi^2(k) \\ \frac{S_2}{\sigma^2} &= \frac{1}{\sigma^2}\sum_{i=1}^{n}(\hat{y}_i - y_i)^2 \sim \chi^2(n-k-1) \end{aligned}\right\} \tag{12-66}$$

故以下统计量为 $F(k, n-k-1)$ 变量

$$F = \frac{S_1/k}{S_2/(n-k-1)} \tag{12-67}$$

进行 F 检验,在给定的置信水平 α 下,查得 F_α:如果 $F > F_\alpha$,则 H_0 不可信,即回归效果显著;反之,当 $F \leqslant F_\alpha$,则 α 水平下 H_0 成立,即回归效果不显著。

如前所述,回归效果的有效性可用 S_1 与 S_2 在 S 中所占比例的大小来衡量,因此也可采用复相关系数方法检验回归方程的显著性。为此定义以下统计量为复相关系数

$$R = \sqrt{\frac{S_1}{S}} = \sqrt{1 - \frac{S_2}{S}} \tag{12-68}$$

用来刻画多元线性回归方程中观测量 y 与所有因子 x_i 之间的相关密切程度。由前面的讨论可知,$0 \leqslant R \leqslant 1$,当 $k=1$ 时,R 值就是相关系数 ρ。对于给定的置信水平 α,通过复相关系数表,以未知参数个数 $k+1$、自由度 $n-(k+1)$ 为引数,查得 R_α 值:当 $R > R_\alpha$ 时,回归效果显著,拒绝原假设 H_0;否则,所建立的回归方程无实际意义。

三、逐步回归分析

前面讨论的是全部 x_i 与 y 之间的线性相关的密切程度,体现了回归方程的总体效果,但是回归方程整体效果好,并不能说明其中的每一个因子 x_i 对 y 的影响都显著,因此需要逐一对每一个因子的显著性进行检验,剔除作用微弱的非显著性因子,实现回归方程的优化。

逐步回归分析的基本原理是:运用 F 检验,逐个接纳显著因子进入回归方程,一次只接纳一个因子;接纳一个因子后,由于因子间的相关性,可能使已进入方程的因子的显著性降低,必须重新检验其显著性,进一步剔除非显著因子;运用 F 检验,考察下一个备选因子,重复上述步骤,反复进行接纳和剔除,直到得到所需的最佳方程。以下详细说明逐步回归计算的方法与步骤。

1. 初步建立回归模型

如上一小节所述方法,通过最小二乘估计以及整体显著性检验,建立回归分析初选模型为

$$\hat{y} = a_0 + a_1 x_1 + a_2 x_2 + \cdots + a_k x_k \tag{12-69}$$

方差总和为 $S=\sum_{i=1}^{n}(y_i-\bar{y})^2$，回归平方和为 $S_1=\sum_{i=1}^{n}(\hat{y}_i-\bar{y})^2$，残差平方和为 $S_2=\sum_{i=1}^{n}(\hat{y}_i-y_i)^2$。

2. 回归方程各因子作用显著性检验

为考察各回归因子的显著性，对回归参数 $(a_1,a_2,\cdots,a_k)$ 按绝对值由大到小进行排序。不失一般性，设定 $|a_k|=\min(|a_i|)$，即因子 x_k 暂为作用最小的一个。如果剔除一个因子 x_k，重新进行回归，其对应方程为

$$\hat{y}'=a'_0+a'_1x_1+a'_2x_2+\cdots+a'_{k-1}x_{k-1} \tag{12-70}$$

重新计算残差平方和为 $S'_2=\sum_{i=1}^{n}(\hat{y}'_i-y_i)^2$。此时，残差平方和的增量为

$$\Delta S_2=S_2-S'_2=\sum_{i=1}^{n}(\hat{y}_i-y_i)^2-\sum_{i=1}^{n}(\hat{y}'_i-y_i)^2 \tag{12-71}$$

通过 ΔS_2 与 S_2' 的比值，可以确定因子 x_k 作用的显著性。可以证明

$$\frac{\Delta S_2}{\sigma^2}\sim\chi^2(1),\ \frac{S'_2}{\sigma^2}\sim\chi^2(n-k)$$

于是

$$F=\frac{\Delta S_2}{S'_2/(n-k)}\sim F(1,n-k) \tag{12-72}$$

F 检验假设“$H_0: a_k=0$”以自由度 $(1,n-k)$、置信水平 α 查得 F_α：当 $F>F_\alpha$ 时，原假设 H_0 不可信，即因子 x_k 在回归方程中的作用效果显著；否则，接受 H_0，正式剔除该因子。

接下来，对第二个较小的 $|a_{k-1}|$ 按上述步骤进行检验。全部因子的显著性逐一检验完成后，对最终方程进行回归显著性检验。效果不理想时，可以考虑加入另外的备选因子，调整模型。

§12-4　贯通测量平差

一、概　述

贯通测量是地下线型工程（如隧道、巷道）建设中的一项重要的测量工作。它是为加快施工速度，改善工作条件，在不同地点以两个或两个以上的工作面，分段掘进按设计彼此相通的同一井筒、巷道或隧道时所进行的各种测量工作。其主要任务是确定并给出井筒或隧道（巷道）在空间的位置和方向，并经常检查其正确性，以保证所掘井筒或隧道（巷道）符合设计要求。由此可见，贯通测量所担负的责任是重大的。如果贯通测量工作中发生差错，造成地下线型工程未能贯通或贯通时偏差值太大，将在人力、物力、财力和工期方面造成很大损失。因此，贯通测量中应特别注意防止测量和计算中的错误和粗差。为了保证贯通工程的质量，贯通工程应遵循以下两个原则：一是贯通测量的总体测量方案和各个环节的测量方法应保证隧道（巷道）贯通所必需的测量精度；二是对所完成的测量和计算工作都应有客观的检查，确保其正确无误。

地下工程贯通有以下三种情形：

(1)两个工作面相向掘进贯通称为相向贯通，如图 12-6(a)所示；

(2)两个工作面同向掘进贯通称为同向贯通,如图 12-6(b)所示;

(3)由一个工作面向另一个指定的地点掘进贯通称为单向贯通,如图 12-6(c)所示。

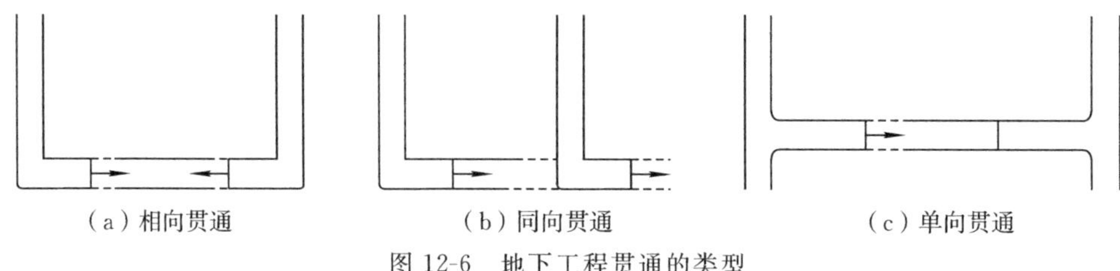

(a)相向贯通　　(b)同向贯通　　(c)单向贯通

图 12-6　地下工程贯通的类型

由于测量过程中不可避免地带有误差,因此隧道(巷道)贯通总会出现贯通偏差。如果将贯通偏差控制在某一限值内,使出现的贯通偏差不影响隧道(巷道)的正常使用,则该限值称为贯通允许偏差(限差)。贯通允许偏差的大小一般随地下工程的性质和用途而定。例如,对于铁路隧道的横向贯通误差和高程贯通误差的允许偏差,按《铁路测量技术规则》根据两开挖洞口间的长度确定,如表 12-14 所示;对地下矿山的井巷贯通误差允许偏差,在《矿山测量手册》中有规定,可供参考,如表 12-15 所示。

表 12-14　铁路隧道贯通的允许偏差

两开挖洞口间的长度/km	<4	4～8	8～10	10～13	13～17	17～20
横向贯通允许偏差/mm	100	150	200	300	400	500
高程贯通允许偏差/mm	50					

表 12-15　矿山井巷贯通的允许偏差

贯通巷道名称	在贯通面上的允许偏差/mm	
	两中线之间	两腰线之间
在同一矿井中开掘的倾斜巷道或水平巷道	300	200
在两矿井中开掘的倾斜巷道或水平巷道	500	200
用小断面开挖的竖井井筒	500	—
用全断面开凿并同时砌筑永久井壁的竖井井筒	100	—

贯通偏差可能发生在空间的三个方向上,即沿隧道(巷道)中心线的长度偏差、水平面内垂直于隧道(巷道)中心线方向的左右偏差(横向贯通偏差)和垂直面内的高程偏差。前一种偏差只对贯通在距离上有影响,对隧道(巷道)质量没有影响,只要能满足铺轨要求即可,因而在表 12-14 和表 12-15 中没有规定。后两种方向上的偏差对隧道(巷道)质量有直接影响,所以又称为贯通重要方向的偏差。贯通允许偏差也是对贯通重要方向规定的,将贯通重要方向偏差严格控制在允许偏差范围内,是贯通测量中特别值得关注和最重要的问题,也是贯通测量方案设计的主要依据。

贯通测量一般包括地面控制测量、地下控制测量和施工放样测量。当通过竖井或斜井进行开挖时,还需要进行竖井、斜井联系测量。因此,影响隧道(巷道)贯通误差的主要因素有地面控制测量误差、地下控制测量误差,当通过竖井或斜井进行开挖掘进时,还需考虑竖井或斜井的联系测量误差。

二、陀螺仪定向导线平差

在某些长距离的大型重要贯通工程中,经常采用在导线中加测一些高精度的陀螺定向边的方法来建立井下平面控制，可以在不增加测角工作量的前提下，显著减小测角误差对于经纬仪导线点位误差的影响，从而保证巷道的正确贯通。由于目前陀螺经纬仪的定向精度在15″～60″，所以陀螺定向边不能完全作为坚强边来控制7″和15″基本导线，因而陀螺定向边应和导线边一起做联合平差。

下面介绍两种类型的陀螺仪定向导线的平差方法。

1. 具有两条陀螺定向边导线的平差

图12-7中的AB和CD边为陀螺定向边，其坐标方位角分别为α_1与α_2，平差步骤如下：

(1)求算陀螺定向边AB和CD的定向中误差σ_{α_1}和σ_{α_2}，以及导线测角中误差σ_β。σ_{α_1}、σ_{α_2}、σ_β按导线的实际情况来求，或按闭合导线的闭合要求计算，或按双次观测列求得

$$\sigma_\alpha = \pm\sqrt{\sigma^2_{\Delta_平} + \sigma'^2_{T_平}} \tag{12-73}$$

式中，$\sigma_{\Delta_平}$为仪器常数平均值中误差，$\sigma'_{T_平}$为待定边陀螺方位角平均值中误差。

(2)按条件观测平差列出角改正数条件方程式。如图12-7所示，导线的角闭合差为

$$\alpha_1 - \alpha_2 + \beta_1 + \beta_2 + \cdots + \beta_n - n180° = W$$

改正数条件方程式为

$$v_{\alpha_1} - v_{\alpha_2} + v_{\beta_1} + v_{\beta_2} + \cdots + v_{\beta_n} + W = 0 \tag{12-74}$$

式中，v_{α_1}、v_{α_2}分别为陀螺定向边坐标方位角α_1、α_2的改正数，v_{β_1}，v_{β_2}，…，v_{β_n}分别为导线中角度β_1，β_2，…，β_n的改正数，n为导线中角度个数。

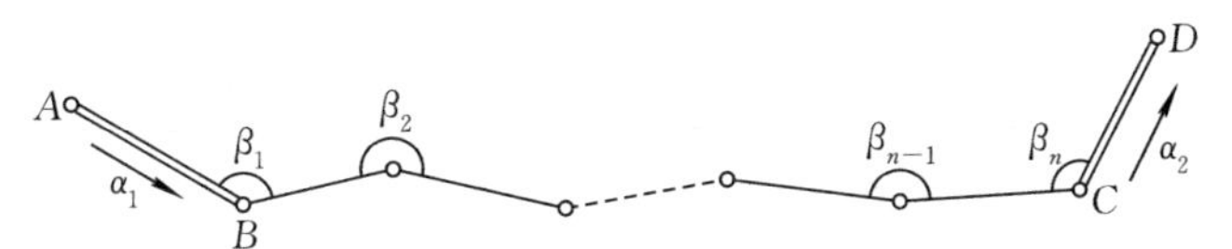

图12-7　具有两条陀螺定向边导线的平差

(3)确定定向边方位角和角度的权。当等精度观测时，取导线的测角中误差σ_β为单位权中误差μ，即$p_\beta = 1\left(因为\ p_\beta = \frac{\mu^2}{\sigma^2_\beta}\right)$，则定向边方位角的权为

$$p_{\alpha_1} = \frac{\sigma^2_\beta}{\sigma^2_{\alpha_1}} = p_{\alpha_2} = \frac{\sigma^2_\beta}{\sigma^2_{\alpha_2}} \tag{12-75}$$

权倒数为

$$q_1 = \frac{1}{p_{\alpha_1}} = q_2 = \frac{1}{p_{\alpha_2}} \tag{12-76}$$

(4)组成法方程

$$NK + W = 0 \tag{12-77}$$

式中

$$N = n + q_1 + q_2 \tag{12-78}$$

解法方程式得

$$K = -\frac{W}{N} \tag{12-79}$$

(5)计算各改正数。导线各角度的改正数为

$$v_{\beta_1} = v_{\beta_2} = \cdots = v_{\beta_n} = K \tag{12-80}$$

定向边AB的方位角α_1的改正数为

$$v_{\alpha_1}=q_1K \tag{12-81}$$

定向边 CD 的方位角 α_2 的改正数为

$$v_{\alpha_2}=-q_2K \tag{12-82}$$

将各观测值加入所求得的相应的改正数 v，就可得到各方位角和导线角的最或是值。

2. 具有三条陀螺定向边导线的平差

图 12-8 中的 AB、CD、EF 边为陀螺定向边，其相应的坐标方位角分别为 α_1、α_2、α_3，这时可将整个导线分为两部分，即导线Ⅰ和导线Ⅱ。平差步骤如下：

(1)求陀螺定向边 AB、CD、EF 的定向中误差 σ_{α_1}、σ_{α_2}、σ_{α_3}，以及导线测角中误差 σ_β(等精度观测时)的计算方法同前。

(2)按条件观测平差，列出角改正数条件方程式。导线Ⅰ、Ⅱ的角闭合差为

$$\alpha_1-\alpha_2+\beta_1+\beta_2+\cdots+\beta_n-n_1 180^\circ=W_1$$

$$\alpha_2-\alpha_3+\beta'_1+\beta'_2+\cdots+\beta'_n-n_2 180^\circ=W_2$$

改正数条件方程式为

$$v_{\alpha_1}-v_{\alpha_2}+v_{\beta_1}+v_{\beta_2}+\cdots+v_{\beta_n}+W_1=0$$

$$v_{\alpha_2}-v_{\alpha_3}+v_{\beta'_1}+v_{\beta'_2}+\cdots+v_{\beta'_n}+W_2=0$$

其中，v_{α_1}、v_{α_2}、v_{α_3} 分别为陀螺定向边坐标方位角 α_1、α_2、α_3 的改正数，v_{β_1}，v_{β_2}，…，v_{β_n} 为导线Ⅰ中角度 β_1，β_2，…，β_n 的改正数，$v_{\beta'_1}$，$v_{\beta'_2}$，…，$v_{\beta'_n}$ 为导线Ⅱ中角度 β'_1，β'_2，…，β'_n 的改正数，n_1 和 n_2 分别为导线Ⅰ、Ⅱ中角度的个数。

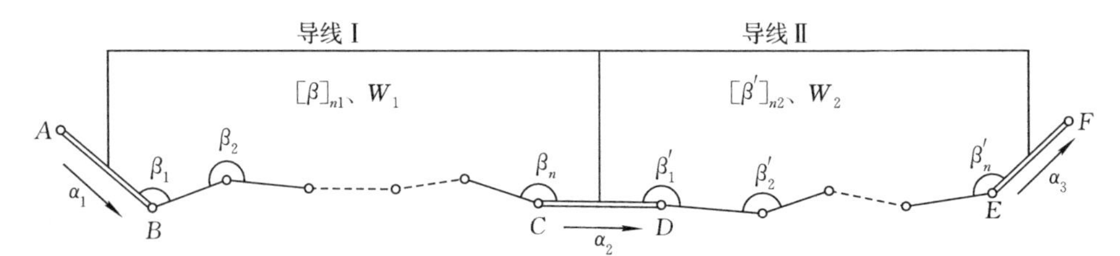

图 12-8　具有 3 条陀螺定向边导线的平差

(3)确定定向边方位角和角度的权。当导线等精度观测时，取导线的测角中误差 σ_β 为单位权中误差，即 $p_\beta=1$，则定向边方位角的权为

$$p_{\alpha_1}=\frac{\sigma_\beta^2}{\sigma_{\alpha_1}^2}=p_{\alpha_2}=\frac{\sigma_\beta^2}{\sigma_{\alpha_2}^2}=p_{\alpha_3}=\frac{\sigma_\beta^2}{\sigma_{\alpha_3}^2} \tag{12-83}$$

权倒数为

$$q_1=\frac{1}{p_{\alpha_1}}=q_2=\frac{1}{p_{\alpha_2}}=q_3=\frac{1}{p_{\alpha_3}} \tag{12-84}$$

(4)组成法方程

$$\left.\begin{aligned}N_1K_1-q_2K_2+W_1=0\\-q_2K_1+N_2K_2+W_2=0\end{aligned}\right\} \tag{12-85}$$

式中，$N_1=n_1+q_1+q_2$，$N_2=n_2+q_2+q_3$。解法方程式得

$$\left.\begin{aligned}K_1=\frac{q_2W_2+N_2W_1}{q_2^2-N_2N_2}\\K_2=\frac{q_2W_1+N_1W_2}{q_2^2-N_1N_2}\end{aligned}\right\} \tag{12-86}$$

(5)计算各改正数。导线Ⅰ中各角度的改正数为

$$v_{\beta}=v_{\beta_1}=v_{\beta_2}=\cdots=v_{\beta_n}=K_1 \tag{12-87}$$

导线Ⅱ中各角度的改正数为

$$v'_{\beta}=v'_{\beta_1}=v'_{\beta_2}=\cdots=v'_{\beta_n}=K_2 \tag{12-88}$$

陀螺定向边方位角的改正数为

$$\left.\begin{aligned}v_{\alpha_1}&=q_1K_1=q_1v_{\beta}\\v_{\alpha_2}&=q_2(K_2-K_1)=q_2(v'_{\beta}-v_{\beta})\\v_{\alpha_3}&=-q_3K_2=-q_3v'_{\beta}\end{aligned}\right\} \tag{12-89}$$

(6)计算各观测值的最或是值。设 α_1^0、α_2^0、α_3^0 为定向边方位角的最或是值，$\beta^0_{1,2,\cdots,n}$ 和 $\beta'^0_{1,2,\cdots,n}$ 分别为导线Ⅰ、Ⅱ中各角度的最或是值，$[\beta]^0$、$[\beta']^0$ 分别为导线Ⅰ、Ⅱ中各角度最或是值之和，则有

$$\alpha_1^0=\alpha_1+v_{\alpha_1},\alpha_2^0=\alpha_2+v_{\alpha_2},\alpha_3^0=\alpha_3+v_{\alpha_3}$$

$$\beta^0_{1,2,\cdots,n}=\beta_{1,2,\cdots,n}+v_{\beta},\beta'^0_{1,2,\cdots,n}=\beta'_{1,2,\cdots,n}+v'_{\beta}$$

$$[\beta]^0=[\beta]+n_1v_{\beta},[\beta']^0=[\beta']+n_2v'_{\beta}$$

三、贯通测量误差预计

贯通测量误差预计是在贯通测量工程施工前根据所选定的测量方案、测量精度和测量方法预先估算贯通相遇点的误差，如果估算出来的误差大于贯通工程设计所规定的容许偏差，要对选定的贯通测量方案和精度进行调整，直到估算的贯通误差在设计规定的容许偏差范围内，然后按最终确定的测量方案、方法和测量精度进行施测，以保证在预定地点准确贯通。

(一)贯通测量方案设计

贯通测量包括平面测量和高程测量两个部分，这里首先讨论平面测量，然后再讨论高程测量。

当隧道(巷道)通过平硐由两个工作面相向开挖贯通时，平面测量有地面控制测量和地下控制测量。地面控制测量过去曾采用三角锁(网)和边角混合网的形式布设控制网，而现在主要采用GPS网、全站仪或两者结合的方式来进行测量；地下控制测量仍采用支导线形式，只是现在用全站仪测角、测距代替光学经纬仪测角、钢尺量距。如果由地面向地下开挖竖井，通过竖井在地下开拓新的工作面进行相向(或同向)贯通时，还必须进行竖井联系测量。

贯通测量方案设计中主要考虑贯通重要方向，即水平面内垂直于贯通中心线的横向贯通误差在设计规定的容许范围内，以确保贯通质量。因此，贯通误差预计也是针对该横向贯通误差进行估计。

一般来说，考虑地面测量条件要优于地下，故可对地面控制测量的精度要求高一些，因此，将地面控制测量误差对贯通的影响作为一个独立的因素，将地下两端相向掘进的隧道(巷道)中导线测量的误差对贯通的影响各作为一个独立因素。设隧道(巷道)设计的贯通横向误差的允许值为 Δ，根据测量上的等影响原则，则各独立因素(环节)测量误差的允许值为

$$\Delta_q=\frac{\Delta}{\sqrt{3}} \tag{12-90}$$

如果隧道(巷道)两端都用竖井与地面连通，然后在地下相向贯通隧道(巷道)，此时，在两端竖

井联系测量的误差对贯通的影响也要各作为一个独立的因素来考虑,同样可得

$$\Delta_q = \frac{\Delta}{\sqrt{5}} \tag{12-91}$$

同理,假若是通过一个竖井和一个平硐口相向开挖贯通时,则

$$\Delta_q = \frac{\Delta}{\sqrt{4}} \tag{12-92}$$

上述 Δ_q 为一个独立测量环节中的测量误差的允许值(简称影响值),可作为贯通测量方案设计的参考依据。

对于直线隧道,量边误差对横向贯通误差的影响完全可以忽略不计。实际上,两个洞口间的隧道一般都是直线形或半径很大的曲线形,因此,地面、地下导线有条件时应尽量布设成等边直伸形长边导线,地下导线只要在洞内具有长边通视条件,就可在基本导线基础上布设由长边组成的主要控制导线来指示长距离隧道的掘进施工。长边直伸形导线的量边误差只对隧道的纵向贯通误差产生影响,而不影响横向贯通误差,同时由于长边导线减少了测站数量,因此也减少了测角误差对横向贯通误差的影响。对地下导线还可采用加测一定数量导线边的陀螺方位角,以限制测角误差的积累,提高导线点位的横向测量精度。

贯通测量方案设计时,可根据隧道(巷道)的设计长度、走向和线路经过地段的地形、地质水文情况,设计的线路等级和用途,贯通点允许偏差,以及测量误差预计的结果,参照针对铁路、交通、城市、矿山等制定的相关测量规程(规范、细则),选定所采用的测量等级、精度要求和有关技术指标,必要时还通过优化设计,最终确定符合工程设计要求、保证贯通质量的贯通测量方案。

(二)平面贯通测量误差预计方法

1. 地面平面控制测量对横向贯通误差影响值的估算方法

如前所述,目前隧道(巷道)贯通测量主要是采用 GPS 网、全站仪导线或者两者结合的方式来进行地面平面控制测量。而地面控制测量对横向贯通误差的影响主要是由进、出口的洞口点坐标误差和定向边的坐标方位角误差所引起,因此,不论地面采用何种平面控制测量方式,误差估算就是计算两端洞口点的坐标误差和定向边的坐标方位角误差对横向贯通误差的影响值。

在计算机没有普及之前,由于计算上的烦琐、复杂和费时,曾经用各种近似方法估算各项测量误差所引起的预计贯通误差,但预计结果往往偏大,使得在地面控制测量中要增加观测次数或提高观测精度来达到设计上提出的允许贯通偏差的要求,为此增加了观测工作量,造成人力、物力的消耗。现在由于计算机和测量平差计算软件的广泛普及应用,贯通测量误差估算大多已由计算机辅助设计来完成。它既可以严密地直接计算出各项测量误差对贯通点的影响值,而且还可以在计算机上做平面控制测量网的优化设计,对贯通测量方案设计中初步确定的网形与观测精度进行试验、修正和优化,计算出点位误差椭圆和相对误差椭圆参数,直到满足贯通工程对地面控制测量所要求的精度为止。另外,横向贯通误差的影响值还与贯通点的位置有关(贯通点应位于进出口点之间的中部),而且也与洞外定向点的位置和精度有关,选取不同的定向点计算出的影响值也不同。在测量方案设计时,可通过计算机优化设计,选用计算出的最小影响值所对应的定向点组作为优先考虑向洞内引测导线的一组联系方向点(最佳定向点),而用其他定向点检核。

下面介绍按方向间接平差中用求平差未知数函数精度的方法,估算横向贯通误差的严密估算方法。设未知数的函数及其线性化的权函数式为

$$\boldsymbol{F}=\boldsymbol{F}(\hat{\boldsymbol{x}}),\mathrm{d}\boldsymbol{F}=\boldsymbol{f}^{\mathrm{T}}\mathrm{d}\hat{\boldsymbol{x}}$$

由误差传播定律，贯通点的横向偏差的权倒数为

$$\frac{1}{\boldsymbol{P}_{FF}}=\boldsymbol{f}^{\mathrm{T}}\boldsymbol{Q}_{xx}\boldsymbol{f} \tag{12-93}$$

求得权倒数 $\frac{1}{\boldsymbol{P}_{FF}}$ 后，可按下式计算未知数的中误差

$$\boldsymbol{\sigma}_{q}=\frac{\sigma_{d}}{\rho''}\sqrt{\frac{1}{\boldsymbol{P}_{FF}}} \tag{12-94}$$

式中，σ_d 为设计的方向观测中误差。

在图 12-9 所示的 GPS 控制网中，J、C 为隧道进出口的控制点(不一定要在中线上)，A、B 为洞外定向点(可能有多个)，G 为贯通点。设隧道施工坐标系的 x 坐标与贯通面垂直，在不考虑定向边与进洞方向的连接角 β_J、β_C 和地下导线测量误差的情况下，分别从进出口控制点 J 和 C 推算出贯通点 G 的横坐标 ΔY_G，其中误差即为横向贯通误差影响值。因此，首先列出由洞口两端控制点 J、C 计算贯通点 G 的横坐标的公式

$$\Delta Y_G=y_C+S_{CG}\sin(\alpha_{CB}+\beta_C)-y_J-S_{JG}\sin(\alpha_{JA}-\beta_J)$$

然后对横坐标 ΔY_G 进行全微分，即有

$$\mathrm{d}(\Delta Y_G)=\mathrm{d}y_C-\mathrm{d}y_J+\Delta x_{CG}\mathrm{d}\alpha_{CB}-\Delta x_{JG}\mathrm{d}\alpha_{JA} \tag{12-95}$$

式中，α_{CB}、α_{JA} 分别为出口和进口点定向边的坐标方位角，其微分形式为

$$\mathrm{d}\alpha_{CB}=a_{CB}\mathrm{d}x_C+b_{CB}\mathrm{d}y_C-a_{CB}\mathrm{d}x_B-b_{CB}\mathrm{d}y_B$$

$$\mathrm{d}\alpha_{JA}=a_{JA}\mathrm{d}x_J+b_{JA}\mathrm{d}y_J-a_{JA}\mathrm{d}x_A-b_{JA}\mathrm{d}y_A$$

代入式(12-95)，可得影响值权函数式的具体形式为

$$\begin{aligned}\mathrm{d}(\Delta Y_G)=&-a_{JA}\Delta x_{JG}\mathrm{d}x_J-(1+b_{JA}\Delta x_{JG})\mathrm{d}y_J+a_{JA}\Delta x_{JG}\mathrm{d}x_A+b_{JA}\Delta x_{JG}\mathrm{d}y_A-\\&a_{CB}\Delta x_{CG}\mathrm{d}x_B-b_{CB}\Delta x_{CG}\mathrm{d}y_B+a_{CB}\Delta x_{CG}\mathrm{d}x_C+(1+b_{CB}\Delta x_{CG})\mathrm{d}y_C\end{aligned} \tag{12-96}$$

式中，Δx_{JG} 是由 J 点推算的贯通点 G 的横坐标与 J 点横坐标之差，即 $\Delta x_{JG}=x_G-x_J$，Δx_{CG} 是由 C 点推算的贯通点 G 的横坐标与 C 点横坐标之差，即 $\Delta x_{CG}=x_G-x_C$，系数 a_{JA}、b_{JA}、a_{CB}、b_{CB} 可由控制点 J、A、C、B 点的坐标计算出。

最后可利用式(12-93)、式(12-94)求得未知数函数的中误差(横向贯通误差影响值)。由式(12-94)可以看出，横向贯通误差与洞口控制点和定向点的位置、精度有关，选择不同的定向点，其横向贯通误差不同。正如前面提到的，在隧道控制网优化设计时应考虑确定洞内导线进洞的最佳定向点。

上述公式既适合 GPS 网，也适合三角网、边角网、导线和混合网，只要在间接平差通用程序中加入计算横向贯通误差的子程序，即可方便地计算不同布网方案下的影响值。

采用间接平差时，还有一种更为简便的方法，即零点误差椭圆法。仍如图 12-9 所示，从控制网进出口点 (J、C) 通过连接角(β_J、β_C) 和距离(S_{JG}、S_{CG}) 可以分别得到贯通点(G_J、G_C)。由于测量误差的影响，G_J 和 G_C 不重合，将 β_J、β_C 和 S_{JG}、S_{CG} 当作不含误差的观测值(权取无穷大)，与地面控制网一起平差，则两点的相对误差椭圆(理论上两点应为同一点，其间距为零，故称零点误差椭圆)在贯通面上的投影长度的一半即为横向贯通误差影响值。

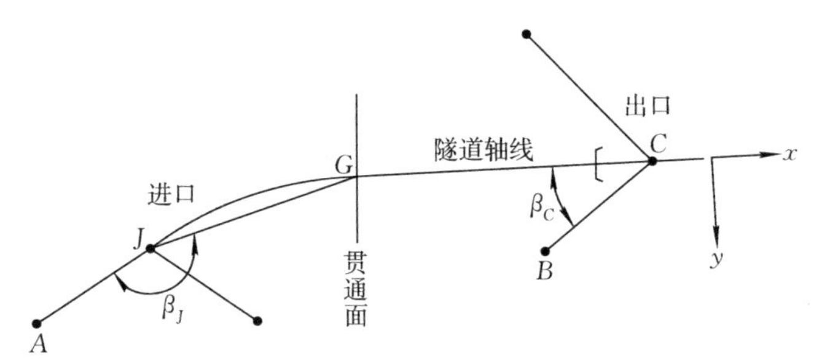

图 12-9 GPS 网横向贯通误差影响值的估算

2. 地下(洞内)控制测量误差对横向贯通误差影响值的估算方法

地下平面控制测量一般采用敷设导线的方法进行。对于大断面、长距离贯通隧道,地下导线布设成多边形闭合导线或主副导线环,采用严密平差方法进行平差计算时,横向贯通误差估算同地面控制测量对横向贯通误差影响值的估算方法一样,用严密估算方法进行估算。对于短的隧道和矿山巷道的贯通,地下平面控制测量采用复测支导线形式(不进行平差)时,则可用下式进行横向贯通误差近似估算

$$\sigma_{q_{下}} = \sqrt{\sigma_{y_{\beta_{下}}}^2 + \sigma_{y_{l_{下}}}^2} = \sqrt{\left(\frac{\sigma_{\beta_{下}}}{\rho''}\right)^2 \sum R_{x_{下}}^2 + \left(\frac{\sigma_{l_{下}}}{l}\right)^2 \sum d_{y_{下}}^2} \tag{12-97}$$

式中,$\sigma_{y_{\beta_{下}}}$、$\sigma_{y_{l_{下}}}$ 为地下测角、量边误差引起的横向贯通误差,$\sigma_{\beta_{下}}$ 为地下导线的测角中误差,$\frac{\sigma_{l_{下}}}{l}$ 为地下导线的量边相对中误差,$\sum R_{x_{下}}^2$ 为各导线点至贯通面的垂直距离的平方总和,$\sum d_{y_{下}}^2$ 为各导线边在贯通面上的投影长度平方的总和。

3. 竖井联系测量误差对横向贯通误差影响值的估算方法

如果通过竖井联系测量,由地面向地下传递坐标方位角和坐标的情况时,设坐标方位角传递误差(定向误差)为 σ_{α_0},则坐标方位角传递误差引起的横向贯通误差可用下式计算

$$\sigma_k = \frac{\sigma_{\alpha_0}}{\rho''} R_k \tag{12-98}$$

式中,R_k 为竖井至贯通面的垂直距离。至于坐标传递的误差,因为对贯通的影响很小,可以忽略不计。总的横向贯通中误差为

$$\sigma_{总} = \sqrt{\sigma_{q_{上}}^2 + \sigma_{q_{下}}^2 + \sigma_k^2} \tag{12-99}$$

如果各项测量工作均独立进行 2 次,2 次测量结果的较差符合规程(规范)规定的限差要求时,取 2 次测量结果的平均值作为最终观测值进行计算,这时估算的横向贯通中误差应为

$$\sigma_{横} = \frac{\sigma_{总}}{\sqrt{2}} \tag{12-100}$$

一般用 2 倍中误差作为贯通预计误差 $\sigma_{预}$,则

$$\sigma_{预} = 2\sigma_{横} \tag{12-101}$$

贯通预计误差与贯通允许偏差 $\sigma_{允}$ 比较,若 $\sigma_{预} \leqslant \sigma_{允}$,则所选用的平面贯通测量方案和方法是可行的,能保证贯通质量。

这里需要指出的是,由于隧道控制网是独立网,其坐标原点可任意选定(一般选取进口点),x 坐标轴与设计的贯通面垂直。贯通测量的地面、地下测量工作都是在同一坐标系内进

行的，而且用地面同一已知点和同一条已知边作为起始数据，向两端洞口进行地面控制测量，并向洞内引测导线，传递坐标和坐标方位角，当隧道（巷道）贯通后，地面、地下线路形成一个闭合路线。贯通面的偏差是由闭合线中角度和边长测量的误差引起，而测量起始点的坐标误差和起始边坐标方位角的误差对贯通误差没有影响，在贯通测量误差预计时不予考虑。

4. 高程贯通测量误差的预计方法

地面和地下高程控制测量主要是采用水准测量方法。水准测量误差对隧道高程贯通误差的影响可用下式计算

$$\sigma_h = \sigma_\Delta \sqrt{L} \tag{12-102}$$

式中，L 为洞内外高程线路总长（单位为 km），σ_Δ 为每千米高差中数的偶然中误差，对于四等水准，$\sigma_\Delta = 5$ mm/km，对于三等水准，$\sigma_\Delta = 3$ mm/km。与平面控制测量一样，若高程测量工作独立进行 2 次，取平均值作为最终观测值进行计算，用 2 倍中误差作为贯通预计误差，那么预计的高程贯通误差为

$$\sigma_{h_{预}} = \frac{2\sigma_h}{\sqrt{2}} \tag{12-103}$$

而且要求 $\sigma_{h_{预}} \leqslant \sigma_{h_{允}}$。

需要指出的是：若采用光电测距三角高程时，L 取导线的长度；若洞内外高程控制测量精度不相同，则应分别进行计算。如果通过竖井由地面往地下导入高程，还应考虑竖井导入高程误差对高程贯通误差的影响。

（三）测量平差在贯通测量预计中的应用

[例 12-3]某煤矿现有主井、副井和风井，正在施工混合井工程。为了加快施工进度，需进行立井贯通。如图 12-10 所示，贯通方案为从副井 −402 m 水平开凿平巷至混合井正下方，向下继续进行立井开凿，井下导线长度约为 1.26 km。由于立井贯通，立井井筒中心对接精度要求高，故在副井和混合井附近分别加测陀螺边 G3G2 和 G11G10，井下导线等级为 7″。井筒中心贯通位置高程方向非贯通重要方向，且只讨论平面位置精度。

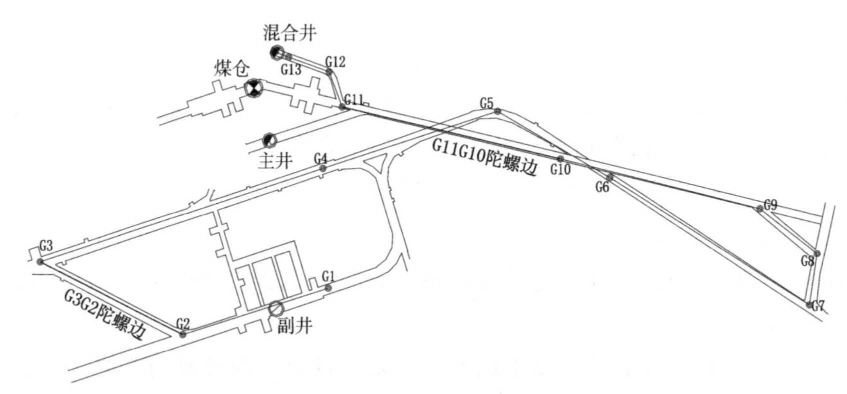

图 12-10　某矿混合井贯通工程

解：

(1)导线平差。由图 12-10 可知，该贯通井下导线平差属于具有两条陀螺定向边的导线平差，平差计算如下：

求陀螺定向边的定向中误差 σ_{α_1}、σ_{α_2}，以及导线测角中误差 σ_β。根据精度评定确定各项中

误差,即 $\sigma_{\alpha_1}=\sigma_{\alpha_2}=9.75''$,$\sigma_\beta=7''$。

按条件观测平差列出角改正数条件方程式。导线角度闭合差为

$$\alpha_1-\alpha_2+\beta_1+\beta_2+\cdots+\beta_n-n180^\circ=W$$

改正数条件方程式为

$$v_{\alpha_1}-v_{\alpha_2}+v_{\beta_1}+v_{\beta_2}+\cdots+v_{\beta_n}+W=0$$

式中,v_{α_1}、v_{α_2} 分别为陀螺定向边坐标方位角 α_1、α_2 的改正数,v_{β_1},v_{β_2},…,v_{β_n} 为导线中角度 β_1,β_2,…,β_n 的改正数,n 为导线中角度的个数

$$v_{\alpha_1}-v_{\alpha_2}+v_{\beta_1}+v_{\beta_2}+\cdots+v_{\beta_n}+7.7=0$$

确定定向边方位角和角度的权。由于导线为等精度观测,取导线测角中误差 σ_β 为单位权中误差,即 $p_\beta=1$,则定向边坐标方位角的权为

$$p_{\alpha_1}=\frac{\sigma_\beta^2}{\sigma_{\alpha_1}^2}=p_{\alpha_2}=\frac{\sigma_\beta^2}{\sigma_{\alpha_2}^2}=0.52$$

权倒数为

$$q_1=\frac{1}{p_{\alpha_1}}=q_2=\frac{1}{p_{\alpha_2}}=1.94$$

组成法方程式

$$NK+W=0$$

式中

$$N=n+q_1+q_2=11.88$$

解法方程式,求得联系数 K

$$K=-\frac{W}{N}=-\frac{7.7}{11.88}=-0.65('')$$

计算各改正数。导线各角度的改正数为

$$v_{\beta_1}=v_{\beta_2}=\cdots=v_{\beta_n}=-0.65''$$

陀螺定向边方位角的改正数为

$$v_{\alpha_1}=q_1K=-1.2''$$
$$v_{\alpha_2}=-q_2K=1.3''$$

计算各观测值的最或是值。设 α_1^0、α_2^0 为定向边坐标方位角的最或是值,$\beta_{1,2,\cdots,n}^0$ 为导线各角度的最或是值,$[\beta]^0$ 为导线各角度的最或是值之和,则有

$$\alpha_1^0=\alpha_1+v_{\alpha_1}=226^\circ34'26.0'',\ \alpha_2^0=\alpha_2+v_{\alpha_2}=213^\circ35'14.4''$$

$$\beta_{1,2,\cdots,n}^0=\beta_{1,2,\cdots,n}+v_\beta,\ [\beta]^0=[\beta]+nv_\beta$$

(2)贯通误差预计。经预计计算得贯通相遇点 K 的平面误差为$\sigma_{x_k'}=0.035$ m,预计误差为 $\sigma_{x'_{预}}=2\sigma_{x_k'}=0.070\text{ m}<0.1\text{ m}$。

从误差预计结果可知,在立井井筒中线方向上未超过允许的贯通偏差值,说明所选定的测量方案和测量方法能够满足贯通精度要求。

[例 12-4]现有一具有 3 条陀螺定向边的导线,如图 12-8 所示,其中

$$\alpha_1=80^\circ03'13.8'',\ \sigma_{\alpha_1}=10.6'';\ \alpha_2=28^\circ33'04.5'',\ \sigma_{\alpha_2}=10.6''$$

$$\alpha_3=309^\circ03'39.0'',\ \sigma_{\alpha_3}=10.6'';\ [\beta]=6\,068^\circ29'56.3'',\ n_1=34,\ \sigma_\beta=7''$$

$$[\beta']=4\,240^\circ31'36.6'',\ n_2=22,\ \sigma_{\beta'}=7''$$

试进行导线平差。

解：

(1)求导线Ⅰ、Ⅱ的角闭合差，即

$$W_1=\alpha_1-\alpha_2+[\beta]-n_1 180°$$
$$=80°03'13.8''-28°33'04.5''+6\ 068°29'56.3''-34\times180°$$
$$=5.6''$$
$$W_2=\alpha_2-\alpha_3+[\beta']-n_2 180°$$
$$=28°33'04.5''-309°03'39.0''+4\ 240°31'36.6''-22\times180°$$
$$=62.1''$$

(2)求权倒数。取导线的测角中误差 σ_β 为单位权中误差，即 $p_\beta=1$，则

$$p_{\alpha_1}=\frac{\sigma^2{}_\beta}{\sigma^2{}_{\alpha_1}}=\frac{7^2}{10.6^2}$$

$$q_1=q_2=q_3=\frac{1}{p_{\alpha_1}}\approx 2.3$$

(3)求 K_1、K_2，即

$$N_1=n_1+q_1+q_2=34+2.3+2.3=38.6$$
$$N_2=n_2+q_2+q_3=22+2.3+2.3=26.6$$
$$K_1=\frac{q_2W_2+N_2W_1}{q_2^2-N_2N_2}=\frac{2.3\times62.1+26.6\times5.6}{2.3^2-38.6\times26.6}=-0.3('')$$
$$K_2=\frac{q_2W_1+N_1W_2}{q_2^2-N_1N_2}=\frac{2.3\times5.6+38.6\times62.1}{2.3^2-38.6\times26.6}=-2.34('')$$

(4)计算各改正数，即

$$v_\beta=K_1=-0.3''$$
$$v'_\beta=K_2=-2.34''$$
$$v_{\alpha_1}=q_1K_1=2.3\times(-0.3'')=-0.69''$$
$$v_{\alpha_2}=q_2(K_2-K_1)=2.3\times(-2.34''+0.3'')=-4.7''$$
$$v_{\alpha_3}=-q_3K_2=-2.3\times(-2.34'')=5.4''$$

(5)计算各观测值的最或是值，即

$$\alpha_1^0=\alpha_1+v_{\alpha_1}=80°03'13.8''-0.69''=80°03'13.1''$$
$$\alpha_2^0=\alpha_2+v_{\alpha_2}=28°33'04.5''-4.7''=28°32'59.8''$$
$$\alpha_3^0=\alpha_3+v_{\alpha_3}=309°03'39.0''+5.4''=309°03'44.4''$$
$$[\beta]^0=[\beta]+n_1v_\beta=6\ 068°29'56.3''+34\times(-0.3'')=6\ 068°29'46.1''$$
$$[\beta']^0=[\beta']+n_2v'_\beta=4\ 240°31'36.6''+22\times(-2.34'')=4\ 240°30'45.1''$$

四、隧道(巷道)贯通后实际偏差的测定与调整

隧道(巷道)贯通后，实际偏差的测定是一项重要的工作，贯通后要及时测定实际的横向和竖向贯通偏差，以对贯通结果做出最后的评定，验证贯通测量误差预计的正确程度，总结贯通测量的方法和经验。若贯通偏差在设计允许范围之内，则认为贯通测量工作成功地达到了预

期目的;若存在贯通偏差,将影响隧道(巷道)断面的修整、扩大、衬砌和轨道铺设工作的进行。因此,应该采用适当方法对贯通后的偏差进行调整。

(一)水平面内横向贯通偏差的测定

1. 中线法

隧道(巷道)贯通后,用经纬仪把隧道(巷道)两端的中心线延长到贯通面上,量出两中心线间的距离 d,其大小就是贯通隧道(巷道)在水平面内垂直于中线方向的横向实际贯通偏差,如图 12-11(a)所示。应指出,这种方法虽然简便,但有时不能完全反映偏差的真实情况。如图 12-11(b)所示,K 点是贯通隧道(巷道)A、B 两点的相遇点。不难看出,尽管隧道(巷道)两端在水平面内发生了偏斜,但两中线仍相交于一点 K。此时应将两中线的实际偏差角 $\Delta\beta$ 测出来。

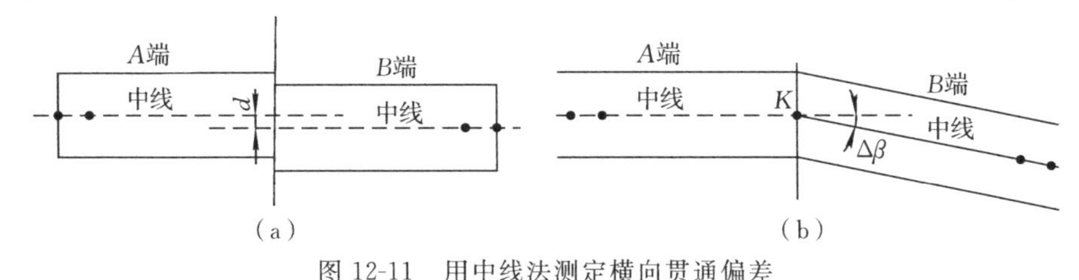

图 12-11 用中线法测定横向贯通偏差

2. 联测法

用经纬仪将贯通隧道(巷道)两端的中线点联测,使其闭合,同时丈量某一端中线点到贯通相遇点的距离 l;根据贯通中线方向的偏角 $\Delta\beta$,可计算出贯通点在垂直于隧道(巷道)中线方向的横向贯通偏差。如图 12-12 所示,偏差 $d = l\dfrac{\Delta\beta}{\rho''}$。

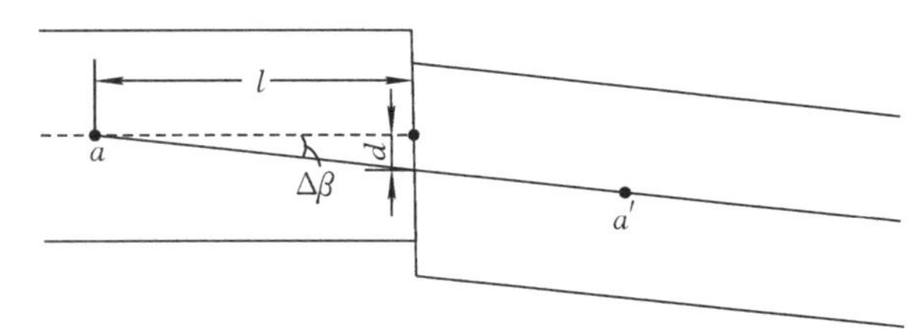

图 12-12 用经纬仪联测法测定横向贯通偏差

(二)竖直面内高程贯通偏差的测定

用水准仪测出或直接量出贯通接合面上两腰线点的高差,即为竖直面内高程贯通实际偏差。用水准仪联测两端隧道(巷道)中的已知高程点,其高程闭合差贯通点在竖直面内贯通实际偏差。

(三)贯通偏差的调整

测定贯通隧道(巷道)的实际偏差后,需对中线和腰线进行调整。

1. 中线的调整

隧道(巷道)贯通后,如实际偏差在设计允许范围之内,可用贯通相遇点一端的中心线与另一端的连线代替原来的中线,作为衬砌和铺轨的依据,而且应该尽量在隧道(巷道)未衬砌地段内进行调整,不牵动已衬砌地段的中线。

当贯通面位于曲线上时,可将贯通面两端各一中线点和曲线的起点、终点用导线联测得出其坐标,再用计算这些交点坐标和转角 α,然后在隧道内重新放样曲线。

2. 腰线的调整

实际测得隧道(巷道)两端腰线点的高差后,可按实测高差和距离算出坡度。在水平隧道(巷道)中:如果算出的坡度与原设计坡度相差在允许范围内,则按实际算出的坡度调整腰线;如果坡度相差超过规定的允许范围时,则应延长调整坡度的距离,直到调整后的坡度与设计坡度相差在允许范围内为止。

习　题

1. 图 12-13 为一个 GPS 网，G01、G02 为已知点，G03、G04 为待定点。已知点的三维坐标见表 12-16。待定点的三维近似坐标见表 12-17。用 GPS 接收机测得了 5 条基线，每一条基线向量中的 3 个坐标差观测值相关，各基线向量互相独立，观测数据见表 12-18。设待定点坐标平差值为参数 $\hat{\boldsymbol{X}}$，$\hat{\boldsymbol{X}}=\begin{bmatrix}\hat{X}_3 & \hat{Y}_3 & \hat{Z}_3 & \hat{X}_4 & \hat{Y}_4 & \hat{Z}_4\end{bmatrix}^{\mathrm{T}}$。试按间接平差法求：① 误差方程及法方程；② 参数改正数；③ 待定点坐标平差值及精度。

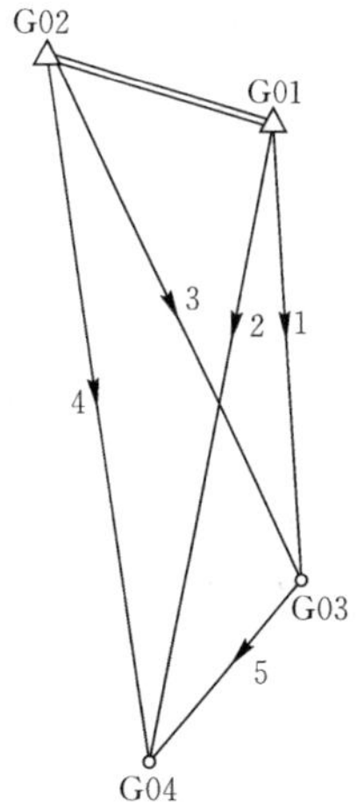

图 12-13

表 12-16

点号	X/m	Y/m	Z/m
G01	−2 411 745.121 0	−4 733 176.763 7	3 519 160.340 0
G02	−2 411 356.691 4	−4 733 839.084 5	3 518 496.438 7

表 12-17

点号	X^0/m	Y^0/m	Z^0/m
G03	−2 416 372.766 5	−4 731 446.576 5	3 518 275.019 6
G04	−2 418 456.552 6	−4 732 709.881 3	3 515 198.767 8

表 12-18

基线号	ΔX/m	ΔY/m	ΔZ/m	基线方差矩阵
1	−4 627.587 6	1 730.258 3	−885.400 4	$\begin{bmatrix} 0.047\,032\,470\,731\,3 & 0.050\,200\,880\,679\,4 & -0.032\,814\,456\,339\,1 \\ & 0.092\,187\,688\,130\,8 & -0.046\,967\,872\,463\,4 \\ & & 0.056\,233\,982\,288\,2 \end{bmatrix}$
2	−6 711.449 7	466.844 5	−3 961.582 8	$\begin{bmatrix} 0.024\,731\,438\,089\,2 & 0.028\,768\,590\,548\,6 & -0.015\,097\,735\,749\,2 \\ & 0.066\,550\,875\,843\,2 & -0.028\,511\,112\,436\,8 \\ & & 0.030\,943\,898\,779\,2 \end{bmatrix}$
3	−5 016.071 9	2 392.441 0	−221.395 3	$\begin{bmatrix} 0.040\,700\,998\,391\,6 & 0.044\,145\,300\,707\,0 & -0.027\,486\,494\,054\,4 \\ & 0.084\,743\,713\,513\,2 & -0.041\,399\,034\,005\,2 \\ & & 0.048\,869\,842\,047\,7 \end{bmatrix}$
4	−7 099.878 8	1 129.243 1	−3 297.753 0	$\begin{bmatrix} 0.027\,794\,438\,352\,2 & 0.031\,522\,638\,368\,8 & -0.017\,758\,495\,820\,3 \\ & 0.069\,205\,198\,048\,3 & -0.031\,060\,324\,653\,7 \\ & & 0.034\,708\,320\,595\,9 \end{bmatrix}$
5	−2 083.812 3	−1 263.362 8	−3 076.245 2	$\begin{bmatrix} 0.037\,316\,009\,927\,9 & 0.040\,744\,955\,548\,3 & -0.024\,528\,004\,533\,5 \\ & 0.080\,016\,272\,103\,3 & -0.038\,028\,640\,779\,9 \\ & & 0.044\,694\,078\,489\,1 \end{bmatrix}$

2. 某实验测得 x 与 y 的一组观测值如表 12-19 所示(单位略)。设 x 无误差，试求变量 x、y 之间的线性回归方程。

表 12-19

x	0.05	0.10	0.15	0.20	0.25	0.30	0.35	0.40
y	46.3	106.5	186.7	286.3	403.4	524.3	636.8	731.8

参考文献

[1] 崔希璋，於宗俦，陶本藻，等，2009. 广义测量平差[M]. 第二版. 武汉：武汉大学出版社.

[2] 金日守，戴华阳，2011. 误差理论与测量平差基础[M]. 北京：测绘出版社.

[3] 李青岳，陈永奇，2008. 工程测量学[M]. 北京：测绘出版社.

[4] 李庆海，陶本藻，1982. 概率统计原理和在测量中的应用[M]. 北京：测绘出版社.

[5] 隋立芬，宋力杰，柴洪洲，2010. 误差理论与测量平差基础[M]. 北京：测绘出版社.

[6] 陶本藻，2001. 自由网平差与变形分析[M]. 武汉：武汉测绘科技大学出版社.

[7] 王旭华，1988. 条件方程与误差方程系数矩阵之间的关系[J]. 矿山测量(2)：20-23.

[8] 王旭华，赵德深，关萍，2003. 条件平差与间接平差的相互关系[J]. 辽宁工程技术大学学报. 22(3)：320-322.

[9] 武汉大学测绘学院测量平差学科组，2005. 误差理论与测量平差基础习题集[M]. 武汉：武汉大学出版社.

[10] 武汉大学测绘学院测量平差学科组，2014. 误差理论与测量平差基础[M]. 第三版. 武汉：武汉大学出版社.

[11] 於宗俦，鲁林成，1983. 测量平差基础：增订本[M]. 北京：测绘出版社.

[12] 张国良，朱家钰，顾和和，2001. 矿山测量学[M]. 徐州：中国矿业大学出版社.

[13] 张书毕，2008. 测量平差[M]. 徐州：中国矿业大学出版社.

[14] 朱建军，左廷英，宋迎春，2013. 误差理论与测量平差基础[M]. 北京：测绘出版社.